조리과학

FOOD and COOKERY SCIENCE

개정판

조리과학

김향숙 · 오명숙 · 황인경

Food & Cookery Science Food & Cookery Science Food & Cookery Science Food & Cookery Science F

수학사

머리말

조리의 역사는 인류의 역사와 함께 할 정도로 오래 되었음에도 불구하고 조리과학은 아직도 식품학이나 영양학적 틀을 벗어나지 못하고 있으나, 최근 학문의 내용과 방법이 체계화되어 독자적인 영역으로 정착되어 가고 있다.

조리과학은 식품학이나 영양학으로 파악될 수 있는 기본적인 요소들을 실제로 음식 만드는 일에 연결시키는 접점이 되어야 한다. 왜냐하면 조리과정에서 일어나는 물리·화학적 변화를 검토하기 위하여 식품학이나 영양학적 접근이 필요하기는 하나, 조리에서는 여러 가지 식품재료들을 동시에 사용하는 경우가 많으므로 각 식품에서 일어나는 물리·화학적 변화를 어떻게 종합적으로 해석하여 조리에 응용하느냐 하는 것이 중요하기 때문이다.

근래에는 영양효율의 증진, 식량자원의 확보와 소비의 합리화, 기능성 식품의 추구 등의 문제와 요구들을 조리과학적 연구 성과를 활용하여 해결해 보려는 노력들이 일고 있어 조리를 중심으로 식생활을 종합적·체계적으로 개선하려는 조리과학의 중요성이 크게 대두되고 있다. 이러한 실정과 요구에 대하여, 조리과학은 꾸준한 학문적 연구와 그 성과의 보급, 전문도서 및 관련 정보의 제공 등으로 뒷받침해 주어야 할 것으로 생각되어 저자들은 이러한 요구에 부응하면서 후학들에게 조리과학의 본질적 내용과 실제를 이해시키기 위하여 이 책을 집필하게 되었다.

이 책은 조리과학이 지닌 독자적인 내용과 방법에 충실하면서 조리과학의 응용과학적인 성격을 살리고 교재로서의 실용성을 높이기 위하여 가능한 한 이론과 실험·실습 내용을 결합시켜 구성하였다. 즉, 조리와 관련된 이론 부문, 식품별 조리특성, 식품을 이용한 음식 및 실험조리에 관한 내용으로 이루어졌다. 심혈을 기울여 개정한 이 책이 조리과학을 공부하는 후학들에게 조금이라도 도움이 된다면 저자로서는 큰 기쁨이 될 것이다.

여러 가지로 미흡한 점이 많다고 생각되며, 앞으로 학계의 연구성과와 학내·외 선학들의 조언을 적극 반영하여 계속 수정·보완하려고 한다. 끝으로, 이 책이 출판되기까지 애써 주신 수학사 이영호 사장님과 그 외 여러분께 감사드린다.

2014년 8월

저자 일동

차례

CHAPTER 11 달걀

CHAPTER 12 우유 및 유제품

CHAPTER 13 유지류

CHAPTER 1

서론

1. 조리의 의미
2. 조리의 기능
3. 조리과학의 의의와 목적
4. 조리과학의 연구과제
5. 조리의 새로운 경향

1. 조리의 의미

인간의 식생활은 주위에서 구할 수 있는 각종 식품재료를 생산된 상태 그대로가 아니라 식품이 지닌 특성에 따라 조리, 가공하여 맛있고 먹기 좋게 만들어 먹는 것이 다른 동물의 식생활과 다른 점이다. 이와 같이 생존에 필요한 영양소를 섭취하고 건강을 유지하며, 식생활의 만족을 위하여 식품재료를 조작, 가공 처리하여 음식물로서의 가치를 높여주는 모든 방법과 과정을 조리라고 한다.

조리는 〈그림 1-1〉에서 나타내는 바와 같이 넓은 의미로는 식사계획에서부터 식품재료의 선택, 준비 및 여러 가지 조리조작을 거쳐 식탁을 구성하는 모든 과정을 말하고, 좁은 의미로는 식품을 재료로 하여 먹을 수 있는 음식을 만드는 과정을 말한다.

식사계획은 영양의 균형을 갖춘 음식을 만들기 위한 식단짜기를 포함한 과정으로서, 먹을 사람의 기호·경제성·식사준비에 필요한 시간과 노력 등이 고려되어야 하고, 식품재료의 선택 및 준비과정에서는 식품재료의 특성·용도·경제성 등이 고려되어야 한다.

조리조작(좁은 의미의 조리)은 가열 처리와 씻기·자르기·섞기 등과 같은 기계적 조작, 그리고 조미 등을 통하여 식품성분·식품조직·식품물성에 변화가 일어나는 과정으로서, 여기서는 합리적·능률적 처리와 색·모양·맛·향기·감촉 등의 기호성이 중시된다.

식탁구성은 만들어진 음식을 보기 좋고 먹기 좋게 담아서 상차림하여 즐겁게 식사하도록 하는 과정으로서, 식기와의 조화, 계절감, 행사내용, 분위기 등이 고려되어야 한다.

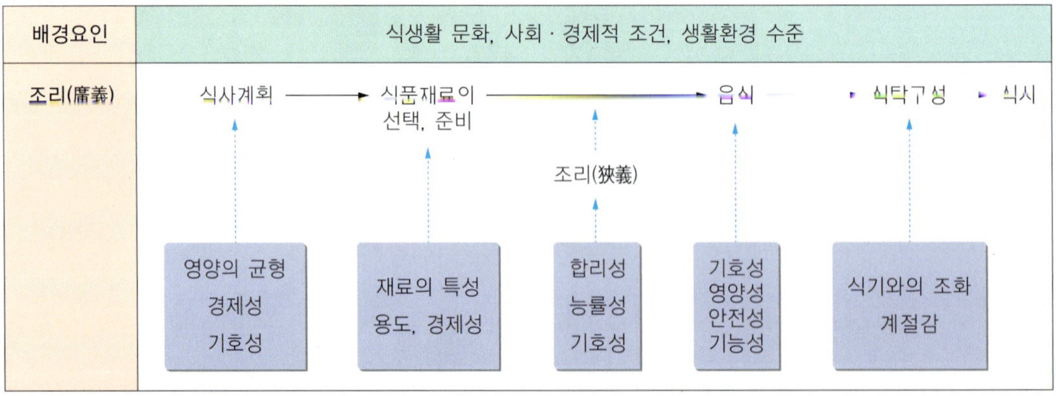

그림 1-1 **조리의 의미**

조리는 각 나라의 식생활 문화와 밀접한 관계를 가진다. 식품재료, 조리기구, 조리방법, 식탁구성 등이 식생활 문화권에 따라 다르고, 특히 음식의 기호성은 문화적 색채가 강하여 국가와 지역에 따라 차이가 있다. 또한 사회·경제적 조건, 생활환경 수준도 조리에 크게 영향을 미친다.

2. 조리의 기능

조리는 식품을 더욱 맛있고 먹기 좋게, 그리고 소화가 잘될 수 있는 상태로 만드는 기술이며, 인간의 식생활에서 다음과 같은 가치와 기능을 지니고 있다.

1) 식품의 특성 향상

안전성·영양성 및 기호성은 식품이 갖추어야 할 기본적인 특성이고, 조리는 식품이 갖추어야 할 이러한 기본적인 조건을 식탁에서 효율적으로 실현하기 위한 수단이다. 즉, 식품은 조리과정을 통하여 독성이 제거되거나 무독한 상태로 되며, 전분의 호화, 단단한 조직의 연화 등으로 소화·흡수율을 높여줌으로써 영양효과를 증진시킬 수 있다. 또한 조리는 여러 과정을 통하여 음식의 기호성을 높일 수 있는 유효한 수단이다. 이와 같이 식품은 조리를 통하여 소화·흡수율이 높아지고, 맛이 좋아지며 위생적으로 안전하게 된다.

2) 심신의 건강 증진

음식은 심신의 건강을 위해서 꼭 필요하다. 우리는 하루에 필요한 에너지와 영양소를 식품을 조리하여 먹음으로써 섭취할 수 있고, 같은 식품재료를 사용하더라도 먹기 좋고 맛있는 음식을 만들어서 보기 좋게 담아 즐겁게 식사함으로써 하루의 피로가 풀리게 되고 다음날의 활력이 생기게 된다.

3) 전통문화의 계승, 유지

옛날부터 경험적으로 해온 조리방법이 가정에서 부모로부터 자녀에게 전수되고 그것이 식습관이나 그 지역의 식생활문화를 형성하게 된다. 이와 같이 조리는 각 국가와 민족이 지닌 문화적 특성에 따라 형성된, 독자성을 지닌 생활문화이자 인류의 역사와 함께 발전되어 온 인류 공통의 문화유산의 하나이기도 하다. 이러한 각 민족의 생활문화로서의 전통을 지닌 조리는 시대의 변천에 따라 변화를 계속하면서 현대까지 그 독자성을 유지하며 전승되고 있다.

따라서 조리는 한 민족의 문화를 형성하는 식관습의 주요 요소로서, 그 민족 특유의 문화를 유지·계승·발전시키는 데 주요한 기능을 하는 것이다.

3. 조리과학의 의의와 목적

식품을 재료로 하여 음식을 만드는 조리기술을 재래의 조리방법 그대로 선배나 숙련자로부터 답습하기에는 많은 노력과 시간이 필요하고, 오랜 경험이 없이는 맛있는 음식을 만들기가 쉽지 않다. 그러나 식품별로 조리과정에서 일어나는 여러 가지 변화를 조리과학 실험을 통하여 그 식품의 조리특성과 연관지어 검토하고, 조리의 과정을 조리방법별로 나누어 그 조리방법의 특징과 조리시의 유의점을 파악할 수 있다면 조리 경험이 많지 않은 초보자도 실패 없이 합리적으로 조리할 수 있을 것이다. 이러한 필요에 부응하는 학문이 조리과학이라 할 수 있고, 조리과학은 넓은 의미의 조리학의 한 분야이다.

조리과학은 〈그림 1-2〉에서 보는 바와 같이 좁은 의미의 조리과정에서 일어나는 식품의 성분, 조직, 물성의 변화 등을 과학적으로 해명하고, 조리된 음식의 기호성, 영양성, 안전성 등 그 품질 특성을 평가하여 조리조건 및 조리과정에서의 식품의 제 변화 간의 공통성, 법칙성을 밝히려는 것을 목적으로 하는 학문 분야이다. 음식의 품질을 평가할 때는 기기분석과 같은 객관적인 평가도 필요하지만 맛있게 조리된 음식을 먹는 개체가 인간이므로 인간의 생리상태, 심리상태, 환경 등이 영향을 미칠 수 있는 주관적인 평가도 중요하다고 생각된다.

그러나 조리과정에서의 변화는 한두 가지 식품의 화학성분의 반응뿐만 아니라, 물리

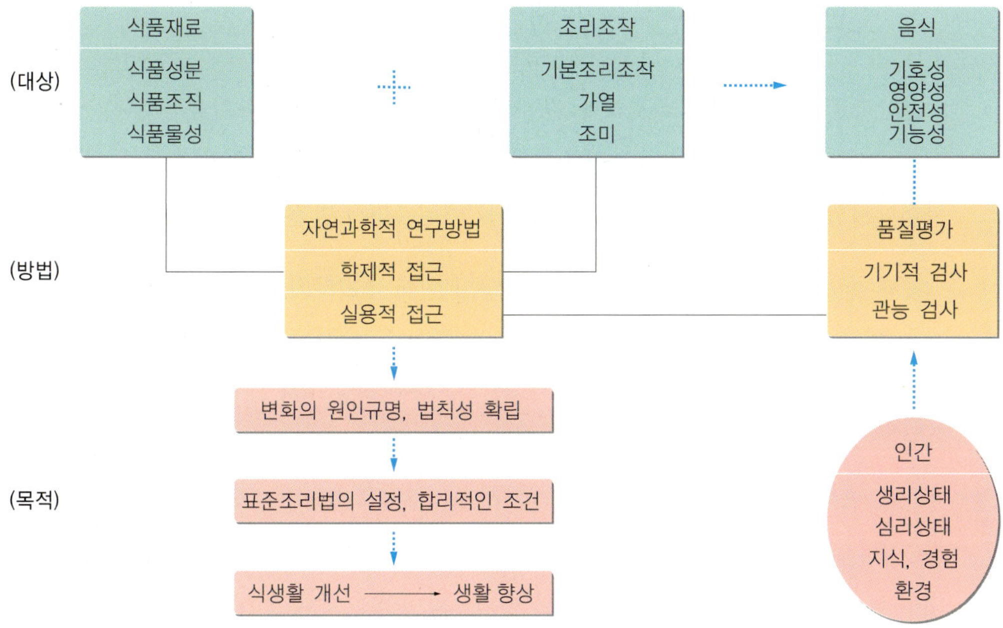

그림 1-2 **조리과학의 내용 구조**

적·생물학적인 변화가 동시에 복합적으로 일어나고, 조리시 첨가하는 여러 가지 부재료도 함께 영향을 미치므로 이들 변화를 이론적으로 일목요연하게 해명하기는 쉬운 일이 아니다. 따라서 조리 시에 일어나는 모든 현상으로부터 법칙성을 확립하기 위해서는 물리학·화학 및 생물학적 지식과 연구방법이 동원되어야 하며, 여기에 영양학·식품화학·통계학 등과도 관련지어 해석할 필요가 있으므로, 조리과학은 학제적·통합적 접근 방법을 통하여 연구되어야 하는 복합적인 학문영역이라고 할 수 있다. 또한 조리과학은 그 연구결과를 우리의 식생활 향상에 직·간접적으로 활용되도록 하는 실용성을 추구하는 학문이기도 하다.

조리과학은 현재 행하고 있는 조리방법뿐만 아니라, 예로부터 내려오는 전통조리법의 특징을 과학적으로 검토하고 그 원리를 이해함으로써 더 좋은 조리법을 개발할 수 있게 하고, 최소의 시간과 노력으로 조리기술을 습득하여 언제나 실패 없이 기호에 맞는 음식을 만들 수 있게 하는 등 한층 합리적으로 개선된 조리를 할 수 있도록 하는 것을 연구의 목적으로 한다.

4. 조리과학의 연구 과제

인간의 식생활은 가정의 조리를 출발점으로 하고 있으나, 과학기술의 발전, 인구 증가와 그 구조의 변화에 따라 조리의 재료, 도구, 방법 등이 계속 변하고 있다. 변화하는 사회에서의 조리과학은 다음과 같은 과제를 해결하면서 발전해야 한다.

첫째, 식품을 더욱 맛있고 안전하며, 영양가 있게 조리하기 위한 조리기술의 개선, 향상은 부단히 계속되어야 한다. 즉, 식품의 조리성과 조리조건을 결합시켜 행하는 조리기술의 과학적 해명은 조리과학의 기본이므로 앞으로도 이에 대한 연구는 계속되어야 한다.

둘째, 조리된 음식의 품질 특성을 평가하기 위하여 인간의 감각을 이용한 주관적 평가방법인 관능검사에 관하여는 정확한 결과를 이끌어내기 위한 방법이나 조건 등이 자세히 설명된 자료가 많다. 그러나 객관적 평가방법인 기계 측정에서는 각종 미량성분을 분석하는 기기 또는 식품의 텍스처나 물성을 측정하는 기기 등 수많은 분석기기가 있지만, 개개의 음식의 맛이나 특성을 종합적으로 평가할 수 있는 기기는 아직도 개발되고 있지 않다. 그 원인의 하나로 인간의 감각이 기계의 정밀함보다 예민하기 때문에 인간은 두 시료 사이에 차이가 있다고 판단하는 데도 기계에서는 오차의 범위 속에 포함시키는 경우가 있기 때문이다. 또 하나는 인간의 감각이란 것이 복합적이고 혼합적인 것을 종합적으로 느끼는 데 비해, 기계는 일반적으로 하나의 현상만을 정밀하게 분석하거나 판단하므로 복합적인 맛을 종합하여 감지하기는 어렵기 때문이다. 이와 같은 문제점을 해결할 수 있는 기기를 개발하고, 이를 활용한 객관적이고 종합적인 품질평가방법을 연구, 개발해야 한다.

셋째, 사회의 발전과 기능의 분화 등에 따라 가정의 소규모 조리와 함께 음식점, 학교, 병원, 회사, 공장 등에서의 대량 조리가 보편화되고 있다. 이러한 대량 조리에 걸맞는 조리기술의 개선을 위하여 이를 뒷받침할 수 있는 조리과학적 연구와 검토가 이루어져야 한다.

넷째, 노인이나 식사요법이 필요한 환자 등 특수영양을 필요로 하는 사람들을 위하여 기호면에서 만족시킬 수 있는 음식을 만드는 조리방법의 개발도 조리과학이 해결해야 할 과제이다. 아무리 영양적으로 고려된 식단이라도 그 음식을 먹지 않는다면 영양공급이나 환자의 치료가 불가능하므로 먹는 사람의 기호에 맞는 조리법의 개발이 중요하다.

다섯째, 과학기술의 발달과 생활수준의 향상에 따르는 새로운 식품소재, 조리기기 및 기구, 포장재와 같은 식생활 관련 여러 생활소재 등이 등장하고 있는데, 이러한 새로운 소재 및 제품에 대한 조리학적 연구가 필요하다.

여섯째, 식품공업의 발달로 가공식품이나 조리된 식품의 이용이 늘어남으로써 조리 시간의 단축과 편의성의 향상을 가져왔으나, 조리시간의 절약과 간편화 때문에 문화유산으로서의 전통음식이 우리의 식생활에서 멀어지는 일은 매우 안타까운 일이다. 따라서 이러한 간편성, 편의성 때문에 전통음식이 우리 생활에서 멀어지지 않도록 이를 과학화, 생활화시킬 수 있는 조리과학적 연구가 체계적·종합적으로 추진되어야 한다.

일곱째, 각 지역의 식생활 문화양식으로서의 조리의 변천을 역사적으로 연구하고, 이것을 지구 전역에서 여러 가지 형태로 전개되고 있는 음식문화와 비교하여 조리의 개별성과 보편성을 확인하려는 비교조리학에 대한 시도와 일반화도 앞으로 조리학에서 연구되어야 할 분야이다.

5. 조리의 새로운 경향

각종 식품이 범람하는 현대에서는 건강지향, 미식지향, 자연지향 등으로 기존의 전형적인 조리방식과는 다르게 조리한 음식이나 새롭게 주목받는 식품 등 식생활에 대한 새로운 기호가 형성되고 있다. 조리학에서는 이러한 새로운 경향의 식품 조리가 합리적으로 이루어질 수 있도록 조리과학적 연구를 다양하게 수행해야 할 것이다.

1) 분자요리

분자요리(molecular gastronomy)는 식재료와 조리과정을 과학적으로 분석하고 적용하여 기존과 다른 새로운 맛과 질감을 가지도록 한 음식으로서, 음식을 분자 단위까지 연구하고 분석한다고 하여 붙여진 이름이다. 분자요리학은 1988년에 프랑스의 화학자 에르베 티스(Herve This)와 헝가리의 물리학자 니콜라스 쿠르티(Nicholas Kurti)에 의해 식품 조리 시 일어나는 음식으로의 변환을 특히 물리·화학적 측면에서 해석하려는 새로운 과학적 학문분야로 탄생되었다. 이 새로운 학문분야를 초기에는 '분자 물리 요리학(Molecular and Physical Gastronomy)'이라고 불렀으나, 1998년 쿠르티가 사망한 뒤부터는 좀 더 간결한 용어인 '분자요리학'으로 부르게 되었다. 현재 분자요리학 분야는 음식의 질감과 조직, 조리과정을 과학적으로 분석해 새로운 맛과 질감의 음식을 창조하는 데 공헌하고 있다.

분자요리의 실제

분자요리가 끼친 중요한 영향은 요리하는 사람이 더욱 의식적으로 과학적 기법을 사용하게 된 것으로, 현재는 폐업하였으나 스페인의 분자요리 레스토랑 엘불리(El Bulli)의 쉐프 페란 아드리아(Ferran Adria)가 개발한 조리법이 그 전형적인 경우라 할 수 있다. 엘불리에서는 플라스코, 스포이드 등 실험실에서 사용하는 기구와 소다 사이펀, 감압조리기 등 최신의 기기를 사용하여 식재료를 분쇄하던지, 거품을 내던지 하여 맛과 향을 잃지 않은 채 위에 부담감이 없는 새로운 메뉴를 개발하였다. 과학적 기법은 식품산업으로서의 조리에는 예전부터 사용되고 있었는데, 그것이 최근 개별 조리에 응용되기 시작했다. 예로서 감압가열조리기를 사용한 조리법, 액체질소로 얼린 디저트, 주사기로 만드는 캐비아의 입자 등을 들 수 있다. 액체질소는 온도를 영하 196℃까지 내릴수 있지만, 이것은 이제까지 조리온도로서 사용되지 않았던 온도이다. 스팀 컨백션 오븐은 열과 증기를 사용하여 한꺼번에 대량을 균일하게 가열할 수 있는 기기로 학교와 병원의 급식에 사용되고 있다. 분자조리법에서는 스팀 컨백션 오븐으로 달걀을 몇 시간에 걸쳐서 반숙으로 한다. 흰자, 노른자의 식감을 가장 좋게 하는 최적온도를 유지하기 위해 효율화를 위한 도구를 일부러 비효율적으로 사용하고 있는 것이다.

2) 컬러푸드

컬러푸드(color food)란 이름 그대로 색깔 음식으로, 웰빙이 트랜드가 되면서 건강기능성식품으로 새롭게 각광받고 있다. 색깔에는 식물에 의해 합성되어진 피토케미컬이 들어 있는데 피토케미컬의 예로는 카로티노이드, 플라보노이드, 폴리페놀 등을 들 수 있다. 피토케미컬은 신선한 채소, 과일, 홍차, 녹차, 콩류 등에 다량으로 존재하여 식물성 식품에 빨강, 주황, 노랑, 보라 등의 다양한 색을 나타낸다. 피토케미컬은 강한 항산화력을 가지고 있으며, 노화를 방지하고 체내에 있는 유해물질을 방출하는 데 특별한 작용을 하는 것으로 밝혀졌다. 컬러푸드를 먹을 때는 한 가지만 골라먹는 것보다는 다양한 색깔을 골고루 먹는 것이 좋은데, 이는 서로 다른 성분이 어울려 기능을 보완해 주기 때문이다. 우리나라에서는 예로부터 음식에서 색의 조화를 중요시하여 오방색, 즉 적, 청, 황, 백, 흑의 조화를 염두에 두고 음식을 차렸는데, 컬러푸드란 개념이 없던 시절에도 우리 조상들의 지혜로움을 잘 알 수 있다. 미국에서는 과일의 색깔에 따라 빨간색(red), 녹색(green), 노란색(yellow), 청보라색(blue-purple), 흰색(white) 과일로 나누는데, 과일 역시 색에 따라 맛과 성분이 다르므로 여러 가지 과일을 골고루 먹는 것이 좋다.

오늘날 음식은 먹는 차원에서 즐기는 차원으로 발전하고 있다. 식품의 색은 식품의 첫인상을 결정짓는 중요한 요소이다. 컬러푸드의 조화와 효능을 생각하며 푸드 스타일링을 한다면 눈도 즐겁고 건강도 증진시킬 수 있을 것이다.

3) 슈퍼푸드

슈퍼푸드(superfoods)는 미국의 의사인 프랫(S. Pratt) 박사의 책제목으로, 특별한 식품이 아니라 동네 슈퍼에서도 손쉽게 구할수 있으면서 칼로리가 적고 영양소가 풍부한 자연식품을 말한다. 다른 식품보다 비타민, 피토케미컬, 항산화물질 등이 풍부하며, 콜레스테롤 수치를 낮추고 심장병과 암, 그밖의 생활습관병의 예방에 효과가 있으며, 면역력을 올려주는 등 건강에 관한 효능이 기대되는 식품이다. 슈퍼푸드의 예로는 콩, 브로콜리, 키위, 오렌지, 크랜베리, 블루베리, 대맥, 귀리, 케피아, 호박, 연어, 시금치, 호두, 칠면조 등이 있다.

4) 슬로푸드

슬로푸드(slow food)는 햄버거 등으로 대표되는 패스트푸드의 대척점에 있는 말로서 주로 각 나라에서 전통적인 방식으로 만들어지는 음식이 이것에 해당된다. 슬로푸드 운동은 대량생산, 규격화, 산업화, 기계화를 통한 맛의 표준화와 미각의 동질화를 지양하고, 나라별·지역별 특성에 맞는 전통적이고 다양한 음식 및 식생활 문화를 계승 발전시킬 목적으로 1986년부터 이탈리아의 작은 마을에서 시작된 식생활운동을 말한다. 슬로푸드는 전통식사, 소박하면서 질좋은 식재료, 유기농업, 건강에 좋은 것 등에 대한 관심이 커지면서 현재 많은 사람의 주목을 받고 있으며, 우리나라에는 2000년 무렵에 도입되어 알려졌는데, 2007년 팔당 슬로푸드문화원의 출범과 슬로시티의 지정 등으로 슬로푸드운동이 주목받게 되었다.

슬로푸드운동의 전개

1986년 이탈리아 로마의 명소 중 하나인 스페인광장에 맥도날도가 개점하자, 이탈리아의 식문화가 패스트푸드에 점령당할 수 있다는 위기감에 카를로 페트리니(Carlo Petrini)의 주도로 미각의 즐거움, 전통음식 보존 등의 기치를 내걸고 슬로푸드운동이 시작되었다. 그 후 1989년 세계 각국의 대표들이 프랑스 파리에 모여 미각의 발전과 음식 관련 정보의 국제적 교환, 즐거운 식생활의 권리와 보호를 위한 국제운동 전개 등을 주요 내용으로 하는 '슬로푸드선언'을 채택함으로써 슬로푸드협회가 공식 출범하였으며, 이후 슬로푸드협회는 국제적 비영리단체로 그 활동영역을 전 세계적으로 넓혔다.

1996년의 슬로푸드협회에서는 구체적 활동지침으로 다음의 세 가지를 제시하고 있다.

첫째, 사라져 갈 위험이 있는 전통적인 식재료와 요리, 질좋은 식품, 와인(술)을 지킨다.
둘째, 어린이를 포함한 소비자에게 미각교육을 실시한다.
셋째, 품질 좋은 식재료를 제공하는 소규모 생산자를 지킨다.

5) 매크로바이오틱

매크로바이오틱(macrobiotics)은 '커다란'이란 뜻의 매크로와 '생명의'이란 뜻의 바이오틱의 합성어로서, 우리의 몸과 환경은 결국 하나라는 노자의 자연사상과 음양원리에 그 뿌리를 두고 있는 식생활법이다. 매크로바이오틱 식생활의 실천에서 강조되는 원칙은 자신이 사는 곳에서 제철에 나는 음식을 먹어야 한다는 신토불이(身土不二)와 식품을 통째로 먹어야 식품 고유의 에너지를 섭취할 수 있기 때문에 어떤 음식이든 껍질이나 뿌리, 씨 등 버리는 부분 없이 모두 먹자는 것이다. 매크로바이오틱 식생활의 기본은 육식을 자제하고 유기농 곡류와 채식을 중심으로 먹는 것이며, 재료 선택은 물론 조리법·활용법까지도 자연친화적일 때 음식 자체가 가지고 있는 생명력을 완전하게 받아들일 수 있다고 본다.

식생활법은 대체로 다음과 같다.

① 현미, 잡곡, 통밀가루제품을 주식으로 한다.
② 유기농법으로 재배된 채소와 곡물을 선택한다.
③ 화학조미료는 사용하지 않는다. 설탕 대신 조청·꿀 등의 감미료를 사용하고, 소금은 천일염 같은 자연소금을 사용한다.
④ 육류, 달걀, 유제품을 사용하지 말고, 고기, 생선은 가끔 소량 먹는다.

CHAPTER 2

조리기구 및 조리방법

1. 조리기구

2. 조리방법

조리기구는 조리의 전 단계, 조리과정, 조리의 마무리에 이르기까지의 전 과정에서 사용하는 기구를 포함하며, 효율적인 조리를 위해서는 조리조작의 목적에 맞는 기구를 사용하여야 한다. 조리조작에는 기본조리조작과 본조작이 있으며 본조작은 비가열조리와 가열조리로 나눌 수 있다.

1. 조리기구

1) 세척·건조용 기구

(1) 식기세척기(dish washer)

식기를 자동적으로 세척하고, 헹구고, 건조한다. 식기류 위에 세척액을 분사하여 오염을 씻어내리는 방식으로 눌러 붙어 있는 오염은 떨어지기 어렵다. 씻은 식기는 열풍건조되므로 위생적이나, 식기의 형태, 재질, 분량에 제약이 있고 시끄럽다. 식기세척기에 사용되는 세제는 거품이 생기면 분사수류가 약해지고, 세척기 밖에까지 넘치므로 거품이 생기지 않는 전용세제를 사용해야 한다. 또한 세척 완료까지 시간이 많이 걸리고(1~2시간) 전력 소비도 많으므로, 우리나라에서는 아직까지 보편적으로 보급되어 있지는 않다.

(2) 식기건조기

씻은 식기류를 건조하고, 그대로 수납장으로도 사용된다. 칠기류는 변질될 수 있으므로 넣지 않는 것이 좋다.

2) 절단·마쇄·혼합용 기구

(1) 절단

① 칼

날이 잘 들고 쉽게 마모되지 않는 것이 좋다. 칼이 잘 들지 않으면 식품의 표면에서 미끄러져서 위험하기도 하고, 조직이 눌려 부서져서 세포의 액이 빠져나와 이 액에 있는 효소들에 의해 색이 변하고, 품질 저하가 빨라진다.

칼에 쓰이는 재료로서는 철, 스테인리스 스틸, 동 등이 있는데, 동은 무르기 때문에 거의 쓰이지 않는다. 스테인리스 스틸의 칼은 녹슬지 않아서 좋으나 칼 갈기가 어렵고, 철보다 덜 예리하다.

칼날이 예리해야 잘 드는 이유

다음 그림과 같이 칼날이 식품의 표면에 접촉했을 때 식품 중에 생기는 응력은 칼을 누르는 힘을 F, 칼날이 식품과 접촉한 면적을 S라 하였을 때 F/S이다. 그림의 A와 같이 칼날이 예리할 때는 면적(S)이 작기 때문에 응력(F/S)이 커져서 식품이 잘 잘라진다. 한편 B와 같이 칼날이 무딜 때는 S가 커지므로 응력이 작아져서 식품이 잘 잘라지지 않는다.

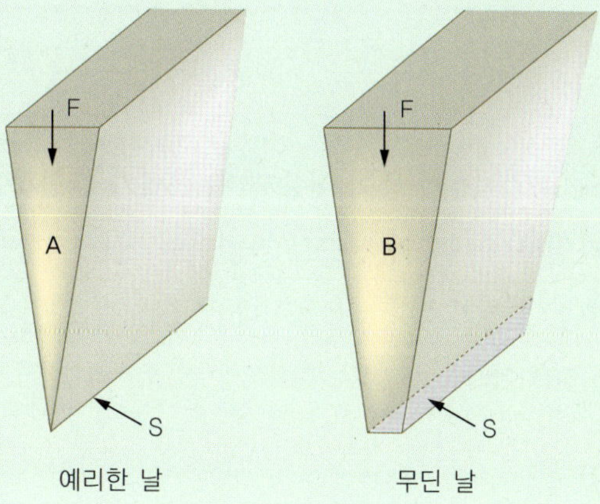

칼의 날을 확대한 개념도

② **도마**

목제와 합성수지제가 있다. 목제 도마는 재질이 단단한 것이 좋다. 합성수지제는 칼자국이 잘 생기지 않고 식품성분을 흡수하지 않으므로 위생적이나, 열에 약하다.

(2) 마쇄

식품을 가는 데는 강판, 절구, 막자사발 등과 모터로 마쇄하는 블렌더(blender), 주서(juicer) 등이 있다. 블렌더는 스테인리스 스틸의 날이 용기 내에 붙어 있어서 식품과 물을 함께 넣어서 분쇄, 교반, 혼합하며, 재료는 잘게 썰어 용기의 2/3 이하의 양을 넣는다. 주서는 채소, 과일의 주스를 짜서 찌꺼기를 분리 제거한다.

(3) 혼합·교반

혼합·교반을 위한 도구로는 믹서(mixer)가 있다. 달걀, 크림의 거품내기, 소스, 수프, 케이크 재료 등의 혼합·교반에 사용한다. 믹서는 혼합용 그릇과 끊임없이 닿으므로 재질이 상당히 중요하다. 믹서의 재질로서는 스테인리스 스틸 등이 단단하고 녹슬지 않는 점에서 뛰어나며, 그릇의 재질도 단단한 스테인리스 스틸이나 경질유리 제품이 적합하다.

3) 가열용 기구

(1) 레인지

레인지의 열원으로는 가스·전기 등이 이용되며, 구조가 간단하고 용도가 넓다. 가스레인지는 냄비 밑을 가열하여 대류와 전도로 가열하는 데는 적합하나 직화구이처럼 복사 가열에는 부적당하다. 도시가스나 LPG용이나 구조는 같으며, 자동 점화장치가 붙어 있으며, 열효율은 40~50%이다.

(2) 오븐

가스 혹은 전기를 열원으로 하여 공기의 대류열, 오븐벽으로부터의 복사열, 선반으로부터의 전도열에 의해 가열된다.

① 가스오븐

오븐 내 밑부분의 버너로 가열하는 방식이 일반적이다. 가열된 공기가 자연적으로 대류하는 자연대류식과 오븐 내에 붙인 팬(fan)에 의해서 열풍을 순환시키는 강제대류식이 있다. 오븐의 온도는 300℃까지 설정될 수 있다.

② 전기오븐

상·하에 히터가 붙어 있어 각각을 사용하든지, 동시에 사용할 수 있다. 일반적으로

열원 및 에너지원

가스

가스는 점화가 간단하고 최고온도가 높으며, 온도의 상승이 빠르고, 점화 즉시 원하는 화력을 얻을 수 있다. 또한 화력 조절이 연속적이고 간단하며, 에너지 단가가 비교적 낮다. 그러나 폭발의 위험이 있고, 가스의 종류에 따라 유독할 수도 있다. 도시가스는 공기보다 가볍고 공기와 잘 섞여 폭발의 위험이 적지만, 프로판가스는 프로판과 부탄이 주성분으로 공기보다 무거워 가스가 새어나오면 모여 있다가 폭발할 위험이 크다.

전기

전기는 연료라기보다는 에너지원이라 할 수 있다. 조리의 열원으로 전기를 사용할 때의 장점은 무해하고, 전기적 에너지는 여러 가지 기구에 따라 자동조절이 가능하다는 점이다. 그러나 전기에너지의 단점은 가열 시 최고 도달 온도가 가스만큼 높지 않고, 온도 상승이 느리며 온도 조절이 완만하다는 점이다. 또한 에너지 단가가 비싼 편이다.

자동온도조절기(thermostat)를 가지고 100~250℃ 범위에서 온도가 비교적 정확하게 설정된다.

(3) 전자레인지

전자레인지에서는 2,450 MHz(2.45×10^9 Hz)의 주파수, 공기 중의 파장 12.2 cm인 마이크로파(극초단파)라고 불리는 진자파를 식품에 조사하여 가열한다. 이 마이크로파에 대하여 물질은 이것을 반사하는 것, 투과하는 것, 흡수하는 것이 있다. 식품은 마이크로파를 흡수하여 식품성분 중 주로 물분자가 마이크로파의 진동에 맞춰서 격렬하게 진동함으로써 마찰열이 발생하여 가열된다. 전자레인지의 구조는 〈그림 2-2〉에 나타낸 것처럼 마이크로파를 방출하는 마그네트론과 그것을 위한 변압기, 도파관(wave guide), 냉각팬, 회전판 등으로 구성되어 있다.

가열용기의 재질로는 전파를 투과하며 내열성이 있는 유리, 도자기 등이 최적이며, 플라스틱도 내열온도 120℃ 이상이라면 사용할 수 있다. 금속용기는 전파를 반사하므로 원칙적으로 사용할 수 없다. 유성 식품은 고온으로 될 염려가 있으므로 랩에 접촉하지 않도록 주의한다. 전자레인지 사용 중 전자파에 노출되면 체조직이 손상될 염려가 있으므로 문이 꼭 맞아서 전자파가 노출되지 않도록 주의해야 한다. 안전한 거리는 켜 있을 때 팔을 벌려 한 발 길이 정도로, 그 이상 떨어져 있으면 위험을 최소화할 수 있다.

전자레인지 조리에서는 가열시간이 짧으므로 비타민 C의 손실이 적고, 색, 향의 유지가 우수하며 냉동식품의 해동도 단시간으로 가능하다. 그러나 식품 표면의 갈색화가 일어나지 않으므로 색과 향을 내기 위하여 전기히터를 붙여서 오븐 기능이 병용되도록 한 제품도 있다.

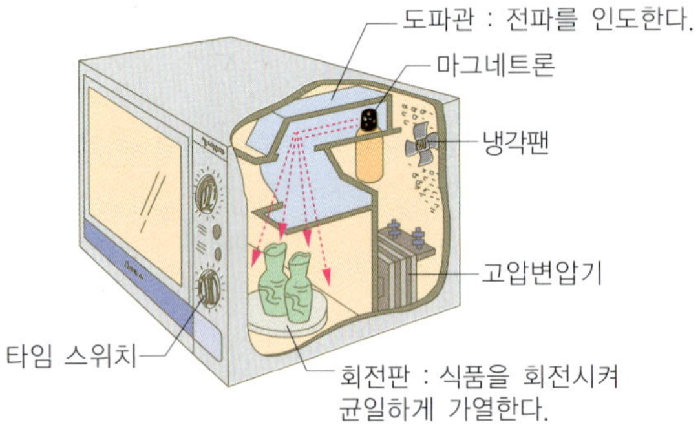

그림 2-2 **전자레인지의 구조**

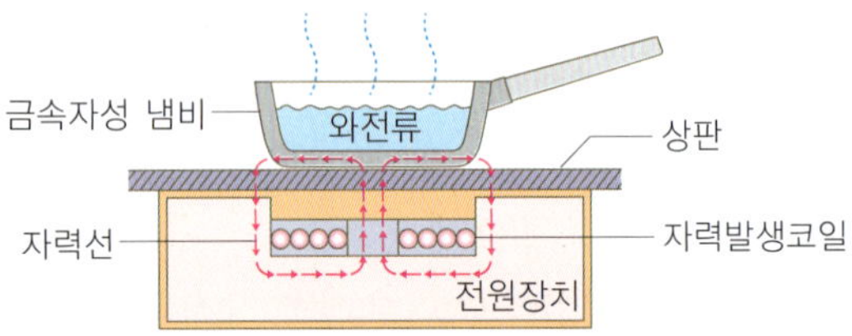

그림 2-3 **인덕션레인지의 가열원리**

(4) 인덕션레인지

인덕션레인지(induction range)는 경질세라믹으로 된 상판(top plate)의 아래에 동선의 코일을 설치하고 전류를 흐르게 하면 이 전기에너지가 자력선으로 바뀌어서 자장이 발생한다. 여기에 철과 같은 전기저항이 높은 금속을 두면 자력선이 금속을 통과할 때 소용돌이 모양의 전류가 발생하며, 그 저항에 의해 냄비 밑에서 열이 발생한다. 열의 발생이 냄비 자체에서 일어나므로 열의 손실이 적다. 냄비는 최고 300℃ 정도로 되지만, 상판은 거의 뜨거워지지 않으므로 국물이 흘러 넘쳐도 타지 않고, 또 안전하다.

(5) 전기밥솥

전기밥솥은 자동온도조절기가 내장되어 밥이 지어지면 자동적으로 스위치가 끊어지도록 구성되어 있다. 솥에 물과 쌀을 넣고 밥을 지어 물이 없어지고 냄비 밑의 온도가 오르면(약 140℃) 센서가 작용하여 열원이 끊어지고 바로 보온(약 70℃)으로 넘어가는데, 보온은 12시간 이내가 적당하다.

(6) 전기프라이팬

주로 식탁에서 사용하며, 조리면은 불소수지가공되어 있다. 가열온도는 90~240℃ 사이에서 조절이 되며, 자동온도조절기가 붙어 있다.

불소수지가공

불소수지는 불화탄화수소의 중합체의 총칭으로 테프론은 듀퐁사의 등록상표이다. 테프론 표면가공 프라이팬은 음식과의 부착성이 작기 때문에 음식이 잘 눌러 붙지 않는다. 그러나 최고 사용 온도는 260℃이므로 높은 온도에서의 장시간 가열은 피하는 것이 좋고, 기계적 강도가 약한 점에도 주의해야 한다.

(7) 냄비, 솥 종류

냄비, 솥은 열원으로부터 열을 받아서 식품재료에 전달하는 열매체와 식품을 담는 용기로서의 역할을 한다. 주요 재질은 알루미늄·철·스테인리스·동·내열도자기·내열유리 등으로 몸체를, 손잡이는 나무·플라스틱 등을 사용한다. 표면가공의 종류에는 법랑, 불소수지, 알루마이트 등이 있다. 다층 재질에는 외층을 스테인리스 스틸로, 내층은 열전도가 좋은 알루미늄·동·탄소 강판 등을 붙인 것이 있다.

형태로는 동일 용량에서도 지름이 큰 냄비는 증발면이 넓고, 지름이 작고 깊은 냄비는 증발량이 작으므로 장시간 끓이는 곰국이나 육수의 조리에 적당하다. 지름이 크고 깊이가 얕은 냄비는 재료를 한층으로 놓아서 끓일 수 있으므로 부서지지 않아 끓이면서 먹는 전골냄비에 적합하다.

특수한 냄비로서 압력솥이 있는데, 이것은 일정한 압력이 될 때까지 증기를 솥 내에 모아서 비등점을 높게 하여 식품을 가열하는 냄비로서 가열시간이 단축된다. 냄비에 따라서 밀봉의 방법과 압력이 다르므로 솥 내의 최고 온도가 다르고(110~123℃), 식품의 가열 소요시간이 다르다. 가열시간이 짧아지므로 열원의 에너지량은 절약되나, 부주의하게 취급하면 위험하다.

여러 가지 금속재료의 특성

알루미늄(Al)

가벼워서 사용에 편리하며 열전도가 좋아 조리기구에 적합하나, 산, 알칼리, 염에 약하다. 열에 대하여 200℃ 이상에서 연화하여 우그러지며 660℃에서 녹으므로 그릇을 달구는 프라이팬 같은 조리기구에는 적합하지 않다.

철(Fe)

가장 널리 사용되는 금속이나 녹슬기 쉬운 결점이 있는데, 이 녹은 철의 수산화물 및 산화물이다. 철로 만든 조리기구는 열전도가 좋고, 기름이 표면에 잘 스며들어 조리 시 음식이 쉽게 타지 않는다. 또한 철제품은 일반적으로 두꺼워서 열용량이 크며, 융점이 1,539℃로 높으므로 직화로 달구는 프라이팬, 센 불로 볶는 중국요리용 냄비에 적합하다.

스테인리스 스틸

스테인리스 스틸은 강철의 녹슬기 쉬운 결점을 보완하기 위하여 크롬과 철 또는 철, 크롬, 니켈의 합금으로 아름다운 광택이 있으며 희박한 산, 알칼리에 견딜 수 있다. 스테인리스 스틸은 내식성, 내구성이 뛰어나고 위생적이지만, 다른 금속에 비해 열전도가 나쁘므로 가열기구로서 사용할 때는 열전도율이 높은 알루미늄을 사이에 넣어 샌드위치 구조로 하든지, 동을 붙여서 균일한 온도 분포가 되도록 제조하고 있다.

동(Cu)

동은 은에 이어서 두 번째로 열전도가 좋은 금속으로, 연하고 가공성도 좋으나 무겁고, 내식성이 알루미늄 · 스테인리스 스틸에 비해 떨어진다. 열전도가 좋기 때문에 약한 불에서도 냄비의 윗부분까지 온도가 쉽게 도달하며, 두꺼운 동냄비를 쓰면 열용량이 커서 잘 식지 않는다. 동은 공기 중의 수분과 탄산가스에 의해 녹청을 만든다.

4) 저장용 기구

냉장 · 냉동고는 식품의 신선도를 유지하고, 저장기간을 연장하기 위하여 사용하는 기기이며, 냉각을 필요로 하는 조리에도 사용된다.

냉각원리는 액체가 기체로 될 때 기화하기 위한 열을 주위로부터 흡수하는 것이다. 이때 냉매로는 오존층 파괴 물질인 기존의 프레온가스 대신 대체 냉매를 사용하는 추세이다.

냉장고의 냉각방식에는 냉기의 순환이 자연대류식인 직접냉각식(직냉식)과 강제순환식인 간접냉각식(간냉식)이 있다. 직냉식은 성에가 잘 끼지만 소비전력은 적고, 간냉식은 성에가 덜 끼지만 소비전력이 크다. 냉장고 안의 온도는 0~7℃ 범위로 조절할 수 있으며, +2~-2℃ 범위에서 저온저장(chilled storage)할 수 있는 것도 있다. 이 범위에서는 식품의 빙점까지는 도달하지 않고 식품의 선도 유지가 양호하다. 냉동냉장고의 냉동고내 온도는 -10~-20℃인데, 냉동 전용기기 중에는 -40℃ 이하로 냉각할 수 있는 것도 있다.

냉장고 사용 시 주의점은 냉장이 주로 공기의 대류에 의해서 일어나므로 식품을 너무 많이 넣지 말아야 하고, 냉장고 안은 건조되기 쉬우므로 식품을 통기성이 없는 용기, 플라스틱 필름 등에 싸서 보존해야 한다. 또한 보존할 때 조리 직후의 뜨거운 식품을 바로 넣으면 안되며, 점성과 두께가 있는 것은 냉각까지 시간이 걸리는 점에 유의해야 한다. 냉장고 내의 온도를 유지하기 위해서는 문의 개폐 횟수를 되도록 적게 해야 하며, 여름철에는 특히 유의해야 한다.

그 외에 전자식 보온용기, 보온병, 온장고, 쌀통, 밀폐용기 등이 저장의 목적으로 사용되기도 한다.

김치냉장고

김치냉장고의 개발로 우리나라의 김치문화가 변했다고 할 정도로 김치냉장고가 인기를 끌고 있다. 김치냉장고가 김치맛을 유지하는 비결은 정확한 온도 조절에 있다. 온도 조절의 비결은 일반 냉장고가 공기의 대류로 냉장온도를 유지하는 데 비해 김치냉장고는 벽면 자체가 냉각되는 방식이고, 일반 냉장고가 문의 개폐 시 외부공기가 유입되면 온도가 쉽게 올라가는 구조인 데 비해 김치냉장고는 문의 개폐 시에 외부 공기가 유입되더라도 차가운 기운이 빠지지 않는 구조이다.

2. 조리방법

1) 기본 조리조작

기본 조리조작에는 계량, 씻기, 썰기, 혼합, 교반, 냉각 등 여러 가지가 있으나, 조리에서는 음식의 종류와 목적에 따라 몇 가지 기본 조리조작이 함께 이용되는 경우가 많다.

(1) 계량

식품의 계량은 조리를 과학적으로 하기 위하여 필요하다. 즉, 식품을 낭비없이 맛있게 조리하려면 재료의 분량이나 그 배합이 알맞아야 하고, 조리온도나 시간이 적절해야 한다. 그러기 위해서는 반드시 계량기구를 사용하여 모든 재료의 양을 정확히 계량할 필요가 있다.

① 부피의 측정

식품의 부피는 주로 계량컵과 계량스푼을 사용하여 측정한다. 계량컵에는 두 가지 형태가 있는데, 하나는 1컵(200 mL) 안에 1/2, 1/3, 1/4 등의 눈금이 표시되어 있고, 또 하나는 1컵보다 적은 양을 정확하고 쉽게 측정하기 위하여 1, 1/2, 1/3 및 1/4컵이 따로 만들어져 한 조를 이루고 있다. 서양에서 사용하는 계량컵은 1컵이 약 240 mL로 우리와 차이가 있다.

계량스푼은 1 Ts(table spoon, 15 mL), 1 ts(tea spoon, 5 mL), 1/2, 1/3 및 1/4 ts이 한 조로 되어 있으며, 1 Ts은 3 ts에 해당된다.

입상식품(粒狀食品)이나 분상식품(粉狀食品)은 부피를 측정할 때 덩어리진 것을 두들기거나 눌러 담으면 오차가 생기기 쉬우므로 덩어리가 없는 상태에서 가볍게 수북이 담은 후 평면으로 깎아 계량한다.

액체식품의 부피를 측정할 때에는 투명한 재질의 계량컵을 이용하여 액체와 같은 높이에서 컵의 눈금을 읽는다. 주의 깊게 재지 않으면 오차가 커지는 기름이나 꿀과 같이 점성이 높은 식품은 용량별 계량컵을 사용하는 것이 계량의 오차를 적게 할 수 있다. 계량스푼을 사용할 때는 액체식품의 표면장력에 의해 스푼에 가득 담아 약간 솟아 오른 상태로 한다.

② 무게의 측정

부피는 재는 방식에 따라 오차가 상당히 커지지만, 무게는 비교적 정확하다. 조리용

표 2-1 식품의 부피와 무게

	식품명	1 ts	1 Ts	1 C		식품명	1 ts	1 Ts	1 C
조미료류	간장	6	18	230	분상식품	박력부	3	8	100
	설탕	3	9	120		탈지분유	2	6	80
	소금	5	15	200		감자전분	3	9	120
	식초	5	15	200		베이킹파우더	4	12	150
	식용유	4	13	180		치즈가루	2	6	80
입상식품	대두	–	–	140	기타	버터	4	13	180
	백미	–	–	160		마요네즈	5	14	180
	깨	3	9	120		된장	6	18	230

1 C = 200 mL

으로 자주 사용되는 것은 최대 계량이 500~1,000 g 정도의 소형의 윗접시저울로, 저울은 안정되고 수평인 대 위에 놓아야 하며, 사용 전에 영점을 맞춘다. 식품은 저울의 중앙에 놓고 정면에서 눈금을 읽으며, 사용 후에는 계기에 묻은 물질을 닦는다. 너무 적은 양의 무게를 정확하게 측정하기는 어려우므로, 예를 들어 5 g, 10 g 정도의 양이라면 오히려 부피 쪽이 더 정확하게 측정될 것이다.

③ 온도의 측정

보통 액체의 온도를 측정할 때에는 100~300℃에서는 수은 온도계, 100℃ 이하에서는 알코올 온도계가 많이 사용된다. 액체의 온도 변화가 심할 때에는 정확한 온도를 읽기 어려우므로, 측정하려는 시료의 온도 부근까지 온도계의 온도를 올리거나 내린다. 대류나 전도가 완만한 용액의 온도를 잴 때에는 온도계를 가볍게 움직이면서 측정한다.

바이메탈(bimetal) 온도계는 튀김냄비용, 오븐용 등이 있으며, 기기에도 내장되어 있다. 바이메탈은 열팽창률이 다른 두 종류의 금속을 붙여서 온도가 변하면 구부러지는 원리를 이용하여 자동온도조절기(thermostat)에도 사용된다.

최근에는 레이저를 이용한 레이저 온도계가 단체급식, 식품가공업체, 외식업체 등에서 이용되고 있다. 식품에 총(gun) 모양의 레이저 온도계를 향한 후 측정버튼을 누르면 빔이 발사되면서 표면온도가 측정된다.

또한 조리용도에 따라 모양과 원리가 조금씩 다른 특수목적 온도계로서 젤리용, 캔디용, 튀김용, 육류용 온도계 등이 있다.

④ 시간의 측정

알맞은 시간을 조리하기 위하여 스톱와치(stop watch), 타이머(timer) 등을 사용한다. 초침을 읽기 쉬운 시계가 편리하며, 스톱워치는 태엽이 감겨 있는지 확인한 후 사용한다. 동시에 여러 가지 실험실습을 할 때에는 예정된 시간을 알려주는 타이머가 편리하다.

(2) 씻기

조리를 위생적으로 하는 데 첫째로 필요한 조작은 식품을 씻는 일이다. 식품에 부착된 불순물과 유해하고 나쁜 맛을 내는 성분을 제거하여 위생적으로 안전하게 해주는 것이 씻기의 목적이다.

채소, 과일 등 표면에 미세한 굴곡이 있는 식품은 물의 표면장력 때문에 물만으로는 움푹한 곳까지 깨끗이 씻어내기가 어려우므로 중성세제를 사용하기도 한다. 씻는 물에 중성세제를 넣어주면 표면장력이 약해져서 우묵하게 들어간 곳까지 침투하여 유화력과 분산력에 의해 식품에 붙어 있는 여러 가지 이물질(기생충 알, 농약 등)을 깨끗이 씻어낼 수가 있다. 그러나 세제는 저농도로 단시간 사용하고 식품에 잔류되지 않도록 충분히 헹구어 주어야 한다. 또한 물 사용량이 같은 경우, 많은 양의 물에 한 번 씻는 것보다 적은 양의 물로 여러 번 씻는 것이 효과적이다.

씻기는 식품에 붙어 있는 불순물이나 유해물을 제거하고 위생적으로 안전한 식품이 되도록 하지만, 식품에 함유되어 있는 수용성 영양소가 손실되는 문제가 있으므로 식품을 썰기 전에 씻도록 한다. 예를 들어, 생선은 비늘을 긁고 깨끗이 씻은 후 자르며, 자른 후에는 물로 씻지 않도록 한다.

식품을 아무리 깨끗이 씻어도 조리기구나 식기, 또는 조리하는 사람의 손이 깨끗하지 않으면 만든 음식이 위생적으로 안전하기 어려우므로, 식품뿐만 아니라 조리기구나 식기 및 조리하는 사람의 손을 깨끗이 씻는 것도 매우 중요하다.

(3) 담그기, 불리기

건조식품에 수분을 주어 원래의 상태와 비슷한 수분함량으로 복원시키거나 식품의 성분을 용출시키기 위하여, 또는 채소나 과일의 변색을 방지하기 위하여 물이나 식초 또는 소금을 첨가한 물에 일정시간 담가두는 방법이다.

① 수분의 흡수

건조식품은 저장성을 높이기 위하여 수분함량을 적게 한 식품이나, 조리 시에는 가열하기 전에 물에 담가서 충분히 수분을 흡수시켜야 식품의 조직이 팽윤되어 열이 고르고 빠르게 전도되며 조미료가 잘 침투할 수 있게 된다. 예를 들면, 밥을 지을 때 쌀 속의 전분이 충분히 호화될 수 있도록 쌀을 물에 담가 흡수시킨 후 가열하는데, 수온에 따라 흡수속도가 다르므로 여름에는 30분, 겨울에는 2시간 정도 담가두면 된다. 또한 한천이나 젤라틴도 가열 전에 물에 담가 두어야 고르고 빠르게 용해된다. 건조식품의 흡수속도는 수온, 식품의 조직과 성분 등에 따라 달라진다.

건조식품을 물에 담가 불리면 무게와 용량이 증가되는데, 조리 시 첨가하는 조미료의 양은 물에 불린 상태의 무게를 기준으로 정하게 되므로 식품의 무게가 물에 불린 후 어느 정도 증가되는지 알아둘 필요가 있다(표 2-2 참조).

표 2-2 건조식품의 불린 후 무게

건조식품	불린 후의 무게(배)	건조식품	불린 후의 무게(배)
표고	4~5	다시마	5~6
미역	6~10	고사리	5~7
당면	6~7	콩	2~3

② 성분의 용출

쓴맛, 아린맛, 떫은맛 등 좋지 않은 맛을 내는 식품을 그대로 물에 담그거나 가열한 다음 물에 담그면 그 성분이 용출되어 좋지 않은 맛이 제거된다. 또한 저장용으로 소금을 다량으로 첨가한 염장품은 물에 담가 염분을 용출시키기도 하나, 이때 염분과 함께 수용성 성분이 용출될 수도 있다.

멸치, 다시마 등은 물에 담그거나 가열하여 성분을 용출시켜 그 국물을 이용한다. 또한 녹차, 홍차, 커피도 재료가 가지고 있는 독특한 풍미성분을 용출시켜 기호음료로서 이용한다. 녹차의 각종 성분은 물의 온도에 따라 우러나는 속도와 물에 녹아 나오는 양이 다르기 때문에 차를 우려내는 물의 온도에 따라 차의 맛이 다르다. 즉, 쓴맛과 떫은 맛을 내는 카페인과 발효되지 않은 폴리페놀(탄닌)은 온도가 높을수록 많이 녹아 나오며, 감칠맛을 내는 유리 아미노산은 60~65℃에서도 거의 용출된다.

고급 녹차는 아미노산, 카페인, 비타민 C 등의 함량이 많고 섬유소가 적어 연하므로 물의 온도를 70~80℃ 정도로 하여 우려내면 쓴맛과 떫은맛은 덜 우러나게 되고 감칠맛 성분을 충분히 우려낼 수 있다. 그러나 물의 온도가 너무 낮으면 차의 수용성 성분이 제대로 녹아 나오지 않아 향기가 덜 나고 맛이 싱겁게 되며, 마시는 차의 온도가 미지근하면 차 맛을 최대의 효과로 즐길 수 없게 되므로 물의 온도가 적당해야 한다.

③ 변색 방지

사과, 감자, 우엉 등은 껍질을 벗겨 공기 중에 노출시키거나 잘라두면 갈색으로 변색되는 경우가 있다. 이러한 갈변현상은 산화효소에 의하여 폴리페놀(polyphenol)계 기질이 산소와 반응하여 퀴논(quinone) 화합물을 형성하고 이 퀴논 화합물이 계속 산화, 축합되어 멜라닌(melanine) 색소를 형성하기 때문이다. 따라서 갈변을 막기 위해서는 효소를 용출 또는 불활성화시키거나 산소와의 접촉을 막으면 된다. 따라서 이러한 채소나 과일을 물이나 설탕, 식초, 소금 등을 첨가한 물에 담그거나 가열하면 변색을 방지할 수 있다.

껍질을 벗기거나 자른 감자를 물에 담가 두면 쉽게 갈변되지 않는데, 이것은 공기 중의 산소와의 접촉이 방지되고, 감자를 갈변시키는 효소인 타이로시네이스(tyrosinase)가 수용성이어서 물에 용출되기 때문이다.

(4) 썰기, 가루내기, 갈기

① 썰기

썰기는 조리조작 중 가장 많이 쓰이는데, 그 목적은 엽채류의 뿌리, 생선의 머리 부분 등 먹지 못할 부분을 제거하고 식품을 먹기 좋은 모양이나 크기로 자르는 것이다. 썰기를 하면 식품의 표면적이 커지므로 가열할 때 열의 전도가 잘 되어 빨리 익고, 조미료의 침투도 잘 된다. 그러나 조리과정에서 영양소의 손실이 많아지는 단점이 있다.

음식의 종류, 식품재료에 따라 여러 가지 써는 방법이 이용되고 있다. 맛이 잘 배어들게 하거나 단시간에 식품의 성분을 국물로 용출시키려고 할 때에는 작게 썰어 표면적을 크게 해주며, 반대로 식품 중의 성분을 되도록 적게 용출되게 하려면 크게 썰어 표면적을 삭게 하여야 한다.

또 식품의 크기나 표면적뿐만 아니라 섬유의 방향도 고려하여 썰어야 할 경우가 있다. 예를 들면, 고기는 생선에 비해 근섬유가 길고 질기므로 근섬유와 직각의 방향으로 썰어야 씹을 때 연하게 느껴진다. 그러나 가열 후에도 그 형태가 유지되게 하려면 근섬유의 방향과 평행되게 썰어야 한다.

② 가루내기, 갈기

가루내기(粉碎)는 절구나 방아 등을 이용하여 조직을 파괴하여 고운 분말상태로 만드는 것으로, 주로 미숫가루, 콩가루, 깨소금, 후춧가루, 고춧가루 등을 만들 때 이용된다.

식품을 갈 때에는 강판, 블렌더(blender), 푸드 프로세서(food processor) 등을 사용한다. 갈기(磨碎)는 식품재료의 조직을 균일하게 하고 표면적을 크게 하며, 재료 중에 함유되어 있는 효소의 활성을 좋게 하기 위한 조작이다. 갈거나 가루낸 식품은 소화, 흡수가 잘되고 풍미가 좋아지는 이점이 있으나, 식품의 조직이 파괴되므로 이로 인한 여러 가지 변화가 일어날 수 있다. 예를 들면, 채소나 과일 중의 비타민 C 산화효소가 조직의 파괴로 활성화되어 비타민 C를 파괴하고, 폴리페놀계 물질들은 활성화된 산화효소의 작용에 의하여 갈변이 촉진되어 품질이 저하된다.

(5) 섞기, 젓기

두 가지 이상의 재료를 서로 접촉시키면서 고르게 분산시키는 것이 섞기(혼합)이고, 재료를 저으면서 고르게 분산시키는 것이 젓기(교반)인데, 조리과정에서 주로 함께 행해진다. 예를 들면 마요네즈를 만들 때 달걀노른자에 식용유와 식초를 첨가하여 유화시키는 것은 섞기와 젓기를 함께 이용하는 것이다.

섞기에는 액체와 고체, 액체와 액체, 액체와 기체, 고체와 고체를 섞는 등 여러 가지 경우가 있을 수 있다. 섞기나 젓는 정도가 특히 제품의 물성을 좌우하는 예는 머랭(meringue), 휘핑크림(whipping cream), 마요네즈(mayonnaise) 등의 제조에서 볼 수 있다. 조리과정에서 식품을 섞거나 젓는 목적은 다음과 같다.

- 식품재료, 성분, 온도, 조미료 침투의 균일화　풀을 쑬 때 잘 젓지 않으면 밑부분이 타고 눌어붙게 되므로 잘 저어 온도의 분포를 균일하게 해준다. 또 나물을 무칠 때나 고기에 양념을 할 때 조미료를 넣고 잘 혼합함으로써 맛이 골고루 스며들게 된다.
- 유화, 기포의 형성　식용유, 식초, 소금 등을 섞고 잘 흔들거나 저어주면 일시적 유화액인 프렌치 드레싱(french dressing)이 만들어지고, 달걀흰자를 거품기로 저어주면 기포가 잘 형성된다.

(6) 냉각, 냉장

냉각 또는 냉장은 음식의 온도를 낮추어 차가운 감촉을 얻기 위하여 이용되기도 하나, 미생물의 번식이나 효소 및 성분 상호 간의 반응을 억제시키고 물성을 변화시키기 위하여 이용하기도 한다.

이 조작은 식품에서 열을 방출시키는 것이므로 되도록 열이 빠져나가기 쉬운 조건을 만들어 주어야 한다. 즉, 식품 주변 물체의 열전도율이 높고 식품과의 온도 차가 클수록 냉각효과가 좋다. 따라서 물이 공기보다 열전도가 잘 되므로 실온에서 방치하는 것보다는 찬물 속에 넣어 냉각시키는 것이 효과적이고, 냉수보다 얼음물에 담그는 것이 더 효과적이다.

또한 냉각속도는 식품의 표면적, 식품의 종류, 음식의 농도, 용기의 재질 등에 따라서도 달라진다. 젤리나 족편, 묵 등은 냉각시킴으로써 액체상태(sol)에서 일정한 형태의 반고체상태(gel)를 형성하게 되며, 냉채, 수정과, 식혜, 화채, 냉국 등은 찬 온도에서 그 독특한 맛을 내므로 차게 해서 먹는 것이 좋다. 냉장고에서 냉각시킬 때에는 미리 어느 정도 식힌 후 넣는 것이 효과적이다.

(7) 냉동, 해동

냉동은 식품 중의 수분을 얼려서 식품을 동결상태가 되게 하는 것으로, 아이스크림, 셔벗, 아이스케이크 등은 동결조작을 이용하여 만드는 음식이다.

또 냉동은 식품의 보존법의 하나로도 이용되고 있는데, 식품을 동결시킬 때에는 식품의 조직 파괴를 되도록 적게 하기 위하여 급속동결시키는 것이 좋다. 서서히 동결시키면 식품 속의 얼음결정이 성장하여 조직의 손상이 커지고 해동 후 드립(drip)의 유출량이 많아지므로 동결시간을 급속히 하여 식품 속의 물이 동결과정에서 많은 수의 작은 얼음결정으로 되도록 하여야 한다. 일반 가정에서는 주로 반조리식품이나 조리된 식품을 동결시켜 보존하였다가 필요할 때 사용하고 있다.

해동은 냉동식품의 얼음 결정을 융해시켜 원상태로 복구시키기 위한 것이다. 해동방법에는 완만해동과 급속해동이 있는데, 완만해동은 냉장고 내에서, 또는 실온의 서늘한 곳에서 해동하는 방법과, 물 또는 소금물에서 해동하는 방법이 있다. 급속해동은 동결된 것을 그대로 가열하는 방법과 극초단파(microwave)를 이용하는 방법이 있다. 반조리 또는 조리된 식품이나 데쳐낸 채소 등을 냉동저장하였다가 조리할 때에는 대부분 동결된 상태 그대로 직접 가열조리하여 해동과 조리가 동시에 이루어지도록 하는 급속해동방법을 이용한다. 이 방법은 드립의 유출이 어느 정도 방지되고 변질도 적은 이점이 있지만, 바깥쪽은 알맞게 가열되어 있는데 중심부는 동결상태 그대로 남아 있는 부분이 있다든지, 조리 시 기름이 튀는 등의 단점도 있다.

(8) 담기

담기는 다 만들어진 음식을 그릇에 모양 있게 담아서 시각적으로나 미각적으로 좋은 음식을 표현하는 조리의 최종단계이다. 그릇에 담을 때에는 각각의 음식에 적합한 그릇(재료, 형태, 크기 등)을 선택하고 음식의 모양, 색, 특징을 살릴 수 있도록 담는 분량이나 방법을 고려해야 한다.

즉, 음식이 접시나 그릇 밖까지 나오도록 너무 많은 양을 담거나 지나치게 적은 양을 담지 않도록 하며, 비슷한 음식은 한 그릇에 모아 담기도 하나, 조리방법이 다르고 특유한 냄새가 나는 음식은 따로따로 담아야 한다.

고명은 음식의 모양을 한층 더 아름답게 하여 맛있게 보이게 하므로 달걀지단, 실백, 실고추, 석이버섯 등 여러 가지 고명을 잘 선택하여 색이 잘 조화되고 음식의 모양이 돋보이도록 한다.

2) 비가열조리

비가열조리는 식품이 가지고 있는 특유의 외관, 향미, 촉감, 맛 등을 그대로 살릴 수 있는 조리방법이다. 식품을 가열하지 않고 먹으려면 식품의 조직과 섬유가 부드러워야 하며, 비가열조리에는 대체로 신선한 생선(회), 채소(생채, 샐러드), 과일 등을 이용한다. 가열하지 않으므로 가열조리에 비해 영양소의 손실이 적고, 채소나 과일의 경우에는 비타민의 파괴를 줄일 수 있다.

비가열조리에서는 식품이 가지고 있는 향미를 충분히 살리기 위해서 성숙 정도가 알맞고 신선한 제철 식품을 선택하여 위생적으로 다루는 것이 중요하다. 또한, 식품의 냄새가 다른 식품에 옮겨지지 않도록 도마의 청결에도 주의해야 한다.

(1) 생채, 침채류

생채소의 세포에 있는 수분이나 기타 성분은 세포막에 의해 외부와 차단되어 있으므로, 채소의 수분함량이 90%라도 물은 수화수(水和水)로서 존재하고 있어 밖으로 빠져나오지 않는다. 그러나 채소를 잘게 썰거나 강판에 갈면 세포가 파괴되어 액체가 분리되어 나온다.

또한 대부분의 채소는 다량의 수분을 함유하고 있어서 그대로 조미를 하면 조미료의 삼투압에 의해 채소로부터 수분이 빠져나와 양념맛이 연해져서 맛이 없어지므로, 소금을 사용하여 수분을 일부 제거한 후 조미한다. 소금에 절인 시간이 같은 경우 사용한 소금의 양이 많을수록 수분 방출량이 많다.

생채소에 소금을 첨가하면 소금은 세포벽을 뚫고 세포간질과 세포의 원형질막 사이까지 침투해 들어가므로, 원형질막을 중심으로 그 내부는 소금농도가 낮고 외부는 높아진다. 그런데 원형질막은 반투막이므로 소금은 이 막을 통과하지 못하고 내부의 수분이 외부의 소금농도를 희석시키기 위하여 원형질막을 통과하여 나오게 된다. 이렇게 계속 수분이 빠져나오면 결국 원형질 분리가 일어나게 된다(그림 2-5 참조).

채소에 소금을 첨가하여 눌러놓으면 삼투압에 의해 수분이 제거되고, 소금은 침투된다. 시간이 지남에 따라 젖산균이나 효모균도 번식하여 발효되고 향미와 함께 산미가 생겨 짠맛을 완화시킨다. 또한 소금 속의 Mg염이나 Ca염이 펙틴(pectin)과 결합하여 불용화되고 조직이 단단해지기 때문에 침채류는 특유의 씹힘성을 갖게 된다. 무거운 것으

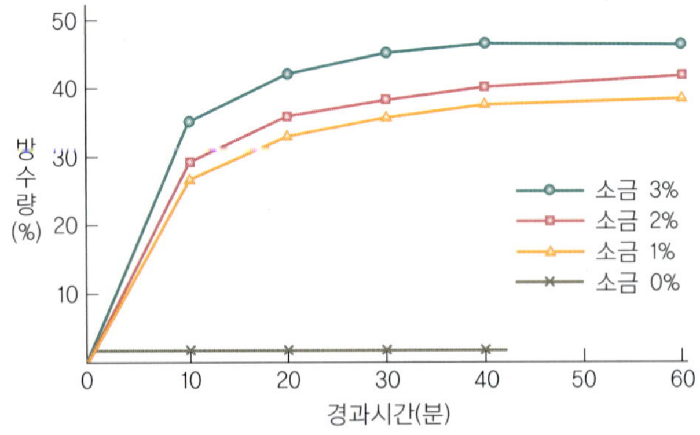

그림 2-4 **소금의 사용량과 오이의 수분 방출량**

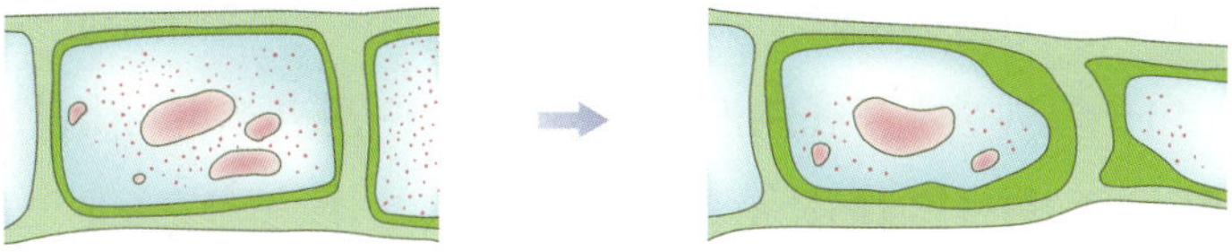

그림 2-5 **삼투압에 의한 원형질 분리**

로 눌러놓으면 탈수가 촉진되고 빠져나온 수분이 재료의 표면을 덮어 공기와의 접촉을 차단시키므로 잡균의 번식이나 변색을 방지할 수 있다.

표 2-3 **침채류의 보존기간과 소금농도**

	보존기간	소금농도
즉석 절임	2~3시간	2%
	1~2일	3%
보존용	2~3일	4%
	1개월	5~6%
	2개월	7~8%
	3~6개월	10~12%
	6개월 이상	15~25%

(2) 샐러드(salad)

생채소나 과일을 주재료로 만든 샐러드는 신선한 채소나 과일의 향과 맛은 물론 아름다운 색이 식욕을 돋울 뿐만 아니라 식탁을 돋보이게 한다.

채소류로 샐러드를 만들 때에 채소를 썰어 물에 담그면 삼투압에 의해 세포 안으로 물이 흡수되어 세포막이 팽팽해져서 싱싱해 보이고 아삭아삭한 질감을 갖게 되는데, 이때 냉수를 사용하면 세포막 속의 펙틴이 단단해져서 한층 좋은 텍스처를 갖게 된다. 또한 수침(水浸)에 의해 좋지 않은 맛성분이나 자극 성분이 침출되기도 하지만, 식품 특유의 풍미나 비타민 등의 수용성 성분도 함께 용출되므로 너무 오래 담가 놓지 않는 것이 좋다.

샐러드는 재료를 적절히 배합하고 샐러드 드레싱을 이용함으로써 다양하게 변화시킬 수 있다. 샐러드 드레싱의 기본 재료는 기름, 식초 또는 향신료, 유화제 등이며, 샐러드 드레싱에는 프렌치 드레싱(French dressing), 쿠크드 드레싱(cooked dressing), 마요네즈 등이 있고, 이들 드레싱에 토마토 케찹, 칠리 소스, 다진 파슬리 등을 섞어 다양하게 변형시켜 이용하기도 한다('제13장 유지류' 참조).

(3) 생선회, 육회

생선을 가열하지 않고 먹으려면 육질이 단단하고 탄력이 있는 신선한 생선을 구입하여야 한다. 생선은 일반적으로 육류에 비해 결합조직이 적어서 가열하지 않고 먹어도 부드러우며 소화가 잘 된다. 그러나 사후경직 기간이 짧고 효소에 의한 자기소화가 빨리 일어나 신선도가 떨어지기 쉬우므로 되도록 빨리 먹는 것이 좋다. 생선은 일반적으로 산란기 1~2개월 전의 것이 맛이 있다.

기름기 없는 연한 쇠고기를 곱게 채썰어 양념하여 날것으로 먹는 육회는 가열한 육류에 비해 부드러우나 기생충에 감염될 우려가 있다.

3) 가열조리

우리는 식품을 맛있게 조리하기 위하여 열을 가하는 경우가 많다. 가열조리에는 물을 매체로 하는 습열조리와 기름이나 공기를 매체로 하는 건열조리가 있다.

(1) 열의 전달

가열조리에서 열의 전달방식은 복사, 전도, 대류에 의하며 실제 조리에서는 이 중 어느 한 가지 전달방식으로 열이 전달되는 것이 아니라 복합으로 열이 전달되어 식품이 조리된다.

① 복사

복사(radiation)는 중간매체의 도움 없이 열원으로부터 직접 물체로 열이 전달되는 것이다. 적외선은 가시광선보다는 길고 라디오파나 음파보다는 짧은 전자파로서 열선이라고 알려져 있다. 태양열이 지구로 직접 전달되는 것은 바로 복사에 의한 것으로, 복사는 매우 빠른 열 전달방법으로 광속으로 전달된다. 전자파는 직진하기는 하지만 방사형으로 퍼지므로 열원과 물체의 거리가 멀수록 전달되는 양이 적다. 복사열을 이용하는 조리방법에는 broil, toast, 직화구이 등이 있다.

② 전도

전도(conduction)는 물체가 열원에 직접 접촉하였을 때 열이 그 물체로 이동하여 전해지는 것이다. 열이 전달되는 정도를 열전도율이라 하며 이는 물질에 따라 차이가 크다. 전기히터에 직접 닿은 냄비의 바닥이 데워지고 바닥으로부터 데워진 냄비는 점점 옆과 윗부분으로 열이 전달되어 그릇 전체가 뜨거워지는 것이 전도이며, 냄비의 안쪽에 직접 닿고 있는 식품도 역시 전도에 의하여 가열된다. 뜨거운 국그릇에 넣은 수저가 데워져서 손잡이 부분까지 뜨거워지는 것도 전도이다. 전도는 이와 같이 뜨거운 것으로부터 찬 것으로 열이 전달되며, 대부분의 금속은 열을 잘 전도하는 성질이 있다.

③ 대류

대류(convection)에 의한 열의 전달은 공기, 물, 기름 등을 통하여 이루어진다. 기체나 액체가 가열되면, 뜨거운 기체나 액체는 밀도가 감소하여 위로 올라가고 찬 부분은 아래로 내려가서 다시 가열된다. 이와 같이 아래에서 위로, 다시 위에서 아래로 흐름이 생기고 이 흐름에 의하여 매체 전체가 같은 온도로 된다.

서양조리에서는 오븐을 많이 사용하는데, 이때는 대류, 전도, 복사의 세 가지 방법이 모두 적용된다. 오븐 속의 공기는 대류에 의하여 데워지고, 뜨거운 공기의 열은 전도에 의하여 용기에 전달되어 식품에 전달되거나 식품의 표면으로 직접 전달된다. 팬을 두 개 이상 한꺼번에 넣을 때는 공기의 대류가 잘 일어날 수 있도록 엇갈리는 위치에 놓아야 한다.

오븐 가열에서 상당량의 열전달은 복사에 의하여 이루어진다. 오븐의 내벽으로부터 방사되는 복사선은 용기에 닿았을 때 용기의 종류에 따라 일부는 반사되고 나머지는 흡수되어 용기를 가열하고 용기로부터 식품으로는 전도에 의하여 열이 전달된다. 식품 표면에 직접 닿은 복사선은 직접 식품을 가열한다. 용기가 밝고 반짝이면 반사가 많이 되고, 어둡고 흐릿한 용기일수록 흡수가 많이 되며, 유리용기는 모두 투과된다. 따라서 굽는 식품의 종류에 따라 적절한 팬이나 용기의 선택이 필요하다.

(2) 열전달 매체

조리과정에서 식품에 열을 전달하는 데 이용되는 매체는 공기, 물, 수증기 및 기름이다. 실제 조리과정에서 이러한 열전달 매체는 복합적으로 이용된다.

① 공기

가열된 공기를 이용하는 조리는 건열조리로서 구이, roast, broil 등이 있다. 이러한 조리에서 식품 표면은 뜨거운 공기에 접촉되나, 식품 내부에서는 대부분 물이 열전달에 사용된다.

② 물

끓이기, 찜, 달걀 삶기, 채소 데치기 등에서는 물이 일차적인 조리매체로 사용되며, 물이 열전달 매체일 때는 최고온도가 물의 비점까지이다. 물은 공기보다 더 좋은 전도체이므로 식품은 물 속에서 더 빨리 가열된다. 식품이 뜨거운 물에 접촉되면 열이 직접 식품으로 전도되며, 물의 대류현상으로 더 고르게 가열된다.

③ 수증기

찌기도 역시 습열조리 방법으로 수증기의 기화열로 식품을 익히는 방법이다. 끓는 물 위에 찜틀(rack)을 놓고 그 위에 식품을 얹어서 용기의 뚜껑을 닫고 끓이면 용기 내부의 수증기에 의하여 식품이 가열된다. 수분함량이 많은 식품을 꼭 싸서 오븐에서 굽는 경우에도 찌는 것과 같은 효과가 생긴다.

④ 기름

기름은 볶기(sauté), 부치기(panfry), 튀기기(deep-fat fry) 등에서 열전달 매체가 된다. 기름은 비열이 낮아 빨리 고온으로 상승하고 물의 비점보다 훨씬 높은 온도에 도달하므로 조리시간이 짧아진다.

(3) 습열조리

① 삶기, 데치기

삶기는 물을 매체로 하는 습열조리 방법으로서, 많은 양의 물 속에서 가열하는 방법

열과 열량

열의 강도

열의 강도는 분자가 움직이는 정도를 말하며, 온도로 나타낸다. 보통 사용되는 온도는 섭씨(Celsius 또는 Centigrade, ℃)와 화씨(Fahrenheit, ℉)의 두 가지로 표시되며, 과학적인 목적으로 쓰이는 절대온도(Kelvin, K)도 있다.

조리과학에서 자주 적용되는 몇 가지 온도와 그 온도의 특성을 보면 다음과 같다.

온도와 온도 특성

온도		특성
℃	℉	
-18	0	냉동식품을 저장하는 온도
0	32	순수한 물의 빙점
4~7	40~45	냉장실 온도
20~25	68~77	실내온도
37	98.6	미지근한 온도(체온)
65	149	액체 데우기(scalding)
85	185	조용히 끓이기(simmering)
100	212	물의 비점
115	240	10 psi 또는 69 kPa의 압력에서 물의 비점

액체 데우기는 주로 우유를 끓이지 않고 데우기만 하는 것을 말하며, 커스터드의 맛을 좋게 하기 위해서, 또는 이스트빵의 반죽의 물성을 좋게 하고 구운 후 빵의 품질을 높이는 등의 목적으로 사용된다.

조용히 끓이기는 곰국이나 스튜(stew) 같은 음식을 조리할 때 일단 강한 불로 가열하여 끓기 시작한 후 화력을 낮추어서 장시간 가열한다.

열량의 단위

물질의 가열에 소요되는 열량(energy)은 어떤 물질을 이루는 분자들이 움직이는 정도만이 아니라 움직이고 있는 분자들의 수에 따라서도 결정된다. 예를 들면, 1컵의 물과 1 L의 물이 끓고 있다면 온도로 표시되는 열의 강도는 같으나 보유하고 있는 열의 총량은 다르다.

연료의 열량을 재는 단위로는 칼로리를 가장 많이 쓴다. 1칼로리(calorie, cal)는 1 g의 물을 1℃(14.5℃에서 15.5℃까지) 올리는 데 필요한 열량을 말하며, 비열은 물질 1 g을 1℃ 올리는 데 필요한 열량을 말한다. 1킬로칼로리(kilocalorie, kcal)는 1 kg의 물을 1℃ 올리는 데 필요한 열량으로 영양소의 열량을 나타낼 때 사용한다. 식품영양에서는 Cal을 kcal를 대신하여 사용하기도 한다.

이다. 이 조리법에서는 물의 대류에 의해 열이 식품의 표면에 전해지고, 이 열은 전도에 의해 식품의 표면으로부터 내부로 전해진다.

데치기는 삶기와 같은 조리방법이나, 가열시간이 짧고 다른 조리를 하기 위한 전처리로 이용되는 경우가 많다.

삶으면 재료가 부드러워지고 전분의 호화, 단백질의 응고를 촉진시키며, 재료의 좋지 않은 맛이 제거되고 색을 아름답게 한다. 그러나 삶기로 인해 보존성이 저하되거나(감자류, 근채류, 면류, 난류 등), 열에 의해 비타민 B_1, 비타민 C 등이 파괴되며, 맛있는 수용성 성분이 용출되는 등의 단점도 있다. 따라서 삶기에서는 삶는 온도와 시간, 삶은 후의 처리방법 등에 유의하여야 한다.

채소 데치는 요령

재료를 넣는 시기

엽채류, 화채류, 두류(마른 콩 제외)와 같이 섬유가 거칠고 열이 전달되기 쉬운 채소는 물이 끓은 후 넣는다. 특히 푸른잎 채소를 찬물에 넣고 가열하면 70~80℃에서 최대활성을 가지는 클로로필레이스(chlorophyllase)가 오래 작용하여 채소의 변색이 일어나기 쉽다. 끓는 물에 데칠 때에도 채소를 넣었을 때 온도가 갑자기 내려가지 않도록 많은 양의 물을 사용해야 한다.

감자류, 근채류는 열이 전달되기 어려우므로 찬물에 넣고 가열하는 것이 온도가 서서히 올라가서 표면과 내부의 온도 차가 적기 때문에, 표면이 부스러지지 않게 내부까지 가열할 수 있다.

가열 후의 처리

녹색 채소는 변색을 막기 위해 급냉시키는 것이 중요하다. 좋지 않은 맛성분을 함유한 채소(시금치, 미나리 등)는 찬물에 담가 변색 방지와 함께 그 성분을 제거한다. 좋지 않은 맛성분이 적거나 열에 의한 색의 변화가 적고 맛있는 성분의 유출이 큰 채소는 소쿠리에 건져 그대로 물기를 뺀다(콜리플라워, 양배추, 배추, 당근, 감자 등의 근채류). 또한 완두는 주름이 생기는 것을 막기 위해 삶은 물에 찬물을 서서히 넣어 식히도록 한다.

② 끓이기, 조리기

이 조리법은 비점 부근, 즉 95~98℃의 물이나 조미액 속에서 식품을 가열하는 습열조리로, 식품을 삶는 경우와 같이 물의 대류에 의해 열을 전달받아 조직의 연화, 전분의 호화, 단백질의 응고, 콜라겐의 젤라틴화 등이 일어나 알맞게 부드러워진다. 전도에 의해 내부까지 가열되며, 맛의 침투에 의해 여러 가지 음식이 만들어진다.

조리기는 육류, 생선, 조개류, 근채류(감자, 연근, 우엉), 콩 등에 널리 사용되며, 조미료의 양, 물의 양, 화력의 조절에 의하여 맛이 달라진다. 조림은 국이나 찌개와 달리 국물의 맛을 내는 것이 아니라 식품 자체에 맛이 잘 들도록 하는 것이 요령이다.

• 조미 끓이기는 가열 중 조미가 용이하고, 경우에 따라서는 식품이 가지고 있는 좋지 못한 향미를 바꿀 수도 있다. 또 동물성 식품이나 식물성 식품 모두에 적합한 조리법으로, 같은 용기에서 여러 가지 재료를 동시에 가열할 수 있다. 또한 각 재료의 향미 성분이 어울려 복합적인 맛을 낼 수 있을 뿐만 아니라, 담백한 맛에서부터 농후한 맛까지 다양하게 조리할 수 있다.

• 조미액의 양과 가열시간 채소류나 어패류는 수분이 많으므로 끓이면 조직이 파괴되어 그 자체의 수분이 액즙으로 용출되므로 비교적 적은 양의 국물로 단시간 끓여야 한다. 장시간 끓이면 채소류는 향미가 나빠지며, 생선은 근섬유가 짧기 때문에 부스러지기 쉽다. 또 일반적으로 건조식품은 먼저 물에 담가서 수분을 흡수시킨 후 끓이며, 흡수가 충분하지 않을 때는 끓이는 동안 점차로 수분을 흡수하여 연해지므로 물의 양을 많이 하여 약한 불에서 서서히 끓인다. 여러 가지 재료를 같이 조릴 때에는 시간이 오래 걸리는 재료부터 조리다가 다른 재료를 넣는다.

③ 찌기

이 방법은 물을 끓여 발생하는 100℃ 부근의 수증기가 식품에 끊임없이 접촉됨에 따라 열이 전달된다. 먼저 수증기는 식품에 닿아 응축되어 잠열(539 kcal/g)을 내고 물방울이 된다. 이 물방울은 수분이 적은 식품의 경우에는 일부 흡수되나, 대부분은 다시 가열되어 수증기가 되고 이 과정이 반복되면서 식품이 익게 된다. 만약 찜통의 물이 끓기 전에 식품을 넣거나, 도중에 찜통 안의 온도가 내려가면 식품의 표면에 수증기가 응축되어 겉쪽에만 흡수되므로 질어진다. 금속제의 찜통은 뚜껑 안쪽에 물방울이 고이기 쉬우므로 찜통의 밑 부분과 뚜껑 사이에 행주를 덮는 경우가 많다.

찜통의 받침 밑에 물이 있는 한 100℃ 부근의 온도를 유지할 수 있고 탈 염려가 없으며, 볶기나 튀기기에 비해 온도 관리가 용이하다. 그러나 끓이기에 비하면 간접 가열이므로 많은 연료와 긴 가열시간이 필요하다. 달걀찜과 같이 100℃ 이하의 온도를 일정 시간 지속시킬 필요가 있는 조리에서는 화력 조절에 특별히 주의해야 한다.

• 조미 찌기는 가열 중 조미가 어려우므로 가열 전에 조미하거나 가열 후 조미액을 끼얹거나 먹을 때 함께 내놓는다. 따라서 맛이 침투되기 어렵고 담백한 맛이 되기 쉽다. 식품이 가진 맛을 살릴 수 있으나, 바람직하지 못한 향미를 바꾸기는 어렵다.

(4) 건열조리

① 굽기

굽기는 인간이 불을 발견하면서부터 시작되어 수십만 년 동안 이용된, 가장 오래된 건열가열조리 방법이다.

굽기에는 금속망(석쇠)이나 꽂이 등을 사용하여 식품의 위치를 조절하면서 복사열에 의해 식품을 직접 가열하는 방법이 있고, 철판이나 냄비 등의 조리기구를 통하여 전도된 열이나 대류에 의하여 뜨거워진 오븐 내의 공기를 이용하는 간접 가열방법이 있다. 이 방법은 끓이기, 찌기 등의 습열가열에 비하면 열효율은 떨어지나, 여러 나라의 요리에서 폭넓게 이용되고 있다.

- **온도 조절** 굽기는 끓이기와 같은 습열가열과 달리 온도의 상승에 제한이 없기 때문에 타기 쉽다. 어육류는 표면의 온도가 150~200℃에 이르고 내부온도가 80℃ 전후가 되면 먹음직스러운 색이 되며, 단백질의 변성도 일어나 먹기에 바람직하게 된다. 구울 때의 표면온도가 지나치게 높거나 낮으면 바람직하지 않은 결과를 가져오므로 온도 조절이 어려운 조리방법이다. 직접 불 위에서 구우면 고온 가열에 의해 단시간에 구워지므로 재료가 가지고 있는 맛을 살릴 수 있으나, 화력이 너무 세면 표면만 타고 속이 익지 않으므로 고온의 화력을 전체적으로 멀리서 받게 하는 것이 중요하다. 철판구이의 경우에는 온도 변화를 적게 하기 위하여 열용량이 큰 두꺼운 가열용기를 사용하는 것이 바람직하다. 오븐은 다른 굽기 방법보다는 온도 조절이 비교적 용이하다.
- **향미와 조미** 적당한 온도에서 가열했을 경우 식품 표면의 수분이 증발하여 어육류의 경우 표면은 단백질이 수축되고 응고되나, 내부는 상당량의 수분을 함유하여 부드럽고 맛이 농축되며 보존성이 좋아진다. 또한 메일라드(Maillard) 반응의 결과 먹음직스러운 색과 향이 생기고, 지방의 분해와 당질의 캐러멜화에 의해 한층 향미가 좋아지므로 바람직하지 못한 수조육이나 어패류의 향미를 개선할 수 있다. 밀가루, 물, 달걀, 유지, 설탕, 우유 등을 재료로 하여 만드는 케이크나 빵 등에서도 굽기에 의해 위와 같은 변화가 일어나는데, 습열가열인 찌기에서는 얻을 수 없는 색과 향이 생긴다. 채소류 중에서 가지나 송이는 굽기에 의해 색과 향을 즐길 수 있고, 감자류 특히 고구마는 효소(amylase)의 작용으로 가열 중 단맛이 증가된다.

② 튀기기

튀기기는 건식가열방법의 하나로, 대류에 의해서 가열된 고온의 기름 속에서 식품을 가열함으로써 탈수, 흡유(吸油) 등에 의하여 독특한 맛을 내며, 영양가의 손실도 적다. 물과 기름의 교환에 의해 튀김에 흡수된 10~40%의 지방은 에너지원이 되고, 비타민 A, D, E 등 지용성 영양소를 용해하여 흡수를 좋게 하고, 기름의 종류에 따라서는 필수지방산의 급원이 된다.

- 온도 조절　튀기기는 굽기와 같이 온도 상승에 제한이 없고, 기름의 비열이 0.47 정도로 열용량이 적기 때문에 온도의 변화가 빠르다. 따라서 적당한 온도를 유지하기 위해서는 식품을 적당한 양으로 나누어 튀길 필요가 있고, 재료의 양에 따라 튀기는 데 필요한 시간이 다르다. 수분이 많고 표면적이 큰 식품은 급격한 탈수에 의한 기화열의 발산으로 기름의 온도가 갑자기 내려가므로 미리 어느 정도의 수분을 제거시킨 후에 튀기도록 한다.
- 기름의 온도　식품을 튀기는 기름의 온도는 130~200℃가 요구되나, 일반적으로 160~180℃의 온도가 많이 이용된다. 식품의 내부온도는 80~90℃가 적당한데, 기름의 온도와는 꽤 차이가 있으므로 두께가 두꺼운 식품은 저온에서 튀긴 후 고온에서 다시 튀기는 방법을 이용하거나 식품을 살짝 데친 후 튀겨내기도 한다.

③ 볶기, 부치기

볶기와 부치기는 고온의 냄비나 철판 위에서 소량의 기름을 사용하여 식품을 가열하는 조리방법이다. 고온에서 단시간 가열되므로 비타민류의 손실이 적고, 오히려 식품에 함유된 카로틴은 기름에 용해되어 체내에서의 이용률이 높아진다. 식품은 냄비나 철판의 열전도와 식품 상호의 열전도에 의해 가열되고, 기름은 열의 매체가 되면서 식품이 냄비나 철판에 눌어붙는 것을 방지한다.

전유어를 부칠 때 생선은 너무 얇게 저미면 살이 흩어지기 쉽고, 천엽은 그대로 부치면 오그라들므로 잔칼질을 하여야 하며, 채소는 너무 두껍게 썰지 않는 것이 좋다. 또한 전유어를 부칠 때 미리 밀가루를 묻혀 놓으면 식품에서 수분이 나와 끈적거리게 되므로 부치기 직전에 묻히는 것이 좋다.

- 온도 조절　볶기와 부치기는 튀기기에 비하면 기름의 양이 훨씬 적고, 200℃ 전후의 고온이 직접 전달되므로 타기 쉽다. 따라서 식품이 가열되는 부분을 단시간에 바꾸어

주어야 하므로 식품을 빨리 저어주거나 뒤집어줄 필요가 있다.

성질이 다른 식품을 균일하게 볶기 위해서는 열전달이 늦은 식품은 전처리를 하거나 이런 식품을 먼저 볶고 열이 전달되기 쉬운 식품을 나중에 넣어 볶아야 한다. 일반적으로 수분이 많은 식품의 경우에는 센 불에서 단시간 볶고, 양파나 밀가루를 볶을 때와 같이 재료 자체의 변화가 필요한 경우에는 화력을 약하게 하여 오랜 시간 볶는다.

기름의 양은 재료의 종류, 써는 방법, 가열시간 등에 따라 다르며, 수분이 많은 식품은 기름의 양을 적게, 기름을 잘 흡수하는 식품은 많게 조절하여 사용한다.

부치기는 약한 불에서 조리해야 속까지 잘 익게 된다. 부칠 때에 너무 자주 뒤집으면 생선은 부스러지기 쉽고 겉에 씌운 달걀옷이 벗겨지기 쉽다.

- **향미와 조미** 볶기는 일반적으로 고온에서 단시간 가열하므로 재료의 색이 아름답게 유지되고, 또한 볶는 과정에서 보기 좋은 색과 향이 생기게 된다. 양파를 볶으면 성분이 농축되고 당의 일부가 캐러멜화되어 독특한 향미가 생긴다. 또 다른 식품과 함께 볶으면 서로 맛이 어우러지게 되고 기름의 매끄러운 맛과 함께 복합적인 맛을 얻을 수 있다.
- **조리용구와 식품의 양** 볶기에 사용하는 조리용구는 열용량이 크고 두꺼우며, 재료를 젓기에 편한 것이 좋다. 가열온도가 70~80℃ 이상이 되지 않는 부분이 생기면 식품에서 많은 양의 수분이 빠져나오고 유리되는 지방의 양이 많아져 맛이 나빠진다. 한 번에 볶는 식품의 양은 조리용구 용량의 1/2 정도가 적당하다.

4) 조미

조미(調味)는 음식의 기호성을 높이기 위하여 중요하며, 조미료는 음식의 텍스처에도 여러 영향을 미친다. 동·식물의 세포막은 가열에 의해 반투과성을 상실하게 되므로 조미료는 확산에 의해 세포 안으로 침투되어 조미가 가능하게 된다.

(1) 조미료

조미료에는 소금, 간장, 된장, 설탕, 식초 등 여러 종류가 있으며, 이들 조미료가 음식의 기본적인 맛을 낸다. 조미료의 사용량은 조미료의 종류와 음식의 종류에 따라 달라진다.

① 짠맛을 내는 조미료

음식이 아무리 훌륭한 재료로 만들어졌다 하더라도 간이 맞지 않으면 맛이 있는 음식으로 평가받기 어렵다.

짠맛을 내는 조미료에는 소금, 간장, 된장 등이 있다. 간장과 된장의 염분농도는 각각 20~25%, 10~13% 정도이므로 이들 조미료를 사용하는 경우에는 소금 무게의 약 4~5배, 7~10배를 각각 사용하면 된다. 일반적으로 국물의 염분농도는 0.7~1% 정도이지만, 국물을 내는 재료에서 염분이 용출되는 경우도 있으므로 이를 적절히 조절해서 조미해야 한다.

조미액의 점도가 크면 식품에의 조미료 침투가 어려우므로 이를 잘 되게 하려면 전분은 조미료가 침투된 뒤에 첨가하는 것이 좋다.

- **소금** 소금은 짠맛을 내는 대표적인 조미료로서 주성분은 염화나트륨($NaCl$)이나 불순물로 염화칼륨(KCl), 염화마그네슘($MgCl_2$), 염화칼슘($CaCl_2$), 황산칼슘($CaSO_4$) 등이 소량 들어 있어 약간 쓴맛과 떫은맛을 가지고 있다. 이 불순물을 제거하는 정도에 따라 소금의 종류가 나누어진다. 소금은 식품의 조리, 가공, 저장에서 없어서는 안 되는 물질로, 짠맛을 내는 이외에 삼투압에 의한 식품 속의 수분 이동, 단백질의 변성과 응고 촉진, 전분풀의 점도 저하 등 식품의 물성에도 영향을 미친다.

소금의 종류

- 천일염 : 호염, 굵은 소금. 바닷물을 햇볕을 이용하여 건조시켜 얻는다. 염화나트륨 농도는 80%로서 김치, 오이지 등의 절임에 이용한다.
- 재제염 : 꽃소금, 고운 소금. 천일염을 다시 물에 녹여 재결정시켜서 얻는다. 염화나트륨 농도는 90%로서 일반 조리용으로 이용한다.
- 정제염 : 재제염을 재결정화하여 얻는다. 염화나트륨 농도는 99% 이상이다.
- 식탁소금 : 정제염에 방습제를 첨가하여 습기가 차지 않게 한 소금이다.
- 맛소금 : 정제염에 MSG를 첨가한 소금이다.

- **간장** 간장은 대두를 원료로 발효시킨 전통적인 발효식품이다. 간장의 맛은 원료 중의 단백질 성분이 숙성 분해되면서 생성된 각종 아미노산, 전분이 분해되면서 생성된 각종 당이나 유기산이 짠맛과 조화되면서 형성된 것이다. 간장에는 우리 가정에서 메

주를 띄워서 담그는 재래식 간장 이외에 양조간장, 산분해간장(아미노산 간장), 혼합 간장 등이 있다.

양조간장 : 탈지 대두나 농축단백을 *Asperigillus oryzae*로 분해시켜 만드는 제품으로 유기산과 당류가 풍부하고 향이 좋아 품질이 양호한 반면, 숙성기간이 6개월 정도로 제조기간이 길고 대규모 설비를 요하므로 생산비용이 많이 든다.

산분해간장 : 미생물이 아닌 산에 의해 원료를 분해시켜 만드는 것으로, 유기산이 단순하고 아미노산이 풍부하여 구수한 맛이 강하고 느끼한 맛이 있다. 산분해로 인하여 향이 좋은 편이 아니지만, 단시간에 대량생산이 가능한 장점이 있다.

혼합간장 : 양조간장과 산분해간장을 일정 비율 혼합한 것으로 각각의 장점을 살려 맛, 색, 향 등이 대체로 양호하다.

간장에는 특유한 맛과 향이 있으므로, 장시간 가열에 의하여 상실되는 일이 없도록 2~3회로 나누어서 첨가하는 것이 좋다.

• 된장　된장은 사용하는 주재료에 따라 콩된장, 쌀된장, 보리된장으로 나누기도 하고, 만드는 방법에 따라 재래식과 개량식으로 나누기도 한다.

재래식은 간장을 뜨고 난 나머지에 소금을 첨가한 것을 말하며, 개량식 된장은 쌀이나 보리를 사용하여 코지(koji)를 만들고 삶은 콩과 소금물을 첨가하고 섞어 발효시킨 것이다. 재래식으로 간장을 뺀 된장은 맛이 떨어지므로 여기에 생메줏가루와 소금물을 넣고 버무려서 익히면 향미와 영양가를 향상시킬 수 있다. 된장은 50% 정도의 수분을 함유하고 있으므로 운반이나 포장 등에 어려움이 있다.

② 단맛을 내는 조미료

단맛은 기본적인 맛 중에서 보편적으로 사람이 가장 호감을 느끼는 맛이며, 어떤 종류의 식품과도 잘 어울리는 맛이다. 단맛을 내는 조미료로서 설탕이 주로 사용되나 꿀, 물엿, 시럽 등의 독특한 향미의 당류를 조미에 사용하는 경우도 있으며 사카린(saccharin), 아스파탐(aspartame) 등 인공감미료를 사용하기도 한다.

인공감미료는 그 단맛이 설탕과 유사하지만 천연의 당류가 조리 중에 나타내는 여러 가지 기능이 없으므로 단맛을 내기 위한 목적 이외에는 거의 사용되지 않는다. 사카린은 발암성에 대한 논란이 있어 특정 식품 이외에는 거의 사용이 금지되어 있다. 1965년 미국에서 개발된 아스파탐은 아스파트산(aspartic acid)과 페닐알라닌(phenylalanine)

으로 구성된 다이펩타이드로서 상대 감미도는 설탕의 약 150~200배나 되며, 현재 우리나라에서도 널리 쓰이고 있다. 아스파탐은 설탕과 유사한 맛을 가진 장점이 있으나 열에 약하므로 가열조리식품에는 많이 쓰이지 않으며, 주로 음료에 사용되고 있다.

최근에는 식품 소재의 다양화와 생물공학 기술의 발달로 기존의 당류를 대체하는 소비톨, 만니톨 등의 당알코올류, 올리고당류와 같은 새로운 감미료의 연구 개발이 활발히 이루어지고 있다.

남미가 원산지인 다년생 초목 스테비아(stevia)에서 추출한 스테비오사이드(stevioside)는 설탕의 200~250배의 감미도를 가지며, 인체 내에서 분해, 흡수되지 않는 비칼로리성 감미료이다.

부드럽고 수분이 많은 식품의 경우에는 저농도에서 만족감을 느낄 수 있으나, 단단하고 수분이 적은 식품은 당농도가 높지 않으면 입에 넣었을 때 타액에 녹아서 혀의 미각세포에 의해 감미를 바로 느끼기 어려우므로 당농도가 높아지는 경향을 나타낸다. 여러 식품의 적당한 감미를 주는 설탕농도는 〈표 2-4〉와 같다.

③ 신맛을 내는 조미료

음식의 신맛을 내는 데에는 식초 이외에 감귤류와 같이 신맛이 강한 과일의 즙이나

표 2-4 감미식품의 설탕농도와 수분

식품명	설탕농도(%)	수분(%)
음료(홍차, 커피)	8~15	92~85
아이스크림	12~18	70~60
양갱	40~60	36~25
잼	60~70	30~25
밀크 캐러멜	75	8

요구르트 등의 발효유제품이 사용된다.

식초는 식품의 조리 및 가공에 많이 사용되는 산미료로 그 신맛의 근원은 초산이며, 식초에는 약 4%의 초산이 함유되어 있다. 식초는 제법에 따라 양조식초와 합성식초로 나눌 수 있는데, 양조식초는 초산발효균이 내는 효소 반응으로 초산을 생성하는 발효식

초이며, 합성식초는 화학적으로 합성된 빙초산을 희석하여 만든 화학식초이다. 양조식초에는 초산발효의 원재료에 따라 곡물식초, 과일식초 등이 있다.

식초의 첨가는 상쾌한 맛을 주는 이외에 식품의 pH를 낮추므로 단백질을 변성시키고, 보수성을 변화시키기도 한다. 또한 pH를 변화시켜 미생물의 번식과 효소작용을 조절할 수 있다.

감귤류 산미의 주 성분인 구연산은 비교적 강한 산미를 가지고 있으며, 항산화제와 함께 첨가되었을 때 항산화효과가 상승되는 것으로 알려져 있다.

④ 감칠맛을 내는 조미료

감칠맛(旨味, savory taste)을 내는 조미료로 처음에는 MSG(monosodium glutamate) 중심의 아미노산계 조미료와 핵산계 조미료가 단일 조미료(single component seasoning)로 이용되다가 MSG에 핵산계 조미료를 코팅한 복합조미료(compound seasoning)가 개발되었다.

그 후 쇠고기나 양념류를 혼합하여 만든 종합조미료(integrated seasoning)가 개발되었으며, 근래에는 천연 및 건강지향 심리를 지닌 소비자들의 욕구에 부응하여 자연식품에서 직접 생산되는 천연계 또는 천연조미료(nature-related or natural flavoring)가 개발되고 있다.

(2) 맛의 상호작용

맛을 내는 물질을 혼합했을 때 맛의 질이나 강도가 달라지는 경우가 있다. 단맛은 소량의 소금을 첨가하면 더 강해지고, 커피에 설탕을 첨가하면 쓴맛이 약해진다. 또 신맛이 너무 강할 때 설탕을 넣어주면 신맛을 약화시킬 수 있다. 신맛과 단맛의 조화가 잘 이루어지려면 0.1%의 식초용액에 5~10%의 설탕을 첨가하는 것이 좋다. 짠맛은 소량의 식초를 첨가하면 강해지나 어느 정도 이상의 식초 첨가는 짠맛을 약화시킨다. 즉, 1~2%의 소금물에 0.01%의 식초를 첨가하면 짠맛을 강하게 느끼므로 소금의 사용량을 줄일 수 있으나 0.05% 이상 첨가하면 오히려 짠맛이 감소된다.

(3) 조미 순서

일반적으로 조미료는 설탕 → 소금 → 식초 → 간장의 순서로 첨가한다. 설탕을 소금보다 먼저 첨가하여야 하는 것은 소금의 분자량이 설탕보다 작아 소금의 삼투속도가 설탕보다 빠르므로 설탕과 소금을 동시에 첨가하면 소금이 빨리 침투되어 수분이 빠져나오면서 조직이 수축되어 설탕이 침투하기 어렵기 때문이다. 또한 식초와 간장은 가열에 의해 휘발성 향기성분을 잃게 되므로, 향기성분을 남기고 싶을 때에는 가열이 거의 끝날 때쯤 첨가하거나 조금 남겨 두었다가 가열이 끝난 후에 첨가한다.

음식의 표면만 맛들이기 위해 단시간 가열하는 경우는 처음부터 조미료를 모두 섞어서 가열조리한다.

(4) 조미에 따른 텍스처의 변화

생채소에 소금을 뿌리면 삼투압의 차이에 의해 세포로부터 수분이 빠져나옴에 따라 텍스처가 변하며, 채소를 가열할 때에도 조미료의 첨가 시기에 따라 부드럽게 익을 때까지의 시간이 달라진다. 무와 감자는 설탕의 첨가 시기를 늦추는 것이 빨리 무르고, 감자, 고구마, 연근, 무 등은 소금을 넣고 끓이면 부드럽게 익을 때까지 더 많은 시간이 걸린다.

콩조림의 경우 처음부터 다량의 설탕을 첨가하고 끓이면 콩이 단단해지고 설탕이 콩의 내부까지 침투되지 않는다. 이것은 조직의 외부에 설탕의 농후한 층이 형성되어 콩 안과 밖의 용액의 이동이 끊기고 농후한 설탕용액의 높은 삼투압에 의한 탈수로 조직의 경화가 일어나며, 농후한 설탕용액의 침투성이 작아서 설탕이 대두조직의 내부에 들어가지 못하기 때문이다. 그러므로 이러한 경우에는 설탕을 한꺼번에 넣지 말고 몇 번에 나누어서 첨가하여 설탕의 농도를 점차적으로 높이는 것이 좋다.

식초는 연근이나 감자와 같이 전분을 많이 함유한 식품에 아삭아삭한 질감을 준다.

CHAPTER 3

식품의 기호성과 관능검사

1. 식품의 품질

2. 식품의 관능적 요소

3. 관능검사

기호란 어떤 사물을 즐기고 좋아하는 것으로 풀이되고 있다. 따라서 기호성은 자라온 환경에 의하여 형성된 개인의 습관과 해당 물질의 품질에 의하여 영향을 받게 된다. 식품의 기호성에는 대부분의 사람이 좋아하는 일반적 기호성과 일부 사람들만이 특별히 좋아하는 특수적 기호성이 있다. 사과의 아삭함, 감자튀김의 바삭거림은 대부분의 사람이 좋아하는 특성이다. 그러나 식품은 매일 섭취하기 때문에 자신도 모르는 사이에 그 맛에 익숙해져서 일정 식품에 대한 기호도가 개인 또는 사회에 따라 분명한 경우가 많다. 우리에게는 더없이 좋은 김치가 많은 서양인에게는 싫어하는 음식이 되기도 하며, 찰진 쌀밥을 좋아하는 우리에 비하여 한알 한알 떨어지는 쌀밥을 더 좋아하는 사람들도 있듯이 자라온 식문화 환경에 따라 기호성이 형성되기도 한다. 그러므로 식품의 기호를 평가할 경우 개인의 특성 및 사회적인 식문화에 대한 배려가 필요하다. 그러나 식품의 특성을 알아보기 위하여 특정한 특성의 강도를 평가하는 경우는 이런 배려가 필요하지 않으며 평가원을 통한 객관적 관능검사를 실시하여 결과를 도출한다.

1. 식품의 품질

식품의 품질은 양적 요소, 영양·위생적 요소 및 관능적 요소로 구성되어 있다. 양적 요소는 식품 생산자에게는 직접적으로, 소비자에게는 간접적으로 관련되는 식품 품질 평가의 기본적인 요소인 무게, 부피, 고형분 함량, 수량 등으로서 실험적으로 측정하거나 목측하여 알아볼 수 있다. 양적 요소는 포장식품의 품질 결정에 중요하므로 무게, 수량 등을 정확히 기재하도록 되어 있다.

영양·위생적 요소는 외관으로 직접 감지할 수 없는 내면적 요소(hidden attribute)이다. 식품섭취의 일차적인 목적이 인간의 생명과 건강상태 유지에 필수적인 영양소의 공급에 있으므로 식품의 영양소 조성 및 함량, 영양소의 질 및 효율은 식품 종류의 선택에 있어 매우 중요한 요소이다. 또한 영양저해물질, 독성물질, 유해 미생물의 유무 등의 위생적 요소도 건강한 식생활을 영위하기 위하여 중요하다. 그러나 영양·위생적 요소는 경험이나 교육, 또는 식품포장에 적힌 식품표시(food label)를 통하여 알 수 있을 뿐, 음식을 먹는 당사자가 직접 측정할 수 없다.

식품을 선택할 때에는 식품의 양적 요소와 영양·위생적인 면을 많이 고려하지만, 이

두 요소는 식품의 기초적 필수요소로 「식품위생법」에 의해 대부분 충족되고 있다. 소비자가 일단 섭취할 식품의 종류를 결정하였다면 최종적으로 고려되는 것은 그 식품의 관능적 요소이다. 식품은 사람이 먹어야 하기 때문에 우수한 영양과 위생을 갖춘 식품이라도 맛이 없어 먹지 않으면 소용이 없게 된다. 따라서 기호성에 가장 크게 영향을 미치는 관능적 요소를 평가하는 관능검사는 실제적으로 식품의 품질평가에서 매우 중요한 위치를 차지하고 있다.

2. 식품의 관능적 요소

우리의 오감을 통하여 감지되는 식품의 관능적 요소를 체계적으로 분류하여 확립된 개념으로 정의하기는 어려우나, 일반적으로 겉모양(appearance), 향미(flavor), 텍스처(texture)로 분류하고 있다. 겉모양은 식품의 모양, 색깔, 크기, 형태, 투명도, 윤기, 외적인 결함 등을 판단할 수 있는 시각적 요소이고, 향미는 냄새와 맛을 인지하는 화학적 감각이라 불리는 후각·미각적 요소이며, 텍스처는 입 안의 혀, 잇몸, 입천장, 치아 등의 근육운동에 의한 것과 손가락 등으로 눌러볼 때 느끼는 촉각적인 요소이다. 그러나 사람들은 심리적으로 또는 경험을 통하여 이런 요소들을 독립적으로 인지하기보다는 종합적으로 인지하여 식품의 품질 및 기호를 결정하게 된다.

3. 관능검사

관능검사는 식품의 특성을 사람의 시각, 후각, 미각, 청각, 촉각에 의해 인지하고 이를 측정, 분석, 해석하는 과학분야로 정의할 수 있다. 관능검사에서는 식품의 특성과 기호성을 평가하기 위하여 분석기구와 같은 역할을 하는 평가원의 모든 감각기관을 사용한다.

1) 관능검사의 중요성과 적용

좋은 음식이란 기본적으로 영양·위생학적 요소에 적합하며 그 음식을 먹는 사람에 의해 '맛있다', '또 먹겠다'라는 평가를 받아야 한다. 이 기호성은 민족에 따라, 또 같은 민족이라도 성장, 문화적 배경에 따라 사람마다 다르다. 각 가정에서 하루 식사의 대부분을 섭취하던 때는 개인 또는 가족의 식성에 맞게 식품을 조리하여 먹게 되므로 제품의 특성이나 기호성에 대한 문제가 별로 중요하게 생각되지 않았으나, 외식이 많아지고 단체급식이 대형화되며 식품산업의 발달로 조리 가공된 편이식품, 과자, 스낵, 라면 등이 대중화·일반화되면서 식품의 특성과 그 식품을 소비하는 소비자의 기호성을 평가하는 관능검사에 대한 중요성이 크게 인식되고 있다.

식품의 관능검사는 식품회사의 연구·개발부에서 신제품 개발이나 품질 개선, 품질유지 및 저장 안정성 검사, 공정개선, 소비자 기호도 조사 등을 위하여 실시하며, 그 결과는 식품연구 및 마케팅의 여러 분야에 적용된다.

2) 관능검사에 영향을 주는 요인

관능검사를 효과적으로 실시하기 위해서는 분석기구와 같은 역할을 하는 평가원의 능력과 신체적·심리적 상태 등을 고려하여 평가원들 간의 측정 변이를 최소화하여야 하고 목적에 맞는 능력 있는 평가원들로 평가단(panel)을 구성하여야 한다. 평가과정을 적당하고 공정하게 행하려면 관능검사실의 환경을 적절히 갖추고, 시료의 제조 및 제공방법을 일관성 있게 하며, 타당한 평가방법 및 질문지를 작성해야 한다. 평가결과는 적절한 분석방법을 적용하여 객관성 있는 해석을 도출하여야 한다.

(1) 평가원의 생리적 요인

- 순응(adaptation)　주어진 자극에 지속적으로 노출될 경우 자극강도의 저하 또는 변화. 특히 냄새감각은 순응 정도가 빠름
- 강화(enhancement)　다른 물질과 섞여 있을 때 자극강도 증가. 예 소량의 소금을 넣은 설탕물의 단맛이 같은 농도의 설탕물보다 높음
- 상승(synergy)　각각 단독으로 있을 때의 자극강도의 합보다 두 물질 이상이 섞여 있을 때 자극강도가 더 높음 예 소량의 핵산조미료를 섞은 복합 조미료(MSG)의 감칠맛 강도

- 억제(suppression) 단독으로 있을 때의 자극강도보다 다른 물질과 섞여 있을 때 자극 강도가 낮아짐 예 설탕을 탄 커피의 쓴맛

(2) 평가원의 심리적 요인

관능검사 시 평가원의 무의식적인 심리적 요인에 따라 다양한 오차가 발생할 수 있다.

- 기대오차(expectation error) 사전에 얻은 정보에 의해 기대하여 판단하는 경우
- 습관오차(habituation error) 자극강도가 아주 완만하게 증가하거나 감소할 경우 동일 강도가 계속되는 것처럼 느껴지는 경향
- 자극오차(stimulus error) 용기의 모양, 색깔 등 외부적 자극의 차이에 의해 영향을 받아 시료 자체의 차이에 관계없이 판단할 경우
- 논리적 오차(logical error) 식품 내의 특성 중 두 개 이상이 서로 관련이 있다고 생각될 때 한 특성의 차이가 다른 특성의 차이 판단에 영향을 주는 경우 예 진한 색의 커피가 더 쓸 것이라고 생각
- 후광효과 오차(error of halo effect) 한 특성이 좋을 경우 다른 특성도 좋은 쪽으로 평가하려고 하는 경향 또는 그 반대
- 시료 제공순서에 의한 오차(error by order of sample presentation)
  - 대조효과(contrast effect) : 좋은 시료 뒤에 나쁜 시료를 제시하면 대조가 되어 각각 따로 평가할 때보다 나쁜 시료가 더 나쁘게 평가되는 경향 또는 그 반대
  - 그룹효과(group effect) : 대조효과와 반대의 효과로, 나쁜 시료들과 함께 좋은 시료를 평가시키면 좋은 시료도 나쁘게 평가되는 경향 또는 좋은 시료들 속의 나쁜 시료는 상대적으로 좋게 평가되는 경향
  - 중앙경향오차(error of central tendency) : 가운데 위치한 시료가 더 잘 선택되는 경향 (척도 사용시에는 가운데 구간을 사용하려고 하는 경향)
  - 시간오차/위치편견(time error/positional bias) : 시료의 제시 순서나 제시 위치에 따른 오차. 첫 번째 제시된 시료가 두 번째 제시된 시료보다 더 잘 선택되는 경향
- 상호암시(mutual suggestion) 평가자가 다른 평가자에 의해 영향을 받는 경우
- 동기의 결핍(lack of motivation) 평가원의 낮은 동기유발로 인한 불성실한 평가에 의한 오차. 평가원의 성취욕구를 유발시키기 위해 선물, 휴가 등 보상제도 실시 필요

(3) 관능검사실의 환경

관능평가실은 소음이 없고 번잡하지 않으면서 모이기 편한 장소가 좋다. 시료를 조리하고 저장할 수 있는 준비실과 평가수행장소로 나뉘어야 한다.

평가수행장소에는 개별 칸막이실(booth)을 열 개 정도 설치하며 또한 맛을 보며 토론할 수 있도록 원탁이 있는 개방된 자리도 마련하여야 한다. 실내온도는 20~25℃, 실내습도는 50~60%를 유지하도록 냉·난방 시설이 되어 있어야 바람직하다.

조명은 자연광과 인공조명을 함께 사용할 수 있도록 하며, 실내의 색깔은 연회색 등 밝고 안정된 색으로 하며, 냄새가 나지 않게 처리하고 외부에서 냄새가 유입되지 않도록 환기시설이 완비되어야 한다.

(4) 시료의 제조 및 제공

① 시료의 제조

시료는 사전에 정해진 방법에 따라 매번 동일한 조건으로 준비하여야 한다. 시료 준비에 사용되는 기구나 용기는 시료에 냄새를 오염시키지 않고 변색을 일으키지 않는 유리, 사기, 스테인리스강 등으로 만든 기구를 사용하는 것이 좋다. 다공성 물질인 나무나 냄새를 잘 옮기는 플라스틱제품은 가능한 사용하지 않도록 한다.

② 시료의 제공방법

시료의 제공 분량은 특별한 검사방법(역치실험이나 희석실험)이 아닌 경우 일반적으로 평상시 먹을 때와 같은 상태, 같은 분량을 맛보도록 하며, 3~4번 먹어볼 수 있는 분량을 제공하는 것이 적당하다.

시료를 담는 용기는 자체 냄새가 나지 않고 시료의 색깔에 영향을 주지 않는 것을 선택하며, 하나의 계속된 실험을 수행할 경우에는 같은 종류의 용기를 사용하여 판단에 영향을 주지 않도록 한다.

시료를 구별하기 위하여 주로 번호를 부여하며 난수표를 이용하여 무작위로 3자리 숫자를 선정하는 것이 일반적이다. 시료번호를 적는 펜은 잉크냄새가 나지 않는 것을 사용한다.

시료의 제공순서나 방법은 위치효과, 중앙경향오차, 대조효과 등에 의해 결과에 큰 영향을 주므로, 사전에 시료의 제공순서에 대한 완전한 실험설계를 하여 시료를 제공하여야 한다.

③ 시료의 제공온도

맛은 온도의 영향을 많이 받기 때문에 시료의 온도는 실험목적에 맞게 고려하여 결정하며, 시료 간에 동일한 온도를 유지하도록 주의하여야 한다. 시료는 평상시 섭취하는 온도로 제공하는 것이 일반적이나 특별한 온도로 제공하여야 할 경우도 있다.

온도 결정 시 고려할 점은 다음과 같다.

- 해당 식품을 평상시 먹을 때의 온도(커피 65~70℃, 아이스크림 -1~2℃)
- 품질 차이를 검출하기 쉬운 온도(식용유 44℃)
- 시료의 온도를 유지하기 쉬운 온도
- 시료의 성질에 변화가 일어나지 않는 온도

④ 시료의 제공횟수

일회 평가를 위한 시료들의 제공횟수는 시료의 특성에 따라 다르다. 검사당 보통 6개 정도의 시료를 평가하도록 하지만 향이 약하고 평가가 비교적 쉬운 시료는 10개까지도 제공할 수 있다. 향이 강하거나 매운맛, 쓴맛 등 뒷맛이 오래 남거나 기름기가 많은 시료는 1~3개 정도만 제공한다.

⑤ 입가심 식품, 동반 식품

시료의 특성에 따라 뒷맛을 신속히 제거하기 위하여 물과 함께 담백한 식품을 입가심 식품으로 제공하기도 한다. 매운맛이 강하거나 기름기가 많은 시료를 평가할 때 짜지 않고 달지 않은 크래커나 식빵, 쌀튀밥 등 본 평가에 영향을 주지 않는 식품을 제공하기도 한다. 소비자 검사 시에는 소비자가 시료를 평상시 섭취하는 형태대로 평가하는 것이 원칙이므로 커피 평가에는 설탕과 우유, 김치 평가에는 밥을 동반 식품으로 제공할 수 있다. 그러나 대부분의 차이식별검사에서는 입가심 식품은 제공하나 동반 식품은 제공하지 않는 경우가 많다.

3) 관능검사 평가원의 분류 및 선정

관능검사를 기획, 주도하는 기획자(experimentor)는 관능검사의 목적, 방법에 맞는 평가원들을 선발하여 훈련시켜야 한다. 평가원은 검사 시에는 향이 강한 비누나 화장품을 사용하지 않아야 하며, 검사 30분 전에는 커피, 껌 등 평가에 영향을 줄 수 있는 음식을 섭취하지 말아야 한다. 관능평가원은 그 목적, 능력에 따라 크게 세 그룹으로 분류할 수 있다.

(1) 전문가(expert, connoisseur)

전문가는 오랜 경험과 지식을 통하여 어느 특정 식품 또는 물질의 특성을 잘 이해하고 판단할 수 있는 사람으로 전문가 한두 명의 의견과 결정이 절대적으로 품질평가에 반영된다. 그 예로는 맥주, 포도주 등 주류나 차, 커피 등 기호음료의 품질을 평가하는 감정사, 향료 및 향수를 제조 평가하는 조향사 등이 있다.

(2) 훈련된 관능평가원(trained panelist)

주로 검사실 또는 실험실에서 활동하는 평가원(panelist, judge, subject)으로 다양한 제품의 특성을 분석적으로 평가한다. 각 평가원의 능력은 화학·물리실험에 사용되는 분석기기의 정확성과 같으므로 예민성, 재현성에서 신뢰할 만한 결과를 얻기 위하여 능력 있는 평가원 선정 및 훈련에 주의하여야 한다.

평가원 선정의 주의점은 다음과 같다.

① 관능검사 실행 시 인지된 의견을 언어적·수량적으로 잘 표현할 수 있는 사람
② 남의 의견을 잘 수용할 수 있는 사람
③ 미맹, 색맹이 아닌 사람
④ 축농증, 감기 등 호흡기 질병에 잘 걸리지 않는 사람
⑤ 가능한 한 60세 이하인 사람
⑥ 의치를 하지 않은 사람
⑦ 평가할 식품에 대하여 거부감이 없는 사람
⑧ 평가에 참석할 시간적 여유가 있는 사람

선발방법은 질문지 결과와 면담에 의해 관능검사에 흥미를 가진 2배수 이상의 대상자를 선정한 후 4원미 맛과 냄새에 대한 예민도 실험과 실제 실행할 검사와 유사한 사전검사를 통하여 선발한다. 구성인원은 일반적으로 10~20명 정도이다.

(3) 소비자(consumer)

일반인의 기호도나 선호 정도 등을 알기 위하여 실시하는 관능검사의 평가원으로 사전에 훈련되지는 않았지만 조사대상 식품, 또는 유사품을 사용하고 있는 소비자 중에서 사용하는 계층을 대표할 수 있도록 무작위로 선발한다. 최소한 24명은 넘어야 하며, 중형 소비자 조사에서는 40~200명, 대형일 경우에는 200명 이상을 선발한다.

4) 관능검사의 분류 및 방법

관능검사는 그 목적에 따라 크게 분석적 방법(analytical method)과 정서적 방법(affective method)으로 나눈다.

분석적 방법에서는 시료의 관능적 특성의 차이(difference), 유사성(similarity), 성질(quality)과 강도(quantity) 등을 평가하며 훈련된 평가원을 사용한다.

정서적 방법은 대상식품을 사용하는 소비자들의 기호도, 또는 선호도 등을 조사하기 위한 소비자 대상 관능검사로서, 대상식품을 사용하는 소비자 중 사용계층을 대표할 수 있는 사람을 평가원으로 선발한다.

(1) 분석적 방법(analytical method)

분석적 방법은 식별(discriminative)검사와 묘사(descriptive)검사로 나뉜다.

식별검사에는 시료 간에 차이가 있는지 없는지를 측정하는 차이식별검사와 평가자의 감각 능력을 측정하거나, 물질의 역치를 결정하기 위한 예민도검사가 있다. 묘사검사는 시료의 특성을 인식·기술하며, 그 특성의 정도를 주어진 척도를 사용하여 정량화한다.

① 차이식별검사(discriminative difference test)

차이식별검사는 관능검사 방법 중에서 가장 많이 사용되는 방법으로, 시료 간의 전체적인 차이를 분석적으로 식별 평가하는 종합적 차이검사와 시료 중 특정 특성의 차이를 식별, 평가하는 특성차이검사가 있다.

• 종합적 차이검사(overall difference test)

단일시료검사(single stimulus, single sample test) : 시료를 하나씩 제공하면서 기존에 기억하고 있는 표준시료인지 아닌지를 판단하게 한다. 우연히 정답을 맞출 확률은 1/2이며, 다른 방법을 실시하기 곤란한 경우에 사용한다.

단순차이검사, 이점차이검사(simple difference test, paired difference test) : 표준시료(A)와 대조품(B)을 AA, AB, BB, BA의 쌍으로 하여 제공된 쌍이 같은지 다른지를 판단하게 한다. 정답을 우연히 맞출 확률은 1/2이고, x^2검정으로 분석하거나 기존에 작성된 통계표에 의해 통계적 유의성을 검정한다. 통계표(별표 1)에서는 양측검정(two tailed test)을 사용한다. 그러나 이 방법은 심리학적 측면에서 볼 때 평가원에게 성취동기를 부여해 주는 측면이 약하다.

일-이점검사(duo-trio test) : 세 개의 시료를 동시에 제공하나 그 중 표준시료를 지정하여 먼저 표준시료를 맛보게 하고, 나머지 두 개의 시료 중 어느 시료가 표준시료와 동일한지를 평가하는 검사로 정답을 우연히 맞출 확률은 1/2이다. 이점차이검사보다 시료가 많이 드는 단점이 있으나, 표준시료와 대조시료의 특성이 다르기는 하지만 어떤 특성이 명확히 다른지 모를 경우 또는 전체적인 면으로 차이를 평가할 때 사용한다. 통계표(별표 1)에서는 단측검정(one tailed test)을 사용한다.

삼점검사(triangle test) : 삼점검사는 특성이 다른 두 개의 시료 차이를 평가할 때 사용되며, 비교적 정확하게 식별된다고 인정되어 차이식별 관능검사에서 가장 많이 쓰이는 검사방법이다. 세 개의 시료 중 두 개는 같은 시료를 제공하여 세 시료 중에서 특성이 다른 시료(홀수시료)를 선택하게 한다(그림 3-1 참조). 이때 제공될 수 있는 시료의 배치는 6가지(AAB, ABA, BAA, BBA, BAB, ABB)가 되므로, 위치 및 순위 오차를 제거하기 위해 사전에 무작위로 계획된 배치표에 의해 배치되어 각 평가원에게 제공된다. 평가원은 왼쪽으로부터 제공된 순서대로 맛을 보아 홀수시료를 지적하며 우연히 맞출 확률은 1/3이다.

감각의 둔화현상을 고려하여 시료에 따라 다르지만 한 번 검사 시 4회 이하(총 12시료)로 실시하는 것을 추천한다. 결과 분석은 x^2검정(별표 3)으로 분석하거나 이미 계산되어 있는 통계표(별표 2)를 이용한다.

예를 들어, 10명의 평가원이 삼점검사법을 3회 반복하여 얻은 결과 총 30횟수 중 18횟수의 정답이 얻어졌다면 통계표(별표 2)에 의하여 5% 또는 1%에서는 두 시료가 유의하게 다르나, 0.1%에서는 유의하게 다르지 않다고 결론을 내릴 수 있다.

- 특성차이 검사(attribute difference test)

이점비교검사, 이점강제선택차이검사(paired comparison test, 2-alternative forced choice test) : 특성이 다른 두 시료(A, B)를 동시에 제시하여 지시한 특성이 더 강한 것을 지적하게 하는 방법이다(그림 3-2 참조). 다른 방법보다 시료가 적게 들고 실시방법이 쉽기 때문에 많이 사용되며, 정답 확률은 1/2이다.

통계적용은 특성이 강한 것이 확실히 알려져 있으면 두 시료 시험을 위한 통계표(별표 1) 중 단측검정을 사용하고, 그 특성이 다르긴 하지만 어떤 시료가 강한지 확실히 모를 때는 양측검정을 사용한다.

예를 들어, 단맛의 강도 차이가 확실하지 않은 오렌지주스 A, B를 평가원 20명이 두 번 반복 측정한 결과, A가 더 달다고 한 답이 첫 번째는 13번, 두 번째는 15번이라면 반복결과 큰 차이가 없으므로 두 결과를 합하여 40번 중 28번으로 하여 통계

이름 ____________ 번호 ____________ 날짜 ________

다음에 제공되는 3개 시료 중 2개는 특성이 같고 하나는 다릅니다. 시료의 번호를 순서대로 쓴 후 왼쪽부터 순서대로 맛을 보아 이 중 다른 시료를 지적하여 그 번호에 ○표 하여 주십시오.

각 시료를 맛보는 중간에는 제공된 물로 입가심을 하여 주십시오.

시료번호 ______ ______ ______

기타 언급사항

그림 3-1 **삼점검사의 질문지 예**

이름 ___________________ 번호 ___________________ 날짜 ________

다음에 제공되는 두 가지의 오렌지주스를 왼쪽부터 맛보고, 그 중 단맛이 더 강한 주스의 번호에 ○표 하여 주십시오.

감사합니다.

시료번호 ___487___ ___562___

기타 언급사항

그림 3-2 **이점 비교검사의 질문지 예**

표에서 횟수 40란을 찾아 읽으면(이 경우 양측검정) 5% 유의수준에서 A가 더 달다고 할 수 있으나 1% 유의수준에서는 차이가 없다고 결론지을 수 있다.

삼점강제선택 차이검사(3-alternative forced choice test) : 삼점검사와 유사한 검사 방법이지만 지정한 특성이 강한 시료를 항상 홀수시료로 제공하여 선택하게 하는 검사이다. 제시순서는 특성이 더 강한 시료가 홀수시료가 되므로 AAB, ABA, BAA의 세 종류가 된다. 질문지에는 특정 특성(예 : 단맛)이 더 강한 시료를 선택하도록 요구한다. 결과분석은 삼점검사 통계표(별표 2)를 이용한다.

다중이점순위검사(pairwise ranking test) : 세 개 이상의 시료에 대하여 두 시료씩 짝을 지어 평가원에게 제공하여 주어진 특성의 강도를 비교, 평가하게 하고 그 결과를 Friedman의 방법에 의하여 통계분석한다.

예를 들면, 볶음 정도를 달리한 4종류(A, B, C, D) 커피의 쓴맛 강도를 비교하고자 할 때 6쌍의 시료(AB, AC, AD, BC, BD, CD)를 12명의 평가자에게 제공하여 제공된 시료쌍 중 쓴맛의 강도가 큰 것을 지적하게 한 결과는 〈표 3-1〉과 같다.

표 3-1 다중이점순위검사에 의한 커피의 쓴맛 강도 비교

쓴맛이 약한 시료 \ 쓴맛이 강한 시료	A	B	C	D
A	−	0	1	0
B	12	−	6	2
C	11	6	−	7
D	12	10	5	−

쓴맛이 약한 시료는 1점, 강한 시료는 2점으로 지정하여 순위 합계를 계산하면 다음과 같다.

A의 경우 　1(0+1+0)+2(12+11+12) = 71

B의 경우 　1(12+6+2)+2(0+6+10) = 52

C의 경우 　1(11+6+7)+2(1+6+5) = 48

D의 경우 　1(12+10+5)+2(0+2+7) = 45

계산된 순위 합의 결과 A가 가장 쓴맛이 강한 커피인 것을 알 수 있으며, Friedman의 T값을 계산하여 x^2 분포표(별표 3)의 해당 x^2 값과 비교하여 유의성을 검정한다.

$$T=(\frac{4}{P\times t})\times \Sigma R^2-[9p(t-1)^2]$$

$$=(\frac{4}{12\times 4})\times(71^2+52^2+48^2+45^2)-[9\times 12\times(4-1)^2]=34.17$$

p : 반복수(평가자 수=12) 　t : 시료수(4) 　R : 각 시료의 순위합계

유의수준 1%에서 시료수에서 1을 뺀 자유도 3의 x^2값은 11.3이고, 계산된 T값은 34.17로 훨씬 크므로 4종류 커피의 쓴맛은 1% 수준에서 유의성 있는 차이가 있다고 결론내릴 수 있다.

순위검사(ranking test) : 순위검사는 세 개 이상의 시료 중에서 주어진 특성이 큰 그룹 또는 작은 그룹의 시료를 선택하는 데 많이 사용되는 방법으로, 평가원은 주어진 특성에 대하여 맛을 본 후 시료를 임시로 배치하고 그 다음에 계속 맛을 보면서 강도의 순서를 정하여 순위를 결정한다.

순위검사는 일시에 많은 시료를 빠르게 시험할 수 있고, 표준품이 필요하지 않은

표 3-2 커피의 쓴맛에 대한 순위검정표

평가원	커피 A	커피 B	커피 C	커피 D
1	2	1	3	4
2	3	2	1	4
⋮	⋮	⋮	⋮	⋮
15	2	1	4	3
순위 합	32	26	36	56

장점이 있으나 시료 간의 차이 크기가 무시되는 단점이 있다. 시료수는 보통 3~6개 정도이며 10개를 넘지 않는 것이 바람직하나, 맛이 순하고 뒷맛이 오래 지속되지 않으면 15개 이상을 실시할 수도 있다. 결과분석은 Basker의 순위검정표(별표 4, 5)를 사용하거나 x^2 검정에 따른다.

평가원 15명이 순위검사로 네 가지 커피의 쓴맛에 대하여 관능검사를 실시한 결과는 〈표 3-2〉와 같다. 가장 쓴맛이 강한 커피를 1순위, 가장 쓴맛이 약한 커피를 4순위로 하였다.

$$x^2=[\frac{12}{NP(P+1)}]\times\Sigma(RT)^2-3N(P+1)$$

$$=(\frac{12}{15\times4\times4})\times(32^2+26^2+36^2+56^2)-(3\times15\times5)$$

$$=20.28(\text{자유도 : P}-1=3)$$

N : 평가원수=12　P : 시료수=4　RT : 순위합

x^2 분포표 점수 5%(자유도 : 3)=7.81　x^2 분포표 점수 1%(자유도 : 3)=11.34

평가결과를 계산식에 따라 x^2을 계산한 결과 20.28을 얻었으므로 x^2 분포표(별표 3)의 해당 자유도에서의 x^2값과 비교하면 1% 유의수준에서 쓴맛에 차이가 있다고 할 수 있다.

또는 순위검사 유의성 검정표(별표 4, 5)에 의해 평가원수 15, 시료수 4일 경우 표시된 순위합의 차이값이 5% 유의수준에서 19, 1% 유의수준에서 22이므로 순위 합이 가장 작은 커피 B는 26, 가장 큰 커피 D는 56으로 이 두 값의 차이가 작성된 표의 차이값보다 크므로 4종류 커피의 쓴맛은 1%에서 유의하게 다르다고 결론지을 수 있다.

표 3-3 **평점척도(구획척도)의 예**

평가원	커피 A
1	매우 약하다 (extremely weak)
2	
3	약하다 (weak)
4	
5	보통이다(moderate)
6	
7	강하다(strong)
8	
9	매우 강하다(extremely strong)

척도검사(scaling test) : 척도검사는 시료의 특성 강도가 어떻게 다른지를 조사하기 위하여 특성의 정도가 표시된 척도를 사용하여 평가하는 방법으로, 평점검사(rating test), 채점검사(scoring test)라고도 한다. 척도검사에서는 구획척도나 선척도(비구획척도)를 사용한다.

구획척도는 특성 강도가 서술된 척도를 제시하여 각 시료의 주어진 특성이 어느 강도에 속하는지를 평가하며, 주로 5점, 7점, 9점 또는 11점 척도가 사용된다(표 3-3 참조).

선척도는 대개 15cm(6 inch)의 직선상에 인지하는 강도만큼을 표시하게 하는 방법으로 다음은 선척도(비구획척도)의 예이다.

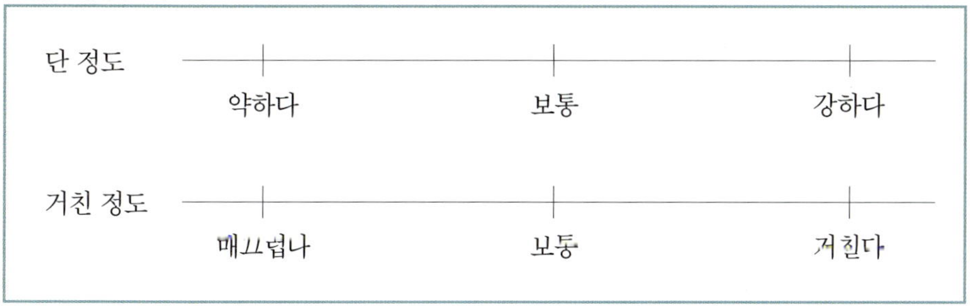

척도법에서 얻어진 결과는 평균, t-검정, 분산분석(ANOVA) 등의 통계분석을 실시하여 시료 간의 특성 차이 정도에 대한 유의성을 검정할 수 있다.

(2) 정서적 방법(affective method)

정서적 관능평가방법은 훈련되지 않았지만 대상시료를 사용하고 있거나 사용할 가능성이 있는 소비자를 대상으로 하는 소비자 관능검사라고 할 수 있다. 소비자 검사에는 검사장소에 따라 실험실검사(laboratory test, LT), 중심지역검사(central location test, CLT), 가정사용검사(home use test, HUT)가 있으므로 조사목적에 따라 검사장소를 결정하여야 한다.

소비자 관능검사도 정량적 방법과 정성적 방법으로 나눌 수 있다.

① 정량적 소비자 관능검사(quantitative consumer sensory test)

대상시료에 대하여 선호도, 기호도 등 전반적인 관능 특성에 대해 최소 24명 이상에서 수백 명의 다수 소비자를 대상으로 실시하는 검사로 같은 소비자에 의한 반복실험은 실시하지 않는다.

- 이점선호검사(paired preference test) 이점선호검사는 평가원이 두 시료 중 더 좋아하는 것을 선택하도록 하는 방법으로 이점비교검사와 같은 제공방법, 같은 통계처리(양측검정)를 한다.
- 순위선호검사(ranking preference test) 순위검사와 같은 방법, 같은 통계처리를 한다. 단지 3개 이상의 시료를 좋아하는 순서로 나열하게 하여 제일 좋아하는 것, 제일 싫어하는 것 등을 선별할 때 사용한다.
- 기호척도검사(hedonic scale test) 소비자가 주어진 시료를 얼마나 좋아하는지 그 강도를 측정하기 위하여 기호척도를 사용한다. 5점 기호척도, 7점 또는 9점 기호척도를 주로 사용하고 있다. 시료는 일상 먹는 방법대로 제공된다. 예를 들어, 3가지 커피의 기호 정도를 측정하려고 하면 설탕과 크림을 제공하여 평가자가 평소에 먹던 방법대로 각자 넣어 평가하도록 한다.

  9점 기호척도와 어린이들을 대상으로 실시할 때 사용할 수 있는 5점 얼굴표정 척도의 예는 〈그림 3-3〉과 같다.

  결과는 점수로 환산하여 평균, 분산분석 등의 통계처리를 한다.
- 적당정도척도검사(just about right scale test : JAR 척도) 어떤 특성에 대해 적당한 정도를 평가하는 검사로서 소비자들이 적당하다고 생각하는 특성 강도 범위를 정할

이름 ____________ 번호 ____________ 날짜 ________

제공되는 커피의 기호 정도를 V표 하시오(설탕과 크림은 각자 식성에 맞게 넣으시오).

시료번호	425	592	953
· 극도로 좋다.			
· 대단히 좋다.			
· 보통으로 좋다.			
· 약간 좋다.			
· 좋지도 싫지도 않다.			
· 약간 싫다.			
· 보통으로 싫다.			
· 대단히 싫다.			
· 극도로 싫다.			

그림 3-3 **기호척도와 얼굴척도의 예**

다음 시료를 맛본 후 각 특성에 대하여 해당하는 곳에 표시(v)해 주세요.

	□	□	□	□	□
이 시료의 단맛은	너무 약하다	약하다	적당하다(JAR)	강하다	너무 강하다
이 시료의 신맛은	너무 약하다	약하다	적당하다(JAR)	강하다	너무 강하다
이 시료의 쓴맛은	너무 약하다	약하다	적당하다(JAR)	강하다	너무 강하다

그림 3-4 **적당정도척도(JAR)의 예**

이름 ____________ 날짜 ________

	473	285
· 아주 자주 먹는다.	____	____
· 빈번히 먹는다.	____	____
· 좋아하며 때때로 먹는다.	____	____
· 있으면 먹지만, 없으면 먹지 않는다.	____	____
· 좋아하지 않지만 가끔 먹는다.	____	____
· 거의 먹지 않는다.	____	____
· 다른 먹을 것이 없다면 먹겠다.	____	____
· 억지로 먹어야 된다면 할 수 없이 먹겠다.	____	____
· 적절한 구입가격은 얼마입니까?	____	____
· 이외에 하실 말씀이 있으시면 적어 주시오.	____	____

473 ____

285 ____

대단히 감사합니다.

그림 3-5 **식품행동척도법을 이용한 질문지**

때 사용한다〈그림 3-4〉. JAR 척도의 간격은 균등하게 나누어지지 않으므로 결과분석 시에는 평균값을 계산하지 않고 각 항목에 대해 백분율을 구하는 것이 일반적이다.

- 식품행동척도법(food action scale) 소비자의 평가식품에 대한 생각을 분석하기 위하여 평가식품을 일주일에 몇 번 소비하는지, 얼마의 값을 주고 구입을 하겠는지 등을 질문지를 사용하여 조사, 평가하는 방법으로 〈그림 3-5〉에 질문지의 예를 제시하였다.

② 정성적 소비자 관능검사(qualitative consumer sensory test)

훈련된 면접관에 의하여 일대일 면접 또는 소그룹 토론을 통하여 대상시료에 대한 소비자의 반응을 알아보기 위하여 시행한다.

- 초점그룹검사(focus group test) 사전에 결정된 선발기준에 맞는 10명 내외의 소비자들이 대상시료에 대해 1~2시간 자유롭게 토의하며 면접관은 토의를 진행하며 결과를 분석한다.
- 소그룹검사(small group test) 4~6명 정도로 이루어진 소그룹을 대상으로 좀더 심도 있는 토의를 통하여 결과를 도출한다.
- 일대일 인터뷰 면접관에 의한 심층 인터뷰로 15~50명 정도의 소비자를 대상으로 일대일 면접을 통하여 소비자의 잠재요구사항 등을 도출하여 제품 개발에 적용할 수 있다.

별표 1 이점검사의 유의성 검정표(p=1/2)

검사자 수	단측검정 최소 정답 수			양측검정 최소 정답 수		
	α=0.05 (*)	α=0.01 (**)	α=0.001 (***)	α=0.05 (*)	α=0.01 (**)	α=0.001 (***)
7	7	7	–	7	–	–
8	7	8	–	8	8	–
9	8	9	–	8	9	–
10	9	10	10	9	10	–
11	9	10	11	10	11	11
12	10	11	12	10	11	12
13	10	12	13	11	12	13
14	11	12	13	12	13	14
15	12	13	14	12	13	14
16	12	14	15	13	14	15
17	13	14	16	13	15	16
18	13	15	16	14	15	17
19	14	15	17	15	16	17
20	15	16	18	15	17	18
21	15	17	18	16	17	19
22	16	17	19	17	18	19
23	16	18	20	17	19	20
24	17	19	20	18	19	21
25	18	19	21	18	20	21
26	18	20	22	19	20	22
27	19	20	22	20	21	23
28	19	21	23	20	22	23
29	20	22	24	21	22	24
30	20	22	24	21	23	25
31	21	23	25	22	24	25
32	22	24	26	23	24	26
33	22	24	26	23	25	27
34	23	25	27	24	25	27
35	23	25	27	24	26	28
36	24	26	28	25	27	29
37	24	27	29	25	27	29
38	25	27	29	26	28	30
39	26	28	30	27	28	31
40	26	28	31	27	29	31
41	27	29	31	28	30	32
42	27	29	32	28	30	32
43	28	30	32	29	31	33
44	28	31	33	29	31	34
45	29	31	34	30	32	34
46	30	32	34	31	33	35
47	30	32	35	31	33	36
48	31	33	36	32	34	36
49	31	34	36	32	34	37
50	32	34	37	33	35	37
51	32	35	37	33	36	38
52	33	35	38	34	36	39
53	33	36	39	35	37	39

검사자 수	단측검정 최소 정답 수			양측검정 최소 정답 수		
	α=0.05 (*)	α=0.01 (**)	α=0.001 (***)	α=0.05 (*)	α=0.01 (**)	α=0.001 (***)
54	34	36	39	35	37	40
55	35	37	40	36	38	41
56	35	38	40	36	39	41
57	36	38	41	37	39	42
58	36	39	42	37	40	42
59	37	39	42	38	40	43
60	37	40	43	39	41	44
61	38	41	43	39	41	44
62	38	41	44	40	42	45
63	39	42	45	40	43	45
34	40	42	45	41	43	46
65	40	43	46	41	44	47
66	41	43	46	42	44	47
67	41	44	47	42	45	48
68	42	45	48	43	46	48
69	42	45	48	44	46	49
70	43	46	49	44	47	50
71	43	46	49	45	47	50
72	44	47	50	45	48	51
73	45	47	51	46	48	51
74	45	48	51	46	49	52
75	46	49	52	47	50	53
76	46	49	52	48	50	53
77	47	50	53	48	51	54
78	47	50	54	49	51	54
79	48	51	54	49	52	55
80	48	51	55	50	52	56
81	49	52	55	50	53	56
82	49	52	56	51	54	57
83	50	53	56	51	54	57
84	51	54	57	52	55	58
85	51	54	58	53	55	59
86	52	55	58	53	56	59
87	52	55	59	54	56	60
99	53	56	59	54	57	60
89	53	56	60	55	58	61
90	54	57	61	55	58	61
91	54	58	61	56	59	62
92	55	58	62	56	59	63
93	55	59	62	57	60	63
94	56	59	63	57	60	64
95	57	60	63	58	61	64
96	57	60	64	59	62	65
97	58	61	65	59	62	66
98	58	61	65	60	63	66
99	59	62	66	60	63	67
100	59	63	66	61	64	67

별표 2 삼점검사의 유의성 검정표(p=1/3)

검사자 수	유의적 차이를 표명할 수 있는 최소 정답 수			검사자 수	유의적 차이를 표명할 수 있는 최소 정답 수		
	α=0.05 (*)	α=0.01 (**)	α=0.001 (***)		α=0.05 (*)	α=0.01 (**)	α=0.001 (***)
5	4	5	–	53	24	27	29
6	5	6	–	54	25	27	30
7	5	6	7	55	25	27	30
8	6	7	8	56	25	28	31
9	6	7	8	57	26	28	31
10	7	8	9	58	26	29	31
11	7	8	9	59	27	29	32
12	8	9	10	60	27	29	32
13	8	9	11	61	27	30	33
14	9	10	11	62	28	30	33
15	9	10	12	63	28	31	34
16	9	11	12	64	29	31	34
17	10	11	13	65	29	32	34
18	10	12	13	66	29	32	35
19	11	12	14	67	30	32	35
20	11	13	14	68	30	33	36
21	12	13	15	69	30	33	36
22	12	13	15	70	31	34	37
23	12	14	16	71	31	34	37
24	13	14	16	72	32	34	37
25	13	15	17	73	32	35	38
26	14	15	17	74	32	35	38
27	14	16	18	75	33	35	39
28	14	16	18	76	33	36	39
29	15	17	19	77	33	36	39
30	15	17	19	78	34	37	40
31	16	17	19	79	34	37	40
32	16	18	20	80	35	37	41
33	16	18	20	81	35	38	41
34	17	19	21	82	35	38	42
35	17	19	21	83	36	39	42
36	18	20	22	84	36	39	42
37	18	20	22	85	36	39	43
38	18	20	23	86	37	40	43
39	19	21	23	87	37	40	44
40	19	21	24	88	38	41	44
41	20	22	24	89	38	41	44
42	20	22	24	90	38	41	45
43	20	23	25	91	39	42	45
44	21	23	25	92	39	42	46
45	21	23	26	93	39	43	46
46	22	24	26	94	40	43	46
47	22	24	27	95	40	43	47
48	22	25	27	96	41	44	47
49	23	25	28	97	41	44	48
50	23	25	28	98	41	45	48
51	24	26	28	99	42	45	48
52	24	26	29	100	42	45	49

별표 3 x^2 분포표

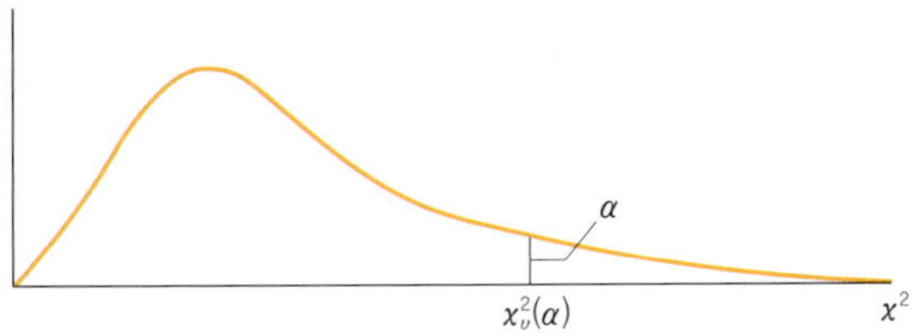

d.f.	α								
v	.990	.950	.900	.500	.100	.050	.025	.010	.005
1	.0002	.004	.02	.45	2.71	3.84	5.02	6.63	7.88
2	.02	.10	.21	1.39	4.61	5.99	7.38	9.21	10.60
3	.11	.35	.58	2.37	6.25	7.81	9.35	11.34	12.84
4	.30	.71	1.06	3.36	7.78	9.49	11.14	13.28	14.86
5	.55	1.15	1.61	4.35	9.24	11.07	12.83	15.09	16.75
6	.87	1.64	2.20	5.35	10.64	12.59	14.45	16.81	18.55
7	1.24	2.17	2.83	6.35	12.02	14.07	16.01	18.48	20.28
8	1.65	2.73	3.49	7.34	13.36	15.51	17.53	20.09	21.95
9	2.09	3.33	4.17	8.34	14.68	16.92	19.02	21.67	23.59
10	2.56	3.94	4.87	9.34	15.99	18.31	20.48	23.21	25.19
11	3.05	4.57	5.58	10.34	17.28	19.68	21.92	24.72	26.76
12	3.57	5.23	6.30	11.34	18.55	21.03	23.34	26.22	28.30
13	4.11	5.89	7.04	12.34	19.81	22.36	24.74	27.69	29.82
14	4.66	6.57	7.79	13.34	21.06	23.68	26.12	29.14	31.32
15	5.23	7.26	8.55	14.34	22.31	25.00	27.49	30.58	32.80
16	5.81	7.96	9.31	15.34	23.54	26.30	28.85	32.00	34.27
17	6.41	8.67	10.09	16.34	24.77	27.59	30.19	33.41	35.72
18	7.01	9.39	10.86	17.34	25.99	28.87	31.53	34.81	37.16
19	7.63	10.12	11.65	18.34	27.20	30.14	32.85	36.19	38.58
20	8.26	10.85	12.44	19.34	28.41	31.41	34.17	37.57	40.00
21	8.90	11.59	13.24	20.34	29.62	32.67	35.48	38.93	41.40
22	9.54	12.34	14.04	21.34	30.81	33.92	36.78	40.29	42.80
23	10.20	13.09	14.85	22.34	32.01	35.17	38.08	41.64	44.18
24	10.86	13.85	15.66	23.34	33.20	36.42	39.36	42.98	45.56
25	11.52	14.61	16.47	24.34	34.38	37.65	40.65	44.31	46.93
26	12.20	15.38	17.29	25.34	34.56	38.89	41.92	45.64	48.29
27	12.88	16.15	18.11	26.34	36.74	40.11	43.19	46.96	49.64
28	13.56	16.93	18.94	27.34	37.92	41.34	44.46	48.28	50.99
29	14.26	17.71	19.77	28.34	39.09	42.56	45.72	49.59	52.34
30	14.95	18.49	20.60	29.34	40.26	43.77	46.98	50.89	53.67
40	22.16	26.51	29.05	39.34	51.81	55.76	59.34	63.69	66.77
50	29.71	34.76	37.69	49.33	63.17	67.50	71.42	76.15	79.49
60	37.48	43.19	46.46	59.33	74.40	79.08	83.30	88.38	91.95
70	45.44	51.74	55.33	69.33	85.53	90.53	95.02	100.43	104.21
80	53.54	60.39	64.28	79.33	96.58	101.88	106.63	112.33	116.32
90	61.75	69.13	73.29	89.33	107.57	113.15	118.14	124.12	128.30
100	70.06	77.93	82.36	99.33	118.50	124.34	129.56	135.81	140.17

별표 4 Basker(1988)에 의한 순위법 유의성 검정표(5%)

평가원 수	시료 수								
	2	3	4	5	6	7	8	9	10
2		–	–	8	10	12	14	16	18
3		6	8	11	13	15	18	20	23
4		7	10	13	15	18	21	24	27
5		8	11	14	17	21	24	27	30
6		9	12	15	19	22	26	30	34
7		10	13	17	20	24	28	32	36
8		10	14	18	22	26	30	34	40
9		10	15	19	23	27	32	36	41
10		11	15	20	24	29	34	38	43
11		11	16	21	26	30	35	40	45
12		12	17	22	27	32	37	42	48
13		12	18	23	28	33	39	44	50
14		13	18	24	29	34	40	46	52
15		13	19	24	30	36	42	47	53
16		13.3	18.8	24.4	30.2	36.0	42.0	48.1	54.2
17		13.7	19.3	25.2	31.1	37.1	43.3	49.5	55.9
18		14.1	19.9	25.9	32.0	38.2	44.5	51.0	57.5
19		14.4	20.4	26.6	32.9	39.3	45.8	52.4	59.0
20	8.8	14.8	21.0	27.3	33.7	40.3	47.0	53.7	60.6
21	9.0	15.2	21.5	28.0	34.6	41.3	48.1	55.1	62.1
22	9.2	15.5	22.0	28.6	35.4	42.3	49.2	56.4	63.5
23	9.4	15.9	22.5	29.3	36.2	43.2	50.3	57.6	65.0
24	9.6	16.2	23.0	29.9	36.9	44.1	51.4	58.9	66.4
25	9.8	16.6	23.5	30.5	37.7	45.0	52.5	60.1	67.7
26	10.0	16.9	23.9	31.1	38.4	45.9	53.5	61.3	69.1
27	10.2	17.2	24.4	31.7	39.2	46.8	54.6	62.4	70.4
28	10.4	17.5	24.8	32.3	39.9	47.7	55.6	63.6	71.7
29	10.6	17.8	25.3	32.8	40.6	48.5	56.5	64.7	72.9
30	10.7	18.2	25.7	33.4	41.3	49.3	57.5	65.8	74.2
31	10.9	18.5	26.1	34.0	42.0	50.2	58.5	66.9	75.4
32	11.1	18.7	26.5	34.5	42.6	51.0	59.4	68.0	76.6
33	11.3	19.0	26.9	35.0	43.3	51.7	60.3	69.0	77.8
34	11.4	19.3	27.3	35.6	44.0	52.5	61.2	70.1	79.0
35	11.6	19.6	27.7	36.1	44.6	53.3	62.1	71.1	80.1
36	11.8	19.9	28.1	36.6	45.2	54.0	63.0	72.1	81.3
37	11.9	20.2	28.5	37.1	45.9	54.8	63.9	73.1	82.4
38	12.1	20.4	28.9	37.6	46.5	55.5	64.7	74.1	83.5
39	12.2	20.7	29.3	38.1	47.1	56.3	65.6	75.0	84.6
40	12.4	21.0	29.7	38.6	47.7	57.0	66.4	76.0	85.7
41	12.6	21.2	30.0	39.1	48.3	57.7	67.2	76.9	86.7
42	12.7	21.5	30.4	39.5	48.9	58.4	68.0	77.9	87.8
43	12.9	21.7	30.8	40.0	49.4	59.1	68.8	78.8	88.8
44	13.0	22.0	31.1	40.5	50.0	59.8	69.6	79.7	89.9
45	13.1	22.2	31.5	40.9	50.6	60.1	70.4	80.6	90.9
46	13.3	22.5	31.8	41.4	51.1	61.1	71.2	81.5	91.9
47	13.4	22.7	32.2	41.8	51.7	61.8	72.0	82.4	92.9
48	13.6	23.0	32.5	42.3	52.2	62.4	72.7	83.2	93.8
49	13.7	23.2	32.8	42.7	52.8	63.1	73.5	84.1	94.8
50	13.9	23.4	33.2	43.1	53.3	63.7	74.2	85.0	95.8
51	14.0	23.7	33.5	43.6	53.8	64.3	75.0	85.8	96.7
52	14.1	23.9	33.8	44.0	54.4	65.0	75.7	86.6	97.7
53	14.3	24.1	34.1	44.4	54.9	65.6	76.4	87.5	98.6
54	14.4	24.4	34.5	44.8	55.4	66.2	77.1	88.3	99.5
55	14.5	24.6	34.8	45.2	55.9	66.8	77.9	89.1	100.5
56	14.7	24.8	35.1	45.6	56.4	67.4	78.6	89.9	101.4
57	14.8	25.0	35.4	46.1	56.9	68.0	79.3	90.7	102.3
58	14.9	25.2	35.7	46.9	57.4	68.6	80.0	91.5	103.2
59	15.1	25.5	36.0	46.9	57.9	69.2	80.6	92.3	104.0
60	15.2	25.7	36.3	47.3	58.4	69.8	81.3	93.1	104.9

위의 표는 유의성을 나타내는 최대순위 합과 최소순위 합의 차이값이다.

별표 5 Basker(1988)에 의한 순위법 유의성 검정표(1%)

평가원 수	시료 수								
	2	3	4	5	6	7	8	9	10
2		–	–	–	–	–	–	–	19
3		–	9	12	14	17	19	22	24
4		8	11	14	17	20	23	26	29
5		9	13	16	19	23	26	30	33
6		10	14	18	21	25	29	33	37
7		11	15	19	23	28	32	36	40
8		12	16	21	25	30	34	39	43
9		13	17	22	27	32	36	41	46
10		13	18	23	28	33	38	44	49
11		14	19	24	30	35	40	46	51
12		15	20	26	31	37	42	48	54
13		15	21	27	32	38	44	50	56
14		16	22	28	34	40	46	52	58
15		16	22	28	35	41	48	54	60
16		16.5	22.7	29.1	35.6	42.2	48.9	55.6	62.5
17		17.0	23.4	30.0	36.7	43.5	50.4	57.3	64.4
18		17.5	24.1	30.9	37.8	44.7	51.8	59.0	66.2
19		18.0	24.8	31.7	38.8	46.0	53.2	60.6	68.1
20	11.5	18.4	25.4	32.5	39.8	47.2	54.6	62.2	69.8
21	11.8	18.9	26.0	33.4	40.8	48.3	56.0	63.7	71.6
22	12.1	19.3	26.7	34.1	41.7	49.5	57.3	65.2	73.2
23	12.4	19.8	27.3	34.9	42.7	50.6	58.6	66.7	74.9
24	12.6	20.2	27.8	35.7	43.6	51.7	59.8	68.1	76.5
25	12.9	20.6	28.4	36.4	44.5	52.7	61.1	69.5	78.1
26	13.1	21.0	29.0	37.1	45.4	53.8	62.3	70.9	79.6
27	13.4	21.4	29.5	37.8	46.2	54.8	63.5	72.3	81.1
28	13.6	21.8	30.1	38.5	47.1	55.8	64.6	73.6	82.6
29	13.9	22.2	30.6	39.2	47.9	56.8	65.8	74.9	84.1
30	14.1	22.6	31.1	39.9	48.7	57.8	66.9	76.2	85.5
31	14.3	22.9	31.6	40.5	49.6	58.7	68.0	77.4	86.9
32	14.6	23.3	32.2	41.2	50.3	59.7	69.1	78.7	88.3
33	14.8	23.7	32.7	41.8	51.1	60.6	70.2	79.9	89.7
34	15.0	24.0	33.1	42.4	51.9	61.5	71.2	81.1	91.0
35	15.2	24.4	33.6	43.1	52.7	62.4	72.3	82.3	92.4
36	15.5	24.7	34.1	43.7	53.4	63.3	73.3	83.4	93.7
37	15.7	25.1	34.6	44.3	54.1	64.2	74.3	84.6	95.0
38	15.9	25.4	35.0	44.9	54.9	65.0	75.3	85.7	96.2
39	16.1	25.7	35.5	45.5	55.6	65.9	76.3	86.8	97.5
40	16.3	26.1	36.0	46.0	56.3	66.7	77.3	88.0	98.7
41	16.5	26.4	36.4	46.6	57.0	67.5	78.2	89.0	100.0
42	16.7	26.7	36.8	47.2	57.7	68.3	79.2	90.1	101.2
43	16.9	27.0	37.3	47.7	58.4	69.2	80.1	91.2	102.4
44	17.1	27.3	37.7	48.3	59.0	70.0	81.1	92.2	103.6
45	17.3	27.6	38.1	48.8	59.7	70.7	81.9	93.3	104.7
46	17.5	27.9	38.6	49.4	60.4	71.5	82.9	94.3	105.9
47	17.7	28.2	39.0	49.9	61.0	72.3	83.7	95.3	107.0
48	17.8	28.5	39.4	50.4	61.7	73.1	84.6	96.3	108.2
49	18.0	28.8	39.8	50.9	62.3	73.8	85.5	97.3	109.3
50	18.2	29.1	40.2	51.5	62.9	74.6	86.4	98.3	110.4
51	18.4	29.4	40.6	52.0	63.6	75.3	87.2	99.3	111.5
52	18.6	29.7	41.0	52.5	64.2	76.1	88.1	100.3	112.6
53	18.8	30.0	41.4	53.0	64.8	76.8	88.9	101.2	113.7
54	18.9	30.3	41.8	53.5	65.4	77.5	89.8	102.2	114.7
55	19.1	30.6	42.2	54.0	66.0	78.2	90.6	103.1	115.8
56	19.3	30.8	42.5	54.5	66.6	78.9	91.4	104.1	116.8
57	19.4	31.1	42.9	54.9	67.2	79.6	92.2	105.0	117.9
58	19.6	31.4	43.3	55.4	67.8	80.3	93.0	105.9	118.9
59	19.8	31.6	43.7	55.9	68.4	81.0	93.8	106.8	119.9
60	20.0	31.9	44.0	56.4	68.9	81.7	94.6	107.7	120.9

CHAPTER 4

곡류 및 전분

1. 곡류

2. 전분

1 곡류

곡류는 쌀(미곡)·맥류·잡곡으로 분류하는데, 보리·밀·호밀·귀리 등을 맥류, 조·피·기장·수수·옥수수·메밀 등을 잡곡으로 구분하고 있으며, 나라에 따라 주로 섭취하는 곡류의 종류가 다르다. 동남아시아 및 극동지방에서는 쌀을, 유럽이나 중국 등지에서는 밀을, 라틴아메리카에서는 옥수수를, 러시아와 중부 유럽에서는 호밀을 주로 가공하여 섭취하고 있다.

곡류는 탄수화물이 약 75%를 차지하며 그중 대부분이 전분으로 구성되어 있다. 곡류에 함유되어 있는 단백질의 함량은 9~14% 정도이다. 곡류 단백질의 아미노산 조성을 보면 라이신(lysine), 트레오닌(threonine) 등의 필수아미노산이 부족하므로 곡류와는 다른 아미노산 조성을 가진 동물성 단백질이나 두류 등의 식품을 섭취하여 그 부족을 보충하여야 한다.

곡류에는 지방이 보통 2~3% 또는 그 이하로 들어 있으나, 불포화지방산을 많이 함유하고 있어 저장 중 변패를 일으키기 쉽고, 미강유에는 라이페이스가 많이 들어 있어서 변패가 더 잘 일어난다. 그러나 배아에는 항산화물질인 비타민 E가 들어 있어서 천연상태에서는 비교적 안정하다.

그 밖에 무기질로는 인이 많은 편이므로 산성식품에 속하고, 칼슘이나 철은 부족하므로 이를 보충해야 한다. 비타민은 탄수화물 대사에 필요한 B군을 함유하고 있으나, 외피와 배아 부분에 주로 많이 들어 있어서 도정에 의해 거의 제거된다. 곡류 중에서 황색 옥수수에는 상당량의 카로틴이 함유되어 있다.

곡류는 낟알 그대로 이용하기도 하고 빵이나 면류, 과자류와 같이 가루를 만들어 이용하기도 한다. 곡류의 전분을 추출하여 각종 용도로 사용하며, 곡류 입사를 그대로 튀기거나 곡류 속의 전분을 당화 또는 발효시켜 감미료나 술을 만들기도 한다.

1. 쌀

1) 쌀의 종류 및 특성

쌀의 원산지는 인도에서 중국 남부에 걸친 아시아대륙 동남부의 열대, 아열대 지역이다.

벼의 품종은 대단히 많지만, 인도형(Indica type), 일본형(Japonica type), 자바형(Javanica type)으로 분류하는데, 자바형은 인도형에 가깝기 때문에 인도형과 일본형으로만 구분하기도 한다. 대체로 인도형 벼는 키가 크고 쌀알이 가늘고 길며, 밥을 지었을 때 찰기가 적은데, 그 이유는 세포막이 두꺼워서 밥을 지어도 세포막이 파괴되지 않으므로 전분입자가 세포막 내에서 호화되기 때문이다. 자바형 벼는 키가 크고 쌀알이 약간 둥글고 길며, 밥을 지었을 때 찰기는 인도형보다는 강하다. 한편 일본형 벼는 키가 작고 쌀알이 둥글고 짧으며, 밥을 지었을 때 찰기가 강하다. 즉 세포막이 얇아서 밥을 지으면 그 막이 파괴되므로 전분이 세포 외부로 방출되어 호화되기 때문에 부드럽고 점성이 있게 된다.

쌀은 경질미와 연질미로도 구분하는데, 경질미는 소립 또는 중립종으로, 수분함량이 적고 단단하며 변질이 적어 저장성이 좋다. 연질미는 수분이 많고 맛은 좋으나, 변질되기 쉬워서 저장성이 떨어진다. 경질미는 연질미에 비해 단백질이 약간 많고 회분이 적다.

쌀에는 멥쌀과 찹쌀이 있는데, 모두 전분이 주성분이기는 하지만, 분자구조에 차이가 있다. 즉 멥쌀의 전분에는 직쇄상의 아밀로스(amylose)가 20% 정도 함유되어 있고, 나머지는 분지상의 아밀로펙틴(amylopectin)으로 되어 있는데 비해, 찹쌀의 전분은 아밀로펙틴으로 거의 구성되어 있다.

장립종

중립종

단립종

육안으로 보았을 때 멥쌀은 반투명한데 비해, 찹쌀은 배유세포 내의 전분함량이 낮아 건조하면 배유 내부에 미세한 간격이 생기므로 유백색을 띠게 된다.

비중은 찹쌀이 1.08, 멥쌀이 1.13으로 찹쌀이 약간 가벼우며, 단백질함량은 찹쌀이 8.7%로 멥쌀의 6.8%보다 더 많다. 찹쌀의 지질은 멥쌀보다 유리지방산과 저급불포화지방산이 많아서 산패되기 쉬우므로 저온 보관이 좋다.

찹쌀은 멥쌀의 전분에 비해 당화가 빠르고 소화흡수가 양호하나, 떡으로 만들면 치밀해지고 점성이 강해서 소화액의 침투가 어려워진다. 소화속도는 찹쌀이 빠르지만 소화율은 별 차이가 없다.

연간 1인당 쌀 소비량의 추이

우리나라의 연간 1인당 쌀 소비량은 지속적으로 감소하고 있다. 1982년도에는 130 kg이었는데, 2012년도에는 69.8 kg으로 30년 만에 쌀 소비량이 거의 반으로 줄었다.

연간 1인당 쌀 소비량의 추이(자료 : 통계청 2013. 1)

연도(년)	1982	1985	1990	1995	2000	2005	2010	2012
소비량(kg)	130	128.1	119.6	106.5	93.6	80.7	72.8	69.8

2) 쌀알의 구조와 도정

탈곡에 의하여 벼의 껍질(왕겨)을 벗겨 낸 쌀알을 현미라고 하며, 현미는 〈그림 4-1〉과 같이 과피(pericarp), 종피(testa), 호분층(aleuron layer), 배유(endosperm), 배아(embryo)로 되어 있다.

종피는 비교적 얇은 층이기는 하나 수분의 침투가 어렵고 섬유소가 많아 사람은 소화하지 못한다. 종피 바로 밑에 호분층이 있는데 여기에는 단백질과 지방이 풍부하나 세포막이 두꺼워 소화가 잘 안 된다. 배유는 곡류의 대부분을 차지하며, 수많은 전분입자로 가득 차 있는 세포들이 겹쳐서 존재하고 있으며, 세포막은 섬유소, 헤미셀룰로스, 펙틴 등으로 구성되어 있고, 세포막 가까이에 단백질이 존재하여 그 안의 전분을 둘러싸고 있다. 이 세포벽과 단백질의 존재가 전분입자의 호화와 팽윤을 제한한다. 배아(embryo)는 곡류 낟알의 2~3%를 차지하며, 이 부분의 세포는 불포화지방산을 많이 함

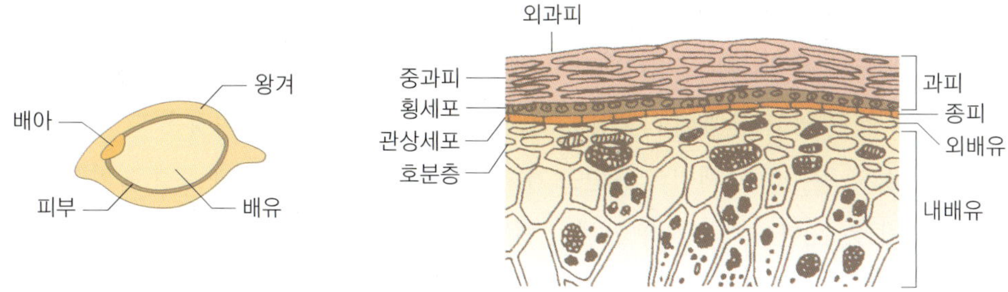

그림 4-1 **쌀의 구조와 현미의 단면**

유하고 있으므로 불안정하여 산화되기 쉽다. 또한 배아세포는 단백질, 철, 니아신, 티아민, 리보플라빈 등도 함유하고 있다.

종피와 호분층에는 단백질, 지방, 몇 종류의 무기질과 비타민이 존재하기는 하나, 섬유질이 많고 조직이 견고하여 밥을 지었을 때 수분 흡수가 잘 안 되고 전분의 호화가 완전히 일어나지 않는다. 따라서 먹었을 때 텍스처가 좋지 않을 뿐만 아니라 소화가 잘 안 되므로 이 부분을 제거함으로써 소화를 좋게 하고 입 안에서의 촉감 등의 기호도를 높이기 위하여 도정(搗精)을 하게 된다.

현미를 도정하여 8%의 강층(糠層 : 과피, 종피, 호분층)을 모두 제거한 쌀을 정백미(精白米)라고 하며, 현미를 도정하여 백미로 만들었을 때의 정백비율은 92%이다. 5분도미는 현미의 강층(쌀겨) 중 50% 만을 제거한 것이므로 현미에 대한 겨의 양은 4%이고, 7분도미는 70%의 겨를 제거한 것으로, 겨층이 남아 있으므로 색이 정백미보다 누렇고 밥을 지었을 때 입에서의 촉감이 좋지 않다. 현미를 도정하여 백미로 하면 맛과 기호도는 향상되나 약 90%의 비타민 B_1이 손실된다. 그러므로 백미에 부족한 비타민 B_1을 인공적으로 보충하기도 한다. 즉 백미를 비타민 B_1 용액에 침지, 흡수시켜 표면을 호화되게 하여 건조시켜 강화미(enriched rice)를 만든다. 과피에 색소를 포함하는 품종인 유색미는 착색정도에 따라 적색, 자색, 흑색을 띠는데, 포함되는 안토사이아닌 색소에 의해 항산화기능이 높다. 배유에는 색소가 없기 때문에 충분히 도정하면 흰 쌀로 된다.

파보일드 쌀

동남아에서는 벼의 저장성을 높이기 위하여 벼를 증기로 쪄서 건조시키는데 이것을 파보일드 쌀(parboiled rice)이라고 하며, 이와 같이 벼를 증기로 찌면 열처리과정 중 겨층이나 배아의 비타민과 무기질이 배유로 이행되어, 도정하더라도 비타민과 무기질의 손실이 줄어든다.

최근에는 씻지 않고 그대로 사용할 수 있는 청결미가 나오는데, 이것은 도정한 백미에 소량의 물을 분사하여 백미의 표면을 가수시켜 쌀입자 간의 마찰과 강한 흡입공기의 와류로 쌀겨 등 표면의 이물질을 완전히 제거한 것으로 간편하게 사용할 수 있고 저장성이 좋다.

3) 쌀의 조리

쌀은 주로 밥으로 이용되나 떡, 죽, 제과원료, 술의 원료로도 이용되고 있다.

(1) 밥

우리나라의 밥은 찐밥에서 시작되었고, 삼국시대 후기 무렵에 이르러 끓여 짓는 밥짓기가 일반화되기 시작하였다고 한다.

밥을 짓는다는 것은 쌀 속에 다량 함유되어 있는 전분을 호화시키기 위하여 쌀에 물을 붓고 가열하여 쌀알 속의 전분이 물을 흡수하여 팽윤되고 호화가 일어나게 하는 것이다. 그러나 배유의 세포막과 단백질 등 함께 존재하고 있는 다른 성분들에 의하여 전분의 물 흡수가 방해받기 때문에 쌀 전분입자를 단독으로 호화시켰을 때만큼 팽윤하지 못한다. 그러므로 쌀알에 함유된 전분이 충분히 호화되기 위해서는 98~100℃의 온도가 20~25분간 계속되어야 한다.

① 밥의 종류

밥은 여러 가지 곡류를 섞어서 짓기도 하지만 곡류 이외에 견과류, 채소류, 수조육류, 해산물, 서류 등을 섞어서 지을 수도 있다. 재료에 따라 밥의 종류를 구분하면 다음과 같다.

- **곡류로만 지은 밥** 강낭콩밥, 보리밥(맥반), 수수밥, 오곡밥, 팥밥(적두반)
- **곡류와 서류를 섞어 지은 밥** 감자밥, 서미반(잘게 썰어 말린 고구마를 섞어 지은 밥)
- **곡류와 견과류를 섞어 지은 밥** 밤밥, 별밥(찹쌀이나 멥쌀에 대추, 밤 등을 섞어 지은

밥), 나미반(찹쌀에 붉은 팥, 콩, 밤, 대추 등을 섞어 지은 밥), 혼돈반(멥쌀, 찹쌀, 삶은 팥, 대추, 밤을 넣고 지은 밥)

- 곡류와 채소류를 섞어 지은 밥　나물밥(돈채반), 무밥, 산나물밥, 죽순밥, 콩나물밥, 김치밥
- 곡류와 해산물을 섞어 지은 밥　굴밥, 조개밥, 연어밥(살짝 데친 연어를 쌀 위에 얹어 지은 밥)

② 밥짓기

- 쌀 씻기　씻기는 먼지나 겨 등의 불순물을 제거하기 위한 것이다. 첫 번째 씻은 물에는 불순물이 많이 함유되어 있으므로 많은 양의 물을 넣고 4~5회 저은 후 빨리 물을 버려 겨 냄새로 인한 밥맛의 저하나 밥의 부패를 방지한다. 그후에는 표면의 호분층이 유출되고 수용성 성분의 손실이 많을 수 있으므로 5회 정도 씻는 것으로 충분하다. 물로 씻는 동안 약 10%의 수분이 쌀에 흡수된다.
- 물에 불리기　씻은 쌀은 가열 시에 쌀의 중심부까지 균일하게 호화가 일어날 수 있도록 충분한 물을 흡수시키기 위해서 미리 물에 담가 둔다. 호화가 잘 되게 하기 위해서는 가열 전 20~25%의 흡수가 필요하다. 쌀을 물에 담가 두면 전분 내의 비결정부(非結晶部)에 물이 흡수되어 쌀 전분이 다소 팽윤하며, 그후 12~14%의 물을 더 흡수하여 쌀의 수분함량은 20~30% 정도가 된다. 흡수속도는 물의 온도에 따라 달라서 온도가 높으면 빨라진다. 흡수량은 물의 온도에 따라 다르나, 물에 담근 지 30분 이내에 급속한 흡수가 일어나고, 2시간 이내에 흡수 포화상태에 도달한다. 여름철에는 30분, 겨울에는 2시간 정도 물에 담그면 된다. 장시간의 불리기는 쌀입자가 부스러지고 수용성 성분도 유출되어 밥맛이 떨어진다. 급하게 밥을 지을 때에는 미지근한 물에 담가 흡수속도를 빠르게 할 수 있으나 더운 물에 오래 담가 두면 미생물이 번식하여 향과 맛이 변하기 쉬우므로 주의해야 한다.
- 가수량　밥을 지을 때 필요한 물의 양은 쌀로 침투해 들어가는 물의 양과 끓일 때 증발하는 물의 양을 합한 것이어야 한다.

맛있는 밥의 수분함량은 61~65% 정도로, 이때의 밥의 무게는 쌀 무게의 2.2~2.4배가 되고, 밥의 부피는 쌀 부피의 2.1~2.3배가 된다. 따라서 물 첨가량은 취반 시 증발량 10~15%를 합하여 쌀 무게의 1.4~1.6배, 부피의 1.1~1.2배가 적당하다. 연질

미나 햅쌀은 수분함량이 약간 많으므로 쌀 부피의 1.0~1.1배, 경질미나 묵은쌀은 쌀 부피의 1.3~1.4배가 적당하다.

쌀 이외의 부재료를 첨가하는 경우에는 부재료에 함유되어 있는 수분의 양과 함유되어 있는 수분이 가열에 의해 쉽게 빠져나오는지의 여부에 따라 물 첨가량을 고려하여야 한다. 예를 들면, 감자류, 밤 등은 가열하면 함유되어 있는 수분이 호화에 이용되므로 고려하지 않아도 좋으나, 엽채류, 조개류 등은 가열하면 수분이 빠져나오므로 물 첨가량을 줄여야 한다. 또한 대두, 팥 등의 건조식품은 미리 물에 담그거나 가열하여 흡수시킨 후 첨가한다.

• 가열　가열시간은 쌀의 양, 밥솥용기의 종류, 화력 등에 따라 차이가 있으나, 쌀에 함유되어 있는 전분의 완전호화를 위하여 충분히 높은 온도가 유지되어야 한다. 가열은 다음과 같은 단계로 행하여진다.

① 온도 상승기 : 물이 끓어 최고온도가 될 때까지의 시간을 말하며 강한 불로 가열한다. 온도 상승과 더불어 대류가 일어나고 쌀입자는 계속 수분을 흡수하여 팽윤된다. 충분히 물을 흡수한 쌀은 바깥쪽부터 호화되기 시작한다.

끓기까지의 시간은 쌀의 양에 관계없이 약 6~10분이 필요하고, 시간이 짧으면 쌀알 가운데 부분이 충분히 호화되지 않아 심이 있는 밥이 되고, 지나치게 길면 탄력성이 작아진다. 소량 취반의 경우 수침시간이 부족할 때에는 화력을 약간 약하게 하여 비등까지의 시간을 길게 할 필요가 있다.

② 비등기 : 비등이 계속되는 동안 쌀은 수분을 계속 흡수하여 호화가 진행되어 쌀입자 사이의 틈이 좁아지고 점착성이 생기며 유동성을 잃게 된다. 수분은 쌀입자 사이를 대류로 이동하면서 흡수와 증발에 의해 점차 줄어드는데 물이 없어질 때까지는 중간 정도의 불로 약 5분이 걸린다.

③ 증자기 : 호화가 쌀의 중심부를 향하여 진행되고 증기로 찌고 있는 시기이므로 화력은 아주 약하게 하는 것이 좋고, 물이 거의 없어질 때까지 약 15분간 이 상태를 지속시킨다. 이때 뚜껑을 열지 않도록 한다.

④ 뜸들이기 : 불을 끈 상태로 외부로부터의 가열은 없으나 여열에 의해 잠시 고온이 유지된다. 이 시기에 쌀입자 사이의 수분은 거의 흡수되어 중심부까지 완전호화가 이루어진다. 약 10분간 필요하며, 너무 오래 뜸들이면 솥 내부의 온도가 저하되면서 주변의 증기가 물방울로 응축되어 밥이 부분적으로 질어지고 밥맛이 없어진다.

- **부재료의 첨가시기** 부재료를 첨가하는 시기는 그 식품이 익는 데 필요한 시간을 고려한다. 예를 들면, 감자류, 당근, 밤 등과 같이 쌀과 거의 같은 시간에 익는 식품은 처음부터 첨가해도 좋으나, 조개류, 어육류와 같이 빨리 익는 식품이나 버섯류, 완두 등과 같이 오래 끓이면 특유의 향이 없어지거나 색이 나빠지는 식품은 밥이 끓은 후 첨가하는 것이 좋다.

밥맛에 영향을 미치는 쌀의 구성성분
전분 내 아밀로스 함량이 낮을수록 찰기가 커지고 맛있고, 단백질함량이 높은 쌀은 밥맛이 떨어지므로 6.5% 이하가 좋다. 글루탐산, 아스파트산 등 구수한 맛 아미노산은 맛 좋은 쌀에 많다.

(2) 죽

죽은 곡류를 이용한 유동식으로서, 곡식에 부피의 5~6배의 물을 붓고 오래 끓여서 낟알이 연하게 퍼지고 전분이 충분히 호화되어 소화되기 쉬운 상태로 만든 음식이다.

우리나라에서는 농사를 짓기 시작할 때부터 죽을 끓였으며, 농경사회에서는 환자용, 보양용, 별미용, 구황용 등으로 쓰임새가 구분되어 있었다.

① 죽의 종류

죽은 재료 배합에 따라 쌀만으로 끓인 죽, 쌀과 콩류, 쌀과 견과류, 쌀과 여러 가지 종실류, 쌀과 수조육류나 어패류, 채소류 등을 섞은 것, 인삼과 같은 약재를 넣어 끓인 것 등 종류가 다양하다. 조리법에서도 쌀알을 그대로 끓인 것(옹근죽), 부수어서 끓인 것(원미죽), 갈아서 앙금을 걸러 끓인 것(무리죽) 등이 있다.

여러 가지 죽을 재료의 배합과 조리법에 따라 분류하면 다음과 같다.

- **쌀만으로 끓인 죽** 흰죽, 쌀암죽
- **쌀과 콩류 또는 기타 곡류를 섞어 끓인 죽** 녹두죽, 팥죽, 율무가루죽, 조죽
- **쌀과 견과류를 섞어 끓인 죽** 잣죽, 밤죽, 호두죽
- **쌀과 채소류를 섞어 끓인 죽** 아욱죽, 근대죽, 죽순죽, 부추죽, 콩나물죽, 호박죽, 나복자죽(무씨를 삶은 물에 쌀을 넣고 끓임), 버섯죽(표고로 장국을 끓인 것에 쌀을 넣고 끓임)

- **쌀과 수조류를 섞어 끓인 죽**　닭죽, 양죽(소의 양을 곤 국물에 쌀을 넣어 끓임), 장국원미(쇠고기와 버섯류로 장국을 끓이다가 쌀가루를 넣고 끓임), 장국죽(쇠고기를 다져 맑은장국을 끓이다가 쌀을 넣고 끓임)
- **쌀과 어패류를 섞어 끓인 죽**　가자미죽, 게죽, 낙지죽, 생굴죽, 전복죽, 홍합죽, 대구죽(말린 대구의 살을 가루로 하여 쌀과 함께 끓임)
- **쌀과 종실류를 섞어 끓인 죽**　깨죽(흑임자죽)
- **쌀과 유제품을 섞어 끓인 죽**　우유죽(타락죽)
- **곡류와 약이성 재료를 섞어 끓인 죽**　녹각죽, 복령죽, 가시연밥죽(검인을 쪄서 말려 가루로 하여 쌀, 고기를 넣고 끓임), 서여죽(마의 앙금을 녹두분말이나 갈분을 섞어 끓인 죽)
- **곡류와 기타 재료를 섞어 끓인 죽**　고구마죽(말린 고구마와 삶은 팥, 콩류를 함께 넣고 끓이다가 밀가루를 넣고 끓임), 모과죽(모과가루와 좁쌀 또는 찹쌀 간 것을 섞어 끓임), 백합죽(백합의 줄기와 뿌리를 찧어 꿀과 함께 끓임), 소주원미(쌀가루로 되게 죽을 쑨 다음 소주나 백청을 탐)

② 죽의 조리법

죽을 끓일 때의 기본요령은 다음과 같다.

- 죽을 끓일 때에는 쌀을 미리 물에 담가 충분히 흡수시킨 다음 끓이도록 한다.
- 고기, 어패류 등을 섞어 죽을 끓일 때에는 먼저 고기나 어패류 등에 함유되어 있는 영양성분과 맛이 충분히 우러날 때까지 끓인 다음 그 국물을 쌀의 분량에 맞추어 조절한 후 국물이 끓을 때 불린 쌀을 넣고 끓이도록 한다.
- 팥죽이나 녹두죽을 끓일 때에는 먼저 팥이나 녹두를 충분히 삶아 걸러 가라앉힌 다음 먼저 웃물에 쌀을 넣고 끓여 익어 퍼졌을 때 가라앉혔던 전분을 넣고 끓이면 눋지 않는다.

(3) 떡

우리나라의 떡은 고대에서부터 명절음식·제사음식·선물용 등으로 쓰인 음식으로, 종류가 다양하며 만드는 방법에 따라 찐떡·친떡·지진떡·삶은떡 등으로 나눌 수 있다.

찐떡(蒸餠)은 쌀이나 찹쌀을 물에 담가 수분을 충분히 흡수시킨 후 고운 가루로 빻아 시루에 안쳐 뜨거운 김을 올려 익히며, 찌는 방법에 따라 설기떡과 켜떡(편)으로 구분한다. 설기떡은 멥쌀가루에 물을 내려서 한 덩어리가 되게 찌는 떡이며, 켜떡은 멥쌀이나 찹쌀가루에 거피한 팥고물·녹두고물·흑임자 볶은 것·대추와 밤·석이버섯을 곱게 채 썬 것 등 고물을 얹어가며 켜켜로 안쳐 찌는 떡이다.

찐떡을 만들 때에는 다음과 같은 점을 고려할 필요가 있다.

① 쌀가루를 체에 내려서 공기가 고르게 섞이게 하고, 시루에 안칠 때에는 꾹꾹 누르지 말고 사뿐하게 안쳐야 공기가 많이 들어가서 김이 빨리 오르고, 증기의 대류가 잘 이루어져서 쌀가루의 전분이 충분히 호화되며 떡의 텍스처도 좋아진다.
② 콩시루떡, 팥시루떡 등과 같이 쌀가루 사이에 고물을 얹으면 떡을 익히기 쉽다.
③ 찹쌀가루는 끈기가 있어 익으면서 밀착되므로 증기가 통과되기 어려워 멥쌀가루보다 고물 사이의 켜를 얇게 하거나 밤, 대추 등을 섞어서 찐다.
④ 쌀가루에 설탕물이나 꿀물을 내려서 찌면 탄력이 좋아질 뿐만 아니라 전분의 노화가 지연되어 떡이 쉽게 굳지 않는다.

친떡(搗餠)은 쌀 또는 떡가루를 시루에 쪄서 익힌 것을 절구나 안반에서 매우 쳐서 만든 떡이다. 친떡에는 절편·인절미 등이 있으며, 절편을 만들 때는 멥쌀을 쓰는데 비해 인절미는 찹쌀을 주원료로 하는 것이 다르다.

절편은 쌀가루를 찐 후 쳐서 가래로 비빈 후 참기름을 바르면서 떡살로 문양을 넣어주고, 인절미는 찹쌀 또는 찹쌀가루를 찐 후 몸이 고와질 때까지 친 것을 모양을 만들어 여러 가지 고물에 묻혀 만든다.

지진떡(煎餠)은 찹쌀가루나 차수수가루 등을 묽게 익반죽하여 기름에 지져 만든 떡으로, 화전이 여기에 속한다. 화전은 계절감을 잘 나타낼 수 있는 독특한 떡으로, 봄에는 진달래꽃, 가을에는 국화 등을 사용하여 예쁘게 만든다. 3월 삼짇날에는 진달래꽃을 얹어서 진달래화전으로, 9월 중구일에는 국화꽃이나 국화잎을 얹어서 국화전을 만들어 절식으로 먹는다.

삶은떡(단자병)은 여러 가지 경단, 석이버섯 또는 대추나 은행단자와 같이 떡가루를 반죽하여 모양을 만들어 익힌 떡이다. 경단은 찹쌀가루를 익반죽하여 둥글게 빚어서 삶아 건져 여러 가지 고물을 묻힌 것이다.

2. 밀과 밀가루

밀(小麥)은 BC 10,000~15,000년 무렵부터 중동에서 재배되었고, 우리나라에서는 삼한시대 이전부터 재배되었다고 추측된다.

밀은 파종시기에 따라 겨울밀(winter wheat)과 봄밀(spring wheat)로 구별되며, 봄밀은 겨울에 동해(凍害)를 입을 수 있는 추운 지방에서 재배한다. 또한 밀알의 단단한 정도에 따라 연질소맥과 경질소맥으로도 구분하며, 카로티노이드 색소의 함량에 따라 흰밀(white wheat)과 붉은밀(red wheat)로도 분류한다. 그 밖에 단백질함량이 높은 듀럼(durum)밀이 있는데, 마카로니나 파스타 제조에 주로 이용된다.

밀

밀의 내부조직의 구조는 쌀과 비슷하며, 복부에 종구(縱溝)가 있다(그림 4-2 참조).

밀알은 과피가 질긴 반면 배유가 분상(粉狀)이어서 눌러서 깨뜨리면 과피와 배유가 쉽게 분리될 뿐만 아니라 배유는 쉽게 가루가 된다. 따라서 밀은 다른 곡류와 달리 제분하여 밀가루로 만들어 빵, 국수 등 2차 가공품의 제조에 이용된다.

밀입자의 중심부는 단백질 함량이 낮고 대부분이 전분이며, 외부로 나갈수록 전분은 적어지고 단백질 함량이 증가하여 질이 단단해진다. 따라서 처음 생기는 가루(break flour)는 밀의 중심부가 부스러져서 나온 것이므로 단백질함량이 적기 때문에 박력분을 만드는 데 사용된다.

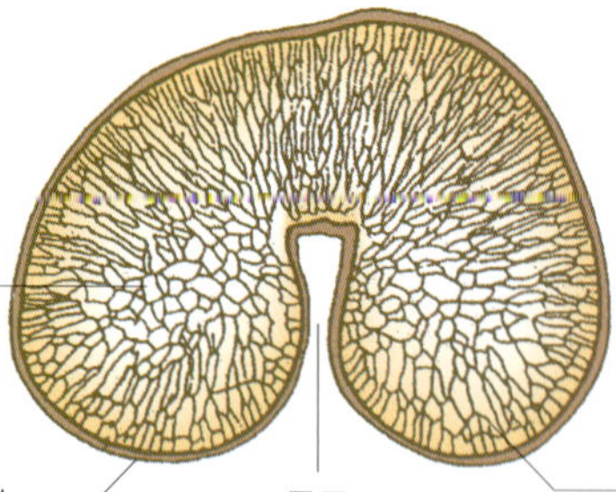

그림 4-2 **밀의 횡단면**

1) 밀가루의 종류

밀가루는 두 가지 방법으로 분류할 수 있는데, 하나는 밀알의 중심부로부터 시작하여 몇 퍼센트까지 섞어서, 즉 어느 정도의 제분율에 의하여 밀가루를 만들었는가에 따라 분류하는 것이고, 또 하나는 밀가루에 함유되어 있는 단백질의 함량에 따라 분류하는 것이다.

(1) 제분율에 의한 분류

밀을 제분하려면 break roll과 reduction roll이 필요한데, break roll은 표면이 우툴두툴하여 밀알이 들어가면 배아가 떨어지고 나머지는 작은 조각으로 부스러진다. Reduction roll은 표면이 매끄러워 작은 조각의 배유를 고운 가루로 부순다. 부스러져서 생긴 작은 덩어리의 배유를 middling이라고 하며, 이 middling을 reduction roll을 통과시켜 고운 가루로 만든다.

제분할 때 밀의 총 무게에 대한 밀가루의 무게비를 제분율이라고 하며, 밀기울을 포함시키는지의 여부에 따라 정제하지 않은 가루와 정제한 가루로 크게 나눈다.

① 정제하지 않은 가루

- 전밀가루(whole wheat flour)　제분과정에서 생긴 가루를 모두 섞어서 만든 것으로, 껍질과 배아가 함께 섞여 있어서 밀이 가지고 있는 영양소를 그대로 가지고 있다.
- 98% 밀가루　껍질만 제거한 것으로 영양가는 전밀가루와 거의 비슷하다.
- 85% 밀가루　밀알 전체에 대하여 배유가 85% 정도이므로 배유 전체로 된 가루이며, 약간의 껍질 부분이 섞여 있으나 무기질이나 비타민의 함량은 적다.

② 정제한 가루

정제한 밀가루는 제분할 때 생기는 처음 밀가루로부터 72%까지의 가루를 섞은 것으로, 제분율에 따라 〈그림 4-3〉에서와 같이 여러 종류의 밀가루가 있다.

Straight flour는 break flour와 middling에서 생긴 모든 가루를 섞은 것이고, patent flour는 break flour와 middling 중에서 원하는 가루만을 섞은 것으로 여러 가지가 있는데, 예를 들어 처음 생긴 가루부터 섞기 시작하여 60%만 섞은 것을 extra short 또는 fancy patent flour라고 한다. Patent flour를 얻고 난 나머지 가루를 clear flour라고 한다.

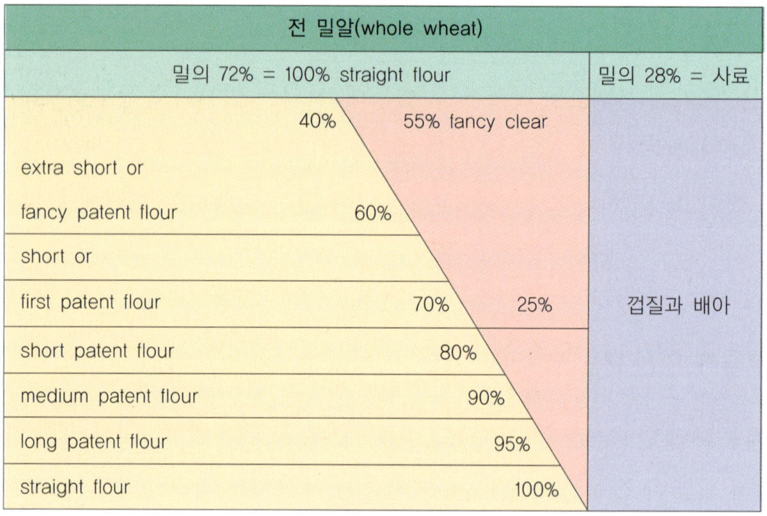

그림 4-3 **제분에 따른 밀가루의 종류**

(2) 단백질함량에 의한 분류

① 강력분(bread flour)

주로 경질밀로 만드는데, 단백질의 함량이 12~16% 정도이다. 단백질의 함량이 많으므로 글루텐 형성이 잘돼 탄력성과 점성이 강하고 수분 흡수율도 높으며, 흡착력도 강하다. 그러므로 이 밀가루로 만든 반죽은 크게 부풀며 주로 식빵을 만드는 데 사용된다.

② 박력분(cake flour)

연질밀로 만들며, 8~10%의 단백질을 함유하고 있다. 이 밀가루는 반죽 시 형성되는 글루텐의 탄력성과 점성이 약하고 물의 흡착력도 약하므로 주로 섬세한 조직의 케이크를 만드는 데 사용된다.

③ 중력분(all purpose flour)

단백질의 함량이나 반죽 시 단백질에 의해 형성되는 글루텐의 성질이 강력분과 박력분의 중간 정도이며 여러 가지 용도로 사용된다.

2) 글루텐의 형성

밀가루는 다른 곡류와는 달리 물을 넣고 반죽했을 때 글루텐을 형성하는 단백질을 함유하고 있다. 즉, 밀가루에 물을 첨가하여 반죽하면 밀가루에 존재하는 글리아딘(gliadin)과 글루테닌(glutenin)이 물과 결합하여 3차원 망상구조의 글루텐을 형성한다. 이 두 단백질이 글루텐을 형성할 때에는 〈그림 4-4〉에서 보는 바와 같이 긴 실모양을 한 글루테닌이 여기저기 겹쳐서 헐거운 실 같은 모양을 형성하고, 그 사이에 짧고 동글동글한 모양을 한 글리아딘이 몇 개씩 모여 끼어서 만들어진다. 글루테닌은 잡아당겨도 잘 끊어지지 않을 정도로 탄력이 강해서 글루텐에 탄성을 주고, 글리아딘은 부드럽고 달라붙는 성질이 있어 글루텐에 점성을 준다.

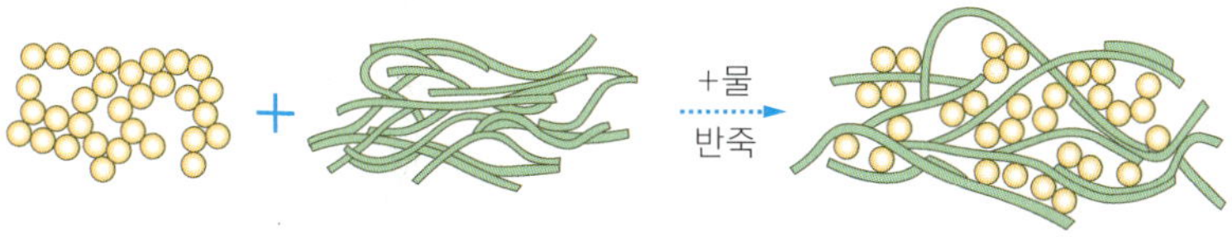

그림 4-4 **글루텐의 형성**

글루텐은 여러 개의 단백질 분자가 헐겁게 결합되어 실 같은 형태를 이루고, 이 실은 다시 여기저기가 연결되어 망 같은 형태를 이루게 된다. 글루텐 섬유 표면에는 수분이 흡착되어 있고, 글루텐 섬유와 섬유 사이에 전분입자와 지방입자가 끼어 벽을 형성하고 있다.

벽과 벽 사이에는 수많은 공기방울과 팽창제(leavening agent)에서 발생한 가스가 들어 있다가 밀가루 반죽을 가열하면 공기, 탄산가스, 수분에서 생긴 증기가 팽창하게 되고, 글루텐은 탄력성과 점성이 있기 때문에 이들 기체를 안에 보유한 채 응고될 때까지 늘어난다.

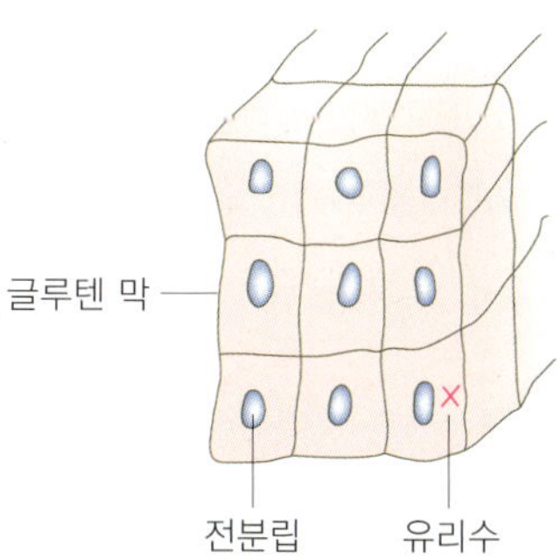

그림 4-5 **반죽(dough)의 구조 모형도**

글루텐이 형성되는 정도는 밀가루의 종류와 반죽의 정도에 따라 다르다. 그러므로 만들려고 하는 음식의 종류에 따라 밀가루의 종류와 반죽 정도를 달리해야 한다. 예를 들면, 튀김옷을 만들 때는 박력분을 가볍게 섞어 글루텐 형성을 적게 하는 것이 좋고, yeast bread를 만들 때에는 강력분을 사용하여 글루텐망이 강하게 형성되어 반죽이 매끈하고 탄성이 생길 때까지 충분히 반죽해야 한다.

3) 밀가루 제품에 첨가되는 부재료의 역할

(1) 액체

밀가루 반죽에 사용되는 액체로는 물 이외에 우유, 과일즙 등이 있으며, 밀가루 반죽을 혼합하여 굽는 과정에서 대단히 중요한 역할을 한다. 밀가루 반죽에서 액체의 역할은 다음과 같다.

① 설탕, 소금, 베이킹 파우더 등을 용해시켜 고루 섞이도록 한다.
② 글루텐을 형성하고, 전분을 호화시킨다.
③ 베이킹 파우더나 탄산나트륨의 반응을 일으키게 하여 탄산가스의 생성을 촉진한다.
④ 가열 시 증기를 형성하여 팽창제의 역할을 한다.

밀가루에 대한 물의 양은 반죽의 상태나 단단한 정도와 깊은 관계가 있으므로 각 조리에 적합하도록 물의 양을 조절한다. 밀가루 무게의 50~60% 정도의 물을 첨가하여 도마 위에 올려놓고 반죽할 수 있는 정도의 단단한 반죽을 도우(dough)라고 하며, 반죽에 충분한 액체가 첨가되어 주걱이나 숟가락으로 쉽게 저어줄 수 있는 상태의 무른 반

표 4-1 밀가루 반죽의 상태와 적당한 조리

밀가루 : 물(무게비)	반죽의 상태	적당한 조리
1 : 0.5 ~ 0.6	손을 둥글게 뭉칠 수 있는 정도(hard dough)	국수류, 만두껍질, hard biscuit, hard doughnut
1 : 0.6 ~ 1.0	숟가락으로 떠서 떨어뜨리면 덩어리지기는 하나 손으로는 반죽하기 어려운 상태(soft dough)	찐빵, soft doughnut
1 : 1.5 ~ 1.8	숟가락으로 떠서 떨어뜨리면 뚝뚝 떨어져 서서히 퍼지는 상태(drop batter)	튀김옷, 와플, hot cake(pan cake)
1 : 2 ~ 2.5	숟가락으로 떠서 떨어뜨리면 줄줄 흘러내리는 상태(pour batter)	얇은 튀김옷, 스폰지케이크

죽을 배터(batter)라고 한다. 최적 수분함량에 1% 차이가 나면 반죽의 단단한 정도는 5~15% 차이가 난다고 하므로 조심스럽게 물을 첨가하고, 물을 조금씩 넣어주는 것이 글루텐 형성이 많이 되므로 국수나 만두피와 같이 글루텐이 많이 형성되는 것이 좋은 음식을 만들 때는 물을 조금씩 나누어 넣어주며 반죽하는 것이 좋다.

물 이외에 설탕, 달걀, 우유, 버터 등이 첨가될 때에는 환수치(換水値)를 적용하여 물의 양을 조절한다. 환수치란 밀가루 반죽의 부드러운 정도에 대하여 첨가되는 부재료가 반죽하는 물로서 어느 정도에 상당하는가를 수치로 나타낸 것이다. 〈표 4-2〉는 각종 첨가재료의 환수치를 나타낸 것이다.

표 4-2 각종 첨가재료 100에 대한 환수치

재료명	재료의 수분(%)	환수치(30℃)	환수치(20℃)
물		100	100
우유	88.7	90	90
달걀	74.9	80	83~85
버터	17.0	70	80
설탕	0.1	30~40	33~40

(2) 지방

① 연화작용(shortening or tenderizing effect)

밀가루 반죽에서 글루텐의 망상조직의 발달을 억제하여 연화작용을 한다. 즉, 지방은 물에 불용성이기 때문에 밀가루 반죽 내에서는 글루텐 섬유 표면에 흡착되어 있는 수분의 표면에 얇은 막을 형성하는데, 이 지방의 피막이 글루텐의 표면을 덮고 있으면 글루텐 섬유가 길게 연결되지 못하여 길고 질긴 섬유를 형성하지 못한다.

또 지방을 덩어리로 넣으면 이 덩어리가 반죽하는 동안에 넓은 지방의 막을 형성하여 글루텐의 연결을 차단시키므로 얇은 층이 생기고 구운 후 바삭바삭해진다.

② 팽화작용(leavening effect)

가소성이 높은 고체 지방은 크리밍(creaming)하는 과정에서 공기를 잘 포함하므로 제품의 부피를 증가시키고, 텍스처와 조직을 좋게 해준다.

(3) 달걀

① 달걀 단백질은 가열에 의해 응고됨에 따라 글루텐을 도와 구워진 제품의 형태를 형성하는 것을 돕는다. 그러나 달걀을 많이 사용하면 밀가루 제품이 질겨질 우려가 있다.
② 기포를 형성하는 과정에서 반죽 내에 공기를 포함시켜 팽창제의 역할을 한다.
③ 달걀이 지닌 유화성은 반죽 내에 포함된 지방을 유화시켜 고루 분산시키는 작용을 하며, 조직이나 텍스처를 좋게 하여 제품의 질을 향상시킨다.
④ 맛과 색을 좋게 한다.

(4) 설탕

① 열을 가했을 때 쉽게 갈변하여 구워 놓은 음식의 표면을 보기 좋은 갈색으로 만든다.
② 팽화제로 이스트를 사용한 제품에서는 이스트의 성장을 촉진시킨다.
③ 첨가된 달걀의 열에 의한 응고온도를 높이기 때문에 반죽 내에서 달걀 단백질이 부드럽게 응고되게 하는 연화작용을 한다.
④ 설탕은 전분의 호화온도를 높인다.
⑤ 글루텐 형성을 저해한다. 그 이유는 반죽에서 설탕이 물을 흡수하여 글루텐 형성에 이용할 수 있는 수분의 양이 적어지기 때문이다. 따라서 설탕이 들어 있지 않을 때보다 글루텐 구조의 형성을 위해 반죽을 오래 해야 한다. 적당량의 설탕을 첨가하면 글루텐이 연화되어 팽창제에서 생성된 기체에 의해 쉽게 팽창하기 때문에 제품의 부피가 증가된다. 그러나 설탕을 지나치게 많이 사용했을 때에는 글루텐 형성이 정상적으로 되지 않기 때문에 가열 시 기체의 팽창에 의한 압력의 증가를 견디지 못해 표면이 갈라지고, 반대로 설탕이 너무 적을 때에는 결이 거칠고 제품이 질겨지기 쉽다.

(5) 소금

① 적당량을 사용하면 맛을 향상시키고 글루텐의 강도를 높여주나, 지나치게 많이 넣었을 때에는 글루텐을 강화하여 질기게 한다.
② 이스트를 사용한 제품에서는 발효작용을 조절해 준다.

4) 팽화제

팽화제는 밀가루 음식을 다공질 상태로 하여 가볍고 부풀게 하기 위하여 사용된다. 팽화는 반죽하는 동안 여러 과정(creaming, beating, folding 등)을 통하여 포함되는 공기나 반죽의 수분에서 생기는 증기에 의해 일어나기도 하며, 탄산가스를 이용하여 음식을 부풀게 하기도 한다.

(1) 공기

공기는 밀가루를 체에 치거나 반죽하는 동안 여러 과정을 통하여 밀가루 반죽에 들어가게 된다. 예를 들면, 버터나 쇼트닝을 설탕과 섞는 크리밍에서도 많은 공기를 포함시킬 수 있으며, 난백을 거품내기 위하여 젓는 비팅(beating) 과정에서도 많은 공기가 포함되어 기포를 형성한다. 또한 거품낸 달걀 혼합물에 다른 재료를 섞을 때 들어 있는 공기를 잃지 않도록 가볍게 섞는 폴딩(folding)에 의해서도 많은 공기가 포함된다. 이렇게 해서 밀가루 반죽에 들어간 공기는 반죽을 가열하면 팽창하면서 부피를 증가시켜 음식을 부풀게 하고 다공질로 만든다.

스폰지케이크는 주로 공기에 의한 팽화를 이용한 음식이다.

(2) 증기

밀가루 반죽에 첨가된 물, 우유 등의 수분은 열이 가해지면 수증기가 되면서 부피가 1,600배 이상으로 증가하여 음식을 부풀게 한다. 증기가 주된 팽화제일 경우에는 밀가루에 대한 물의 비율이 높아야 한다. 즉 수화(水和)된 결합수는 쉽게 증기화하지 않기 때문에 수분이 건조한 전분과 단백질을 수화하고도 많이 남아 있어야 한다.

또한 일시에 다량의 수분이 증기화해야 하기 때문에 빠른 시간 내에 고온이 유지되어야 한다. 따라서 팝오버(popover)와 같이 증기만으로 부풀리는 음식을 구울 때에는 뜨거운 오븐(220~240℃)에서 구워 충분히 부풀게 하여야 한다.

(3) 탄산가스

탄산가스는 반죽을 팽화시키는 데 중요한 역할을 하며, 반죽 내에서 탄산가스를 발생시키는 물질로는 생물적 팽화제와 화학적 팽화제가 있다.

① 생물적 팽화제(biological leavener)

이스트의 발효에 의해 생기는 탄산가스를 이용하여 팽화시키는 방법이다. 반죽에 이스트를 첨가하여 방치하면 이스트의 작용으로 반죽 중의 당을 분해하여 탄산가스와 알코올이 생성되는데, 이때 생성된 탄산가스는 글루텐을 신장시켜 망상구조를 넓혀줌으로써 팽화를 돕는다. 1차 발효만으로는 기포가 균일하지 못하므로, 가스를 빼고 다시 반죽하여 2차 발효시키면 균일한 기포가 생긴다.

이스트에는 여러 종류가 있으나, 빵을 만드는 데 주로 사용하는 이스트는 *Saccharomyces cerevisiae*이다. 이스트는 생명을 가진 미생물이므로 성장을 위하여 영양소와 적당한 온도가 필요하다. 이스트가 필요로 하는 영양소는 주로 당이며, 이스트는 자체에 함유되어 있는 효소(zymase)에 의하여 당을 발효시켜 탄산가스와 알코올을 발생하여 반죽을 팽창시키고 좋은 향미를 부여한다.

$$\underset{\text{포도당}}{C_6H_{12}O_6} \xrightarrow{\text{zymase}} \underset{\text{에탄올}}{2C_2H_5OH} + \underset{\text{탄산가스}}{2CO_2}$$

빵 반죽에서 이스트는 원래 밀가루에 함유되어 있는 1% 정도의 당 이외에 첨가되는 설탕과 이스트의 인버테이스(invertase)에 의한 설탕의 가수분해로 생성되는 포도당, 과당, 그리고 전분이 이스트의 아밀레이스(amylase)에 의해 가수분해되어 생성되는 맥아당 등을 이용한다. 그러나 주로 이용되는 당은 포도당과 설탕이고 이들이 다 쓰이고 나면 맥아당의 이용도가 높아진다. 그러므로 빵 반죽에 적당한 양의 설탕을 넣어 주면 발효가 빨리 일어나고, 설탕을 넣지 않은 경우에는 분해과정을 거치기 때문에 시간이 더 걸린다. 그러나 설탕이 과잉으로 사용되면 세포의 삼투현상이 증가되어 탈수되기 때문에 대사활성이 방해된다.

소금은 물에 용해되면 Na^+과 Cl^- 이온을 형성하고, 분자량이 작기 때문에 설탕이나 포도당보다 삼투압을 높이는 효과가 크므로 과량 사용하면 발효를 억제하게 된다.

이스트 발효의 최적 pH는 4.8~5.5이다. 발효과정에서 생성되는 탄산가스는 물에 쉽게 녹아 반죽의 pH를 적당하게 유지하여 발효를 용이하게 해준다.

이스트 발효의 최적온도는 27~29℃이며, 이보다 약간 높은 온도에서는 이스트가 더 빨리 성장하기는 하지만 다른 잡균의 성장·번식을 촉진시키고, 발효온도가 지나치게 상승하면 일정 온도에 달했을 때 이스트 세포가 파괴되어 발효가 정지된다.

② 화학적 팽화제(chemical leavener)

밀가루 반죽에서 탄산가스를 생성할 수 있는 물질을 첨가하여 화학적으로 탄산가스를 발생하게 하는 방법이다.

- 중탄산나트륨(중조, $NaHCO_3$), 중탄산암모늄(NH_4HCO_3) 중탄산나트륨이나 중탄산암모늄을 밀가루 반죽에 넣고 가열하면 다음과 같은 반응이 일어난다.

$$2NaHCO_3 + heat \longrightarrow Na_2CO_3 + H_2O + CO_2$$
$$NH_4HCO_3 + heat \longrightarrow NH_3 + CO_2 + H_2O$$

위의 반응에서와 같이 CO_2를 생성하기 때문에 밀가루 반죽을 부풀게 하지만 중탄산나트륨을 사용하면 탄산나트륨(Na_2CO_3)이 반죽에 남게 되어 씁쓸한 맛이 나고 밀가루의 플라보노이드(flavonoid) 색소를 황색 또는 갈색으로 변화시키기도 한다. 중탄산암모늄은 중탄산나트륨에 비하여 가스생성 능력이 더 좋으나 암모니아(NH_3) 가스가 완전히 없어지지 않는 경우 맛이 나빠지므로 가열 후 반드시 암모니아 가스를 날려 보내야 한다. 따라서 중탄산암모늄은 크래커나 쿠키 등 고온에서 굽는 제품을 대량 생산할 때에 이용된다. 이외에 탄산암모늄을 사용하기도 하고, 중탄산나트륨과 염화암모늄을 함께 사용하기도 한다.

$$(NH_4)_2CO_3 + heat \longrightarrow 2NH_3 + CO_2 + H_2O$$
$$NaHCO_3 + NH_4Cl + heat \longrightarrow NaCl + H_2O + CO_2 + NH_3$$

그러나 중탄산나트륨이나 중탄산암모늄을 사용할 경우에 쓴맛이나 잔류물 등을 중화시킬 수 있는 유기산을 함유한 물질을 첨가하면 무색, 무미, 무취의 중성염을 만들어 제품의 질을 좋게 한다. 유기산을 함유하고 있는 물질로 sour milk 또는 butter milk, 식초, 꿀, 당밀 등을 들 수 있는데, sour milk와 butter milk는 젖산을 함유하고 있고, 식초는 5%의 초산을, 꿀은 개미산을, 그리고 당밀은 아코니트산(aconitic acid)을 함유하고 있다.

예를 들어, 식초를 첨가하면 다음 식에서와 같이 초산이 중탄산나트륨과 반응하여 무색, 무미, 무취의 초산나트륨(CH_3COONa)을 생성한다.

$$NaHCO_3 + CH_3COOH \longrightarrow CO_2 + H_2O + CH_3COONa$$

또한 sour milk를 사용하면 다음 식에서 보는 바와 같이 우유 중의 젖산이 중탄산나트륨과 작용하여 젖산나트륨($NaC_3H_5O_3$)이라는 중성의 염을 만든다.

$$NaHCO_3 + HC_3H_5O_3 \longrightarrow CO_2 + H_2O + NaC_3H_5O_3$$

막걸리를 첨가하기도 하는데, 막걸리에는 소량의 이스트와 식초산, 젖산, 구연산과 같은 유기산이 함유되어 있어서 밀가루 내의 알칼리 잔류물을 중화시켜 밀가루 제품의 질을 좋게 해주고 동시에 발효작용을 도와준다.

- 베이킹 파우더(baking powder, BP) 베이킹 파우더는 중탄산나트륨의 결점을 보완한 것으로 산이나 산을 형성할 수 있는 재료와 전분을 혼합한 것이다. 전분은 습기에 의해 산과 알칼리가 쉽게 반응하는 것을 방지하고, 과량의 탄산가스를 생성하지 않고 12% 정도의 기체를 생성할 수 있도록 조절하는 역할을 한다.

baking powder는 함유되어 있는 산의 종류에 따라 그 종류와 성질이 달라진다.

주석산형(tartrate-type) BP : 중탄산나트륨과 주석산(tartaric acid) 또는 주석영(cream of tartar, potassium hydrogen tartrate)이 함유되어 있다. 이 종류의 BP가 물에 닿으면 산이 물에 용해되면서 즉시 다량의 CO_2가 발생되기 때문에 즉각반응(quick acting) 또는 단일반응(single acting) BP라고 한다. 두 종류의 산 중에서 주석산(tartaric acid)이 cream of tartar보다 더 잘 용해된다.

CO_2의 발생이 너무 빠르면 반죽에 생성된 기공끼리 합쳐져서 덩어리지거나 굽는 동안에 기체가 지나치게 빠져나가 구운 제품의 크기가 작아지거나 가운데가 움푹 들어가 균일하지 않게 부풀게 된다. CO_2 발생 반응과정은 다음과 같다.

$$\underset{\text{(tartaric acid)}}{H_2C_4H_4O_6} + 2NaHCO_3 \longrightarrow \underset{\text{(sodium tartrate)}}{Na_2C_4H_4O_6} + 2CO_2 + 2H_2O$$

$$\underset{\text{(cream of tartar)}}{KHC_4H_4O_6 + NaHCO_3} \longrightarrow \underset{\text{(potassium sodium tartrate)}}{HNaC_4H_4O_6 + CO_2 + H_2O}$$

인산형(phosphate-type) BP : 산 반응물질로서 monocalcium phosphate를 함유하고 있는데, 물 1분자가 결합된 monohydrate monocalcium phosphate가 무수 monocalcium phosphate보다 더 잘 용해된다. 이 BP도 물이 닿으면 즉시 반응을 일으키는 즉각반응

(quick acting) BP이므로 반죽을 오래 젓거나 주무르면 기체의 손실이 많다.

반응식을 제시하면 다음과 같다.

$$3CaH_4(PO_4)_2 + 8NaHCO_3 \longrightarrow Ca_3(PO_4)_2 + 4Na_2HPO_4 + 8CO_2 + 8H_2O$$

(monocalcium phosphate) → (tricalcium phosphate) (disodium phosphate)

SAS-phosphate BP : 이 BP는 두 종류의 산 반응물질, 즉 monohydrate monocalcium phosphate와 SAS(sodium aluminium sulfate)를 2:1의 비율로 함유하고 있다. 이 종류의 BP는 이중반응(double acting) BP로서 실온에서는 monohydrate monocalcium phosphate에 의해 소량의 CO_2가 발생하고, 반죽을 가열할 때 다시 한 번 다량의 CO_2가 발생한다. 반죽을 가열하면 SAS가 물과 작용하여 다음과 같은 반응을 일으켜 황산(sulfuric acid)이 생성된다.

$$Na_2SO_4Al_2(SO_4)_3 + 6H_2O \longrightarrow Na_2SO_4 + 2Al(OH)_3 + 3H_2SO_4$$

(sodium aluminium sulfate) → (sodium sulfate) (aluminium hydroxide) (sulfuric acid)

이때 생성된 황산은 중탄산나트륨(sodium bicarbonate)과 작용하여 다음 식과 같이 CO_2를 발생한다.

$$3H_2SO_4 + 6NaHCO_3 \longrightarrow 6CO_2 + 6H_2O + 3Na_2SO_4$$

단일반응 BP와 이중반응 BP는 산 또는 산을 발생하는 물질이 얼마나 쉽게 냉수에 용해되는가에 따라서 구별된다. 단일반응 BP는 밀가루에 물을 붓자마자 산이 이온화하여 탄산나트륨으로부터 CO_2를 방출하는 데 비해, 이중반응 BP는 반죽할 때는 소량의 CO_2만 발생하고 가열했을 때 비로소 다량의 CO_2가 발생한다.

기체가 유효하게 이용되는 것은 글루텐이 응고되기 전까지(80℃)이므로 이 시간이 길어야 팽화가 잘 된다. 또 글루텐이 잘 형성되어 있을수록 기체의 효율이 좋으나, 지나치게 반죽하거나 반죽을 방치하면 기체의 손실을 초래할 수 있다.

또한 반죽의 방치가 팽화에 미치는 영향은 BP의 종류에 따라 다르나, 물의 양이 많으면 반죽 도중이나 방치되는 중에 반응이 더 빨리 일어나 가스가 생성된 후 빠져나가게 되며, 밀가루와 물의 비율이 1:0.75~1.0일 때 가장 팽화가 잘 된다.

5) 밀가루의 조리

(1) 국수

국수는 메밀가루, 밀가루 등으로 만든 분식의 하나이며, 언제부터 상품화되었는지는 확실하지 않지만 고려시대 이후 조선시대에 이어서 국수를 만들어 파는 가게가 있었다. 그러나 우리나라에서는 밀농사가 소규모에 그쳤고 메밀은 한랭한 일부 고장의 작물일 뿐이었으므로 국수 요리는 주로 특별음식 또는 별미음식의 하나였으며, 1950년대 이후 밀의 수입량이 증대되면서 일반화되었다.

국수는 조리방법별로 온면(국수장국), 냉면, 비빔국수, 칼국수 등으로 크게 나뉘며, 다음과 같이 여러 종류가 있다.

- 밀국수　밀가루 반죽을 가늘게 뽑아 만든 국수
- 칼국수[일명 차수면(叉手麵), 전도면(剪刀麵), 절면]　밀가루 반죽을 얇게 밀어 칼로 가늘게 썰어 만든 국수
- 납면(蠟麵)　밀가루를 간수로 반죽하여 매끄럽고 끈기 있게 뽑은 국수
- 색면(索麵)　밀가루를 소금물에 질기게 반죽하여 매우 가늘게 썰어 볕에 말린 국수
- 수인병　밀가루를 고기국물로 반죽하여 얇게 밀어 부추잎 모양으로 썰어 삶아 건진 국수
- 창면(昌麵, 착면, 녹두나화)　녹두 전분을 물에 풀어 놋쟁반 위에 얇게 펴놓고 끓는 물솥 안에서 중탕으로 익혀 식혀서 가늘게 썬 국수
- 난면(卵麵)　밀가루를 달걀노른자에 반죽하여 실처럼 가늘게 뽑은 국수
- 메밀국수[목맥면(木麥麵)]　고운 메밀가루를 익반죽하거나 또는 메밀가루와 전분가루를 섞어 반죽하여 가늘게 뽑은 것이며, 전분을 많이 섞을수록 국수가 질김. 평양 냉면국수에 비하여 함흥 냉면국수가 전분을 많이 섞은 것임
- 감자국수　감자 전분에 메밀가루를 섞어 만든 국수
- 고구마칼국수　찐 고구마를 으깨고 여기에 밀가루를 섞어 반죽한 것을 밀어 칼로 썬 국수
- 화면　진달래꽃과 전분가루로 반죽하여 만든 국수
- 나화　밀가루 반죽을 손바닥으로 얇게 눌러서 썰어 끓는 물에 삶아낸 국수

• 율면(栗麵)　황률(말린 밤)가루를 섞어 만든 국수
• 서면(黍麵, 서국)　기장쌀의 가루, 밀가루, 녹두 전분을 섞어 만든 국수

(2) 만두

만두는 밀가루 반죽을 얇게 밀거나 우물을 파서 속을 넣고 빚어 맑은장국에 삶거나 찐 음식이다. 만두껍질 반죽은 별미로, 메밀가루나 감자 전분 등을 사용하기도 한다.

만두에는 껍질 반죽의 재료, 속의 재료, 만든 모양, 만두를 삶는 장국 등에 따라서 여러 가지가 있다.

• 감자만두　감자 전분을 반죽해 껍질을 만들고, 붉은팥을 속으로 넣어 찐 만두
• 굴(굴린)만두　만두속을 완자로 빚어서 밀가루에 굴려서 끓는 육수에 넣어 끓인 것
• 규아상　밀가루에 달걀을 잘 개어 물과 섞어서 반죽하여 만든 만두껍질에 소를 넣고 해삼 모양으로 빚어 담쟁이잎을 깔고 찐 것
• 꿩만두(생치만두)　꿩고기로 속을 넣어 만든 만두
• 난만두　네모난 그릇에 만두속을 담고 달걀을 풀어 위에 붓고 고명을 얹어 찐 것
• 메밀만두　메밀가루를 껍질로 쓴 만두
• 병시(餠匙)　밀가루 반죽을 껍질로 하고 돼지갈비살, 꿩고기, 송이버섯, 표고버섯, 토란, 잣으로 속을 넣어 빚어 만든 것
• 소만두(素饅頭, 나물만두)　고기 없이 채소로만 소를 만들어 넣고 빚은 만두
• 송채만두　밀가루나 메밀가루로 만든 껍질에 소금에 절인 배추 또는 배추김치 등을 속으로 넣어 주악 모양으로 만들어 장국에 삶은 것
• 어만두　생선을 얇게 저며 속을 넣어 만두 모양으로 만들어 전분을 묻혀 찌거나 삶아 건진 것
• 준치만두　고기와 준치살을 섞어 만두 크기로 빚어 전분가루를 묻혀 담쟁이잎을 깔고 찐 것
• 탕교자　장국에 끓인 만두
• 편수　껍질을 모나게 빚어 속을 넣어 네 귀가 나도록 싸서 찐 여름철 만두

(3) 수제비

수제비는 밀가루 수제비가 보편적이나 메밀가루, 도토리가루 등으로 만들기도 한다. 밀수제비는 부드러운 밀가루 반죽을 만들어서 고기 맑은장국, 멸치장국 등에 손으로 얇게 떼어 넣고 끓인 음식이다. 특히 여름철에는 닭을 고아 끓인 미역국에 수제비를 넣어 끓이면 별미이다.

수제비의 종류는 반죽의 재료나 장국에 따라서 여러 가지가 있는데, 도토리가루로 반죽하여 장국에 끓인 도토리수제비(상실운두병), 메밀가루를 반죽하여 장국에 끓인 메밀수제비, 멸치살에 달걀, 후춧가루를 넣고 이기어 장국에 수제비같이 떼어 넣고 끓인 멸치수제비, 미역·쇠고기를 넣고 끓인 국에 밀가루 반죽을 뜯어 넣고 끓인 미역수제비, 솎음배추와 버섯을 넣고 된장국에 끓인 버섯장국수제비 등이 있다.

(4) 루·소스·수프

밀가루와 유지(주로 버터)를 약한 불에서 볶은 것을 루(roux)라고 하며, 소스(sauce)나 포타주(potage) 등의 농도를 진하게 하기 위하여 사용한다. 루는 가열 정도에 따라 다음과 같이 세 종류가 있고, 종류에 따라 색과 점도에서 차이가 있다.

- white roux : 버터와 밀가루를 약한 불에서 착색되지 않을 정도로 볶은 것(120~130℃)
- cream roux : 담황색이 될 때까지 볶은 것(140~150℃)
- brown roux : 갈색이 될 때까지 볶은 것(170~180℃)

루는 밀가루를 유지에 볶음으로써 생밀가루 향미가 소실되고, 가열호화 후의 상태도 유지에 의해 전분의 팽윤이 억제되고 글루텐의 형성이 억제되어 풀처럼 되지 않고 매끄러운 상태로 된다. 또한 밀가루를 150℃ 이상의 고온에서 가열하면 전분의 일부가 덱스트린으로 분해되어 점도가 저하되므로 갈색 루(brown roux)는 흰색 루(white roux)에 비해 점도가 낮다.

소스나 포타주에 사용되는 루의 밀가루는 글루텐 함량이 적은 박력분이 좋은데, 그것은 박력분은 전분량이 많기 때문에 그만큼 점도가 커서 소스의 농후제로 사용하기 좋다. 루의 밀가루의 농도는 용도에 따라 다르나, 완성된 양을 기준으로 소스는 3~6%, 수프는 2~5% 정도가 적당하다. 또한 유지와 밀가루의 비율은 1:1~2(무게비) 정도가 주로 이용되나, 1:1의 비율이 다루기 쉽고 향미도 좋다. 밀가루에 비해 유지의 양이 적으면 덩어리지기 쉽고 볶는 시간도 길어진다.

소스를 만들 때 고농도의 전분이 부분적으로 호화되면 덩어리가 생기게 된다. 따라서 루에 우유나 액체를 첨가할 때의 온도를 전분의 호화온도 이하로 하는 것이 중요하다. 그러나 이 온도가 너무 낮으면 버터가 뭉쳐서 루가 분산되기 어려우므로 버터의 융점 이상으로 하는 것이 좋다. 이 온도대에서 루를 액체에 잘 분산시킨 후 가열하면 덩어리가 생기지 않는다.

밀가루와 버터를 볶지 않고 그대로 섞은 후 액체를 첨가하거나, 밀가루, 우유, 버터를 함께 혼합하여 가열하는 방법도 있다. 이렇게 만든 소스는 밀가루와 버터를 볶아서 만든 것과 입안에서의 촉감이 다르나, 그라탱(gratin)과 같이 다른 재료를 사용하는 경우에는 차이를 느끼기 어렵다.

(5) 케이크와 쿠키

케이크는 지방을 함유한 shortened cake와 지방을 함유하지 않은 unshortened cake로 크게 나눌 수 있다.

Shortened cake에는 화학적 팽창제를 사용하여 탄산가스로 팽창시키는 standard butter cake와 다량의 지방과 설탕을 사용하여 지방을 크리밍하는 동안 포함된 공기와 달걀을 교반하는 과정에서 들어간 공기로 팽창시키는 pound cake가 있다.

Unshortened cake는 지방을 사용하지 않고 많은 양의 달걀을 사용하여 만든 것으로, 공기와 증기가 팽창제의 역할을 한다. White sponge cake(angel food cake)는 달걀흰자만을 사용하며, yellow sponge cake는 달걀노른자 또는 전란을 사용한다.

Chiffon cake는 unshortened cake와 유사하나 약간의 지방을 첨가한다.

쿠키는 반죽의 질은 정도에 따라 soft dough cookies와 stiff dough cookies로 나누며, 지방과 달걀을 많이 사용하고 다른 액체를 사용하지 않는 경우도 있고 팽창제의 사용량은 대단히 적다. 쿠키는 케이크보다 약간 높은 온도로 굽지만, 설탕함량이 많은 쿠키의 경우에는 낮은 온도로 굽는다. Baking pan은 높이가 낮은 것이 좋다. 대부분의 쿠키는 부드럽기보다는 바삭거린다.

(6) 페이스트리

페이스트리(pastry)에는 Plain pastry(American style)와 Puff pastry(French style)가 있다. Plain pastry는 잘게 자른 지방을 밀가루와 섞은 뒤 소량의 물을 첨가하여 반죽하여 만드는 것으로, 구웠을 때 층이 뚜렷하지는 않으나 켜가 많고 얇아서 바삭바삭하고 연하다. Puff pastry는 밀가루 반죽으로 지방을 싸서 접어 밀기를 여러 번 반복하여 만드는 것으로, 구운 후 얇은 층이 켜가 뚜렷하고 plain pastry에 비하여 부푼 정도가 크다. Pastry를 만들 때는 냉수를 사용해야 하는데, 수온이 높으면 수화속도가 빨라져 글루텐 형성이 많아지고 지방이 녹기 때문이다.

Plain pastry는 주로 파이 껍질(pie crust)로 사용하며, 파이 껍질이 아래쪽에만 있는 single crust pie와 아래, 위에 다 있는 double crust pie가 있다.

바삭바삭하고 연한 plain pastry를 만들기 위해서는 단백질함량이 적은 pastry flour를 사용하는 것이 좋으나, 중력분을 사용하기도 한다. Puff pastry를 만들 때 접어 밀기를 반복하려면 탄력성 있는 반죽이어야 하므로 단백질함량이 높은 밀가루를 섞어 사용하는 것이 바람직하다.

Plain pastry에서 얇은 층이 형성되는 것은 작은 덩어리의 지방이 반죽 사이에 퍼져 있다가 열을 가하면 녹아내려 공간이 생기기 때문이다. 그러므로 고체지방이 액체지방에 비해 유리하나, 여러 종류의 유지를 사용할 수 있다. 라드는 우수한 쇼트닝 파워를 지녔기 때문에 질이 좋은 파이 껍질을 만들 수 있고, 버터와 마가린을 사용하면 색과 향미는 더 좋으나 얇은 층으로 벗겨지는 성질(flakiness)이 적다. 또한 액체기름을 사용하면 연한 파이 껍질을 만들 수 있으나 얇은 층으로 벗겨지는 성질은 아주 낮아진다.

Puff pastry에 사용되는 지방은 접어 밀기를 할 때 녹지 않아야 하므로 융점이 높은 고체지방이 좋다.

2 전분

전분은 쌀, 보리, 밀과 같은 곡류와 감자, 고구마와 같은 서류의 주성분으로서, 조리과정 중 이들 식품이 가열에 의하여 음식이 될 때 중요한 역할을 한다.

식물의 세포 내에서 전분 분자가 합성되면 세포에 있는 백색체(leucoplast), 일명 아밀로플라스트(amyloplast) 내에 축적된다. 합성된 다량의 아밀로스(amylose)와 아밀로펙틴(amylopectin)은 서로 얽혀서 전분 입자를 형성한다. 전분 입자는 식물의 종류에 따라 크기와 모양이 다르며, 대체로 곡류 전분의 입자는 크기가 작고 균일한데 비해, 감자와 같은 괴경류의 전분 입자는 크고 불균일한 상태이다. 예를 들어, 쌀의 전분립은 다각형에 지름이 3~8 ㎛로 가장 작고, 보리는 타원형에 지름이 7~30 ㎛이며, 감자는 난형(卵形)에 지름이 45 ㎛ 정도이다.

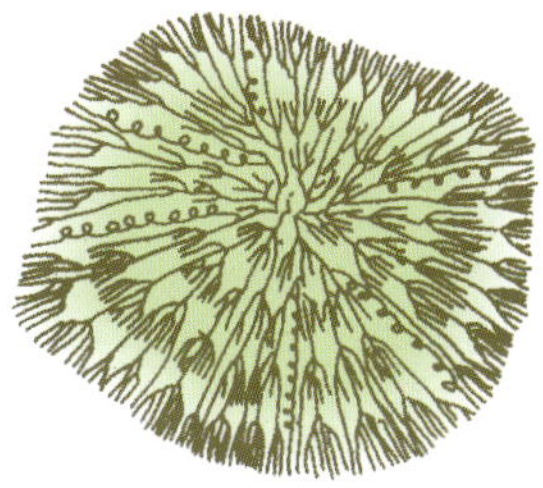

그림 4-6 **전분 입자의 모형도**

전분 입자는 직선으로 결합된 직쇄상의 아밀로스와 가지를 치며 결합된 분지상(分枝狀)의 아밀로펙틴으로 구성되어 있다. 아밀로스는 500~2,000 정도의 포도당이 결합하여 직쇄상 구조를 하고 있으며, 포도당의 기본구조 때문에 대개 6~8분자마다 한 번 회전을 하는 나선구조를 하고 있다. 아밀로펙틴은 아밀로스와 같은 직쇄 부분과 군데군데 포도당 분자 8~9개 또는 15~18개마다 분지상의 결합 부분으로 된 분자 수천 내지 수만이 중합한 거대한 분자로서, 직선상의 α-1,4결합으로 정렬되어 있는 결정성 영역과 분지상의 α-1,6결합이 모여 있는 비결정성 영역으로 구성된 미립자(micelle) 구조를 하고 있으며 전체로는 구상(球狀)을 이룬다. 이 구상의 아밀로펙틴이 방사상으로 모이고 그 사이사이에 아밀로스가 채워져서 전분 입자를 이룬다.

아밀로스와 아밀로펙틴의 함량비는 전분의 종류에 따라 다르며, 일반적으로 2:8의 비율로 들어 있으나 찹쌀, 찰옥수수 등은 아밀로스를 전혀 함유하지 않거나 소량 함유하고 있다(표 4-3).

표 4-3 몇 가지 식품 중 전분의 아밀로스 함량

(%)

식품	아밀로스	식품	아밀로스
멥쌀	20	밀	24
찹쌀	0	수수	27
보리	27	메밀	28
옥수수	21	감자	23
찰옥수수	0~6	고구마	20

1. 전분의 호화

전분에 물을 가하고 가열하면 전분입자에 접하고 있는 물분자의 운동에너지가 전분입자 내의 수소결합보다 더 커져 물분자는 전분 입자 내로 침투해 들어간다. 물 분자는 밀도가 낮은 비결정 부분으로 먼저 들어가지만, 물의 온도가 상승함에 따라 결정 부분으로까지 침투해 들어가서 팽윤속도가 급증하여 흡수량이 크게 증가한다. 계속 가열함에 따라 결정구조 내의 수소결합이 파괴되고 일부 아밀로스가 용출되어 점도와 투명도가 증가하고 반투명의 교질상태가 되는데 이와 같은 현상을 호화(gelatinization)라고 한다.

호화에 이용되는 수분은 감자나 고구마를 구울 때와 같이 식품 자체에 함유되어 있는 것일 수도 있고, 밥을 짓거나 빵을 만들 때와 같이 식품에 첨가되는 것일 수도 있다.

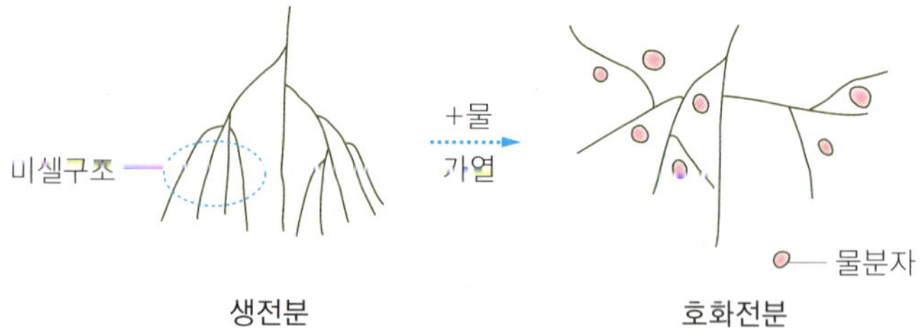

그림 4-7 **전분의 호화**

2. 전분의 호화에 영향을 미치는 요인

1) 전분의 종류와 농도

호화가 일어나는 온도는 전분의 급원에 따라 다르며, 전분은 분자구조가 복잡하고 치밀하기 때문에 동시에 모든 부분이 호화되지 않고 외부로부터 내부로 호화가 진행되므로 전분 입자의 크기에 따라 호화가 완료되는 시간이 달라진다(표 4-4).

감자와 같이 지하경에 저장되어 있는 전분은 저온에서 호화가 일어나기 시작하여 결정성이 소실되고 90℃ 부근에서 투명도가 높은 졸(sol)이 되지만, 옥수수나 밀과 같은 곡류 전분은 전분 입자가 작고 치밀하여 90℃ 이상에서 오랫동안 가열하여도 전분립이 붕괴되기 어렵고, 점도와 투명도가 낮은 졸이 된다. 일반적으로 호화전분액은 식히면 투명도가 저하되나 찰곡류는 저하되지 않는다.

전분의 농도가 낮을수록, 즉 수분함량이 많을수록 전분 입자가 쉽게 팽윤되어 호화도가 높다. 또 가열하는 온도가 높을수록 호화시간이 단축되며, 빠른 속도로 가열된 전분풀이 천천히 가열된 경우보다 조금 더 걸쭉하다.

표 4-4 몇 가지 전분의 호화온도

종류	호화온도 범위(℃)	종류	호화온도 범위(℃)
감자	56.0 ~ 66.0	쌀	61.0 ~ 77.5
타피오카	58.5 ~ 70.0	밀	52.0 ~ 63.0
옥수수	62.0 ~ 72.0		

점증제에 적합한 전분

감자전분은 다른 전분에 비해 호화온도가 낮으며, 호화하면 팽윤도가 커지고 점도와 투명도가 높아진다. 감자전분은 적은 양으로도 점성이 높고 투명상태가 되므로 류우차이와 같은 음식에 끼얹는 용도의 점증제로서 적합하다. 밀전분은 점증제로서 가장 효과가 적고, 특히 밀가루는 단백질 때문에 효과가 더 적다.

2) 첨가물

조리과정에서 설탕, 산, 소금, 지방 등이 첨가되면 전분의 호화온도와 호화된 전분의 성질이 달라진다.

설탕농도가 30% 정도까지는 호화전분의 점도를 상승시키나 50% 정도로 설탕농도가 높아지면 설탕의 친수성 때문에 전분립의 흡수가 저해되어 호화를 지연시키고 호화온도가 높아지며, 점도를 저하시킨다. 전분이 호화된 후에 설탕을 첨가하여도 점도는 약간 저하된다. 호화전분의 투명도는 설탕을 첨가하면 높아지나 첨가량이 50% 이상이 되면 호화가 저해되어 투명도도 낮아진다.

전분에 산을 첨가하고 가열하면 일부 가수분해되어 분자량이 작아지므로 호화 시 점도가 낮아진다. 산에 의해 전분의 가수분해가 일어날 때 가열하면 그 효력을 더 촉진시킨다. 또 pH 3 이하에서는 점도가 현저히 낮아지므로, 레몬과 같은 과즙은 전분을 호화시킨 후에 첨가하는 것이 좋다.

소금이나 MSG(monosodium glutamate)를 첨가하면 점도나 팽윤도가 저하된다. Na^+은 특히 감자 전분에 크게 영향을 미치며, MSG는 소량으로도 감자 전분의 점도를 저하시킨다.

지방은 전분 입자를 둘러싸서 전분의 수화를 지연시켜 팽윤과 호화를 방해하고 불투명하게 하며, 점도의 증가속도를 늦춘다.

일반적으로 호화전분액의 점도는 설탕, 유지를 첨가하면 증가하고, 소금, 식초, MSG를 첨가하면 감소하나, 이러한 경향은 전분의 종류에 따라 다소 차이가 있다(표 4-5).

표 4-5 각종 조미료가 전분호화액의 점성에 미치는 영향

첨가 조미료	감자전분(농도 : 3.8%)	밀전분(농도 : 8.4%)
소금(1~5%)	무첨가에 비해 첨가량에 관계없이 약 50% 저하	첨가량이 많아짐에 따라 증가 (최고 1.2배 정도)
설탕(3~10%)	첨가량이 많아짐에 따라 증가 (10% 첨가 시 : 1.25배 정도)	첨가량이 많아짐에 따라 상승 (5% 이상이 되면 급상승)
식초(pH 3.0~4.0)	첨가량이 많아짐에 따라 저하 (pH 3.5 이하에서 급저하)	감자 전분과 같은 경향 (고농도 첨가, 고온에서 급저하)
MSG(0.1~0.5%)	첨가량이 많아짐에 따라 저하 (소량이라도 영향이 현저)	무첨가에 비하여 거의 변화 없음
설탕(5~10%)과 식초(pH 3.0~4.0)	pH 4.0에서는 거의 변화가 없으나 식초농도가 증가함에 따라 급저하	감자 전분과 같은 경향이나 영향이 경미함

3) 젓는 정도

호화가 균등하게 되기 위하여 처음에는 잘 저어주어야 하나 계속 지나치게 저어주면 전분입자가 팽창, 파괴되어 점도가 낮아진다.

3. 전분의 젤화(gelation)

전분가루에 물을 첨가하고 가열하여 호화된 풀을 젓지 않고 냉각시키면 호화시 유리되었던 아밀로스 분자들은 인접한 분자끼리 수소결합에 의하여 입체적 망상구조를 형성하게 되고 그 내부에 물이 갇히게 되면서 젤(gel)이 형성된다. 젤 형성에는 전분의 종류, 농도, 첨가물질, 제조방법(가열속도, 온도, 시간, 교반조건) 등이 관계한다.

1) 젤의 형성, 이장

도토리묵, 청포묵, corn starch pudding 등의 조리에서 볼 수 있는 것처럼 일정 농도 이상의 호화 전분을 냉각하면 전분 분자 사이에 결합이 생겨서 3차원적인 망상구조를 만들고 이 속에 다량의 물을 보유하여 젤을 형성하게 된다. 이때 전분 분자 중 아밀로펙틴은 젤 형성에의 기여도가 매우 적고, 긴 쇄상 분자인 아밀로스가 젤 형성에 주로 관여한다. 실제로 아밀로스를 거의 가지지 않는 waxy 품종의 전분은 점조한 풀로 되지만 젤은 형성되지 않는다. 아밀로스 함량이 높은 옥수수 전분(26%)은 아밀로스 함량이 낮은 쌀 전분(16%)보다 더 단단한 젤을 만든다. 종실전분은 괴경전분보다 일반적으로 더 단단한 젤을 만드는데, 그 한 가지 이유는 종실전분의 아밀로스 함량이 괴경전분보다 높기 때문이다. 젤 형성은 호화전분을 냉각할 때 단계적으로 일어나는 변화의 한 과정이다. 젤 형성이 끝난 후에도 그대로 방치해 두면 아밀로스 분자 사이에 또 다른 결합이 생기고, 아밀로스 분자 중 일부는 특정 장소에서 응집하여 결정을 형성한다. 이에 따라 젤의 망상구조가 수축하여 젤 속에 갇혀 있던 수분이 빠져나오는 이장현상이 일어난다. 또 시간이 경과함에 따라 아밀로오스 분자 사이의 회합이 증가한 것을 노화현상이라 한다.

젤의 특성

젤(gel)이란 고체상과 액체상이 공존하고 있는 2분산계로서 긴 직쇄상분자(고분자, 고체상)가 서로 연결되고 가교를 형성하여 3차원의 망상구조(network)를 만들고 이 망상구조 속에 액체를 포함하여 계(系) 전체가 비유동성의 반고체 상태로 된 것이다.

많은 고분자 젤화제는 식품의 구성성분으로서 식품의 텍스처 형성에 기여하고 있을 뿐만 아니라 추출되어 젤리 제품에 사용되고 있다. 조리, 가공 식품에 주로 사용되고 있는 젤화제에는 각종 전분, 곤약, 한천, 카라기난 등의 다당류와 젤라틴, 달걀, 유단백, 어육단백, 축육단백, 대두단백 등의 단백질 계통이 있다.

젤화제의 젤화능력이나 젤의 물리적 특성을 나타내는 지표로서 젤리강도가 있는데, 이는 점성, 탄성, 소성, 부서짐성 등이 복잡하게 관련된 것이다. 젤리강도는 일정한 온도에서 일정한 형태의 젤의 단위면적 또는 부피에 대한 파괴하중의 크기로 나타낸다.

젤리상 식품은 입안에서의 텍스처가 독특한 식품으로서 기호도가 높으며 부드러운 텍스처로 인해 향후 유아나 노인용 식품으로서의 개발도 기대되는 식품이다.

2) 젤 강도에 영향을 미치는 요인

젤 강도는 전분의 종류에 따라서 다른데, 같은 종실(種實)전분이라도 옥수수 전분은 젤 강도가 크나, 밀 전분은 젤 강도가 작으며 감자, 고구마 등 근경류전분은 젤 강도가 작다. 젤 강도에는 전분 농도가 영향을 미치는데, 농도가 높을수록 식혔을 때 단단한 젤로 된다. 또한 전분 입자가 최고로 팽윤한 상태, 즉 최고 점도에 달했을 때 젤화한 경우에 젤 강도가 최고로 된다. 따라서 지나치게 교반하든지, 가열시간이 길어지면 전분 입자가 붕괴하기 때문에 젤강도는 저하한다. 설탕의 첨가는 보통 젤 강도를 높이는데, 이것은 설탕의 친수성 때문에 전분의 실질농도가 높아지기 때문이다.

식초, 레몬 등 pH가 낮은 것은 전분을 일부 가수분해시키기 때문에 점도를 저하시키고 젤 강도를 낮춘다.

3) 전분 젤의 특성

전분 젤의 특성은 전분의 종류에 따라서 크게 차이가 나며, 그것을 이용하여 독특한 젤상 식품을 만들고 있다.

우리나라에서 많이 이용하는 젤 형성용 전분은 도토리, 메밀, 녹두 전분으로 각각 도토리묵, 메밀묵, 청포묵으로 만들어 이용하고 있다. 특히 녹두 전분은 그 텍스처가 독특하여 앵두편, 오미자편 등의 과편에도 이용하고 있다.

서양조리에서는 옥수수 전분이 호화 시 백색 불투명하고 젤화하기 쉬운 점을 이용하

표 4-6 각종 전분 젤의 보존시간에 따른 텍스처 특성치

전분의 종류	보존시간 (hr)	hardness (TU)	cohesive-ness	fracturability		bend (cm)	adhesive-ness	gummi-ness
				height	peak			
도토리	2(실온) 24(냉장) 48(냉장)	0.95 1.31 1.23	0.44 0.47 0.45	– 0.48 0.16	1 2 2	1.7 1.6 1.3	0.05 0.10 0.06	0.42 0.62 0.66
밤	2(실온) 24(냉장) 48(냉장)	0.25 0.45 0.63	0.60 0.53 0.50	– – –	1 1 1	1.4 1.6 1.6	– – –	0.15 0.24 0.32
칡	2(실온) 24(냉장) 48(냉장)	0.40 0.68 0.75	0.56 0.49 0.50	– – 0.25	1 1 2	1.7 1.3 1.1	– 0.04 0.11	0.22 0.33 0.38
녹두	2(실온) 24(냉장) 48(냉장)	1.25 1.92 2.35	0.48 0.43 0.42	0.35 0.70 0.50	2 3 4	1.4 0.8 0.8	0.11 – 0.20	0.60 0.83 0.99

젤의 전분농도 : 12%
자료 : 이종순(1982)

여 corn starch pudding(blanc mange, 흰 음식이라는 의미)에 이용하고 있고, 일본 조리에서는 칡 전분이 투명하고 광택과 탄력성이 있는 젤을 만들므로 과자류 등에 이용하고 있다.

〈표 4-6〉은 도토리, 밤, 칡, 녹두 전분 젤의 텍스처 특성치를 나타낸 것이다.

보존에 따른 경도는 모든 전분 젤에서 증가했는데, 도토리 전분이 그 변화가 작은 편으로 시간이 지나도 덜 단단해지는 것으로 생각되며, 네 가지 전분 중에서 녹두 전분이 가장 경도가 크고 도토리, 칡, 밤의 순서였다. 경도, 응집성, 부착성 등의 수치로 볼 때 젤의 텍스처는 도토리와 녹두가 비슷하고, 밤과 칡이 비슷하게 보인다. 또한 밤은 다른 전분과 달리 부착성이 보이지 않는다.

따라서 우리가 묵의 재료로서 즐겨 이용하는 도토리와 녹두 전분이 씹히는 맛이 있는 기호도 높은 텍스처를 가진다는 것을 알 수 있다.

4. 전분의 노화

전분 분자의 분자 간 결합이 형성되어 젤이 되기 위해서는 작은 결정영역이 생겨야 하고, 젤이 된 후 시간이 경과하면 전분 입자에서 빠져나온 아밀로스 분자들이 서로 끄

는 힘에 의하여 이미 형성된 결정영역에 침전하면 결정영역이 확대되고 젤의 강도는 더욱 증가한다. 즉 호화된 전분을 그대로 방치하면 전분분자는 서서히 평행으로 모이면서 인접한 전분 분자끼리 수소결합을 하여 부분적으로 재결정 구조를 형성하게 되는데 이러한 현상을 노화(retrogradation)라고 한다.

노화가 일어나면 전분 분자나 전분 입자 사이에 또는 전분 입자와 분자 사이에 서로 끄는 힘이 작용하여 결정영역 사이에 존재하던 물이 외부로 빠져나오는데 이를 이장현상(syneresis)이라고 한다.

전분의 노화속도는 수분함량, 온도, pH, 전분 분자의 종류, 가열시간, 설탕의 첨가 등에 따라 달라진다. 즉 전분의 노화는 수분함량이 30~60%일 때 가장 쉽게 일어나고, 15% 이하에서는 잘 일어나지 않는다.

온도는 0~4℃일 때 노화가 가장 쉽게 일어나며, 고온에서는 전분 분자 상호 간에 수소결합이 형성되기 힘들기 때문에 60℃ 이상의 온도에서는 거의 노화가 일어나지 않는다. 따라서 전분의 노화를 방지하기 위해서는 호화된 전분을 80℃ 이상의 온도에서 급속히 건조시키거나 0℃ 이하의 온도에서 급속히 탈수시키면(동결 건조) 호화된 상태를 그대로 유지하면서 건조시킬 수 있다. 그 예로 비스킷, 라면, 냉동떡 등을 들 수 있다.

아밀로스는 선상 분자로 입체 장애가 없는 데 비해, 아밀로펙틴은 분지상 구조가 노화를 입체적으로 방해하기 때문에 아밀로스의 함량이 많은 전분은 노화가 빨리 일어나고, 아밀로펙틴의 함량이 많은 것은 서서히 일어난다. 따라서 멥쌀로 만든 떡이 찹쌀떡보다 빨리 굳는다.

또 호화 시 가열시간이 길면 입자가 많이 붕괴되므로 전분 분자들이 쉽게 재배열하기 어려워 노화속도는 늦어지며, 설탕을 첨가하면 설탕의 친수성 때문에 어느 정도 노화를 방지할 수 있다.

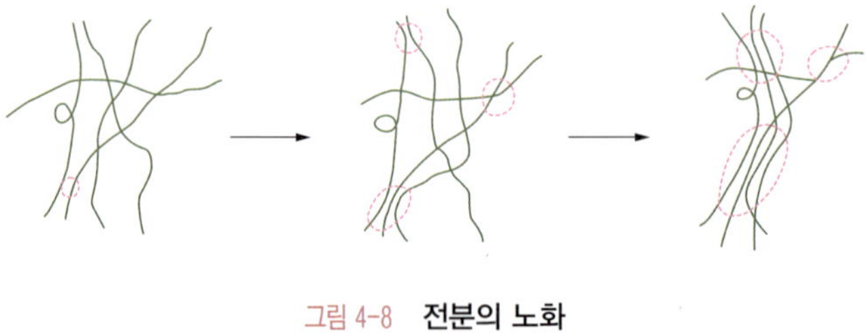

그림 4-8 **전분의 노화**

호화된 전분이 노화되면 투명도가 떨어지고 품질이 저하되므로 노화를 억제할 필요가 있다.

5. 전분의 가수분해

전분은 산, 알칼리, 효소에 의하여 가수분해되는데, 음식을 알칼리 상태에서 조리하는 경우는 거의 없기 때문에 조리과정에서 주로 산과 효소에 의해 가수분해되는 것을 이용한다.

전분에 묽은 산을 첨가하고 가열하거나 효소 또는 엿기름과 같이 효소를 함유하고 있는 물질을 첨가하고 최적 온도를 유지시키면 전분 입자는 서서히 가수분해되어 당화한다. 이러한 성질을 이용하여 식혜, 엿 등을 만들 수 있다.

식혜는 엿기름에 존재하는 아밀레이스(amylase)를 이용하여 쌀 속에 있는 전분 입자의 일부를 가수분해하여 당화시킨 것이며, 식혜의 밥알이 위로 떠오르는 것은 전분의 일부가 당화하여 빠져나갔기 때문이다.

엿은 엿기름에 함유되어 있는 효소로 전분을 완전히 당화시킨 후 걸러서 농축시킨 것이다. 공업적으로 산 또는 효소를 이용하여 옥수수 전분을 가수분해시켜 물엿, 고과당 시럽, 포도당 등을 제조한다.

6. 전분의 호정화

전분에 물을 가하지 않고 160~170℃로 가열하면 여러 단계의 가용성 전분을 거쳐 덱스트린(dextrin)으로 분해되는데, 이러한 변화를 호정화(dextrinization)라고 한다.

건열(乾熱)로 생성된 덱스트린을 피로덱스트린(pyrodextrin)이라 한다. 호정화하면 황색 또는 갈색이 되고, 아밀로스 사슬이나 가지를 치고 있던 아밀로펙틴의 여기저기가 끊어져서 분자가 작아지기 때문에 물에 더 잘 용해되고 점성은 낮아진다.

빵을 구워 토스트를 만들 때, 기름에 밀가루 음식을 튀겼을 때, 또는 밀가루를 볶았을 때 호정화가 일어난다.

실험&실습

실험

쌀과 밥의 무게비, 부피비 및 증발률

목적 밥을 지은 후 쌀에 대한 밥의 무게비, 부피비 및 밥을 짓는 동안 증발하는 물의 양을 알아보고, 가열 전 쌀의 침지효과를 검토한다.

재료 및 분량 백미 100 g

기구 비커, 온도계, 포일, 저울, 일반 조리용구, 시계, 마른행주, 석면, 자

방법

① 백미 100 g(A)을 무게를 측정한 500 mL 비커에 담아 쌀의 높이를 잰다.……B

② 쌀을 씻어 물기를 뺀 다음 쌀 무게의 1.5배(150 mL)의 물과 함께 비커에 1시간 담근 후 쌀의 높이를 잰다.……C

또한 쌀과 물을 포함한 비커의 총 무게를 측정하여 비커의 무게를 뺀다.……D

③ 포일을 두 겹으로 하여 비커 위를 덮고 중앙에 온도계를 고정시킨 후 온도를 측정한다.

④ 가스레인지 위에 석면을 놓고 비커를 얹어 가열한다.

⑤ 처음에는 센불로 하여 쌀물이 끓어 거품이 뚜껑 근처에 올 때까지 끓인 후, 이때까지 걸린 시간과 온도를 측정한다.

⑥ 끓어 넘지 않을 정도의 중간불에서 5분간 더 가열한 후 온도를 측정하고, 약한 불에서 15분간 가열한 후 다시 온도를 측정한다.

⑦ 불을 끈 후, 마른행주를 두 겹으로 하여 보온이 되게 10분 동안 감싸두었다가 뜸들인 후의 온도를 측정한다.

⑧ 뜸들인 후 비커의 무게를 뺀 밥의 무게(E)와 높이(F)를 측정한 후 무게비(G)와 부피비(H)를 계산한다.

⑨ 증발률을 다음과 같이 계산한다.……I

$$I = \frac{D-E}{D-A} \times 100$$

⑩ 쌀을 씻은 후 침지시키지 않고 밥을 지었을 때와 침지시킨 후 밥을 지었을 때의 차이를 비교한다(무게비, 부피비, 증발률, 외관, 냄새, 맛, 점도, 경도, 기타).

가능하면 찹쌀로 밥을 지은 후 멥쌀과 찹쌀의 차이도 비교한다.

결과

(1) 쌀과 밥의 무게비, 부피비 및 증발률

A. 쌀의 무게 B. 쌀의 부피 C. 1시간 침지 후 쌀의 부피 D. 침지 후 쌀과 물의 무게 E. 밥의 무게	100 g cm cm g g	F. 밥의 부피 G. 무게비(E/A) H. 부피비(F/B) I. 증발률	cm %

(2) 취반시 가열 중 온도변화

처음	강화(强火) 후	중화(中火) 후	약화(弱火) 후	뜸들인 후
℃	℃	℃	℃	℃

(3) 가열 전 쌀의 침지 효과

침지 시간	무게비	부피비	증발률	관능평가				
				외관	맛	점도	경도	종합평가
60분			%					
0분			%					

Tip

찹쌀밥의 조리

찹쌀의 전분은 아밀로펙틴만으로 되어 있어서 팽윤되기 쉽고 점성이 강하다. 경도가 가장 적당한 찹쌀밥의 무게는 찹쌀 무게의 1.7~1.8배 정도이다. 그러므로 보통 밥짓기와 같은 방법으로 밥을 지을 때에는 증발량을 고려하여 찹쌀의 0.9배(90%) 정도의 물을 첨가하면 된다.

그러나 찹쌀은 침지시키면 멥쌀에 비해 흡수량이 많고 초기 팽윤이 빨라서 0.9배 정도의 물을 첨가하면 물의 표면 위로 쌀의 일부가 노출되어 전분의 호화가 어렵게 되므로 찌는 방법을 이용하는데, 찔 때 수증기만으로는 찹쌀의 호화에 필요한 수분이 부족하므로 찌는 도중에 물 뿌리기를 하여 부족된 물을 보충해 줄 필요가 있다.

경단 반죽 시 적당한 물의 온도와 첨가량

목적 경단을 만들 때 찹쌀가루의 상태와 반죽하는 물의 온도가 경단의 품질 특성에 미치는 영향을 검토하고, 반죽하기에 적당한 물의 온도와 첨가량을 알아본다.

재료 및 분량 찹쌀가루 200 g, 소금 2 g, 콩가루 적당량

기구 저울, 온도계(100℃), 일반 조리용구, penetrometer

방법

① 찹쌀을 3시간 침지시킨 후 건져서 1시간 동안 물기를 빼고 분쇄기를 사용하여 가루를 만든다.

② 찹쌀가루 100 g에 소금 1 g을 넣고 잘 섞은 후 준비한 끓는 물로 경단 만들기에 적당한 반죽을 만든다. 이때 사용한 끓는 물의 온도와 첨가량을 측정한다.…… A

③ 냉수(온도 측정)를 사용하여 A와 같은 방법으로 반죽하여 첨가한 물의 양과 반죽의 단단한 정도를 비교한다.…… B

④ 시판되고 있는 찹쌀가루를 사용하여 A, B와 같은 방법으로 반죽하여 익반죽과 냉수반죽의 차이를 비교한다.…… C, D

⑤ A, B, C, D의 반죽으로 지름 1.5 cm 정도의 경단을 각각 빚는다.

⑥ 끓는 물에 넣어 경단이 떠오르면 구멍 있는 국자로 소쿠리에 건져 냉수를 끼얹은 후 물기를 빼고 볶은 콩가루고물을 묻힌다.

⑦ 4가지 경단의 색, 모양, 부드러운 정도, 씹힘성, 전반적인 바람직성 등에 대하여 관능평가한다.

⑧ 반죽과 경단의 부드러운 정도를 penetrometer를 사용하여 측정한다.

Tip

- 경단을 삶을 때 한꺼번에 너무 많은 양을 넣으면 물의 온도가 내려가서 삶는 시간이 길어져 모양이 흐트러진다.
- 경단을 만들 때 냉수로 반죽하면 삶을 때 지나치게 불어 흐트러지기 쉽다. 그러므로 끓는 물로 반죽하여 전분의 일부를 호화시키면 삶을 때 시간이 단축되어 흐트러지지 않게 된다. 또 삶은 경단을 소쿠리에 건져 찬물을 끼얹어 주면 삶을 때의 여열에 의한 호화의 진행으로 경단이 늘어지는 것을 방지할 수 있다.

결과

항목		젖은 찹쌀가루		시판 찹쌀가루	
		A	B	C	D
첨가한 물의 온도(℃)					
첨가한 물의 양(mL)					
반죽의 경도					
경단의 관능평가	색				
	모양				
	부드러운 정도				
	씹힘성				
	전반적인 바람직성				

글루텐 형성에 미치는 첨가물의 영향

목적 밀가루에 여러 가지 첨가물을 각각 첨가하였을 때 각 첨가물이 글루텐 형성에 미치는 영향을 검토한다.

재료 및 분량 밀가루(중력분) 50 g×4, 설탕 1큰술, 고형지방(버터, 마가린 등) 1큰술, 식물성 기름(대두유, 참기름 등) 1큰술, 소금 1 g

기구 저울, 일반 조리용구, 오븐

방법

① 밀가루 50 g에 물 25 mL와 첨가물 한 가지씩을 각각 넣고 5분간 반죽한 후 첨가물질에 따라 반죽의 상태가 어떻게 다른지 비교하고, 행주에 싸서 30분간 방치한 후 양손으로 잡아당겨 보아 반죽의 신장성(늘어나는 정도)을 비교한다.

② 반죽을 구멍이 세밀한 고운 헝겊에 싸서 물 속에서 주물러 전분 등 수용성 성분을 씻어낸 후 생글루텐의 무게를 잰다(이때 반죽에서 빠져나오는 물이 맑을 때까지 계속 물을 바꾸어 준다).

③ 생글루텐을 둥글게 만들어 200℃의 오븐에서 30분간 구운 후 둥근 글루텐의 색, 부피, 내부 구조 등을 비교한다.

Tip

- 설탕과 유지는 첨가방법이 글루텐 형성에 영향을 미치므로 첨가방법을 달리하였을 때의 차이를 비교하여 보는 것이 바람직하다.
- 밀가루의 종류(박력분, 강력분 등)에 따른 글루텐 채취량과 특성도 비교하여 보는 것이 좋다.

결과

첨가물의 종류	반죽의 신장상태	생글루텐의 무게 (g)	구운 후의 gluten ball		
			색	부피(mL)	내부 구조
설탕					
고형지방					
식물성 기름					
소금					

비고 밀가루에 첨가되는 설탕과 유지의 첨가량과 방법에 따라서 글루텐 형성의 정도가 다르다. 다음 그림에서와 같이 밀가루에 먼저 물을 첨가하여 도우(dough)를 형성한 후에 유지 또는 설탕을 넣었을 때에는 글루텐 채취량에 큰 차이가 없으나, 밀가루에 먼저 유지 또는 설탕을 넣고 나중에 물을 첨가하여 반죽하면 글루텐 채취량이 훨씬 적어지며, 특히 설탕의 첨가량이 많을수록 현저하게 적어지는 것을 볼 수 있다.

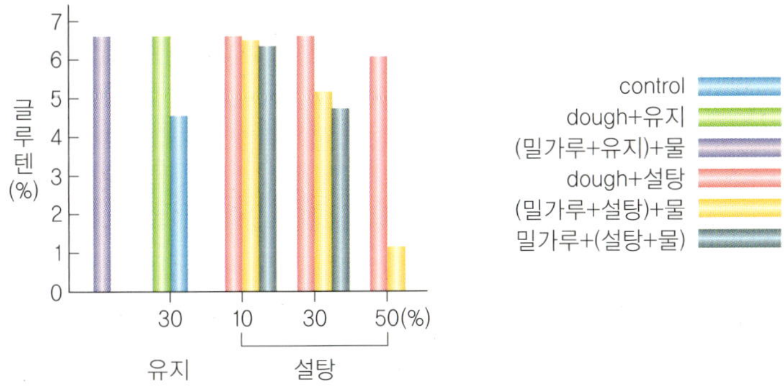

설탕, 유지의 첨가와 글루텐 채취량

국수 삶기

목적 국수의 종류, 굵기, 수분함량에 따른 삶은 후의 무게비, 흡수율, 삶는 시간의 차이 등을 비교하고, 삶은 후의 처리방법에 따른 텍스처의 차이를 비교한다.

재료 및 분량 원형국수(細) 50 g, 원형국수(太) 50 g, 칼국수 50 g, 스파게티 50 g

기구 메스실린더, 타이머, 온도계, 일반 조리용구

방법

① 국수 무게의 10배의 물을 끓이다가 국수를 넣고 삶는다.

② 국수가 다 익으면 이때까지 걸린 시간을 측정하고, 익은 국수의 반은 그대로 건져 물기를 빼고 나머지 반은 찬물에 헹구어 물기를 뺀 후 무게를 잰다.

③ 찬물에 헹군 국수와 헹구지 않은 국수의 차이를 관능평가한다(색, 탄력성, 경도, 기타).

④ 위와 같은 방법으로 국수 종류별로 실험하여 삶기 전후의 무게비 및 흡수율을 계산한다.

결과

		원형국수(細)	원형국수(太)	칼국수	스파게티
삶기 전 무게		g	g	g	g
삶기 후 무게		g	g	g	g
무게비					
흡수율		%	%	%	%
삶은 시간		분 초	분 초	분 초	분 초
관능평가	삶은 후 방치				
	삶은 후 냉수처리				

$$\text{흡수율}(\%) = \frac{\text{삶은 후 무게} - \text{삶기 전 무게}}{\text{삶기 전 무게}} \times 100$$

볶은 밀가루의 향미와 점도

목적 밀가루를 프라이팬에서 볶는 시간과 온도를 달리하였을 때의 색의 차이와 볶은 후 5% 용액을 만들어 가열하였을 때의 점도와 향미의 차이를 비교한다. 또한 볶았을 때와 볶지 않았을 때의 차이도 비교한다.

재료 및 분량 밀가루(박력분) 50 g, 식염 적당량

기구 일반 조리용구, Ostwald 점도계, 온도계(100℃), 스톱워치, 열전대(熱電對) 온도계(평판 온도측정용)

방법

① 밀가루 30 g을 프라이팬을 사용하여 약한 불에서 볶는다. 착색되기 시작하면 불에서 내리고, 프라이팬의 중심부의 온도와 볶은 시간을 기록한다. 볶은 밀가루의 1/2 정도를 덜어 무게를 측정하고(A), 나머지를 다시 더 볶는다. 엷은 갈색이 되면 불에서 내리고 볶은 밀가루의 무게(B), 프라이팬의 중심부의 온도와 볶은 시간을 기록한다.

② 볶는 동안의 무게 감소를 다음과 같이 계산한다.

무게감소(g) = 30 g – (A+B)

③ 볶은 밀가루 A·B와 볶지 않은 밀가루의 색의 차이를 비교한다(가능하면 색차계를 사용하여 측정한다).

④ A와 B 각각 10 g에 20배의 물을 조금씩 첨가해서 볶은 밀가루 5% 용액을 각각 만든다.

⑤ 볶지 않은 밀가루 10 g에도 물을 조금씩 첨가해서 생밀가루 5% 용액을 만든다(C).

⑥ ④와 ⑤를 불에 올려놓고 저으면서 끓인 후 증발한 양만큼의 뜨거운 물을 가하여 덩어리가 있으면 고운 체에 거른다.

⑦ A·B·C 각각의 점도를 Ostwald 점도계를 이용해서 측정하여 비교한다. Ostwald 점도계가 없을 때에는 메스피펫을 이용하여 5 mL 흘러내리는 데 걸린 시간을 비교하는 방법도 있다. 메스피펫을 사용할 경우에는 미리 20℃의 물 5 mL가 낙하하는 데 걸린 시간을 몇 회 읽어서 평균을 내고, 다음 식과 같이 시료의 점도를 비교한다.

$$\text{시료의 점도} = \frac{t_2(20℃\text{의 시료 5 mL의 낙하시간})}{t_1(20℃\text{의 물 5 mL의 낙하시간})}$$

⑧ 가능하면 시료의 온도를 60~65℃로 올려서 각각에 대하여 ⑦과 동일한 실험을 1회 더 실시하여 점도를 측정한다(점도를 60~65℃에서 측정해 보는 것이 좋은 것은 이 온도가 이런 종류의 조리에서 실제로 많이 이용될 수 있는 온도이기 때문이다).

⑨ A · B · C를 따뜻하게 데워 적당량의 소금을 넣고 맛과 냄새의 차이를 비교한다.

결과

시료	온도	볶은 시간	색	점도		맛	냄새
				20℃	60~65℃		
A	℃	분 초					
B	℃	분 초					
C	℃	분 초					

주의

① 점도는 온도에 의하여 영향을 받기 때문에 시료 모두 같은 온도에서 측정하여야 하며, 항온수조를 이용하여 일정한 온도가 유지되도록 한다.

② 피펫을 사용하여 점도를 비교할 때에는 관의 내부의 상태를 같은 조건으로 하기 위하여, 피펫으로 최초에 빨아올렸던 시료는 그대로 낙하시키고 2회부터 기록하고, 동일한 것을 3회 정도 측정하여 평균한다. 종류가 다른 시료를 측정할 때에도 처음의 2회 정도는 다른 그릇에 떨어뜨리고 나서 측정하도록 한다. 피펫은 동일한 것을 사용한다.

Tip

- 밀가루를 건열처리하는 방법에는 열판 위에서 그대로 가열하는 방법과 기름을 열의 매체로 하여 가열하는 방법이 있다. 건열처리한 밀가루는 물을 첨가해서 가열하면 생밀가루에 비해 점도는 낮지만 향미가 향상되기 때문에 수프나 소스의 농도를 진하게 하면서 향미를 높이려는 목적으로 사용되는 경우가 많다.
- 밀가루를 국물에 첨가해서 걸쭉하게 하는 조리에는 스튜, 커리, 포타주 등이 있다. 이런 것을 만들 때 밀가루를 볶느냐 볶지 않느냐에 따라 풍미와 점도가 달라지며, 점도의 차이는 사용량으로 조절한다. 밀가루를 볶을 때는 버터나 마가린을 사용하는 경우가 많다(roux). 밀가루만 볶은 것은 루(roux)보다 보존성은 크나 맛은 루보다 떨어진다.

전분의 종류에 따른 묵의 품질 특성

목적 여러 종류의 전분으로 만든 묵의 젤 강도와 관능적인 특성을 비교한다.

재료 및 분량 녹두 전분 20 g, 도토리 전분 20 g, 메밀 전분 20 g, 감자 전분 20 g

방법

① 각각의 전분을 물에 풀어 10% 농도의 전분현탁액을 만들어 95℃에서 중탕으로 계속 저어 주면서 전분현탁액이 호화되어 투명해질 때까지 15분 정도 가열한다.

② 기름 바른 적정 용기에 담아 실온에서 24시간 방냉한 후, 다음과 같이 묵의 sag(%)를 계산하고, 관능검사를 실시한다.

$$\text{sag}(\%) = \frac{H_1 - H_2}{H_1} \times 100$$

H_1 : 용기내에서의 높이, H_2 : 용기밖에서 24시간 방치후의 높이(mm)

결과

전분의 종류	sag	관능검사			
		색	단단한 정도	텍스처	전체적인 수용도
녹두 진분	%				
도토리 전분	%				
메밀 전분	%				
감자 전분	%				

실습

오곡밥

오곡밥은 정월대보름 절식(상원 절식)의 하나로서 쌀, 팥, 콩, 수수, 조 등 오곡으로 지으며, 잡곡 농사를 지을 때부터 시작된 음식이다.

재료 및 분량

쌀	600 g
수수	70 g
콩	70 g
팥	70 g
찹쌀	70 g
차조	70 g
소금	2작은술
물	씻은 곡류의 1.2배

만드는 법

① 팥은 삶고 수수는 씻어서 일어 건지고 콩은 불려 놓는다.

② 쌀, 콩, 팥, 찹쌀, 수수를 섞어 팥물을 부어 가열하며, 끓기 시작할 때 차조를 얹어서 함께 밥을 짓는다.

죽

흰죽

흰죽을 쑬 때 쌀을 갈아서 끓이는 방법(만드는 법 1)과 그대로 끓이는 방법(만드는 법 2)이 있다.

재료 및 분량

쌀	1/2컵
물	불린 쌀의 6~7배
참기름	2작은술

만드는 법 1

① 쌀을 깨끗이 씻어서 일어 건진 다음 물에 담가 1~2시간가량 두었다가 건져서 믹서 혹은 분마기에 참기름을 한두 방울 떨어뜨리면서 굵직하게 간다.

② 두꺼운 냄비나 솥에 넣고 중간불에서 20~30분 정도 끓인다.

③ 부서진 쌀알이 반투명하면서 잘 퍼지고, 걸쭉하게 익었으면서 쌀알이 윗면에 떠 있는 것이 잘 쑤어진 죽이다.

만드는 법 2

① 쌀을 씻어서 일어 건져 물에 담갔다가 6배 가량의 물을 붓고 끓인다.

② 쌀알이 충분히 익고 반투명하고 걸쭉한 전분액 위에 잘 퍼진 죽알이 동실동실 떠 있는 듯하게 끓여야 한다.

Tip

- 죽을 끓이기 위해 쌀을 갈 때에 참기름을 섞어가면서 가는 것은 풀 같은 미끄러운 맛을 없애고 향기로운 죽을 만들기 위한 것이다.
- 죽을 끓이는 도중 자주 젓지 말고, 죽이 넘치지 않도록 약한 불에서 오래 끓인다.
- 죽상에는 동치미, 젓국찌개, 북어무침, 매듭자반, 장조림 등을 곁들여 놓는다.

팥죽

겨울철 별미의 하나로서 붉은 팥과 쌀로 끓인 죽이다. 팥죽은 동지 절식이며, 동짓날의 팥죽에는 찹쌀가루로 익반죽한 경단을 넣어 끓이는데 이것을 새알심이라고 한다. 새알심은 각기 가족의 나이대로 넣는 관습이 있다.

재료 및 분량

붉은 팥	2컵
흰쌀	1/2컵
찹쌀가루	1컵
소금	1/2큰술

만드는 법

① 팥을 깨끗하게 씻어 일어서 물을 3컵 정도 붓고 한소끔 끓인 다음, 그 물을 버리고 다시 6~7배의 물을 부어 팥알이 충분하게 퍼지도록 푹 삶는다.

② 팥이 잘 퍼졌을 때 체에 걸러서 껍질을 제거하고 가라앉힌다.

③ 찹쌀가루를 뜨거운 물로 반죽하여 지름 1 cm의 새알심을 만든다.

④ 가라앉힌 웃물을 따르고 물을 보태어 6~7컵의 액체를 솥에 붓고 불린 쌀을 넣고 중간불에서 쌀이 거의 퍼질 때까지 끓인 다음 가라앉혔던 팥앙금을 넣어 고루 섞고 찹쌀 새알심 만든 것을 함께 넣어 주걱으로 눋지 않도록 가끔 저으면서 다시 끓인다.

⑤ 새알심이 떠오르고 쌀도 잘 퍼졌을 때 소금으로 간을 하고 먹을 때 기호에 따라 설탕을 넣는다.

Tip

- 짙은 팥색의 걸쭉한 죽에 새알심과 쌀알이 둥둥 떠 있는 듯한 느낌으로 된 것이 잘된 팥죽이다.
- 팥물을 가라앉히지 않고 그대로 쌀을 넣어 끓이면 팥앙금이 솥 안에서 처져서 눋기 쉽다. 그러므로 먼저 팥을 고아서 걸러 가라앉히고 웃물을 떠서 쌀을 끓이다가 팥앙금을 넣고 새알심을 넣어 끓인다.
- 소금으로 간을 한 다음 오래 두면 삭기 쉽다.
- 팥물은 뭉근한 불에서 오래 끓여야 죽의 색깔이 곱다.
- 새알심 대신에 인절미를 넣기도 한다.
- 팥죽상에는 물김치를 곁들인다.

흑임자죽

흑임자죽은 검은깨와 쌀로 끓인 죽으로, 열량이 많고 소화가 쉽게 되며, 보양음식으로 좋다.

조리법 1

재료 및 분량

흑임자	2컵
쌀	1/3컵
소금	1/2작은술

만드는 법

① 쌀을 2시간가량 물에 담갔다가 곱게 갈아서 가라앉힌다.

② 흑임자를 깨끗하게 일어 건져서 블랜더에서 살짝 문질러 껍질을 분리시켜 거피한 다음 깨끗한 번철에서 눋지 않도록 볶은 후 물을 조금씩 넣으면서 곱게 간 후 껍질을 걸러내고 가라앉힌다.

③ 먼저 깨의 웃물과 쌀의 웃물을 냄비에 담아 끓이다가 쌀앙금을 섞어 반투명하게 익어갈 때 깨앙금을 섞어 넣고 농도를 알맞게 조절하면서 눋지 않도록 끓인다.

④ 걸쭉하고 반투명하게 끓었으면 소금을 조금 넣고 설탕이나 꿀과 함께 대접한다.

Tip

- 쌀가루를 말려 두고 사용할 때에는 마른 쌀가루에 물을 조금 부어 다시 곱게 갈아 밭쳐 쓰면 죽이 곱게 된다.
- 깨와 쌀을 갈아 밭쳐 앉힐 때 물의 양이 모두 합해서 깨의 3배가량이 넘지 않도록 하면 농도를 알맞게 조절할 수 있다.
- 쌀앙금과 깨앙금을 처음부터 함께 섞으면 쌀 전분이 덜 퍼져 죽이 탁하기 쉽다. 그러므로 쌀앙금을 투명하도록 익힌 다음 깨앙금을 넣는 것이 좋다.
- 요즘에는 흑임자가루를 시판하고 있어 흑임자죽 쑤기가 편리하다(조리법 2 참조).

조리법 2

재료 및 분량

흑임자가루	1컵
쌀가루(마르지 않은 것)	1컵
물	4컵

만드는 법

① 흑임자가루와 쌀가루를 각각 블랜더 또는 분마기로 다시 곱게 갈아 각각 물을 조금 붓고 불린다.

② 먼저 쌀앙금을 넣고 끓이다가 반투명해질 때 흑임자를 넣고 가끔 저으면서 걸쭉하고 윤이 흐르도록 끓여 소금으로 약간 간을 한다.

③ 대접할 때 설탕이나 꿀을 함께 대접하여 기호대로 넣게 한다.

찐떡

백설기

일명 흰무리라고도 하며, 곱게 빻은 멥쌀가루를 설탕물로 내려서 찐 설기떡으로, 티없이 깨끗하여서 신성한 음식이란 뜻으로 어린이의 삼칠일, 백일, 첫돌의 대표적 음식으로 쓰인다. 또한 사찰에서 제를 올릴 때, 산신제, 용왕제 등 토속적인 의례 등에서도 필수적으로 쓰여온 음식이다.

재료 및 분량

멥쌀	5컵
소금	1/2큰술
설탕	1/2컵

만드는 법

① 멥쌀을 깨끗하게 씻어 4~5시간쯤 물에 담가 불린 다음 건져서 물기를 빼고 소금을 섞어 곱게 빻는다.

② 가루로 빻은 직후일 때에는 가루에다 설탕을 고르게 섞어서 고운 체에 다시 내린다(만일 가루가 말랐을 때에는 설탕물을 가루에 버무린 다음 체에 내리도록 한다).

③ 시루에 백색 한지를 깔고 준비한 가루를 사뿐사뿐 떠담고 윗면을 편편하게 한 다음 솥에 안쳐 시룻번을 곱게 바르고 충분하게 찐다.

④ 뜸이 잘 들었으면 시루를 떼고 뜨거운 김이 한 김 나간 후에 썰어 낸다.

Tip

- 떡가루는 고와야 하며, 고운 체로 내려서 그 가루가 촉촉한 것을 곧 쪄야 떡의 텍스처가 좋다.
- 설탕량은 기호에 따라 가감하는데 너무 많이 첨가하면 떡이 질겨지며, 백설기에 설탕물 대신 꿀을 넣으면 촉촉한 기가 오래 간다.
- 가루를 안친 다음 칼집을 넣으면 다 찐 다음에 그대로 나누어진다.
- 백설기는 볕에 잘 말려두었다가 조금씩 떼어 다시 가루로 만들어서 암죽을 쑤어 먹기도 한다.

백편

곱게 빻은 멥쌀가루에 설탕물을 섞어 체에 다시 내린 촉촉한 가루로 얇게 켜를 지어 안치고 켜마다 대추, 밤, 석이버섯을 곱게 채썬 것과 실백으로 고물을 얹어 찐 떡이다. 혼례, 회갑연 등 잔치 때 만드는 떡의 하나이다.

재료 및 분량

재료	분량
멥쌀	5컵
석이버섯(불린 것)	1/4컵
대추	1/2컵
밤	1컵
실백	2큰술
백설탕	1컵
소금	1작은술

만드는 법

① 곱게 빻은 쌀가루에 설탕물을 섞어서 가루가 덩어리지지 않도록 손으로 비벼서 체에 내려 약간 축축하면서도 곱고 고른 상태가 되게 한다.

② 대추는 씨를 발라서 곱게 채치고, 깨끗하게 만진 석이버섯과 밤도 곱게 채치고, 실백의 속껍질을 벗겨 놓는다.

③ 백색 한지를 시루의 둘레만한 크기로 5~6장 준비한다.

④ 시루 바닥에 한지를 깔고 준비된 쌀을 2 cm 정도의 두께로 안치고 편편히 한 후, 위에 석이버섯채·밤채·대추채를 뿌리고 실백을 조금 뿌린다.

⑤ 두 번째의 켜를 안칠 때에는 고물 위에 백지를 깔고 다시 같은 요령으로 쌀가루 켜를 안치고 고명을 얹는다. 이렇게 하여 여러 켜를 포개어 안치고, 밀가루 반죽으로 시룻번을 바른다.

⑥ 충분하게 쪄서 뜸을 들인 다음, 시루를 떼어서 한 김 나간 후 쏟아 한켜한켜 떼어서 적당한 크기로 썬다.

Tip

- 설탕과 물의 양이 많으면 가루가 질어지고 떡이 질겨지므로 가루의 상태를 보아서 물의 양을 조절한다.
- 쌀가루가 눌리지 않도록 주의하면서 편편하게 해야 하고, 떡을 안쳐 놓은 후 가루에 금이 가면 찐 후에도 그대로 금이 생기므로 주의한다.
- 뜨거울 때 떡을 꺼내면 부서진다.
- 꿀편, 승검초편과 백편을 함께 담으면 색채감이 좋다.

두텁떡

익반죽한 찹쌀가루를 대추속을 박으면서 송편 모양으로 시루에 안치고 거피팥고물을 듬뿍 얹어 쪄서 모양을 다듬어 만든 것으로, 맛이 부드럽고 향미가 있다.

재료 및 분량

찹쌀가루	2컵
대추	20개
거피팥고물	2컵

만드는 법

① 대추의 씨를 빼고 다져 놓는다.

② 찹쌀가루 2컵에 끓는 물 1/3컵 정도를 넣어 살짝 반죽을 한 다음 대추속을 박으면서 송편 비슷하게 빚는다.

③ 찜통이나 시루에 보자기를 깔고 떡을 놓을 자리에 고물을 깔고 그 위에 떡을 한 개씩 서로 붙지 않도록 얹어 놓고 떡 위로 다시 고물을 소복하게 얹어준다. 이렇게 2~3층만 포개어 푹 찐다.

④ 푹 익었을 때 꺼내어 하나하나에 고물이 많이 입혀진 상태로 하여 담는다.

Tip

- 찹쌀가루 반죽을 너무 오래 하면 쉽게 익지 않으므로 슬쩍 뭉쳐서 손 안에서 쥐어질 만큼의 양을 타원형 모양으로 빚는다.
- 찜통이나 시루에 안칠 때에는 떡이 서로 붙지 않도록 사이를 띄워서 놓도록 하며, 여러 층을 안치면 서로 붙어 익기 어렵다.
- 찹쌀가루 반죽을 빚지 않고, 물 내린 찹쌀가루를 시루 안에 한 숟가락씩 떠놓은 다음, 밤·대추·잣·호두 등을 얹고, 그 위에 찹쌀가루를 덮은 다음 팥고물을 얹어 찌기도 한다.
- 찜통에 팥을 찔 때는 심이 없도록 푹 쪄야 하며, 볶을 때에는 질지 않고 보슬보슬하게 볶아 어레미체에 내린다(거피팥고물은 〈경단〉의 고물 만들기 참조).

친떡

인절미

재료 및 분량

찹쌀	10컵 (가루로는 20컵)
소금	1/2큰술
물	1/2컵
고물(콩가루, 흑임자 등)	

만드는 법

① 찹쌀을 깨끗이 씻어 물에 12시간 정도 담갔다가 건진 다음, 찜통이나 시루에 안쳐서 거의 익을 무렵, 소금물을 밥에 뿌려 다시 푹 찐다.

② 절구에 ①의 찐밥을 넣고 으깨어지도록 치는데 절구공이에 소금물을 적셔가며 골고루 친다.

③ 안반에 고물가루를 깔고 ②를 쏟아 적당한 두께로 밀어 가로 3 cm, 세로 5 cm의 크기로 썰어서 여러 가지 고물을 묻혀낸다.

Tip
- 인절미를 만들 때 쑥이나 대추, 수리치를 넣으면 색과 맛의 변화를 즐길 수 있다. 고물이 쉬기 쉬운 여름철에는 깨고물이나 콩고물이 좋으며, 팥고물은 봄, 가을, 겨울에 많이 사용한다.
- 인절미에 고물을 묻히지 않고 썰어 두었다가 불에 구워 꿀을 발라 먹으면 겨울철의 별미이다.

절편

재료 및 분량

멥쌀	5컵 (가루로는 10컵)
쑥	100 g
참기름	1/4컵
소금	1큰술

만드는 법

① 쑥은 손질하여 끓는 소금물에 살짝 데쳐 헹군 후 물기를 빼고 다진다.

② 멥쌀은 깨끗이 씻어 물에 12시간 정도 담갔다가 건진 다음 소금을 넣고 빻아 가루를 만든다.

③ 쌀가루에 손으로 뭉쳐지지 않을 정도로 물을 부어 고루 섞어 푹 찐다. 그중 반은 절구에 넣고 곱게 찧고, 나머지 반은 준비된 쑥을 섞어 넣고 곱게 찧는다.

④ ③을 조금씩 떼어 큰 도마에 놓고 가래떡처럼 비빈 다음 참기름을 바르면서 떡살로 문양을 찍어 잘라낸다.

Tip
- 쑥을 파랗게 데치려면 중조를 조금 넣고 데쳐서 찬물에 여러 번 헹구어 쓴다.
- 송기(소나무 속껍질을 삶아 찧어 솜처럼 피운 것)를 넣어 분홍빛의 송기절편을 만들기도 하며, 5월 단오일에는 차륜모양을 찍은 절편을 만들어 차륜병이라 하여 절식으로 삼는다.

개피떡

쌀가루로 설기떡을 쪄서 절구에서 매우 쳐서 만든 떡을 매우 얇게 밀어 녹두소나 팥소를 중앙에 하나씩 놓아 떡자락으로 덮고 작은 보시기나 종지로 눌러 반달 모양으로 찍어 만든다.

떡은 식기 전에 밀어야 잘 밀리며, 개피떡을 만들 때 되도록 소를 많이 넣고 접을 때 공기가 많이 들어가도록 한다.

떡반죽이 너무 되면 끝이 잘 붙지 않고 쉽게 벌어지므로 수분 농도를 잘 맞추어야 한다.

지진 떡

국화전

재료 및 분량

찹쌀가루	5컵
국화꽃잎	10송이
기름	1/2컵
꿀	1/4컵

만드는 법

① 찹쌀가루를 익반죽하여 4~5 cm 지름으로 동글납작하게 빚어 놓는다.

② 달군 팬에 기름을 두르고 뜨거울 때 떡 빚은 것을 놓고 위에 국화잎과 꽃잎을 보기 좋게 얹어 노릇노릇하게 지진다.

③ 지진 것을 꿀에 재웠다가 대접한다.

Tip

- 반죽은 많이 주물러야 반죽의 몸이 곱다.
- 국화꽃은 통째로 납작하게 눌러 붙이거나 하나하나 떼어 붙이기도 하며, 국화 송이를 푸른 꼭지 없이 찹쌀가루에 한데 섞어 버무려 지지기도 한다.
- 국화꽃은 많이 넣으면 맛이 쓰므로 알맞은 양을 넣도록 한다.
- 떡을 구울 때는 꽃잎을 얹는 경우도 있고, 자연스럽게 미리 붙여서 모양을 찍어 내기도 한다.

주악

찹쌀가루를 익반죽하여 소를 넣어 작은 송편 모양으로 빚어서 기름에 지져 꿀에 재운 떡이다. 주악은 소상, 대상, 기제 또는 큰잔치 때 만들어 편의 웃기로 사용한다.

재료 및 분량

찹쌀가루	1컵
대추	1/4컵
석이버섯	10장
은행	10장
계핏가루	조금
꿀(또는 시럽)	1/4컵
소금, 기름	조금

만드는 법

① 대추는 씨를 빼고 곱게 다진다.

② 은행과 석이버섯(불려 다듬은 것)은 각각 곱게 다진다.

③ 찹쌀가루를 3등분하여 각각 대추, 석이버섯, 은행 다진 것을 고루 섞어서 끓는 물 3큰술로 반죽한다(대추는 소로 사용할 분량은 남겨 놓는다).

④ 반죽한 것을 새알 크기만큼 조금씩 떼어 둥글게 빚어 대추소를 넣고 송편 모양으로 빚는다.

⑤ 곱게 빚은 주악을 150℃의 기름에 지져낸 후, 꿀과 계핏가루를 넣은 집청꿀에 재웠다가 잣가루를 뿌려 담아낸다.

Tip
- 대추소는 대추를 돌려깎기하여 다진 후 꿀과 계핏가루를 넣어 만들며, 소의 재료로는 대추 외에 깨, 곶감, 밤 등을 사용하기도 한다.
- 삶은 밤을 으깨서 꿀, 계핏가루를 섞은 소를 넣은 것을 밤주악이라 한다.
- 찹쌀가루를 익반죽할 때는 넣는 재료에 따라 대추주악, 승검초주악, 은행주악, 석이주악 등을 만들 수 있다. 주악의 색은 익으면 더 진해지므로 반죽할 때 색을 엷게 한다.
- 지질 때 여러 개를 함께 넣으면 서로 붙으므로 몇 개씩만 넣어 깨끗하게 지진다. 깨끗한 백색을 먼저 지지는 것이 좋고, 너무 여러 번 뒤집지 않아야 한다.

삶은 떡

경단

경단은 묻히는 고물에 따라서 여러 가지 종류로 나뉜다. 찹쌀가루를 익반죽하여 동글게 빚어 삶아 건져 고물을 묻히는 방법(만드는 법 1)과 삶아 건진 떡을 다시 섞어 매우 쳐서 속에 호두, 대추, 팥 등으로 만든 소를 박으면서 다시 동글게 빚어 고물을 묻히는 방법(만드는 법 2)이 있다.

재료 및 분량

찹쌀가루	2컵
끓는 물	1/3컵
〈고물〉	
흑임자	2/3컵
거피팥가루	1컵
녹두고물	1컵
대추 채썬 것	1컵
밤 채썬 것	1컵
실백 채썬 것	1/2컵

만드는 법 1

① 찹쌀가루에 소금을 넣고 빻은 후 끓는 물을 넣고 익반죽하여 둥글게 빚어놓는다.

② 큰 냄비에 물 10컵가량을 붓고 펄펄 끓을 때 빚은 떡을 몇 개씩 넣어 떡이 냄비 바닥에 붙지 않도록 한 번 저어준 다음 끓여 떡이 떠오르면 건져내어 냉수를 끼얹은 후 소쿠리에서 물기를 뺀 다음 고물을 묻힌다.

Tip
뜨거울 때 고물을 묻혀야 고물이 잘 붙는다.

만드는 법 2

① 삶아 건진 경단(만드는 법 1 참조)을 오목한 그릇에 담고 방망이로 고르게 섞으면서 친다. 이렇게 하면 보기에 매우 곱고 차지게 된다.

② 손에 꿀이나 시럽을 묻히고 준비한 떡을 뜨거울 때 조금씩 떼어 호두, 밤, 팥 등으로 만든 소를 조금씩 넣으면서 다시 둥글게 빚어 고물을 묻힌다.

고물 만들기

〈거피팥고물〉

재료 및 분량	
거피팥	2컵
설탕	1/2컵
계핏가루	2큰술
소금	1작은술

만드는 법

① 거피팥은 미지근한 물에 2~3시간 담그면 껍질이 불어 떨어지기 쉽게 된다. 이때에 물속에서 손으로 살살 비비면 껍질이 떨어져 물 위로 떠오르게 되며, 이것을 여러 번 따라내어 깨끗하게 제거한다.

② 거피한 팥을 시루나 찜통에 보자기를 깔고 푹 찐다.

③ 충분하게 익었을 때 꺼내어 소금을 조금 섞으면서 푹푹 찧어서 어레미체에 내려 고운 상태로 한다.

④ 고운 상태의 팥고물을 두꺼운 냄비에 담고 설탕, 계핏가루를 고르게 섞으면서 약한 불에서 볶아 수분이 증발되어 보슬보슬하도록 만든다.

〈녹두고물〉

녹두를 사용하여 팥고물과 같은 방법으로 만드는데, 계핏가루나 설탕을 넣어 볶지 말고 노릇노릇한 그대로 소금으로 간을 하면 녹두의 고운 색을 살릴 수 있다. 녹두나 팥을 찔 때 지나치게 오래 찌면 변색한다.

〈흑임자고물〉

검은깨를 물에 담가 껍질을 제거하고 물기를 뺀 다음 볶아서 소금을 조금 넣고 빻는다.

〈대추·밤·석이고물〉

씨를 뺀 대추를 곱게 채로 썰고, 속껍질까지 벗긴 밤을 얇게 저며 채로 썰고, 석이버섯을 깨끗하게 만져서 곱게 썬 것을 고르게 섞어서 쓴다.

국수의 조리

칼국수

재료 및 분량

밀가루	4컵
달걀	1개
애호박(중 1개)	200 g
닭국물	7~8컵

만드는 법

〈국수 만들기〉

① 밀가루에 달걀을 풀어서 첨가한 물을 넣고 오래 주물러 반죽한 후 촉촉한 행주에 싸서 20분 정도 둔다.

② 반죽을 밀판에서 얇고 고르게 밀어서 밀가루를 조금씩 뿌리면서 말아 가늘게 썬다.

〈닭국물 만들기〉

닭을 푹 고아서 살은 따로 떼어 놓고 국물은 걸러낸다.

〈국수 끓이기〉

① 준비한 닭국물에 마늘을 2쪽 정도 저며 넣고 소금간을 하여 팔팔 끓을 때 국수를 훌훌 털어서 넣고 한 번 저은 다음 채썬 애호박과 파를 넣고 뚜껑을 덮고 끓인다.

② 국수가 위로 뜨고 애호박이 파랗게 익으면 그릇에 담아낸다.

Tip

- 글루텐이 많은 밀가루로 오래 반죽하여 얇게 밀어 만들면 꼬들꼬들하고 맛있는 국수가 되며, 반죽을 할 때 날콩가루나 달걀을 첨가하면 탄력성 있는 국수가 된다.
- 여름철의 칼국수에는 닭국물과 애호박이 잘 어울리며, 삶은 닭고기의 살은 먹기 좋은 크기로 잘라서 국수 끓일 때 함께 넣어도 좋다.

국수장국

재료 및 분량

말린 밀국수	400 g
쇠고기	300 g
표고버섯	3장
파	20 g
마늘	2쪽
간장	2작은술
소금	조금
참기름	1작은술
후춧가루	조금

만드는 법

〈국수 삶기〉

물이 끓은 후 국수가 서로 붙지 않도록 넣은 다음 뚜껑을 덮고 끓인다. 국수가 익어서 떠오르면 냉수에 건져서 몇 번 물을 갈아 헹구어 차게 한 다음 1인분씩 사리를 지어 소쿠리에 건져 물기를 뺀다.

〈장국 만들기〉

① 쇠고기 200 g에 파, 마늘을 넣고 맑은장국을 끓인다.

② 쇠고기 100 g을 곱게 다져서 표고버섯 채썬 것과 함께 파, 다진 마늘, 간장, 참기름, 후춧가루로 조미하여 센불에서 볶아 놓는다.

③ 달걀은 얇게 지단을 부쳐 마름모꼴로 썰거나 채로 썰어 놓는다.

〈국수 말기〉

그릇에 1인분의 국수를 담고 팔팔 끓인 장국을 부었다가 도로 따라내어 국수를 따뜻하게 한 후 장국을 다시 붓고 위에 고기 볶은 것, 알지단을 얹고 후춧가루를 뿌려 대접한다.

Tip

- 국수를 삶는 물은 넉넉해야 하며(국수 무게의 6~7배의 물 사용), 국수를 넣은 후 화력이 강해야 한다. 물의 분량이 적거나 온도가 낮으면 국수가 풀어지기 쉬운데, 국수가 떠오른 후는 화력을 줄여 삶는 물이 너무 심한 대류가 일어나지 않도록 해야 국수 표면이 거칠지 않고 매끄럽게 된다.
- 국수를 삶은 후 찬물에 헹구는 것은 여열에 의해 호화가 진행되는 것을 막고, 표면의 점성을 제거하고 탄력성을 유지하기 위해서이다. 그러나 장시간 물에 담가 놓으면 국수가 수분을 흡수하여 입 안에서의 촉감이 나빠지고 잘라지기 쉽다.
- 온면에는 쇠고기맑은장국, 닭고기국물, 다시마나 멸치의 국물 등이 쓰인다. 분량이 적을 때에는 양지머리를 푹 고아 가라앉혀 밭친 육수를 사용하는 것이 좋다. 양지머리 삶은 것은 눌러서 편육으로 이용하기도 한다.
- 잔칫상이나 생일 점심상에서 많이 이용된다.

냉면

냉면은 차게 식힌 국물에 국수를 말아서 만든 음식이다. 시원한 음식이므로 여름철에 적합하지만 추운 겨울철의 별미음식으로 애용되기도 한다.

재료 및 분량

메밀국수(5사리)	1 kg 내외
육수	7~8컵
쇠고기편육	20쪽
쇠고기볶음	100 g
오이	100 g
배	1/2개
알지단	달걀 1개분
연한 배추김치	60 g
간장	2큰술
소금	조금
식초	1큰술
설탕	1큰술
겨자	조금

만드는 법

〈고명 준비〉

① 양지머리 1,200 g에 물 4 L 가량을 붓고 2~3시간 고아 식혀, 위에 뜨는 기름기를 걷어내고 국물을 밭쳐서 차게 식혀 8컵을 준비하여 간장과 소금으로 간을 하고, 고기는 베보에 싸서 꼭 눌러서 편육으로 하여 얇게 저민다(편육용 고기를 2~3시간씩 오래 고면 지나치게 익으므로 편육용 토막을 미리 잘라서 1시간 끓인 다음 먼저 건져서 누르도록 한다).

② 오이는 채로 썰어서 냉수에 헹구어 생생하게 보이게 한다.

③ 살코기는 곱게 다져서 양념하여 센불에서 볶는다.

④ 배는 채쳐서 색이 변하지 않도록 엷은 소금물에 잠깐 담근다.

〈냉면 말기〉

큰 유리그릇에 국수사리를 담고 그 위에 편육, 오이채, 살코기볶음, 배채, 알지단 등을 보기 좋게 얹고 찬 국물을 듬뿍 붓는다(식초, 겨자, 설탕은 기호에 따라 먹을 때에 넣도록 한다).

Tip

- 냉면에는 평양식 냉면, 함흥식 냉면이 잘 알려져 있으며, 다음과 같은 특징이 있다.
  - 평양식 냉면 : 메밀가루와 전분가루를 2:1의 비례로 반죽하여 만든 국수이며, 냉면용 국수로 보편적이다.
  - 함흥식 냉면 : 메밀가루와 전분가루를 1:2의 비례로 만든 국수이며, 맵게 비벼 만드는 점이 특징이다.
- 냉면에 쓸 수 있는 국물에는 다음과 같은 것이 있다.
  - 육수 : 양지머리, 사태육을 푹 고아서 식혀, 위에 엉긴 지방을 제거하고 깨끗하게 밭쳐서 차게 한다.
  - 닭국물 : 닭을 폭 고아서 식혀, 위에 엉기는 지방을 제거하고 깨끗하게 밭쳐서 차게 식힌다.
  - 배추김치국물 : 배추김치가 알맞게 익었을 때 맑은 김치국물을 뜨고 여기에다 육수나 멸치국물 또는 동치미국물을 섞어서 소금으로 간을 맞추어 쓴다. 멸치젓을 섞은 김치보다 조기젓김치나 새우젓김치의 국물이 더 적합하다.
  - 동치미국물 : 맛이 좋은 동치미국물로만 해도 좋고 육수를 섞어도 좋다.

스파게티

재료 및 분량

스파게티	300 g
양파	1개
당근	1개
셀러리	1줄기
토마토	500 g
소금	1/2작은술
치즈가루	4큰술
다진 쇠고기	400 g
밀가루	1작은술
버터	5큰술
수프 스톡	2컵
청주	2큰술
후추	1/8작은술

만드는 법

① 스파게티는 스파게티 무게의 6~7배의 끓는 물에 0.5%의 소금을 넣고 15분 정도 삶아 소쿠리에 건져둔다.

② 토마토는 껍질을 벗겨 다져서 익히고, 양파, 셀러리 줄기, 당근은 잘게 다져 놓는다.

③ 프라이팬이나 냄비에 버터를 녹이고 다진 양파(4큰술), 당근, 셀러리를 볶다가 밀가루를 넣고 다시 볶은 후 다져서 익힌 토마토를 넣고 수프 스톡을 조금씩 부으면서 잘 젓는다. 소금과 후추로 간을 맞추고 약한 불에서 20~30분간 끓인다.

④ 다른 프라이팬에 나머지 양파와 다진 쇠고기를 볶다가 소금, 후추, 청주를 넣고 ③에서 만든 것을 섞어 약한 불에서 진한 소스가 되도록 조린다.

⑤ 그릇에 준비된 스파게티를 담고 ④의 뜨거운 소스를 얹는다. 기호에 따라 치즈가루를 위에 뿌려 먹는다.

Tip

- 너무 강한 불에서 오래 끓이면 소스는 시어져서 맛이 나빠진다.
- 스파게티의 경우에는 삶은 후 찬물에 담그지 않고 그대로 소쿠리에 건져 물기를 빼고 뜨거울 때 먹는 것이 이상적이나, 곧 먹지 않을 때에는 달라붙지 않도록 버터나 식용유를 바르는 것이 좋다.

만두와 편수

만두

재료 및 분량

〈껍질용〉-중간 정도의

만두피	40개 정도
밀가루	2컵
달걀	1개
물	1/2컵

〈속〉

쇠고기	200 g
꿩(또는 닭)	50 g
두부	200 g
숙주	100 g
시금치(또는 미나리)	100 g
김치(1/8통가량)	200 g
표고버섯	2장
실백	2큰술

〈양념〉

참기름	1큰술
소금	1작은술
깨소금	1작은술
후춧가루	1/4작은술
다진 마늘	1/2작은술
맑은장국	7~8컵
알지단	소량

만드는 법

〈만두피 반죽〉

밀가루를 체에 쳐놓고 달걀을 잘 개어 물과 섞어서 밀가루에 넣고 반죽을 한다(반죽한 것이 마르지 않도록 촉촉한 행주로 덮어놓는다).

〈속 만들기〉

① 쇠고기, 닭고기는 곱게 다진다.

② 김치는 물에 슬쩍 빨아 꼭 짜서 다진다.

③ 두부도 물기 없이 꼭 짜서 부셔놓고 숙주, 시금치를 데쳐서 물기를 뺀 후 다진다.

④ 고기, 김치, 두부, 나물 다진 것을 함께 섞어서 소금, 참기름, 후춧가루, 마늘 다진 것 등으로 골고루 무쳐 양념을 한다.

〈만두 빚기〉

밀가루 반죽을 얇게 밀어서 지름 7~8 cm 크기로 동글게 떠서 만두피를 만든 후 속을 넣고 실백을 하나씩 섞어 싸서 두 귀를 맞춘다.

또는 지름이 2cm 정도의 둥근 모양을 만들어 구멍을 파가며 얇게 빚어서 속을 넣고 양편을 맞추는 방법도 있다.

〈만두 삶기〉

① 맑은장국이 팔팔 끓을 때 만두를 하나씩 넣어 서로 붙지 않도록 한 번 저어 뚜껑을 덮는다.

② 끓어서 만두가 뜨면 익은 것이므로 그릇에 담고 알지단, 후춧가루를 뿌리고 초간장과 함께 대접한다.

Tip

- 밀가루는 강력분이 좋고, 반죽은 오래 할수록 끈기가 많아져서 좋다.
- 재료 중에서 꿩이나 닭이 없으면 생략해도 좋다.

편수

편수는 밀가루 반죽 껍질에 채소와 고기, 버섯 등을 볶은 것을 속으로 싸서 익힌 여름철의 만두이다. 오이, 호박 등은 미리 소금 간을 하여 꼭 짜서 수분을 뺀 다음에 오들오들하고 파랗게 볶아서 소로 한다.

재료 및 분량

〈편수껍질 반죽〉

재료	분량
밀가루	2컵
달걀	1개
물	1/2컵

〈속〉

재료	분량
쇠고기	200 g
오이	200 g
표고버섯	5장
실백	조금
간장	1작은술
참기름	1작은술
후춧가루	조금
파, 다진 마늘	1작은술
소금	조금

만드는 법

① 쇠고기는 가늘게 채썬 후 조미하여 센불에서 국물이 흐르지 않게 볶는다.

② 표고버섯도 가늘게 채썰어서 간장과 참기름을 넣고 볶는다.

③ 오이는 채썰어서 소금을 뿌렸다가 꼭 짜서 참기름에 볶는다.

④ 각각 준비된 속을 함께 섞어서 맛이 어우러지게 무친다.

⑤ 밀가루는 만두피 반죽 방법과 같이 되직하게 반죽한 다음 얇게 밀어서 8 cm가량의 네모로 썰어서 속을 넣고 실백을 2~3개씩 넣어서 네 귀를 맞추어서 싸는데, 네 귀에 구멍을 조금 남겨 김이 잘 배이게 한다.

⑥ 편수 빚은 것을 접시나 채반에 담아서 찜통에서 푹 찐 다음 참기름을 조금씩 바른다(잘 익으면 껍질이 반투명해지고 속이 비치게 된다).

⑦ 뜨거울 때 초간장과 함께 대접한다.

밀수제비

재료 및 분량

재료	분량
밀가루	2½컵
파	10 g
맑은장국	6~7컵

만드는 법

① 밀가루를 약간 질게 반죽을 한다.

② 맑은장국이 팔팔 끓으면 손에 물을 바르며 밀가루 반죽을 얇게 떼어 넣는다.

③ 건더기가 위로 끓어오르면 익은 것이므로 파를 넣고 잠시 후 그릇에 떠서 후춧가루를 뿌린다.

Tip

• 반죽을 오래 하면 글루텐이 많이 형성되어 수제비가 질겨지므로 건더기를 연하게 하려면 반죽을 오래 하지 않는 것이 좋다.

이스트브레드

이스트브레드(yeast bread)는 이스트에 의해 생성된 탄산가스에 의하여 부풀리는 빵이다. 식빵이 대표적이며, 큰 덩어리로 구워서 썰어 먹기도 하나 roll과 같이 작고 예쁘게 여러 가지 모양을 만들기도 한다.

식빵

재료 및 분량

밀가루(중력분)	2컵
우유	3/4컵
설탕	1큰술
지방(shortening)	1큰술
이스트	1작은술
물	2큰술
소금	1작은술

*1컵=240 mL

만드는 법

① 따뜻한 물(40℃ 정도)에 이스트를 넣고 10분간 방치한다.

② 냄비에 우유를 넣고 70℃ 정도로 데운다.

③ 우유가 50℃ 정도로 식으면 쇼트닝과 설탕, 소금을 넣고 고루 섞어 40℃ 정도가 되면 이스트를 넣어 섞는다.

④ 밀가루를 1/4컵 정도 남기고 조금씩 넣어가며 세게 젓는다.

⑤ 반죽이 한 덩어리가 되면 남긴 밀가루를 도마 위에 뿌리고 반죽이 매끄럽고 탄력이 생길 때까지 두 손으로 치댄다.

⑥ 반죽을 약간 기름을 바른 그릇에 담고 표면이 마르지 않도록 기름을 약간 바르거나 젖은 헝겊을 덮어 따뜻한 곳(그릇 주위 온도가 27~29℃가 되도록)에서 발효시킨다.

⑦ 반죽이 2배 정도로 부풀면 도마 위에서 다시 반죽하여 1차 발효에서 생성된 가스를 빼낸 다음 다시 젖은 헝겊을 덮고 2차 발효를 시킨다.

⑧ 다시 부피가 2배가 되면 반죽하여 가스를 빼고 덩어리로 만들어 기름을 바른 빵틀(20×10×5 cm)에 담는다.

⑨ 발효시켜 2배로 부풀면 반죽의 표면에 녹인 버터를 바르고 220℃ 정도의 오븐에서 25~30분간 굽는다.

퀵브레드

퀵브레드(quick breads)는 이스트브레드와 달리 반죽 후 발효시키지 않고 즉시 만드는 것이다. 팽창제로는 대부분 베이킹 파우더를 사용하나, 팝오버나 크림퍼프에서와 같이 수증기만을 이용하는 경우도 있다.

머핀, 베이킹 파우더, 비스킷, 그리들 케이크, 와플, 팝오버 등이 여기에 속하며, 주로 아침식사에 많이 사용하고, 감미가 약하다.

퀵브레드는 베이킹 파우더가 물에 닿으면 즉시 탄산가스를 발생하기 시작하고 또 오래 반죽하면 만든 음식이 질기고 단단해지므로 반죽은 되도록 빨리 해야 하고 많이 주무르지 않아야 한다.

머핀

재료 및 분량

재료	분량
밀가루(중력분)	2컵
소금	1/2작은술
베이킹 파우더	1큰술
녹인 지방이나 식용유	2큰술
달걀	1개
우유	2컵
설탕	2작은술

*1컵=240 mL

만드는 법

① 밀가루에 소금, 베이킹 파우더, 설탕을 넣고 체에 친다.

② 달걀 푼 것과 우유, 지방 녹인 것 등 액체 재료를 함께 섞는다.

③ 체에 친 마른 재료와 액체 재료를 섞어서 가볍게 저어준다.

④ 머핀 팬에 기름을 바르고 2/3 정도만 반죽을 담아 220℃ 정도의 오븐에서 15~20분간 굽는다.

Tip

- 머핀의 반죽은 가볍게 섞어야 하며, 반죽을 지나치게 저어주면 표면이 납작하고 매끈하며 질긴 제품이 된다. 경우에 따라서는 내부에 터널이 생기고 어느 한쪽만 뾰족하게 부풀기도 한다.
- 잘 구워진 머핀은 표면이 매끈하지 않으면서 위쪽의 중심부가 약간 둥글고 어느 한 쪽이 삐죽하거나 터지지 않아야 한다. 껍질색은 황갈색이어야 하고, 속은 기공이 고르고 촉촉해야 한다.

베이킹 파우더 비스킷

재료 및 분량

밀가루(중력분)	1컵
소금	1/2작은술
베이킹 파우더	1½작은술
버터	5큰술
우유	1/3컵

*1컵=240 mL

만드는 법

① 밀가루, 소금, 베이킹 파우더를 함께 체에 친다.

② ①에 버터를 넣고 페이스트리 블랜더나 두 개의 칼을 사용하여 버터를 잘게 자른다.

③ 우유를 넣고 포크로 섞어 반죽이 한 덩어리가 되게 한다.

④ 밀가루를 뿌린 도마에 반죽을 올려놓고 가볍게 반죽한다(10회 정도).

⑤ 1.5 cm 정도의 두께로 밀어 비스킷 커터로 잘라낸다.

⑥ 기름을 바르지 않은 팬에 2~3 cm의 간격을 두고 놓아 220℃의 오븐에서 10~12분간 굽는다.

Tip
- 위의 재료로 지름 5 cm 정도의 비스킷이 8개 정도 만들어진다.
- 이 비스킷은 말랑말랑하며, 버터나 잼을 발라 아침에 빵 대신 먹기도 한다.

그리들 케이크(팬케이크 또는 핫케이크)

재료 및 분량

밀가루(중력분)	1컵
소금	1/2작은술
베이킹 파우더	1½작은술
달걀	1개
설탕	1작은술
우유	1컵
녹인 지방이나 식용유	1큰술

*1컵=240 mL

만드는 법

① 밀가루, 소금, 베이킹 파우더, 설탕을 함께 체에 친다.

② 달걀, 녹인 지방, 우유를 섞어서 잘 젓는다.

③ ②의 액체 재료를 밀가루에 넣고 밀가루가 섞일 때까지만 젓는다.

④ 두꺼운 팬을 뜨겁게 달군 후 지름 12 cm 정도의 크기로 굽는다.

⑤ 따뜻한 때 버터, 시럽이나 꿀 등과 함께 대접한다.

Tip
- 반죽은 가볍게 섞어 주어야 하며, 지나치게 많이 저으면 글루텐이 많이 형성되고 탄산가스가 많이 빠져나가 질겨진다.
- 구울 때는 여러 번 뒤집으면 납작해지고 표면이 건조해지므로 적당히 가열된 팬에 놓고 양면이 황갈색이 되도록 한 번만 뒤집어준다(반죽을 팬에 놓아 가장자리에 작은 구멍이 생겼을 때 뒤집어준다).

와플

재료 및 분량

밀가루(중력분)	2컵
소금	1작은술
베이킹 파우더	3작은술
설탕	1큰술
달걀	2개
우유	1½컵
녹인 지방	6작은술

*1컵=240 mL

만드는 법

① 밀가루, 소금, 베이킹 파우더, 설탕을 함께 체에 친다.

② 난황을 잘 저은 후 우유, 녹인 지방을 넣고 잘 섞는다.

③ 액체 재료를 밀가루 혼합물에 넣고 가루가 섞일 때까지만 저어준다.

④ 난백은 충분히 거품낸 다음 밀가루 반죽에 가볍게 섞는다.

⑤ 와플팬에서 3~5분간 굽는다.

Tip

- 잘 구워진 와플은 색이 고르게 황갈색이고 바삭바삭하며 부드럽다.
- 와플을 굽는 팬이 너무 차면 반죽이 팬에 붙고, 너무 뜨거우면 속이 익기 전에 겉이 탄다(팬에 물을 떨어뜨렸을 때 즉시 둥근 방울이 되어 톡톡 튀면 알맞은 온도이다).
- 와플팬 사이에서 새어 나오던 수증기가 멎으면 다 구워진 것이다.

팝오버

재료 및 분량

밀가루(중력분)	1컵
소금	1/2작은술
달걀	2개
우유	1컵

*1컵=240 mL

만드는 법

① 밀가루와 소금을 함께 체로 친다.

② 달걀을 잘 풀어 우유와 섞은 다음 재료를 함께 넣어 저어준다.

③ 기름칠을 한 커스타드 컵이나 머핀팬 등 틀에 반죽을 1/2 정도 붓고 220℃의 오븐에서 40분 정도 굽는다.

Tip

- 반죽이 묽어서 밀가루의 글루텐 구조 형성은 약하나 달걀을 많이 사용하기 때문에 유지된다.
- 팝오버는 수증기에 의하여 부풀리므로 굽는 도중에 문을 열어서 찬 공기가 들어가면 수증기가 다시 액화되어 부풀지 않게 된다.
- 잘 된 팝오버는 속이 뻥 뚫려 있어야 하고 질척하지 않아야 한다. 그러므로 오븐에서 꺼내기 직전에 포크로 위쪽에 구멍을 뚫어 김이 빠져나가게 하는 것이 좋다.

파운드케이크

재료 및 분량

밀가루(박력분)	100 g
베이킹 파우더 (밀가루의 2%)	2 g
버터	100 g
설탕	100 g
달걀	100 g(2개)
건포도	20 g
호두	20 g
바닐라오일	1/2작은술

만드는 법

① 밀가루를 체로 쳐서 계량한 후 베이킹 파우더를 넣고 다시 체로 친다.

② 건포도와 호두는 잘게 잘라 밀가루를 묻힌다.

③ 버터에 설탕을 조금씩 넣으며 계속 저어 폭신폭신하고 가볍게 크리밍 한다.

④ ③에 달걀을 하나씩 넣으면서 잘 저어주고 바닐라를 섞는다.

⑤ ④에 ①, ②를 넣고 가볍게 섞는다.

⑥ 빵틀에 기름을 칠하고 파라핀지를 깐 후, 반죽을 넣고 180℃ 정도의 오븐에서 35~40분간 굽는다.

Tip

- 파운드케이크는 설탕, 달걀, 버터, 밀가루를 각각 1 파운드씩 사용하여 만들었기 때문에 붙여진 이름이라고 한다.
- 구워진 표면에 균열이 생기는 것이 특징이며, 보존성이 좋다.
- 건포도와 호두는 브랜디에 담갔다가 첨가하면 케이크의 향미가 좋아진다.

페이스트리

puff pastry

기구 볼, 밀판, 밀대, 분무기, 폴리에틸렌 필름, 채소 써는 칼, 오븐, 일반 조리용구

재료 및 분량

박력분	25 g
강력분	25 g
버터(가염된 것)	45 g
냉수	25 mL
밀가루(밀판에 붙지 않도록 사용)	약간

만드는 법

① 박력분과 강력분을 혼합하여 볼에 체로 친다.

② ①에 물 25 mL를 넣어 뭉친 다음 밀판에 밀가루를 뿌리고 매끄러운 모양이 될 때까지 반죽하여 도우를 만든 후 젖은 행주에 싸서 15~20분 방치한다(방치하여 두면 탄력성이 높아진다).

③ 버터를 폴리에틸렌 필름에 싸서 주물러 부드럽게 하여 약 1 cm 두께의 정방형으로 만든다(약 5×5 cm 크기로 만든다).

④ 밀판에 밀가루를 뿌리고 ②를 놓아 밀대로 ③을 쌀 수 있는 크기의 정방형(약 10×10 cm)으로 민다.

⑤ ③을 ④의 중앙에 놓아 사방으로 싸고 만나는 점을 잘 붙인다.

⑥ 밀대로 두드려 버터가 반죽에 잘 붙게 한 후 접은 부분을 밑으로 하여 세로로 늘여 민다. 밀가루를 뿌린 위에 뒤집어 놓고, 밀가루를 뿌려 20 cm 길이로 민다. 이것을 셋으로 접어 방향을 바꿔서 20 cm로 민다. 이 방법을 4회 반복한다. 이것을 두께 약 0.3 cm로 밀어 적당한 크기로 자른다.

⑦ 210~230℃의 오븐에서 약 10분간 굽는다.

Tip

- puff pastry는 실온 10℃ 이상인 경우에는 반죽하기 어렵다. 손의 온기와 물의 온도 등에 주의한다. 경우에 따라서는 때때로 냉장고에 넣어서 도우와 버터를 차게 한다. 프랑스식 파이는 상당한 연습을 하지 않으면 바람직한 층을 만들기 어렵다.

plain pastry(pie crust)

재료 및 분량

박력분	30 g
강력분	20 g
버터(가염된 것)	40 g
냉수	25 mL
밀가루(밀판에 붙지 않도록 사용)	약간

만드는 법

① 박력분과 강력분을 섞어서 볼에 체로 쳐 둔다.

② 밀판에 밀가루를 뿌리고 버터를 0.5~1 cm인 입방체로 자른다. 이것을 ①에 넣고 버터조각이 밀가루에 잘 분산되도록 가볍게 섞는다.

③ 정해진 양의 냉수를 분무기에 넣고 ②에 뿌려 나무주걱으로 섞은 다음 밀가루를 뿌린 밀판 위에 꺼내 놓고 손으로 가볍게 뭉친다(될 수 있는 대로 손의 온기가 옮겨지지 않도록 한다).

④ 밀가루를 뿌리면서 두께 0.3 cm가 되도록 밀대로 밀어 파이 팬 크기에 맞추어 2~4 cm의 여유를 두고 자른다.

⑤ 210~230℃의 오븐에서 약 10분간 굽는다.

애플파이

재료 및 분량

〈파이 껍질〉

강력분	100 g
박력분	100 g
버터	160 g (밀가루의 80%)
물	160 mL

〈필링〉

사과	400 g(2개)
설탕	120 g
계핏가루	1 g
달걀(난황)	1개

만드는 법

① 사과를 크기에 따라 4~8등분하여 껍질과 씨를 제거하고 1 cm 정도의 두께로 썬다.

② 냄비에 사과와 설탕을 넣고 섞어 물기가 조금 생기면 가열하는데, 계핏가루를 첨가하여 투명하고 물기가 없어질 때까지 조린 후 식혀 놓는다.

③ 파이 껍질을 만드는 방법에 따라 파이 껍질을 반죽하여 밀어서 파이팬에 맞추어 2장을 자른다.

④ 파이 껍질 1장을 파이팬에 깔고 ②를 담은 후 나머지 한 장을 덮는다.

⑤ 껍질이 겹쳐지는 부분은 잘 밀착시키고 껍질 여기저기에 포크로 구멍을 낸 후 물로 희석시킨 난황을 표면에 바른다.

⑥ 200℃ 정도의 오븐에서 20~30분간 굽는다.

Tip

- 두 개의 굽지 않은 pie crust를 사용하는 double crust pie의 경우에는 내용물이 넘칠 우려가 있기 때문에 아래, 위 파이껍질의 가장자리를 잘 붙여야 한다. 또 위 껍질에 포크로 구멍을 내거나, 껍질을 완전히 덮지 않고 밀어 놓은 반죽을 잘라서 여러 가지 모양으로 장식하여 구멍을 만들면 내용물에서 생긴 수증기가 위로 나가기 때문에 넘치는 것을 방지할 수 있다.

창면

착면이라고도 하며, 녹두 전분으로 얇은 면을 만들어 채썬 뒤 오미자물에 띄운 음료이다.

재료 및 분량

오미자물	3컵
설탕물	4큰술
꿀	1큰술
녹두 전분	1/2컵
물	1컵
잣	1작은술

만드는 법

① 오미자를 물에 담갔다가 고운 체에 밭쳐 오미자물을 준비해 둔다.

② 녹두 전분을 물에 풀어 20분 정도 두었다가 웃물을 버린 다음, 물을 다시 붓고 저어 고운 체나 얇은 헝겊으로 거른다.

③ 넓은 그릇에 물을 끓인다. 밑이 편평한 양재기에 풀어 놓은 전분액을 바닥에 얇게 깔릴 정도로 붓고 중탕한다.

④ 거의 익으면 그릇째 끓는 물 속에 집어넣어 완전히 익힌 다음, 꺼내어 찬물에 식혀 야들야들한 얇은 면을 가만히 건져내어 놓는다.

⑤ 면이 식으면 채로 썰어 화채그릇에 담고 만들어 놓은 오미자물에 끓여서 식힌 설탕물과 꿀을 타서 먹기 직전에 붓고, 잣이나 석류알을 띄워낸다.

Tip
- 오미자물은 잘 익은 오미자 1컵에 끓여서 식힌 미지근한 물 10컵의 비율로 담가 놓으면 진달래빛으로 곱게 우러나는데, 덜 익은 오미자는 빛깔이 곱게 우러나지 않는다.
- 설탕물은 물과 설탕을 동량으로 끓여 식혀서 사용한다.
- 면을 만들 때에는 한 장씩 할 때마다 풀어 놓은 전분액을 충분히 저어가며 해야 한다.
- 전분은 가열하지 않았을 때에는 점성이 없지만, 가열하면 풀(糊)이 되기 때문에 그 점성을 이용하여 밀가루의 글루텐과 같은 점성이 없어도 전분면을 만들 수 있다.

묵

만드는 법

① 메밀가루, 도토리 전분, 녹두 전분 등을 8~10%의 농도로 물에 현탁시켜 나무주걱으로 저으면서 15분 정도 가열하여 호화시킨다.

② 가열된 전분액을 형에 담아 실온에서 2~3시간 정도 냉각시켜 굳힌다.

Tip
- 청포묵(녹두 전분)은 텍스처가 우수하고 투명하여 향미가 좋아 기호도가 높다. 또한 청포 제조시 지방을 첨가하면 경도는 감소하고 탄성, 부착성은 증가한다.
- 묵의 외관은 전분의 종류에 따라 메밀은 옅은 갈색, 도토리는 다갈색, 녹두는 희고 투명하다. 텍스처는 녹두, 도토리 전분묵은 점탄성이 강하고 단단하며, 메밀묵은 더 연하고, 전분의 종류에 따라 독특한 향미를 가진다.

오렌지젤리(5~6개)

재료 및 분량

젤라틴	15~20 g (완성품 무게의 3~4%)
물	230~235 mL
설탕	100 g (완성품 무게의 20%)
오렌지주스	150 mL (완성품 무게의 30%)

만드는 법

① 젤라틴에 100 mL의 물을 가하여 팽윤시킨다.

② 130~150 mL의 물에 설탕을 넣고 가열하여 설탕이 녹으면 ①을 넣고 불에서 내려서 저으면서 젤라틴을 녹인다.

③ 50℃ 이하로 식힌 후 오렌지주스를 가하여 섞고 젤리형에 넣어서 냉장고나 얼음을 채운 물 속에서 식혀서 굳힌다.

④ 식탁에 내기 직전에 형에서 꺼낸다.

Tip

- 젤라틴 젤리는 부착성이 강하므로 젤리형에 샐러드유를 엷게 발라두면 형에서 꺼내기 쉬우며, 기름칠을 하지 않은 경우는 젤리형을 40~50℃의 미지근한 물에 수 초간 담근 후 꺼낸다.
- 잘된 오렌지젤리는 젤리형을 잘 유지하며 오렌지색을 띤다. 텍스처는 입에 넣으면 바로 녹고 매우 연하며, 오렌지 향미가 난다.

바바리안 크림

재료 및 분량

젤라틴	10 mL
물	50 mLl
오렌지 또는 파인애플 주스	125 mL
설탕	50 mL
과육	50~100 mL
휘핑크림	50 mL

만드는 법

① 물에 젤라틴을 가하여 팽윤시킨 후 중탕으로 젤라틴을 녹인다.

② 과즙과 설탕을 ①에 가하여 저어주면서 녹인다.

③ 얼음물에 두어 식힌 후, 젤라틴액이 점조해지면 거품이 단단해질 때까지 교반한다.

④ ③에 과육과 휘핑크림을 가볍게 섞는다.

⑤ 형에 붓고 냉장고나 얼음물에서 굳힌다.

Tip

바바리안 크림은 거품이 균일하고, 과육이 군데군데 보인다. 텍스처는 아주 연하고 부드러우며 과일 특유의 향미가 난다.

블랑망제

재료 및 분량

옥수수 전분	40 g
설탕	60 g
우유	360 mL
바닐라	5 mL
소금	1 mL

만드는 법

① 냄비에 옥수수 전분, 설탕, 우유, 소금을 넣어서 섞고, 끊임없이 저으면서 가열한다. 전체가 충분히 호화하면 불에서 내리고 바닐라를 가한다.

② 호화한 전분풀은 형에 넣고 냉수 또는 얼음물로 식혀 굳힌다.

Tip

- 블랑망제(blanc mange)에 사용하는 전분인 corn starch는 열 안정성이 크므로 강화 또는 중화로 충분히 가열하면 젤리 강도가 높아진다. 가열이 부족하면 생가루맛이 나고 텍스처도 나쁘고 젤 형성도 나쁘다.
- 블랑망제는 백색 불투명하며, 점탄성이 높고, 씹히는 맛이 우수하다.

CHAPTER 5

서류

서류(薯類)는 식물의 뿌리나 땅속줄기가 굵어진 것으로, 다량의 전분과 기타 다당류를 저장하고 있으며 전분은 열량원이 된다. 서류는 단위면적당 생산 열량이 곡류보다 높다.

서류에는 감자 · 고구마 · 카사바 · 토란 · 돼지감자 등이 있으며, 단백질 · 지방 · 비타민의 함량은 적지만 칼슘과 칼륨 함량은 많다. 감자류에 함유된 비타민 C는 가열 시의 손실률이 10~20% 정도에 불과하여 비교적 가열에 안정한 특징이 있다. 그러나 수분이 70~80%나 되고 냉해에 약하며 발아하기 쉽기 때문에 곡류, 두류 등에 비해 저장성이 나쁘고 수송이 어렵다.

감자, 고구마, 카사바 등 일부는 주식 및 주식의 대용으로 또는 부식으로 널리 이용되고 있고, 때로는 구황작물로서 중요한 역할을 한다. 또 생산성이 좋아 전분 제조 원료로 이용되며, 서류의 전분은 당면, 알코올 등의 제조 원료로도 이용된다.

1. 감자

감자의 원산지는 남미의 안데스산맥 고원지대로 콜럼버스의 신대륙 발견 후 멕시코와 칠레 남부로 전파되고, 16세기 스페인 사람들에 의하여 유럽으로 전파되었다. 우리나라에는 조선 순조(純祖) 24년(AD 1824)에 만주의 간도(間島) 지방으로부터 두만강을 건너 수입되었기 때문에 감자를 북서(北薯)라고도 한다는 기록이 있다.

감자의 내부구조를 살펴보면 〈그림 5-1〉에서 보는 바와 같이 가장 바깥쪽에 주피(周皮; 외피 또는 표피, periderm)라고 하여 얇은 코르크층이 있으며, 색소를 가지고 있어 백색, 황색, 자색 등 여러 가지 색을 나타낸다. 그 안쪽에는 다소 두꺼운 후피(厚皮; cortex)가 있으며 여기에 전분립이 들어 있다. 유관속환(vascular bundle ring)은 감자의 성장 발육에 필요한 물질의 통로인데 세균류의 침입로가 되기도 한다.

감자

감자의 대부분을 차지하는 수심부(髓心部; medulla)는 외수부(外髓部)와 내수부(內髓部)로 구분되는데,

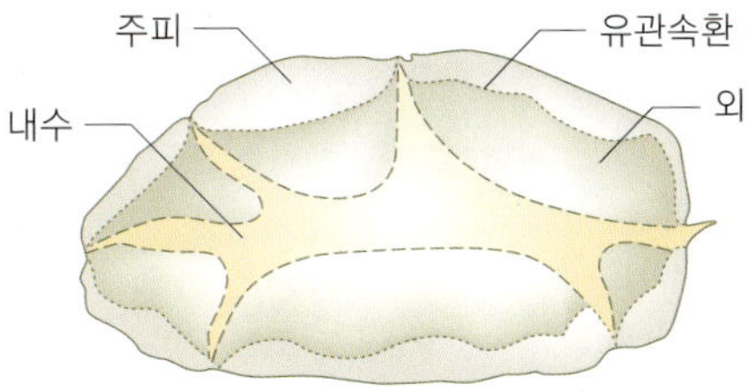

그림 5-1 **감자의 내부구조**

외수부는 치밀하고 전분함량이 많으나 내수부는 수분함량이 많고 전분립이 적으므로 투명도가 높고 단면은 별모양을 이룬다.

감자는 고구마에 비해 수분함량이 약간 많고, 전분함량은 약간 적으며, 수용성 당분은 고구마의 1/4~1/5밖에 안 되므로 고구마보다 덜 달다. 단백질과 지방 함량이 적으며, 감자의 단백질은 글로불린의 일종인 튜베린(tuberin)이 대부분으로, 고구마에 비하면 양이 많다. 감자의 살색이 노란 것일수록 단백질함량이 많고 전분함량은 적다. 감자에는 칼륨과 인이 많이 함유되어 있는데 특히 인의 함량은 근채류 중 가장 많으며, 칼슘의 함량은 아주 적다. 감자는 비타민 B_1과 C를 비교적 많이 함유하고 있고, 고구마보다 맛이 담백하여 다량 섭취할 수 있으므로 비타민 B, C의 좋은 공급원이 된다.

감자에는 솔라닌(solanin)이라고 하는 유독성분이 있는데, 솔라닌은 알칼로이드 배당체의 일종으로서, 싹이나 껍질의 푸른 부분에는 상당량 존재하나 다른 부분에는 아주 극소량 들어 있다. 품종에 따라 그 함량은 다르나 생감자 100 g 중 2~13 mg 들어 있고 껍질을 벗기면 약 70%가 제거된다. 솔라닌의 함량이 원료 100 g당 20~40 mg이 되면 중독현상을 일으켜 복통, 위장장해, 현기증 등의 증상을 일으킨다. 싹이 나온 감자는 100 g당 80~100 mg 또는 그 이상의 솔라닌을 함유하는 경우가 있으므로 싹이나 푸른 부분을 도려내고 식용으로 하는 것이 좋다.

감자의 껍질을 벗기거나 썰어 놓으면 갈변이 일어나는데, 이것은 감자조직 내에 존재하는 티로신(tyrosine)에 티로시네이스(tyrosinase)가 작용하여 멜라닌(melanin) 색소를 형성하기 때문이다(그림 5-2). 껍질을 깎거나 썰은 감자를 물에 담가두면 티로시네이스가 물에 용해되어 갈변을 방지할 수 있고, 가열하면 효소가 불활성화되어 갈변을 방지할 수 있다.

감자를 가열하면 종류에 따라 텍스처가 분질(mealy)인 것과 점질(waxy)인 것이 있

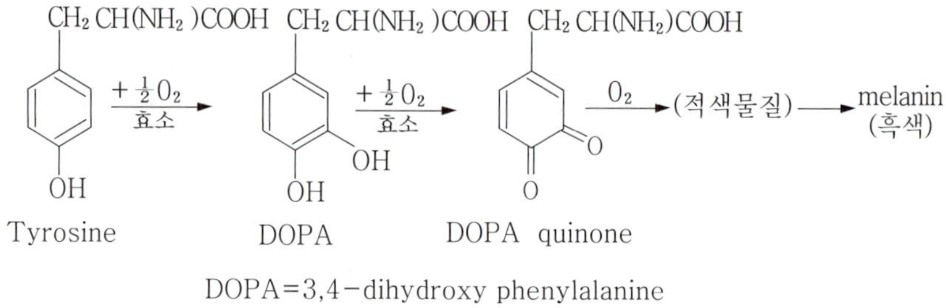

그림 5-2 **감자 갈변 기작**

다. 분질의 감자는 가열하면 윤이 안 나고 보실보실하면서 파삭파삭한 느낌을 주는 데 비해 점질의 감자는 반투명하고 먹었을 때 촉촉하고 끈끈한 느낌을 준다. 분질의 감자는 오븐구이나 으깬 감자(mashed potato)에 적당하고, 점질의 감자는 샐러드, 조림, 튀김 등을 만드는 데 적합하다.

감자의 텍스처와 비중과는 밀접한 관계가 있어서 물 11컵에 소금 1컵을 용해한 소금물에 감자를 껍질째 담가보면 가열한 후 어떤 텍스처가 될 것인가를 예측할 수 있다. 즉 소금물에 뜨는 감자는 전분함량이 낮은 것이므로 비중이 낮고 따라서 가열하면 점질이 되며, 반대로 소금물에 가라앉는 것은 전분함량이 많고 비중이 무거운 것이어서 가열하면 분질이 된다. 한편, 세포간질이 세포벽보다 강하면 가열 중에 세포벽의 파괴가 일어나기 쉬워 세포 내에 있던 전분이 세포 밖으로 빠져나와 호화되기 때문에 끈끈하게 느껴지는 점질이 되고, 반대로 세포벽이 세포간질보다 강하면 전분 입자들이 세포 외로 빠져나가지 않고 개개의 세포로 되어 보실보실하게 느껴지는 분질이 된다.

감자의 저장과 당함량

감자를 실온에 저장하면 감자의 호흡작용이 활발하여 당이 많이 소모되므로, 당의 함량이 낮아진다. 반면 저온에서 저장하면 호흡작용이 느려지고 효소작용에 의한 전분의 분해가 계속되어 당이 축적되어 단맛이 나고, 프렌치 프라이드나 감자칩과 같은 감자튀김 시 갈변을 일으키기 쉬워 색상이 어둡고 질감이 나빠진다. 따라서 감자를 튀길 때는 실온에서 저장한 감자를 이용하는 것이 좋다.

2. 고구마

고구마는 중앙아메리카 또는 멕시코의 열대 아메리카가 원산지로 알려져 있으며, 우리나라에는 조선 영조 39년(1763)에 통신사 조엄(趙曮)이 대마도에서 씨고구마를 부산에 들여와 전파하였다. 고구마의 구조는 제일 바깥층에 표피(周皮)가 있으며, 내부에 전분립이 함유된 피층(皮層)이 있고, 그 내부는 유조직(柔組織)으로 되어 있으며 가운데에 도관이 산재하고 있다(그림 5-3). 표피에는 전분립이 없고, 함유되어 있는 색소에 따라 색이 달라지며, 피층은 탄닌을 함유하며 공기와 접촉하게 되면 갈변한다. 대부분의 전분은 유조직에 함유되어 있는데 이 부분을 식용으로 한다.

고구마

고구마에는 여러 품종이 있으며, 같은 품종이라도 생육조건에 따라 모양, 껍질의 색, 육질이 다르고 그 성분에 차이가 있다.

고구마의 주성분은 전분으로, 전분입자가 곡류보다 크고 두류보다 작으며, 수확시기에는 전분함량이 많으나 저장하면 시일이 경과함에 따라 베타-아밀레이스(β-amylase)에 의하여 전분이 분해되어 맥아당이 생성되므로 전분함량이 감소하는 대신 당의 함량이 증가된다. β-아밀레이스가 전분을 분해하기 위한 최적온도는 55℃이고 65℃ 정도에서도 작용할 수 있으므로 조리과정에서 서서히 가열하면 단맛이 증가될 수 있다. 그러나 전자레인지에서 가열하면 내부온도가 단시간에 상승하므로 효소가 작용할 시간적 여유가 없어 다른 가열방법에 비해 당의 증가량이 적어진다(표 5-1).

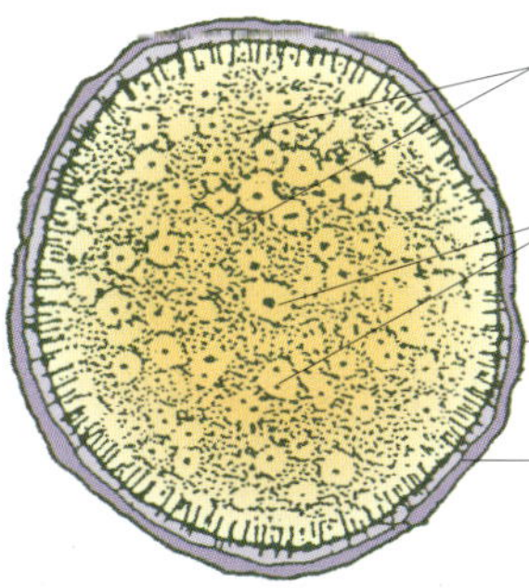

그림 5-3 **고구마의 단면구조**

표 5-1 조리방법에 따른 고구마의 호화도와 맥아당 생성량 비교

조리방법	가열시간	호화도(%)	맥아당(mg/g)
굽기	0(분)		67
	30	39~46	135
	60	99~102	248
	90	100~102	254
전자레인지 가열	0(초)		10
	20	6.6	19
	40	62.8	92
	60	88.5	102
	90	68.8	120

단백질은 글로불린(globulin)의 일종인 이포마인(ipomain)이 약 70%를 차지하며, 육질이 노란 고구마는 카로틴을 함유한다. 무기질로는 칼륨(K)이 많고 칼슘(Ca)도 상당량 함유되어 있다.

고구마를 잘랐을 때 유백색의 점액이 분비되는데, 이것은 얄라핀(jalapin, $C_{34}H_{65}O_{16}$)이라고 하는 수지배당체(樹脂配糖體)로 물에 용해되지 않고 공기에 노출되면 흑색으로 변하여 제거하기 힘들다. 그러나 알칼리로 처리하면 수용성인 얄라핀산(jalapinic acid)이 되고, 가수분해하면 3분자의 포도당과 1분자의 얄라피놀산(jalapinolic acid)이 된다. 덜 자란 고구마에 많고, 자라면서 점차 감소하다가 수확기에는 다시 증가하고 그후에는 또 다시 감소한다.

고구마의 껍질을 벗기거나 썰어두면 고구마 속에 있는 산화효소(polyphenol oxidase)가 클로로젠산(chlorogenic acid)을 산화시켜 갈변하는데, 이와 같은 변색을 방지하기 위해서는 썬 후 바로 물에 담가 공기와의 접촉을 막아주거나 급속히 온도를 올려주는 방법을 이용한다.

튀김옷에 중조를 첨가하여 튀긴 고구마의 표면이 서서히 녹색으로 변하는 경우가 있는데, 이것은 고구마 속에 함유되어 있는 클로로젠산이 알칼리의 작용으로 서서히 녹색으로 변하기 때문이다.

고구마는 저장성이 나빠서 저장기간 동안 연부병이나 흑반병 등에 걸려 상하기 쉽고,

9℃ 이하의 저온에서는 냉해를 입기도 하며, 상처가 나면 부패하기 쉽다. 따라서 상처난 부위에 부패균이 침입하지 못하도록 수확 1주일 이내에 온도 31~35℃, 습도 90% 정도인 곳에서 5~6일간 보존하면 상처난 곳에 표피와 같은 코르크층이 생겨 병균의 침입이 방지되는데 이 방법을 큐어링(curing)이라 한다. 고구마는 18℃ 이상에서는 싹이 나기 시작하므로 온도 13℃ 정도, 습도 85~90% 정도 유지하면 오래 저장할 수 있다.

고구마도 감자와 마찬가지로 분질인 것과 점질인 것이 있다. 분질인 것은 전분이 많고 가용성 당의 양이 적으며, 점질인 것은 전분이 비교적 적다. 여러 가지 조리법으로 간식이나 주식의 대용 등 다양하게 우리 식생활에 이용되고 있으며, 전분, 물엿, 제과용, 주정 등의 가공원료로 사용되기도 한다. 고구마전분은 당면의 중요한 원료가 되고, 줄기는 나물로 하여 먹거나 사료로 이용된다.

3. 토란

토란(taro, *Colocasia esculenta*)은 인도와 동남아시아가 원산지로 중국, 일본, 우리나라 등지에서 식용되고 있다. 토란은 전분이 주성분이나 미끈미끈한 특유의 점질물을 함유하고 있다. 이 점질물은 갈락탄으로서 수용성 물질이며, 가열 중에 용출되어 끓어 넘치는 원인이 되기도 하고, 열의 전도와 조미료의 침투를 방해하기도 한다. 조미료의 침투가 잘 되게 하기 위해서는 조미하기 전에 한 번 가열하여 용출시키는 것이 좋다. 1%의 식염수에서 끓이면 점질물이 어느 정도 응고되어 침전되고, 0.5%의 백반액에서 끓이면 점질물이 용액 중에 용출되는 것을 방지하여 거품이 생기는 것을 억제할 수 있으며, 또 토란의 색이 희게 되지만 맛이 나빠진다.

토란

토란의 아린맛은 호모겐티스산(homogentisic acid)에 의한 것이며, 이 성분은 가열하면 제거된다. 토란이 피부에 닿았을 때 가려운 경우가 있는데, 이것은 토란에 함유되어 있는 미량의 수산 또는 알칼로이드 때문으로, 가열하거나 식초를 사용하면 그 활성이 없어진다.

4. 카사바

카사바(cassava, *Manihot esculenta*)는 남아메리카 지역이 원산지인 등대풀과의 다년생 목본으로 브라질, 태국, 인도네시아 등 열대, 아열대 지역에서 주로 재배되고 있으며, 덩이뿌리를 이용한다. 마니오크(manioc), 만디오카(mandioca)라고도 한다. 카사바는 생육이 빠르고 생산효율이 좋으나, 식용으로 하기 위해서는 독성분 제거 처리가 필요하고 독성분 제거를 위해 껍질과 심을 제거한 덩이뿌리는 즉시 가공하지 않으면 썩어버리는 등 이용에 제약이 있는 작물이다. 카사바에는 단백질함량은 1% 정도로 낮으나 전분이 20~25% 정도 함유되어 있어 우수한 전분 공급원이며 덩이뿌리에서 분리한 전분을 타피오카(tapioca)라고 하며, 작은 구상의 타피오카 펄(tapioca pearl)로 가공하여 디저트, 음료 등에 이용한다.

카사바

카사바는 크게 고미종과 감미종으로 나누는데 청산배당체인 리나마린(linamarin)을 함유하고 있으며, 고미종보다 독성이 낮은 감미종은 주로 껍질에 리나마린이 존재하므로 껍질을 제거하여 삶아서 먹는데 고구마 비슷한 맛을 낸다. 고미종은 가열, 수침, 효소분해 등의 방법으로 제독하여 전분 제조, 주정 제조, 사료용 등으로 이용된다.

5. 돼지감자

돼지감자(*Jerusalem artichoke*)는 북아메리카가 원산지이며 국화과에 속하는 다년생 초본의 덩이뿌리로서 번식력이 강하여 우리나라에도 전국에 야생하고 있다. 맛이 없어 돼지의 사료로 사용되어 뚱딴지라고도 한다. 돼지감자는 15~20% 정도의 탄수화물을 함유하고 있는데, 전분은 거의 없고 대부분이 과당이 β-1,2결합으로 중합한 이눌린으로서 체내에서는 소화되지 않는다. 이눌린은 산이나 효소로 가수분해하여 과당의 원료, 물엿, 주정 제조, 사료 등으로 사용된다.

6. 마

마(yam)는 다년생 덩굴성 식물의 덩이줄기로서 주성분은 전분과 점질물이다. 산야에서 자생하고 있으며 재배로도 생산하는 작물로서, 점질물은 뮤신으로 글로불린과 만난이 결합한 당단백질인데, 가열하면 단백질이 변성하여 점성이 급격히 저하한다. α-amylase 등 각종 효소를 다량 함유하고 있어 생식하여도 소화가 잘 되므로, 갈아서 생식하기도 하고 가열하여 이용하기도 한다. 한방에서는 약재로서 자양강장, 신장보호 등에 쓰인다.

돼지감자

마

7. 구약감자

구약감자(*Amorphophallus konjac*)는 토란과에 속하는 다년생 초본의 구근이며, 원산지는 인도 또는 인도차이나반도의 남부이며 동남아시아 대륙에 널리 분포하고 있다. 식용으로 하고 있는 지역은 한국, 일본, 중국, 미얀마 등지로 특히 일본에서 즐겨 먹는 식품이다. 구약감자의 주성분은 수용성 식이섬유인 글루코만난으로 인체 내 소화효소로는 소화되지 않지만, 장내세균에 의해 분해되어 정장작용을 가지며 체내 콜레스테롤 저하작용, 장내 이물질 흡착작용 등의 건강기능성을 가지고 있다. 글루코만난은 물을 잘 흡수, 팽윤하여 점도가 높은 교질용액이 되며, 이것에 알칼리를 첨가하여 가열하면 탄력성 있는 젤 상태의 곤약을 만드는데, 곤약은 수분함량이 97% 정도로 에너지가 거의 없다.

8. 야콘

야콘(yacon)은 국화과의 다년생 식물로서 원산지는 남미의 안데스산맥이며 우리나라에는 1985년 무렵에 들어와 강화, 상주, 괴산 등지에서 재배하고 있다. 주로 식용되는 부위는 고구마와 비슷한 덩이뿌리이고 전분은 거의 없고 프락토올리고당이 다량 함유되어 있는데, 프락토올리고당은 난소화성의 prebiotics이다. 잎에도 클로로젠산, 카페산, 페룰산 등 폴리페놀함량이 높아 야콘은 건강기능성 식품으로 주목받고 있다. 덩이뿌리는 수확 직후에는 단맛이 적으나 저장 후 시간이 지날수록 단맛이 강해지며 생으로 먹으면 달고 아삭아삭한 질감이 배와 비슷하여 땅 속의 배라고 하며, 샐러드 등에 넣어 날것으로 먹어도 되고 조림, 볶음, 지짐 등으로 가열조리하여도 독특한 맛이 난다. 잎은 어린잎은 샐러드용으로 이용하고 수확기의 잎은 차로 이용한다.

실험&실습

실험

감자칩의 튀김온도와 품질

목적 감자칩을 만들 때에 감자의 튀김온도에 따른 흡착유율, 탈수율, 품질 특성 등의 차이를 비교한다.

재료 및 분량 감자 약 100 g, 기름 500 g

기구 온도계, 스톱워치, 일반 조리용구

방법

① 껍질 벗긴 감자를 얄팍썰기를 해서 15~30분간 물에 담가둔다.
② 감자를 건져 물기를 닦고 70 g을 단다.
③ 냄비에 기름 500 g을 담아 무게를 측정하고, 불에 올려놓아 담긴 기름의 온도가 130℃가 되었을 때 얄팍썰기한 감자를 넣고 1분 간격으로 온도 변화를 기록하고, 기름의 온도가 내려갔다가 다시 올라와서 120℃가 되면 120℃가 유지되도록 화력을 약하게 하여 바삭하게 될 때까지 10분 정도 튀겨낸다.
④ 무게를 측정한 그릇에 튀긴 후 기름을 뺀 감자를 얹고 무게를 측정한다.
⑤ 감자를 튀긴 후 기름이 담긴 냄비의 무게를 측정한다.
⑥ 기름 온도가 170℃가 되었을 때 120℃에서 튀긴 감자를 다시 한번 튀겨낸다.
⑦ ④, ⑤와 같은 방법으로 감자와 기름 담긴 냄비의 무게를 측정한다.

결과

감자	0분	1분	2분	……	10분
온도	130℃				

	a	b	흡착유량	생감자 무게	c	탈수율	흡착유율	품질평가
120℃								
170℃								

a : 튀기기 전 냄비 + 기름무게(g)
b : 튀긴 후 냄비 + 기름무게(g)
c : 완성된 감자칩의 무게(g)

흡착유량(吸着油量) = (튀기기 전 냄비 + 기름) 무게 - (튀긴 후 냄비 + 기름) 무게

$$\text{흡착유율(吸着油率)} = \frac{\text{흡착유량}}{\text{감자칩 무게}} \times 100$$

$$\text{탈수율} = \frac{\text{최초의 감자무게} - (\text{감자칩 무게} - \text{흡착유량})}{\text{최초의 감자무게}} \times 100$$

Tip

감자칩은 튀기는 과정에서 탈수되어 수분이 4~5% 정도 된다. 그 대신 기름이 흡착되어 특유의 촉감과 기름의 부드러운 맛이 혼합되어 독특한 맛을 내고, 기름의 함량이 많기 때문에 공기 중의 습기의 흡수가 느려서 비교적 오랫동안 바삭바삭한 텍스처를 유지한다.

실습

감잣국

재료 및 분량	
감자	400 g
쇠고기	200 g
실파	20 g
소금	조금
간장	2작은술
참기름	1작은술
마늘 다진 것	1작은술

만드는 법

① 감자의 껍질을 벗겨 깍둑썰기로 하거나 납작썰기로 한다.

② 쇠고기를 가늘게 썰어 조미하고 썰은 감자를 함께 섞은 다음 잠길 만큼의 물을 붓고 끓이다가 끓기 시작하면 나머지 분량의 물을 더 붓고 끓인다.

Tip

- 감자에는 전분이 많으면서 비타민 C도 비교적 다량 함유되어 있으며, 조리 시 그 파괴율이 적은 것이 특징이기 때문에 맑은장국의 재료로 많이 쓰인다.
- 겨울이나 봄철의 감자는 0.7 cm 정도의 반달 모양으로 썰어도 좋으나 여름철의 햇감자를 얇게 썰면 국을 끓이는 동안에 풀어지기 쉽다.
- 감자가 많이 익었을 때 찬물을 부으면 감자의 표면이 터져 국물이 탁하게 되기 쉽고, 처음부터 물을 많이 넣고 끓이면 맛이 겉돌기 쉽다.

감자부침

감자를 강판에 갈아 부추와 붉은 고추를 얹어 기름에 지져서 만든 음식이다.

재료 및 분량	
감자	12개
붉은고추	20 g
식용유	적당량
부추	100g
소금	약간

만드는 법

① 감자는 껍질을 벗겨 강판에 간다.

② 붉은고추는 동글동글하게 썰고, 부추는 길이 5 cm 정도로 썬다.

③ 간 감자를 소금으로 간 맞추어 식용유를 두른 달궈진 팬에 지름 10 cm 정도로 펴놓고 부추와 붉은고추를 얹어 지진다.

④ ③을 뒤집어서 다시 지진다.

Tip

- 양념간장이나 초간장을 곁들여 내며, 뜨거울 때 먹어야 제맛이 난다.
- 잘 부쳐지지 않을 때에는 감자전분을 조금 넣어 부친다.

감자송편

감자전분에 강낭콩 소를 넣어 빚은 떡이다.

재료 및 분량	
감자전분	10컵
강낭콩	5컵
소금	1½작은술

만드는 법

① 감자전분을 끓는 물로 익반죽한다.

② 풋강낭콩을 삶아 소금으로 간을 맞춘다.

③ 송편 만들듯이 강낭콩을 소로 넣고 빚어 시루에 찐다.

Tip
- 강릉의 감자송편은 네모지게 손자국을 낸다.
- 뜨거울 때 먹으면 쫄깃한 맛이 좋다.

감자경단

감자를 쪄 으깨어 동그랗게 빚어 고물을 묻힌 것이다.

재료 및 분량	
감자	10개
소금	1작은술
설탕	1컵
계핏가루	1작은술
〈고물〉	
노란 콩가루	1컵
파란 콩가루	1컵
팥가루	1컵

만드는 법

① 찐 감자에 소금, 설탕, 계핏가루를 섞어 으깬다.

② 동글동글하게 빚어 각각의 고물에 살살 굴려낸다.

Tip

감자경단은 뜨거울 때 먹어야 제맛이 난다.

감자수프

재료 및 분량

감자	600 g(4~5개)
양파	240 g(중 2개)
마가린	24 g
식빵(크루통용)	30 g
수프 스톡	7컵
마가린	35 g
(또는 무당연유	60 mL)
소금, 후추	

만드는 법

① 감자는 1 cm 두께로 썰어서 30분 정도 물에 담가 놓고, 양파는 얄팍하게 썬다.

② 냄비에 마가린을 녹인 후 ①을 넣고 볶다가 수프 스톡을 넣고 끓이다가 거품을 걷어내고 약한 불에서 푹 익을 때까지 끓인다.

③ 식빵은 0.7 cm 크기로 깍둑썰기하여 기름에 튀기거나 노릇노릇하게 볶아 크루통(crouton)을 만들어둔다.

④ ②를 블랜더로 곱게 갈아서 냄비에 다시 담은 후 소금, 후추로 간을 맞추고, 마가린 녹인 것이나 무당연유를 첨가하여 가만히 섞은 후 불을 끈다.

⑤ 수프 접시에 담고 크루통과 함께 대접한다.

Tip
크루통은 수프 위에 띄워 대접하기도 하나, 다른 접시에 따로 담아 함께 내놓는 것이 눅눅해지지 않아서 좋다.

매시드포테이토

감자를 쪄 으깨어 동그랗게 빚어 고물을 묻힌 것이다.

재료 및 분량

감자	350 g
우유	60 mL
버터	25 g
소금	약간
후추	약간

만드는 법

① 감자를 껍질을 벗기거나 그냥 씻어서 껍질째 삶는다.

② 감자의 덩어리가 없도록 매셔(masher)로 곱게 으깨거나 가는 체에 주걱으로 걸러낸다.

③ 으깬 감자에 우유, 버터, 소금, 후추를 함께 넣고 주걱으로 폭신폭신할 때까지 젓는다.

Tip

- 감자는 충분히 성숙한 감자를 사용해야 한다. 햇감자는 전분의 성숙이 불충분하고, 세포벽도 단단하지 못하기 때문에 쉽게 파괴되며, 감자가 미성숙한 것은 프로토펙틴이 많은데 이것은 불용성이어서 세포 분리를 저해한다.
- 감자를 가열해서, 뜨거운 동안에 으깨거나 가는 체에 거르면 세포는 분리된다. 이 세포가 파괴되면 안으로부터 호화된 전분이 유출되므로 점성이 생긴다. 감자를 으깰 때의 온도가 낮으면 세포간(細胞間) 물질인 펙틴이 유동성을 잃게 되어 세포의 분리가 어렵게 되므로 감자가 뜨거울 때 재빨리 으깨어 조직 전체를 세포 단위로 분리시켜야 한다.

빠스디꿔(拔絲地瓜)-고구마탕

재료 및 분량

고구마	300 g
전분가루	1작은술
기름	1작은술
설탕	1컵
튀기는 기름	적당량

만드는 법

① 고구마를 씻어 껍질을 벗겨 깍둑썰기로 썬 후 전분을 가볍게 묻혀서 160~ 170℃의 기름에서 튀겨낸다.

② 다른 프라이팬에 기름을 두르고 설탕을 넣어 약한 불에서 캐러멜을 만든다.

③ 캐러멜 속으로 튀긴 고구마를 넣어 고루 묻힌 후, 기름을 바른 접시에 담아 냉수를 곁들여 내놓는다.

CHAPTER 6

두류

1. 두류의 일반적 특성
2. 콩
3. 팥, 녹두, 강낭콩, 동부, 완두
4. 땅콩

두류(豆類, legume)는 콩과식물(leguminous plant)의 열매인 콩깍지 속에 있는 종실로 그 품종이 다양하며 콩[大豆], 팥[小豆] 등이 대표적이다. 두류는 일반적으로 낮은 수분함량 때문에 저장·운반이 편리하고, 영양성분이 풍부하게 함유되어 있어 식품의 직·간접 재료로 많이 사용되고 있다.

특히 콩은 양질의 단백질과 지방을 많이 함유하여 두부, 두유, 된장 및 콩나물 등 전통적인 콩 가공식품에 사용되고 있다. 또한 단백질 성분을 추출한 분리대두단백 또는 농축대두단백이나 지방 성분을 추출한 대두유는 식품재료뿐만 아니라 여러 공업재료의 원료로 이용되고 있다.

1. 두류의 일반적 특성

1) 두류의 구조

두류의 종실 구조는 종피(seed coat, hull), 배아(germ, hypocotyl), 자엽(cotyledon) 부분으로 나누어져 있다.

대표적 두류인 콩의 구조를 살펴보면 〈그림 6-1〉과 같이 타원형의 종자 한쪽 중심에 콩깍지와 연결되어 있던 배꼽(hilum)이 있고 배아와 연결된 쪽에 작은 주공(珠孔, micropyle)이 있어 침지 시 이곳을 통해 물을 흡수한다.

각 부분의 미세 구조를 살펴보면 〈그림 6-2〉에서와 같다. 전체의 약 8%를 차지하는 종피는 물을 투과하지 않는 각피층(cuticle), 책상조직(palisade cells), 시계혈세포(hourglass cells), 해면유조직(parenchyma)으로 이루어져 있다. 그 밑에 배유조직(endosperm)이 호분층(aleurone cells) 등 여러 층의 세포로 구성되어 있다. 종실이 녹색, 검은색, 노란색 등 다양한 색깔을 띠는 것은 종피 중 책상조직에 엽록소(chlorophyll), 안토사이아닌(anthocyanin) 또는 플라보노이드(flavonoid) 등의 색소가 함유되어 있기 때문이다. 미성숙한 콩에는 엽록소가 대부분을 차지하여 녹색으로 보이나 성숙해감에 따라 엽록소가 파괴된다.

종피부분에 이어서 가식부인 자엽(cotyledon)은 전체의 90% 정도를 차지하고 있다. 자엽부는 단백체와 지질체를 가진 유사 책상조직으로 구성되어 있으며, 대부분의 영양

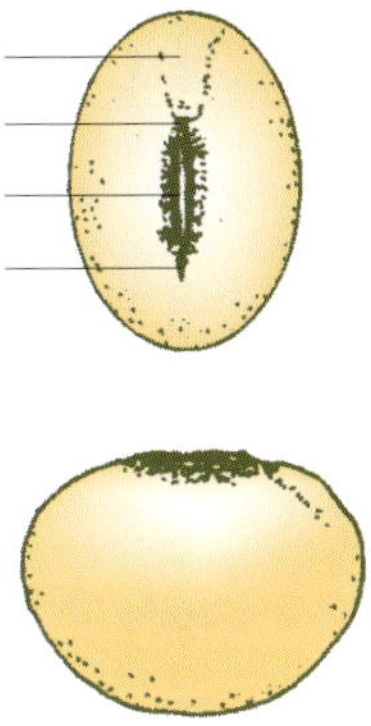

그림 6-1 **콩의 구조**

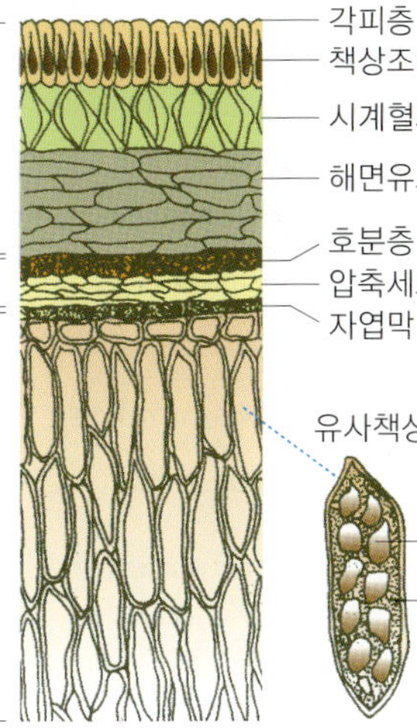

그림 6-2 **콩의 미세구조 모형**

분을 저장하는 저장소이다.

콩의 배아부분은 발아, 성장하는 곳으로 전체 콩의 2% 정도를 차지하고 있으며, 콩의 종피를 제거할 때 쉽게 자엽에서 떨어져 나간다.

2) 두류의 성분

두류는 곡류에 비하여 단백질, 지방 함량이 높으며(표 6-1 참조), 비타민 B 복합체, 비타민 E 등이 풍부하고 칼륨, 인 등의 무기질도 상당량 함유되어 있다(표 6-2 참조).

그러나 두류는 종류에 따라 단백질, 지방, 전분의 함량에 큰 차이가 있어 이들 함량에 따라 다음과 같이 3그룹으로 나눌 수 있다.

- 단백질과 지방 함량이 높은 두류 : 콩, 땅콩 등
- 전분(50% 이상) 함량이 높은 두류 : 팥, 녹두, 완두, 동부 등
- 채소적 성질을 가진 두류 : 청대콩, 미성숙 완두콩, 껍질콩 등

단백질과 지방함량이 높은 두류는 단백질이나 지방을 추출하는 식품가공에 사용되며, 전분함량이 높은 두류는 떡고물이나 묵을 제조하는 데 주로 사용된다.

표 6-1 두류의 일반성분

(중량 % : 건조물)

종류	분류명	단백질	지방	탄수화물	무기질
soybeans	*Glycine max*	40.0	20.0	35.0	5.0
peanuts	*Arachis hypogaea*	24.8	47.9	24.6	2.7
peas	*Pisum sativum*	25.7	1.6	68.6	3.0
garden beans	*Phaseolus vulgaris*	24.1	1.8	65.2	4.4
runner beans	*Phaseolus coccineus*	23.1	2.1	70.7	3.9
black gram	*Phaseolus mung*	26.9	1.6	66.9	3.6
green gram (mung beans)	*Phaseolus aureus*	27.2	1.3	66.6	3.8
lima beans	*Phaseolus lunatus*	25.0	1.6	70.3	3.9
chick peas	*Cicer arietinum*	22.7	5.0	66.3	3.0
broad beans	*Vicia faba*	26.7	2.3	64.0	3.6
lentils	*Lens culinaris*	28.6	0.8	67.3	2.4

표 6-2 두류의 비타민 및 무기질 조성

(mg/kg)

	대두	완두	울타리콩	땅콩
비타민				
E	127	12		202
B_1	8.2	1.2	4.5	9.0
B_2	4.3	0.64	1.6	1.5
니아신	20.8	9.5	20.8	153
판토텐산	15.9	2.9	9.7	26
B_6	9.9	0.64	2.8	3.0
무기질				
Na	33	8.0	20	52
K	1.4×10^4	1.2×10^3	1.3×10^4	7.1×10^3
Mg	2.1×10^3	132	1.3×10^3	1.6×10^3
Ca	2.1×10^3	96	1.1×10^3	590
Fe	71	7.4	60.4	21.1
Zn	8.3	10.6		30.7
P	4.9×10^3	432	4.3×10^3	3.7×10^3
Cl	58	160	248	70

2. 콩

콩(soybean, *Glycine max* L.)의 원산지로 알려진 우리나라는 콩 재배 역사가 길고 콩의 조리, 가공기술이 발달하여 중요한 영양공급원으로서 다양한 종류의 콩식품을 일상생활에서 전통적으로 이용해 왔다.

1) 콩의 물리적 특성

콩은 품종에 따라 종실의 크기와 색깔이 다르다. 종실의 크기를 측정하는 방법 중의 하나로 수분함량 13~14% 정도를 함유한 콩 100알의 무게를 측정하여 40.0g 이상은 왕콩(극대립), 31.1~40.0g은 굵은콩(대립), 21.1~31.0g은 중콩(중립), 13.1~21.0g은 좀콩(소립), 13g 이하는 쥐눈이콩(극소립)으로 구분하고 있다. 중·대립콩은 단백질함량이 높아 두부나 된장을 제조하는 장류콩으로, 중·소립콩은 지방함량이 높아 주로 대두유 제조용으로 쓰인다.

콩의 색깔에 따라 노란콩, 검은콩, 푸른콩, 붉은콩 등 단색을 띠는 것과 갈색점이 있는 복합색을 띠는 것 등 여러 종류의 콩이 있다.

2) 콩의 구성성분

콩을 '밭에서 나는 쇠고기' 라고 하는 것처럼 콩에는 수분함량을 제외한 건조중량으로 계산하면, 양질의 단백질이 40% 정도, 지방이 20% 정도 함유되어 있다. 단백질과 지방함량은 콩의 품종에 따라 차이가 있어 우리나라, 중국, 일본산은 단백질함량이 높아 두

백태

청태

붉은콩

서리태

부, 된장 등의 재료로 적합하고, 미국산은 지방함량이 높아 대두유 추출 등에 적합하다.

(1) 단백질

콩단백질은 콩의 성분 가운데 가장 중요한 성분으로서 콩 종류에 따라 45~30% 정도 함유되어 있으며, 평균 40% 내외로 다른 두류의 단백질함량 20~30%, 곡류의 단백질함량 8~15%에 비하면 월등히 높은 수준이다. 콩단백질의 소화율은 생콩이 82%, 삶은콩은 92%, 두부는 96% 정도이므로 콩은 주로 가열하여 섭취하고 있다

콩단백질은 중성 염용액에 용해되는 글로불린이 90%, 수용성인 알부민이 10%로 구성되어 있다. 글로불린 단백질을 초원심분리하면 분자량에 따라서 글리시닌(^{11}S)과 비실린이라고도 부르는 콘글리시닌(^{7}S)으로 나누어진다. 글리시닌은 한 분자당 6개의 소단위체로 구성되며, 각 소단위체는 한 개의 염기성 단백단체와 한 개의 산성 단백단체로 이루어진 독특한 구조를 보여주고 있다(그림 6-3 참조).

콩 글로불린은 Ca, Mg 등 2가의 양이온에 의해 침전되며 이 성질을 이용하여 두부를 만든다. 콩 글로불린은 필수아미노산을 골고루 함유하고 있으며 특히 곡류에 부족한 lysine이 많이 들어 있다. 그러나 메싸이오닌과 같은 함황아미노산은 부족한 편이다(표 6-3 참조). 콩단백질에는 소수성 아미노산이 많이 들어 있으며 콩단백질을 섭취할 경우 혈중 콜레스테롤을 낮춘다는 연구가 발표되고 있다. 미국 식품의약품국(FDA)에서는 하루 25 g의 콩단백질을 섭취하면 순환기 질환을 예방할 수 있다는 건강관련 표시를 할 수 있도록 2000년에 승인하였다.

콩알부민은 주로 콩에 함유되어 있는 효소단백질로서 가열하면 효소활성이 크게 불활성된다. 단백질 분해효소의 활성을 억제하는 트립신저해제(trypsin inhibitor), 적혈구

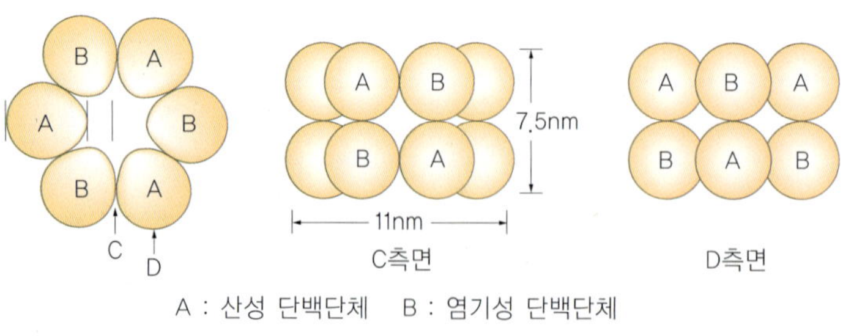

그림 6-3 **콩의 글리시닌(^{11}S-globulin) 모형도**

표 6-3 두류와 곡류의 필수아미노산 조성 비교

(g/100 g 단백질)

	대두	밀글루텐	쌀	옥수수	잠두
이소루신	5.1	3.9	4.1	3.7	4.5
루신	7.7	6.9	8.2	13.6	7.7
라이신	6.9	1.0	3.8	2.6	7.0
메싸이오닌	1.6	1.4	3.4	1.8	0.6
페닐알라닌	5.0	3.7	6.0	5.1	4.3
트레오닌	4.3	4.7	4.3	3.6	3.7
트립토판	1.3	0.7	1.2	0.7	
발린	5.4	5.3	7.2	5.3	5.2
히스티민	2.6	1.8		2.8	2.8

의 응고를 촉진하는 헤마글루티닌(hemagglutinin), 지방의 산화를 촉매하는 리폭시제네이스(lipoxygenase) 등이 있다.

(2) 지질

지질은 콩의 구성성분 중 단백질과 함께 중요한 성분으로 콩의 품종에 따라 약 12~23%를 차지한다. 대두유의 조성은 〈표 6-4〉와 같이 정제하지 않은 상태에서는 지방이 95% 이상으로 대부분을 차지하고 인지질이 약 2% 포함되어 있으나, 식용유로 사용되는 정제 대두유의 지방 함량은 99% 이상이다.

대두유의 지방산 조성은 〈표 6-5〉와 같이 총 지방산 중 불포화지방산이 85% 정도이

표 6-4 대두유의 조성

	조유	정제유
중성지방 (%)	96	> 99
인지질 (%)	2	0.03
유리지방산 (%)	0.5	<0.05
불검화물 (%)	1.6	0.3
아연 (ppm)	2	0.2
구리 (ppm)	0.04	0.04

표 6-5 대두유와 다른 식물성 유지의 지방산 조성

(%)

지방산	대두	면실	옥수수	유채씨 (low erucic)	해바라기씨	야자	땅콩	올리브
saturated								
myristic C_{14}	1		1			1		
palmitic C_{16}	11	29	13	5	11	48	6	14
stearic C_{18}	4	4	4	2	6	4	5	2
arachidic C_{20}							2	
unsaturated								
hexadecenoic $C_{16:1}$		2						2
oleic $C_{18:1}$	25	24	29	55	29	38	61	64
linoleic $C_{18:2}$	51	40	54	20	52	9	22	16
linolenic $C_{18:3}$	9			9				

며 리놀레산(linoleic acid)이 50% 이상으로 가장 많으나, 고도불포화지방산인 리놀렌산(linolenic acid)이 다른 식용유보다 많이 포함되어 있어 지방의 산화가 쉽게 일어난다.

콩인지질은 콩지질 중 약 1~3%를 차지하고 있으나 콩기름 정제시 대부분 제거된다. 콩인지질은 4종류 정도의 인지질로 구성되며, 소이 레시틴(soy lecithin)이라 불리고 있지만 화학적으로는 그중 포스파티딜 콜린(phosphatidyl choline)만이 레시틴(lecithin)이다(그림 6-4 참조).

콩인지질은 좋은 천연의 유화제로 사용되고 있으며, 건강보조식품으로도 판매되고 있다.

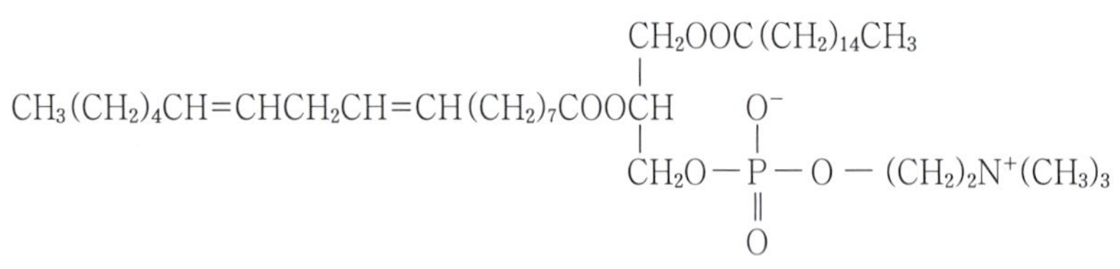

그림 6-4 **레시틴의 구조**

(3) 탄수화물

탄수화물은 콩의 약 30~35% 정도이다. 특히 완숙콩 중의 전분함량은 1% 미만으로 전분을 많이 함유하고 있는 팥, 동부 등과는 아주 다른 양상이다. 콩에는 수용성 탄수화물이 약 10% 정도로, 포도당이 아주 소량 포함되어 있으며 이당류인 자당(sucrose)이 5% 내외, 3당류인 라피노스(raffinose)가 약 1%, 4당류인 스타키오스(stachyose)가 3.5~4.0% 정도 함유되어 있다. 이 중 라피노스와 스타키오스는 위에서 소화되지 않고 장내세균에 의해 분해되어 장내에서 가스를 발생시키므로 식품가공 시 제거하려는 시도가 있었으나 현재는 정장작용 등 건강에 이로운 작용을 한다는 사실이 밝혀져 콩올리고당으로 상품화되어 식품 조리 시 첨가하고 있는 실정이다.

이들 올리고당류의 구성당과 그들의 결합관계는 다음과 같다.

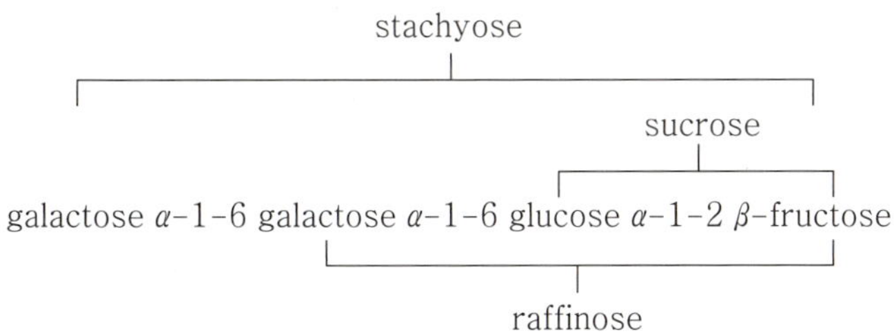

콩의 비수용성 탄수화물은 주로 섬유소(cellulose), 헤미셀룰로스(hemicellulose), 펙틴(pectin) 등이다. 비수용성 탄수화물은 콩의 단단함을 유지시키므로 상시간 가열해야 펙틴과 헤미셀룰로스 등이 일부 수용성화되면서 연해진다. 비수용성 탄수화물은 두유나 두부 등 콩 가공시 비지로 거의 대부분 제거되나 좋은 식이섬유(dietary fiber)이므로 재이용이 바람직하다.

(4) 미량 성분

콩의 미량 구성성분 중에는 생리활성의 측면에서 주요한 성분들이 있다(그림 6-5 참조).

피트산(phytic acid)은 이노시톨의 인산에스터로서 콩에 0.5~0.7% 함유되어 있으며, 장내에서 중금속의 흡수를 방해하나 무기질의 이용 또한 제한될 수도 있다. 콩에 1% 이내로 함유되어 있는 사포닌(saponin)은 계면활성제로 작용하고 적혈구 용혈작용이 있다

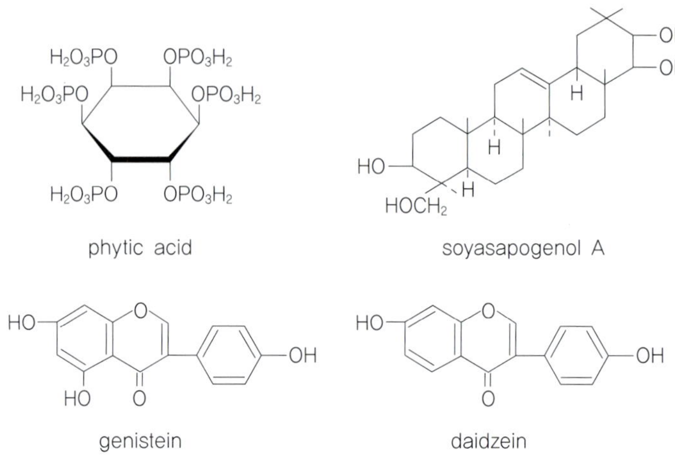

그림 6-5 콩에 함유된 중요한 미량 성분의 구조

고 알려져 왔으나 인체에는 해가 없다. 콩에는 다양한 페놀화합물(phenolic compounds)이 있으며, 특히 콩 건조중량의 1~2% 정도 함유된 이소플라본(isoflavone)에 속하는 제니스테인(genistein), 다이드제인(daidzein) 등은 식물성 에스트로젠으로 작용하며 항암, 골다공증 예방 또는 항산화작용 등 여러 생리활성을 나타낸다.

3) 콩의 이용 및 조리

콩은 예전부터 우리의 식생활에 다양하게 이용되어 왔으며 앞으로도 사료 및 공업용으로 더 많이 이용될 것이다(그림 6-6 참조).

(1) 콩의 이용

① 식용으로 이용

- 콩 종실 전체를 직접 이용 콩자반, 콩튀김, 밥밑콩으로 쌀과 혼식, 초콩, 콩가루 등
- 발효시켜 이용 메주, 간장, 된장, 청국장, 고추장 등
- 일부 성분을 추출하여 이용 두유, 두부, 콩기름, 분리대두단백, 대두 올리고당 등
- 싹을 틔워 이용 콩나물

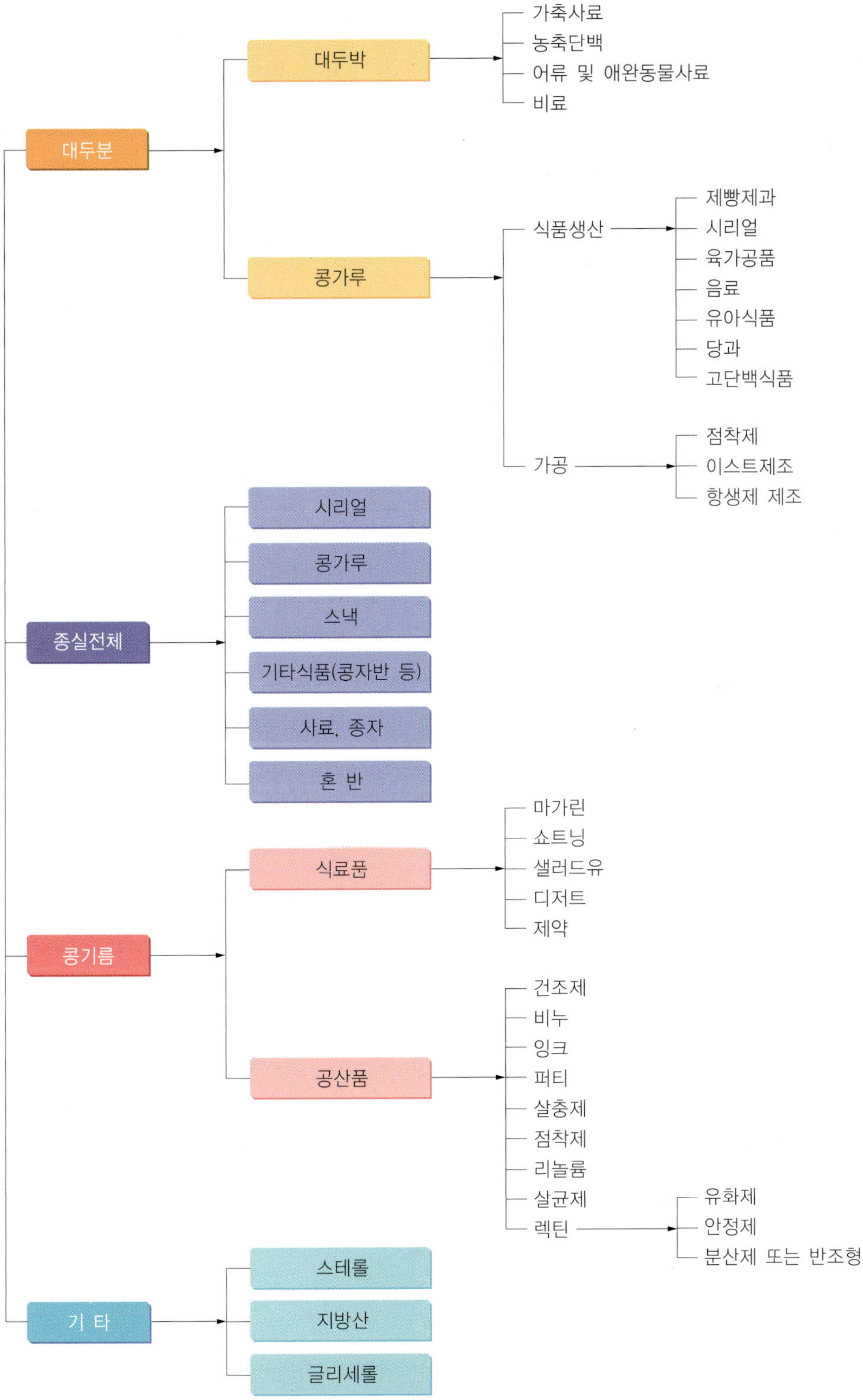

대두분
대두박
가축사료
농축단백
어류 및 애완동물사료
비료
콩가루
식품생산
제빵제과
시리얼
육가공품
음료
유아식품
당과
고단백식품
가공
점착제
이스트제조
항생제 제조
종실전체
시리얼
콩가루
스낵
기타식품(콩자반 등)
사료, 종자
혼 반
콩기름
식료품
마가린
쇼트닝
샐러드유
디저트
제약
공산품
건조제
비누
잉크
퍼티
살충제
점착제
리놀륨
살균제
렉틴
유화제
안정제
분산제 또는 반조형
기 타
스테롤
지방산
글리세롤

그림 6-6 **콩의 이용**

② **비식용으로 이용**

- **공업원료로 이용** 바니시(니스), 에나멜, 페인트, 잉크, 비누, 화장품, 윤활유 등
- **사료용으로 이용** 탈지대두박, 두유제조 시 부산물 등

(2) 콩의 조리

콩조리 시 가장 중요한 것은 적당한 경도를 나타내도록 가열시간과 방법을 조절하는 것과 콩조리 가공 시 리폭시제네이스에 의해 콩지질이 산화되어 생성되는 콩 비린내를 최대로 억제하는 것이다.

콩은 조직이 단단하므로 조리시 먼저 6시간 이상 수침하여 물을 침투시킨 후 가열한다. 단시간에 콩을 무르게 하기 위하여 소량의 식소다를 첨가하기도 하지만, 식소다를 첨가하면 비타민의 파괴가 심하여 잘 사용하지 않는다. 콩 비린내 발생을 억제하기 위하여 여러 방법이 고안되고 있지만, 콩국 등을 만들 때 콩을 갈기 전에 콩을 먼저 살짝 삶아 리폭시제네이스를 불활성화시키는 방법이 예전부터 사용되고 있다.

콩국 또는 두유는 흰콩이나 노란콩을 충분히 수침시킨 후 콩을 먼저 살짝 삶아서 갈거나 또는 일정량의 물을 첨가하여 먼저 곱게 간 후 끓여서 여과포에 담아 입착하여 여과시켜 만든다. 시원하게 하여 콩국수 국물로 이용하거나 그대로 음용한다.

두부는 두유에 녹아 있는 콩단백질이 2가 양이온에 의해 침전되는 성질을 이용한 식품으로 대두가공품 중 가장 많이 이용되고 있다.

두부는 고형분 함량에 따라 연두부(6~15% 미만), 두부(15~20% 미만), 경두부(20% 이상)로 나눈다. 두부는 백색, 단백한 맛, 적당한 탄력과 응집성 등의 특성을 나타내어 많은 요리에 이용되고 있으며, 최근에는 저열량 고단백질 식품으로서의 영양가가 재평가되어 서양에서도 이용이 증가되고 있다.

3. 팥, 녹두, 강낭콩, 동부, 완두

팥(small red bean, 소두 또는 적소두) 는 원산지가 동양으로 중국, 우리나라 등 온대 지방에서 많이 재배되고 있다. 녹두(mung bean, 안두)는 원산지가 인도로 추정되며 아시아 지역에서 광범위하게 재배된다. 강낭콩(kidney bean, 채두)은 남미 지역이 원산지로 알려져 있으며, 아메리카 인디언의 식생활에 다양하게 이용되어 왔다. 이들은 콩과는 달리 전분을 많이 함유하고 있어 탄수화물이 약 50~55%, 단백질이 약 20%를 차지한다. 지질은 그 함량이 적으나 인지질이 상대적으로 많아 총 지질 중 약 25% 내외이다.

팥과 녹두는 종피가 두꺼워 장시간 수침하여도 물의 침투가 어렵기 때문에 대개 반으로 타서 수침한 후 껍질을 분리하여 조리한다. 팥, 녹두나 강낭콩의 전분은 강한 세포막에 둘러싸여 있어 가열하면 전분립이 팽윤 호화되어 세포 내에 충만하게 되나 세포막이 강해 전분 입자가 유출되지 않고 각각의 세포가 분리되므로 보슬보슬한 팥소, 녹두소나 강낭콩앙금을 만들 수 있다(그림 6-7 참조).

팥의 껍질 색소는 수용성의 안토사이안으로 밥에 넣거나, 팥고물, 팥죽을 제조하면 독특한 붉은색을 나타낸다. 녹두는 노란색, 검은색을 띤 갈색의 녹두도 있으나 녹색녹두가 90% 이상 대부분이다. 녹두전분은 적당량의 물을 넣고 가열하면 삼차원적 망을 형성하며 탄력성이 생기므로 묵(청포 또는 녹두묵) 제조에 사용된다. 또한 녹두는 빈대떡, 떡고물, 녹두죽, 또는 싹을 틔워 길러서 녹두나물(숙주나물)로도 이용된다. 강낭콩은 밥에 넣어 먹거나, 떡, 과자의 소, 강낭콩죽 등으로 이용되며, 미성숙 풋강낭콩은 채소용으로도 이용된다.

동부(cowpea)는 겉보기에는 팥과 비슷하나 종자가 약간 더 길다. 팥과 같은 용도로 이용되나 요즈음은 녹두묵 제조 시 대용 전분으로 사용되기도 한다. 완두(pea, garden

팥

녹두

동부

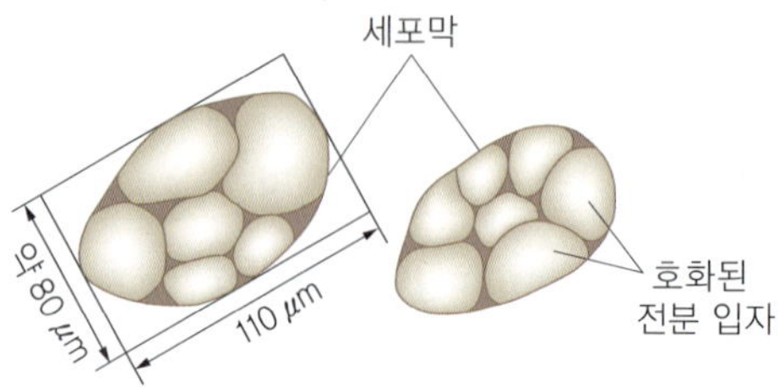

그림 6-7 **팥소(호화된 전분이 들어 있는 세포들)**

pea)에는 껍질이 부드러운 연협종인 풋콩과 껍질이 단단한 경협종인 그린피스가 있다. 주로 미숙한 종실을 밥에 넣거나, 통조림, 수프의 재료로 이용한다.

4. 땅콩

땅콩(peanut, ground nut)은 낙화생이라고도 불리며, 콩과식물로서 독특하게 땅속에서 열매가 열린다. 브라질이 원산지인 땅콩은 45~50%의 지방 및 20~30%의 단백질을 함유하고 무기질과 비타민도 비교적 풍부하다. 특히 비타민 E와 니아신 함량이 매우 높다(표 6-2 참조).

소립종 땅콩은 지방 함유율이 높아서 주로 기름을 짜거나 땅콩버터 제조에 이용되고, 대립종 땅콩은 단백질 함량이 높아서 주로 볶거나 삶아서 간식용으로 이용되고 있다. 주요 땅콩단백질은 글로불린의 일종인 아라칸(arachin)과 콘아라킨(cornarachin)이다

땅콩

땅콩기름은 우리나라에서는 흔히 사용되지 않고 있으나 샐러드유 및 튀김기름으로 사용된다. 지방 중에 불포화지방산이 80% 이상으로 구성되며, 이 중 올레산이 주요 구성 지방산이다(표 6-5 참조).

실험

콩자반

콩자반은 주로 검은콩을 사용하며, 물을 넣고 가열하여 어느 정도 연화되면 간장과 설탕을 첨가하여 조린 음식으로 상당기간 저장이 가능하다.

목적 콩자반 조리 시 물의 pH가 콩의 질감과 가열시간에 미치는 영향과 간장과 설탕의 양과 첨가방법이 콩자반 품질에 미치는 영향을 조사한다.

방법 검은콩 100 g을 이물질을 제거하고 흠이 없는 것으로 골라서 깨끗하게 씻고 1시간(겨울에는 3시간 이상) 동안 수침한 다음 물을 제거하고 약 3배 분량의 물을 넣어 중불에서 20분간 가열한 후 간장 50 mL와 설탕 30 g을 첨가하여 약한 불에서 10~15분간 조린다.

처리방법의 변화

① 가열하기 위한 물을 아세트산과 식소다로 pH 3, pH 5, pH 7, pH 9, pH 11로 조절한 후 가열한다.
② 간장을 처음부터 첨가하여 가열한다.
③ 설탕을 처음부터 첨가하여 가열한다.
④ 간장, 설탕을 처음부터 첨가하여 가열한다.
⑤ 간장, 설탕을 각각 0.5배, 1배, 2배로 첨가한다.
⑥ 미리 수침하지 않은 콩을 사용하여 비슷한 경도를 줄 때까지 가열 조리시간을 측정한다.

평가사항

① 물리화학적 특성
 i) 콩의 무게 변화 : 저울로 무게를 측정
 ii) 콩의 경도 변화 : 숟가락으로 눌러 보거나 텍스처 측정기로 측정
 iii) 염분, 당분의 흡수량 : 화학분석에 의해 측정
 iv) 조리 완성시간 측정

② 관능검사 : 질문지 사용

i) 콩의 팽윤 정도, 껍질의 주름진 정도, 색깔, 윤기 등

ii) 콩의 경도, 단맛, 짠맛, 콩비린내 등

iii) 콩자반액의 단맛, 끈적끈적한 정도 등

콩국(또는 두유)

목적 수침과 가열방법이 콩국 중의 콩단백질함량과 콩 비린내 억제에 미치는 영향을 조사한다.

방법 충분히 수침시킨 노란콩을 6~10배의 물을 가하여 곱게 갈아 큰 주걱으로 저으면서 15분간 끓인 후 여과포에 담아 눌러 여과시킨다.

처리방법의 변화

① 첨가하는 물의 양을 6배, 8배, 10배로 조절한다.

② 가열시간을 10분, 15분, 30분으로 한다.

③ 갈기 전에 콩을 10분간 삶은 후 총 첨가하는 물의 양을 6배, 8배, 10배로 조절하여 곱게 간다.

평가사항

① 물리화학적 특성

i) 여과된 콩국의 무게 또는 부피 : 저울 또는 메스실린더 사용

ii) 여과 후 남은 비지의 양

iii) 콩국 중 단백질 함량 : 킬달(kjeldahl)법

iv) 콩 비린내 측정 : GC 사용

② 관능검사 : 질문지 사용

i) 콩국의 색깔, 입자 크기, 점성

ii) 콩국의 고소한 맛, 냄새, 콩 비린내

두부

목적 응고제의 종류, 사용량과 응고온도가 두부의 수율, 특성에 미치는 영향을 조사한다.

방법 충분히 수침한 콩을 약 10배 정도의 물을 넣고 곱게 간 후 저어가면서 가열하여 끓기 시작하면 10분간 더 끓인 다음 여과포에 넣고 여과한 후 여과된 콩국이 80℃ 정도 되었을 때 응고제(1~2%)를 2~3회 나누어 서서히 첨가한다. 응고제를 가한 후 큰 주걱으로 한두 차례 조심스럽게 섞어준 다음 5분 정도 방치하여 맑은 황색의 용액이 분리되면서 응고물이 침전되면 헝겊을 깐 성형틀에 붓고, 응고물 위를 헝겊으로 덮은 후 무게를 가하여 물을 빠지게 한다.

성형된 두부는 찬물에 1~2시간 담가두어 여분의 응고제를 용출시킨다.

처리조건의 변화

① 응고제로 $CaCl_2$, $CaSO_4$, $MgSO_4$, glucono-δ-lactone을 사용한다.

② 응고제 양을 원료 콩 중량의 0.5%, 1.0%, 1.5%, 2.0%, 2.5%로 첨가한다. $CaCl_2$는 소량의 물에 잘 용해되지만, $CaSO_4$, $MgSO_4$는 잘 용해되지 않고 현탁 상태가 되므로 잘 섞은 후 콩국에 첨가한다. Glucono-δ-lactone은 수용액 중에서 쉽게 가수분해되므로 첨가 직전에 물에 용해시켜 사용한다.

③ 응고제 첨가 시 콩국의 온도를 75~80℃, 80~85℃, 90℃로 조절한다.

평가사항

① 물리화학적 특성

i) 두부의 수율 측정

$$수율(\%) = \frac{두부의\ 무게}{원료대두의\ 무게} \times 100$$

ii) 두부의 고형분함량 : 105℃ 건조오븐 사용

iii) 두부의 단백질함량

iv) 두부의 경도, 응집성 측정 : 숟가락으로 으깨 보기, 텍스처 측정기 이용

② 관능검사 : 질문지 사용

i) 두부의 외관, 색깔, 자른 단면의 매끄러움

ii) 두부의 향미 특성 : 고소한 맛, 금속맛, 쓴맛, 콩 비린내 등

iii) 두부의 텍스처 특성 : 경도, 입안에서의 매끄러움, 덩어리진 정도 등

팥소(팥앙금)

목적 수침 여부, 가열시간, 가열방법이 팥앙금 제조에 미치는 영향을 조사한다.

방법 이물질을 제거한 팥을 잘 씻어 냄비에 담고 물을 첨가하여 가열한다. 끓기 시작하면 약 3/4의 물을 따라버리고 다시 찬물을 부어 1시간쯤 중불에서 끓인 후 익으면 꺼내어 물기를 제거한 다음 으깨어 고운 체에 걸러 앙금을 만든다.

처리조건의 변화

① 12시간 정도 수침한 팥과 수침하지 않은 팥을 사용한다.

② 가열시간을 30분, 60분, 90분으로 변화시킨다.

③ 상압가열과 압력솥을 이용한 고압가열을 한다.

평가사항

① 물리화학적 특성

i) 조리시간 측정

ii) 가열 후 으깨기 전의 팥알의 경도 측정

iii) 앙금수득률

iv) 앙금의 전분세포를 현미경으로 관찰

② 관능검사

i) 앙금의 외관 : 보슬보슬한 정도, 색깔

ii) 입안에서의 점성, 보슬보슬한 정도, 맛

CHAPTER 7

채소 및 과일

1. 채소 및 과일의 성분
2. 채소 및 과일의 선택과 저장
3. 채소 및 과일의 색
4. 채소 및 과일의 향미
5. 채소 및 과일의 조리

우리는 다양한 종류의 식물성 식품을 섭취한다. 채소와 과일은 엄격하게 구분하기 어렵지만 일반적으로 주식으로 먹거나 주식과 함께 부식으로 먹는 것을 채소라 하고 후식으로 먹는 것을 과일이라고 한다. 채소와 과일은 제각기 독특한 맛과 텍스처를 가지고 있고, 비타민과 무기질을 풍부하게 함유하고 있다.

과일은 성숙한 씨방과 그것을 둘러싸고 있는 조직을 가진 열매를 주로 식용으로 하고, 채소는 잎, 줄기, 뿌리 등을 이용한다. 그러나 호박, 가지, 고추처럼 열매를 이용하지만 과일이라 하지 않고 채소로 분류하는 것도 있다.

채소류는 〈표 7-1〉과 같이 먹는 부위에 따라 엽채류, 경채류, 근채류, 과채류, 화채류 등으로 분류하며, 엽채류에 속하는 채소는 줄기를 함께 먹는 일이 많으므로 엽경채류로 부르기도 한다.

과일은 구조나 이용에 따라 인과류, 핵과류, 장과류, 견과류로 분류된다. 인과류는 사과, 배 등으로 비타민이나 식이섬유의 급원이다. 핵과류에는 복숭아, 살구 등이 있고, 생식하는 외에 가공품이나 통조림으로 이용된다. 장과류는 포도와 같이 다육다즙질로 주스 등으로 사용된다. 견과류로는 잣, 호두, 아몬드 등으로 씨방벽이 각질화되고, 종실을 식용으로 한다. 견과류는 다른 과일과 성분이 달라서 당질, 지질이 풍부하고 지질은 산패되기 쉽다.

표 7-1 가식부에 의한 채소류의 분류

분류	채소의 종류
엽채류	배추, 양배추, 상추, 셀러리, 시금치, 파슬리, 미나리, 쑥갓, 갓, 머위
근채류	무, 순무, 당근, 우엉, 연근, 토란, 감자, 고구마, 생강
경채류	파, 죽순, 양파, 부추, 염교, 마늘, 참나리, 두릅, 아스파라거스
과채류	토마토, 가지, 오이, 피망, 수박, 참외, 월과, 호박, 박, 동과, 여주
화채류	콜리플라워, 브로콜리, 양하

1. 채소 및 과일의 성분

1) 일반성분과 영양가

몇 가지 채소와 과일의 일반성분은 〈표 7-2〉와 같다.

채소류는 수분함량이 많은 식품으로 평균 약 90% 정도의 수분을 함유하고 있고, 1~3%의 단백질, 0.1~0.5%의 지방을 함유하고 있으며, 탄수화물 함량은 종류에 따라 다르다.

엽채류는 수분이 많고 탄수화물, 단백질이 적어 에너지 급원이 되지 않으나 근채류는 비교적 수분이 적고 탄수화물 함량이 많은 편이다. 과일은 당의 함량이 채소보다 많고 특히 바나나에는 전분 함량이 많다. 무기질과 비타민 A, B_1, B_2, C 등의 함량은 많은 편으로, 특히 칼륨(K)함량이 많고, 채소에 따라 다르기는 하나 칼슘(Ca)도 10~100 mg% 정도 함유되어 있다. 특히 녹색이 진한 채소에는 칼슘이 많이 함유되어 있으나 체내 이용률은 낮은 편이다.

채소와 과일은 특히 비타민 C를 많이 함유하고 있으므로 비타민 C의 주요 급원이다. 녹황색 채소에는 카로티노이드 색소가 다량 존재하여 비타민 A의 급원이 된다.

표 7-2 채소와 과일의 일반성분(가식부의 %)

식품명	수분	탄수화물	단백질	지방	회분
배추	94.7	3.4	1.3	0.2	0.5
양배추	94.3	1.3	1.5	0.6	0.4
양파	85.0	5.1	1.9	0.4	0.5
가지	93.3	6.8	1.2	0.4	0.3
무	93.7	4.2	1.1	0.1	0.9
시금치	94.0	4.9	2.6	0.7	1.1
상추	94.8	2.8	1.3	0.2	0.9
딸기	90.0	8.3	0.8	0.5	0.5
바나나	73.5	24.0	1.3	0.4	0.8
오렌지	87.0	11.3	0.9	0.2	0.5
사과(홍옥)	86.0	11.5	0.3	0.5	0.3
멜론	92.8	6.0	0.6	0.2	0.4
배	85.8	11.7	0.5	0.2	0.4
복숭아(황도)	89.1	9.7	0.6	0.1	0.5

2) 세포벽 성분

채소는 섬유소, 헤미셀룰로스, 펙틴질 등의 식이섬유를 공급하는 중요한 급원이다.

식물 세포벽의 주성분은 포도당의 중합체인 섬유소(cellulose)이고, 혼합 다당류인 헤미셀룰로스(hemicellulose)와 갈락투론산(galacturonic acid)의 중합체를 기본 구조로 하는 펙틴도 세포벽의 구성요소이다. 이들은 식이섬유로서 인간의 소화기관 내에서 소화·흡수되지 않으나 여러 생리활성을 나타내므로 그 중요성이 인정되고 있다. 펙틴은 세포벽뿐만 아니라 세포와 세포 사이에도 존재하여 세포를 서로 결합시키는 접착물질의 역할을 한다. 세포벽에는 또한 복잡한 구조의 비탄수화물 분자인 리그닌이 목질부에 존재하며 여러 가지 검물질과 점액질이 있는데 이들은 비구조다당류이다.

2. 채소 및 과일의 선택과 저장

채소를 고를 때는 신선도, 외관, 상태, 맛 등이 중요한 평가기준이 된다. 외관은 크기, 모양, 광택, 색 등으로 판단되며 결함이 없는 것이어야 한다. 보통 채소는 생산지 근처에서 제철에 생산된 것이 가장 품질이 좋다. 농사기술과 유통의 발달로 현재는 많은 채소가 어느 지역에서나 연중 판매되고 있으며 품질도 좋은 편이다. 채소의 가격은 수요와 공급, 기후의 갑작스런 변화, 산지로부터의 거리 등에 따라 차이가 많다.

과일과 채소는 저장온도와 습도를 이상적으로 조절한다 해도 최상의 품질이 유지되는 것은 단기간이므로 신선한 채소는 단기간 저장하기에 적당한 양을 구입하는 것이 좋다. 녹색 채소는 수확 후 오래 두면 시들고 질겨지며, 효소작용에 의하여 성분의 변화가 일어나므로 맛도 떨어진다. 성숙된 상태로 수확되는 근채류는 미숙할 때 더 맛이 좋은 엽채류들에 비하여 저장성이 좋다. 과일은 쇠퇴기 직전 충분히 성숙된 상태에서 수확된 것이 가장 품질이 좋다.

채소는 일반적으로 냉장함으로써 어느 정도 선도를 유지시킬 수 있다. 〈표 7-3〉은 시판되는 시금치를 그대로 실내온도에 방치한 것과 깨끗이 씻은 후 물을 빼고 밀봉하여 냉장고에 보관한 것의 무게의 변화, 비타민 C와 엽록소의 잔존율 등을 살펴본 것이다. 실온에 저장한 것보다 냉장고에 저장한 것은 무게의 변화가 거의 없고, 비타민 C와 엽

표 7-3 보관방법에 따른 시금치의 무게, 비타민 C, 엽록소의 변화

저장기간(일)	무게(g)		비타민 C 잔존율(%)		엽록소 잔존율(%)	
	15~21℃	1~5℃	15~21℃	1~5℃	13~15℃	0~5℃
0	100	100	100	100	100	100
1	93	99	65	83	63	86
2	75	99	49	76	54	72

자료 : 이해수 · 조영(1992)

록소의 잔존율이 높았다.

과일과 채소 중에는 급격한 호흡 상승에 의하여 저장기간이 짧은 것이 있는데, 유통기간을 늘리기 위해서는 식물의 종류에 따라 표면에 왁스코팅을 하거나 탄산가스의 조성비율을 높이고 산소를 낮추는 가스저장을 하기도 한다. 양상추의 경우 CO_2 2.5%, O_2 2.5%의 비율로 조절하면 75일까지 저장이 가능하다.

3. 채소 및 과일의 색

과일과 채소는 〈표 7-4〉에서와 같이 클로로필(chlorophyll), 카로티노이드(carotenoid), 플라보노이드(flavonoid), 안토사이아닌(anthocyanin), 베탈레인(betalain) 등의 색소를 가지고 있어 아름다운 외관으로 식사의 즐거움을 더해 주며 식욕을 돋운다.

채소와 과일의 주색소가 무엇인가에 따라 채소와 과일은 녹색, 등황색, 적자색, 백색의 4가지 계열로 분류할 수 있다. 등황색과 적자색 색소는 과일에 많다. 이러한 색은 특정의 색소에 의하여 나타난다. 클로로필은 녹색 색소이고, 카로티노이드는 등황색을 나타내며 때로는 분홍색과 적색을 나타내기도 한다. 안토사이아닌은 적색, 자색 및 청색을 나타내고 베탈레인은 적자색(또는 어떤 것은 황색)을 나타낸다. 안토잔틴은 플라보노이드에 속하는 백색 내지 무색을 나타내는 색소이다.

표 7-4 과일과 채소의 색소

색소의 종류		색소명	함유식품
클로로필		chlorophyll a chlorophyll b	녹색 채소 및 미숙과일
카로티노이드	carotene	α-carotene β-carotene, γ-carotene lycopene	당근, 밤, 차잎 녹엽, 당근, 고추, 과피 당근, 살구 토마토, 수박, 감
	xanthophyll	lutein zeaxanthin cryptoxanthin lycoxanthin capsanthin fucoxanthin crocetin	녹엽, 난황 황색 옥수수, 녹엽 옥수수 토마토 고추 다시마, 미역 치자, 사프란
플라보노이드	anthoxanthin	quercetin rutin apiin hesperidin nobiletin naringin daidzin nasunin	양파의 황갈색 외피 메밀, 토마토 파슬리 귤, 레몬, 오렌지 귤 껍질 귤 껍질 대두 가지
	anthocyanin	cyanidin shisonin malvidin pelargohidin delphinidin	버찌 자소잎 포도 딸기 가지
베탈레인		betacyanin betaxanthin	적색 비트(red beet) 황색 비트(yellow beet)

1) 녹색 채소

클로로필(엽록소)은 식물의 광합성에서 중요한 역할을 하고, 녹색 채소의 잎에 많이 들어 있으며, 세포 내에서 엽록체(chloroplast)에 존재한다.

클로로필은 녹색의 지용성 색소이므로 물에 녹지 않으나 산이나 알칼리 또는 가열에 의해서 변색되거나 수용성화된다. 세포내의 액포에는 여러 가지 유기산이 존재하는데 채소를 가열하면 엽록체와 액포의 막이 파괴되어 유기산이 클로로필에 접촉하게 된다. 산성 용액 내에서 클로로필은 결합되어 있는 마그네슘이 수소이온으로 대치되어 황록색의 페오피틴(pheophytin)으로 된다. 가열 초기에 냄비의 뚜껑을 열어두면 휘발성 유기산이 휘발되므로 색의 변화를 어느 정도 방지할 수 있다.

조직이 물러진 후까지 조리시간이 길어지면 페오피틴은 결합하고 있던 탄소 20개의 긴사슬 알코올인 피톨(phytol)이 제거되어 수용성인 페오포바이드(pheophorbide)로 되며 채소의 색은 황록색에서 황색으로 변하게 된다. 그러므로 채소가 연해지는 데 필요한 최소의 가열시간을 지키는 것이 중요하고, 가열 후 유지시간도 되도록 짧게 하는 것이 좋다.

클로로필이 존재하는 녹색 채소에는 클로로필을 분해하는 효소인 클로로필레이스(chlorophyllase)가 존재하여 그 효소의 최적온도인 75~80℃에 달하면 클로로필에서 피톨이 제거되어 클로로필라이드(chlorophyllide)가 형성된다. 클로로필라이드는 진한 청록색으로 수용성이다.

클로로필은 또한 알칼리성 용액에서는 피톨과 메틸기가 함께 떨어져나가 청록색의 수용성인 클로로필린(chlorophyllin)이 된다. 녹색 채소를 가열할 때 중조(soda)를 소량 넣어주면 이러한 원리에 의하여 색이 선명해질 수 있으나 이 방법은 잘 권장되지 않는다. 그 이유는 양이 지나치기 쉬우며, 과량 사용하면 향미, 텍스처, 비타민 등에 좋지 않은 영향을 미치기 때문이다. 티아민과 비타민 C는 특히 중조에 의하여 파괴되기 쉽다. 세포벽의 헤미셀룰로스는 알칼리에 의하여 분해되므로 조직이 너무 물러질 염려가 있다.

2) 등황색 채소

카로티노이드는 물에 녹지 않는 지용성 색소이며 녹색 채소의 엽록체에 클로로필과 함께 존재한다. 카로티노이드는 비슷한 구조를 가진 색소들로 구성되어 있는데 카로틴류와 잔토필류로 나누어진다(표 7-4 참조). 카로틴류 중 α, β 및 γ-카로틴은 당근에 비교적 많이 들어 있고, 적색을 띠는 리코펜은 토마토에 많이 함유되어 있다. 잔토필은 C, H 외에 O가 구성원소로 들어 있는 것으로 크립토잔틴은 황색 채소에 많이 존재한다.

카로티노이드 중 α, β 및 γ-카로틴과 크립토잔틴 등은 체내에서 비타민 A로 전환되므로 프로비타민 A라고도 불리며, 비타민 A의 효능에 상당히 기여한다. 카로티노이느 색소는 물에 불용성일 뿐만 아니라 산, 알칼리, 열에 대해서도 안정한 성질을 가지고 있다. 단지 공기 중의 산소와 접촉하면 산화되기 쉬우나, 이 색소가 식품 중에 존재할 때에는 공기에 접촉할 기회가 없으므로 산화에 의한 파괴가 거의 일어나지 않는다. 따라서 당근, 늙은호박, 붉은고추 등을 보통 조리법에 의하여 조리하면 색 변화가 거의 일어나지 않는다.

3) 적색 채소

(1) 안토사이아닌

붉은색, 보라색 또는 청색을 띠는 과일과 채소에는 플라보노이드의 한 종류인 안토사이아닌(anthocyanin) 색소가 들어 있다. 이 색소는 수용성이며 세포 내에는 액포 중에 존재한다. 안토사이아닌 색소는 산성 용액에서는 붉은색을 띠고 중성 용액에서는 보라색을, 알칼리성 용액에서는 청색을 띤다. 앵두, 포도, 복숭아, 자두같은 여러 가지 과일에 함유되어 있으나 채소 중에는 자색 양배추, 가지, 자색 양파 등에 함유되어 있을 뿐이다. 자색 양배추는 잘게 채썰어 샐러드를 만들 때 사용되고, 자색 양파는 주로 서양요리에 사용된다. 그리고 가지는 쪄서 나물로 무쳐 먹거나 잘게 썰어 볶아 먹기도 하는데, 이때 안토사이아닌 색소가 열에 의하여 파괴되므로 생것일 때의 아름다운 색이 유지되지 못한다.

안토사이아닌은 주석이나 철 등의 금속과 결합하면 여러 가지 색으로 변색되는 성질이 있다. 그러므로 과일과 채소를 통조림할 때는 청색이나 자색으로 변색되는 것을 방지하기 위하여 에나멜 코팅을 한 주석관을 사용한다.

안토사이아닌 색소가 존재하는 과일에는 대개 안토잔틴 색소가 함께 존재하는데, 안토잔틴 색소는 알칼리 용액에서는 황색 내지 황갈색을 띠므로 안토사이아닌의 색과 섞였을 때 탁한 색을 낸다. 그러므로 과즙을 섞어서 과일 칵테일을 만들 때 과즙의 맑고 아름다운 색을 만들기 어려운 경우도 있다.

(2) 베탈레인

비트나 순무같이 붉은색을 나타내는 근채류에 들어 있는 색소를 베탈레인이라 하는데, 안토사이아닌과 비슷한 성질을 가졌으나 질소를 포함하고 있으며 구조가 전혀 다른 화합물이다. 이 색소는 적자색을 나타내는 베타사이아닌(betacyanin)과 황색을 나타내는 베타잔틴(betaxanthin)으로 나뉜다. 이 색소는 수용성이 커서 물에 잘 용출된다.

4) 백색 채소

일반적으로 백색 채소에는 안토잔틴(anthoxanthin) 색소가 함유되어 있다. 백색 채소에는 무, 배추줄기, 양파 등과 같이 가식부가 껍질부터 속까지 모두 백색인 것도 있고, 자색 양배추, 자색 양파, 가지와 같이 껍질은 붉고 속만 흰 것도 있다. 백색 채소 중에는 쓰고 떫은맛을 내는 것도 있고, 껍질을 벗기거나 썰었을 때 갈변을 일으키는 것도 있다. 이런 채소들은 안토잔틴 이외에도 탄닌(tannin)과 같은 폴리페놀(polyphenol) 화합물을 함유하고 있다.

(1) 안토잔틴

무, 배추줄기, 파줄기, 마늘, 양파, 연근, 죽순, 콩나물, 숙주, 오이 속 등은 백색 색소인 안토잔틴 색소를 함유하고 있다. 이들 채소는 조리할 때 산을 넣거나 김치같이 저장 중 발효하여 산이 생성되면 색이 희어진다. 그와 반대로 알칼리성 물질이 닿으면 황색으로 변하지만 백색 채소의 조리에 알칼리를 넣는 일은 거의 없다. 쌀, 밀가루, 설탕은 채소는 아니나 안토잔틴 색소를 함유하고 있으므로 같은 반응을 일으킨다. 예를 들어, 무초절이, 마늘장아찌, 또는 초밥의 색이 유난히 흰 것은 백색 색소에 대한 산의 반응 때문이며 찐빵을 만들 때 식소다를 넣어 찌면 노란색이 되는 것은 알칼리에 의한 반응 때문이다.

(2) 탄닌과 효소적 갈변

감자, 고구마, 우엉, 가지 속 등은 껍질을 벗기거나 자르면 쉽게 갈색으로 변한다. 우엉은 갈변이 가장 심한 채소로서 껍질을 벗기는 동안에도 갈변이 일어난다. 이러한 채소들은 탄닌을 다량 함유하고 있어서 껍질을 벗기거나 잘라서 단면이 공기 중에 노출되면 산소와 접촉하여 산화효소인 폴리페놀레이스의 작용으로 갈색 물질이 된다.

백색 채소의 조리과정에서 갈변을 방지하기 위해서는 산소의 접촉을 차단하거나 효소를 불활성화시켜야 한다. 대부분의 폴리페놀레이스 효소들의 최적온도는 40±10℃이다. 그러므로 음식을 냉장하면 효소의 활성이 저하되어 어느 정도는 갈변을 방지할 수 있다. 음식을 가열하여 익히는 경우 효소의 최적온도보다 온도가 더 높이 올라가면 효소가 변성되며 효소의 활성이 정지된다.

효소의 활성은 pH의 영향을 크게 받으므로 식품의 pH가 효소의 최적 pH 범위에서 벗어나면 갈변이 방지된다. 효소에 따라 약간의 차이가 있기는 하나 대개 pH 2.5~2.7에서 폴리페놀레이스의 활성은 완전히 정지된다. 예를 들면 우엉과 연근의 껍질을 벗겨 썰었을 때 식초를 첨가한 물에 담그면 변색을 방지할 수 있다. 과일 특히 과즙의 갈변을 방지하기 위해서는 아스코브산(ascorbic acid)을 첨가하는 일이 있다. 아스코브산은 페놀 물질에 수소를 주어 환원시킴으로써 산화를 방지할 뿐만 아니라 pH를 산성으로 유지함으로써 갈변을 방지한다.

염소이온은 폴리페놀옥시데이스의 활동을 방해하는 성질이 있다. 연구에 의하면 깎은 사과를 0.2%의 소금용액에 담근 결과 갈변이 방지되었다고 한다. 그러나 이렇게 낮은 농도에서는 그 효과가 일시적이고 영구적 갈변 방지를 위해서는 고농도의 염용액을 필요로 하므로 음식의 맛을 변질시킬 우려가 있어 실제 적용하기는 어렵다.

껍질을 벗긴 채소나 과일을 물에 담그는 것은 표면에서 공기와의 접촉을 차단시켜 산소가 반응하지 못하도록 하여 갈변을 방지하는 방법이다. 과일을 담글 때는 연한 설탕물을 사용하기도 한다.

4. 채소 및 과일의 향미

대부분의 채소는 소량이나마 황을 함유하고 있으나 그중 백합과에 속하는 채소와 겨자과에 속하는 채소에는 황화합물이 특히 많다.

1) 백합과에 속하는 채소

백합과에 속하는 채소는 마늘, 양파, 파, 부추 등이다. 이들은 모두 매운맛을 가지고 있는데, 그 주성분은 아미노산인 시스테인(cysteine)의 유도체로서 황을 함유하고 있다.

(1) 마늘

마늘

마늘의 주성분인 알린(alliin)은 시스테인의 유도체로서 그 화학명이 S-allyl-L-cysteine sulfoxide이다. 마늘에는 또한 이 물질의 분해 효소인 알리네이스(alliinase)가 존재한다. 마늘 조직이 파쇄되기 전에는 기질과 효소가 세포 내의 서로 다른 위치에 존재하기 때문에 서로 접촉하지 못하여 아무 작용이 일어나지 않으므로 자극성이 약하지만 마늘을 조리하기 위하여 썰거나 다지면 조직이 파괴되면서 기질과 효소가 서로 접촉하여 알린이 분해되어 알리신(allicin), 즉 디알릴 싸이오설피네이트(diallyl thiosulfinate)가 형성된다. 이 물질은 마늘의 주된 매운맛 성분으로 불쾌한 냄새는 없다.

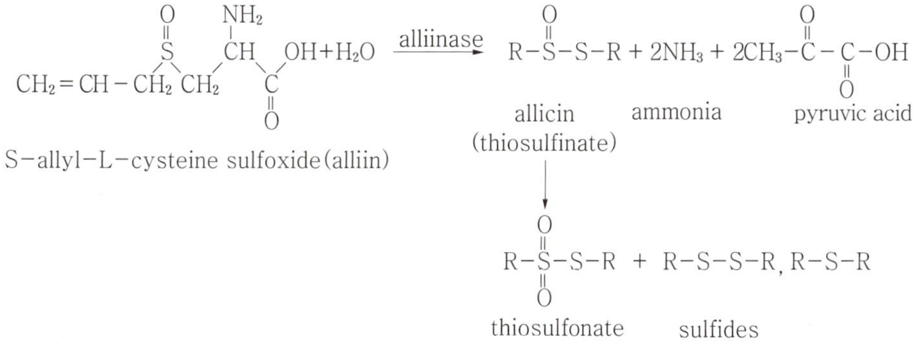

그러나 알리신은 다소 불안정하여 다시 다이알릴 다이설파이드(diallyl disulfide)로 변하는데 이 물질은 마늘 특유의 냄새를 가진다. 알리신과 다이알릴 다이설파이드도 휘발성 물질이므로 마늘을 다지면 강한 마늘냄새가 나는데, 시간이 경과함에 따라 이 물질들은 분자량이 더 작은 함황물질로 분해되어 휘발성이 커지므로 더 강한 마늘 냄새를 내게 된다.

따라서 마늘을 양념으로 사용할 경우 마늘 특유의 매운맛을 내기 위해서는 다진 즉시 사용하는 것이 좋고, 끓이는 음식에 양념으로 마늘을 넣을 때 마늘의 향을 살리기 위해서는 불에서 내려놓기 직전에 넣는 것이 좋다.

(2) 양파

양파

양파를 썰면 자극성 냄새와 매운맛이 나는 동시에 휘발성 성분이 눈을 자극하여 눈물이 난다. 양파의 주성분은 시스테인에 메틸기($-CH_3$), 프로필기($CH_3-CH_2-CH_2-$)나 프로페닐기($CH_3-CH=CH-$)가 결합되어 있는 점이 마늘의 경우와 다르다.

S-methyl-cysteine-sulfoxide와 S-propyl-cysteine sulfoxide는 함량은 많지 않으나 양파를 썰거나 다져서 조직이 파괴되면 효소와 접촉하여 다이메틸 싸이오설피네이트(dimethyl thiosulfinate) 또는 메틸 프로필 싸이오설피네이트(methyl propyl thiosulfinate)가 되어 양파 특유의 냄새와 맛을 낸다. 싸이오설피네이트는 불안정하기 때문에 즉시 분해되어 분자량이 작고 휘발성이 강한 여러 가지 물질로 변하여 양파의 독특한 냄새의 원인이 된다.

양파를 썰었을 때 발생하는 냄새성분들

aldehyde
alcohol
dimethyl disulfide ($CH_3-S-S-CH_3$)
dimethyl trisulfide ($CH_3-S-S-S-CH_3$)
dipropyl disulfide ($CH_3-CH_2-CH_2-S-S-CH_2-CH_2-CH_3$)
methyl propyl disulfide ($CH_3-S-S-CH_2-CH_2-CH_3$)
methyl propyl trisulfide ($CH_3-S-S-S-CH_2-CH_2-CH_3$)

양파의 최루성분

$CH_3-CH_2CH=S=O$ thiopropanal sulfoxide

$CH_3-CH=CH-\overset{O}{\overset{\uparrow}{S}}-H$ propenyl sulfenic acid

양파에는 또한 다량의 S-propenyl-L-cysteine sulfoxide가 있는데, 이것은 양파를 썰면 효소의 작용을 받아 분해되면서 암모니아, 피루브산과 함께 싸이오설피네이트를 형성한 후 곧바로 프로페닐 설펜산(propenyl sulfenic acid)으로 변한다.

프로페닐 설펜산은 불안정하여 곧 싸이오프로판알 설폭시드(thiopropanal sulfoxide)로 변하며, 이 물질은 양파의 최루성분으로 눈을 자극하여 눈물이 나게 한다.

양파를 가열하면 함황물질들은 분해되어 냄새와 맛이 약한 다른 물질로 변한다. 양파를 끓였을 때 나는 냄새는 S-propenyl-L-cysteine sulfoxide의 분해물인 propyl disulfide, propenyl disulfide와 trisulfide이고, 튀긴 양파의 냄새는 dimethyl thiophene이다. 양파를 가열하면 단맛이 생기는데, 매운맛 성분들이 분해되어 설탕의 50배 정도의 단맛을 나타내는 n-propanethiol(머캅탄)이 생성되기 때문이다.

양파를 조리할 때 매운맛을 살리려면 물을 사용하지 않고 조리하거나 물을 소량 사용하여 단시간 가열하고, 매운맛을 제거하려면 양파를 썰은 후 물에 담가 두거나 다량의 물을 사용하여 매운맛 성분을 희석시키기도 하고, 장시간 가열하여 매운맛 성분을 휘발시킬 수도 있다.

2) 겨자과에 속하는 채소

겨자과에 속하는 채소에는 배추, 무, 양배추, 갓, 케일, 브로콜리, 콜리플라워 등이 있다. 겨자과 채소 중 우리나라에서는 배추와 무가 가장 많이 사용된다.

배추, 브로콜리, 콜리플라워 등에는 양파 등에 많아 들어 있는 함황화합물로 시스테인의 황(S)에 메틸기가 결합되어 있는 S-methyl-L-cysteine sulfoxide이 있다. 그러나 S-methyl-L-cysteine sulfoxide는 함량이 적을 뿐만 아니라, 이 물질을 분해하는 효소의 최적 pH가 높아 보통의 조리조건에서는 활발하게 작용하지 못하므로 매운맛 성분으로 크게 기여하지는 못한다.

겨자과의 채소에서 매운맛을 내는 성분은 다른 함황화합물인 아이소싸이오시아네이트(isothiocyanate)의 전구체, 즉 글루코시놀레이트(glucosinolate)로서 다음과 같은 일반구조식을 가지고 있다. X는 칼륨 등 알칼리 금속이온을 나타낸다.

$$R-C\begin{matrix}\diagup S-C_6H_{11}O_5 \\ \diagdown\!\!\diagdown N-O-SO_3X\end{matrix}$$

글루코시놀레이트의 하나인 시니그린(sinigrin)은 R이 알릴기이다. 시니그린은 겨자를 으깨거나 배추를 썰 때 효소인 미로시네이스(myrosinase)와 접촉하여 반응함으로써 휘발성이고 자극성이 있는 매운맛 성분인 알릴 아이소싸이오시아네이트(allyl isothiocyanate)를 생성하는데 이를 겨자유(mustard oil)라고 한다.

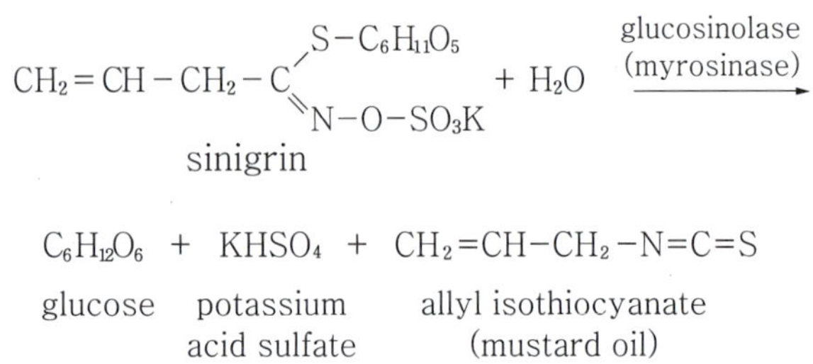

겨잣가루는 겨자과에 속하는 갓의 씨를 갈아서 만든 것으로, 매운맛이 강한 겨자를 만들기 위해서 따끈한 물에 개어서 사용하는데, 그 이유는 미로시네이스의 최적온도가 높기 때문이다.

배추나 양배추를 가열하면 S-methyl-L-cysteine sulfoxide와 시니그린이 분해되어 분자량이 작은 휘발성의 dimethyl disulfide와 황화수소(H_2S)가 생성된다. 이들 물질은 가열시간이 길어질수록 생성량이 증가되어 음식에서 좋지 않은 맛과 냄새를 내므로 배추나 양배추로 만드는 음식을 너무 오래 가열하는 것은 좋지 않다.

무에서도 매운맛을 느끼는 경우가 있는데, 무의 매운맛 성분으로는 여러 종류가 있지만 다른 성분들은 소량이므로 무의 매운맛에 별로 기여하지 못하고, 다만 4-methyl

배추

양배추

갓

thio-3-butenyl-isothiocyanate가 다량 존재하여 무의 매운맛에 관여한다. 생무에 존재하는 것은 매운맛의 전구체인 4-methylthio-3-butenyl-glucosinolate이며, 무를 썰어서 조직이 파괴되면 미로시네이스와 접촉하여 분해되어 매운맛 성분을 생성하게 된다.

무에 존재하는 미로시네이스는 소량의 비타민 C의 존재 시, pH 6.8 정도, 체온 정도의 온도에서 활발하게 활동한다. 무는 상당량의 비타민 C를 함유하고 있고 유기산의 함량이 적으며, 무를 입에 넣고 씹으면 효소의 최적온도에 가까워져서 미로시네이스가 활성화되므로 매운맛이 강해진다.

그러나 무의 매운맛 성분도 가열하면 파괴하여 분자량이 작은 함황화합물로 분해되어 배추, 양배추를 가열했을 때와 비슷한 냄새가 난다.

3) 아린맛, 쓴맛, 떫은맛이 있는 채소

채소의 종류에 따라 알칼리성 물질, 옥살산(oxalic acid), 알칼로이드 화합물 및 탄닌 물질 등을 함유하고 있다. 이러한 성분들은 아린맛, 쓴맛 또는 떫은맛을 가지고 있어 음식의 맛에 좋지 않은 영향을 준다. 다행히 이들 성분은 채소를 데쳐서 헹구거나 물에 담가두면 상당량 제거된다.

시금치, 쑥갓, 배추, 양배추 같이 흔히 먹는 채소들도 이러한 성분을 소량씩 함유하고 있으므로 이들 채소를 데쳐서 냉수에 헹구지 않고 그대로 먹게 되면 채소에 따라 다르지만 좋지 않은 강한 맛을 낸다. 그러므로 이들 채소를 데친 후 냉수로 재빨리 한 번 헹구어 주면 쓰고 떫은맛 성분을 제거해 주는 동시에 온도를 낮추어 아스코브산의 자가분해 속도를 낮추므로 데친 채소는 헹구는 것이 좋다.

죽순, 토란, 식용 아스파라거스 등의 아린맛은 호모젠티스산(homogentisic acid) 때문이고 여기에 수산화칼슘이 존재하면 아린맛이 더 강해진다. 또한 호모젠티스산이 포도당과 결합한 배당체로 존재해도 아린맛이 더 강해진다. 가지에는 수산화칼슘이 소량 함유되어 있으므로 약간의 아린맛이 있다.

떫은맛은 주로 탄닌에 의한 것으로 미숙한 과일이나 차 등에 많이 함유되어 있다. 철제 칼로 과일 껍질을 깎으면 검게 되는 것은 탄닌과 철이 결합하여 탄닌철을 형성하기 때문이다.

사과

감

포도

복숭아

4) 과일의 향미

과일은 포도당 · 과당 · 자당에 의한 적당한 감미, 구연산 · 주석산 등에 의한 산뜻한 산미나, 에스터 · 알데하이드 · 터펜에 의한 향미를 나타내어 식생활을 다채롭게 해주며 기호를 만족시킨다.

미숙한 과일은 탄닌을 많이 함유하여 떫은맛을 내지만, 성숙할수록 불용성으로 되어 떫은맛이 감소하고 단맛이 증가한다. 그러나 떫은 감은 성숙되어도 떫은맛이 감소되지 않으므로 떫은맛을 빼내기 위하여 알코올이나 탄산가스에 의하여 탄닌을 불용성 탄닌산으로 변화시킨다. 과일의 맛과 향기는 대개 최고 성숙기에 가장 좋고, 과숙되어 쇠퇴기에 이르면 점점 품질이 떨어진다.

5. 채소 및 과일의 조리

1) 채소의 조리

채소에는 수용성 질소, 당, 수용성 비타민, 무기질, 기타 맛성분, 향기성분, 탄닌 등의 여러 가지 수용성 성분들이 있다. 이러한 성분들은 채소를 잘라 단면이 물에 노출되면 물에 용출되어 손실이 온다. 그 손실량은 단면이 클수록, 그리고 물에 접촉하는 시간이 길수록 커지므로 채소는 되도록 씻은 후에 써는 것이 좋다. 특히 비타민 C는 용해도가 높아 채소를 썰어서 물에 담그면 단시간 내에 용출되어 손실되기 쉽다. 비타민 C는 또한 열에 의해서도 파괴되기 쉬우므로 가열하지 않고 먹을 수 있는 채소는 되도록 생으로 먹는 것이 좋다. 또한 녹색 채소를 고온으로 장시간 가열하면 클로로필도 파괴되어 녹황색으로 변한다.

(1) 전처리

채소를 조리하기 위하여 전처리를 하는 과정에서 다듬고, 씻고, 썰어야 하는데, 잘게 썰어서 단면이 많아지면 성분의 손실이 커진다. 즉 채소를 잘게 썰어서 실내에 방치해 두면 공기 중의 산소가 접촉하여 단면에 존재하는 여러 가지 성분을 산화시켜 파괴시킨다. 또한 이렇게 잘게 썬 채소를 물에 씻으면 수용성 물질들이 물로 용출되어 손실이 온다. 그러므로 채소를 썰어서 조리해야 하는 경우에는 먼저 씻은 후 알맞은 크기로 써는 것이 바람직하다.

감자를 조리할 때는 감자를 깎아서 삶는 것보다는 깨끗이 씻어 껍질을 벗기지 말고 통째로 삶은 후 껍질을 벗겨 썰어서 음식을 만드는 것이 바람직하다. 감자 껍질은 반투성 막이므로 물에 껍질째 넣고 삶으면 영양성분이 껍질을 통과해 나오지 못하므로 손실이 거의 없다.

(2) 조리방법

채소를 조리하는 방법에는 삶기, 찌기, 굽기, 볶기, 튀기기, 기름에 지지기 등 여러 가지 방법이 있다. 조리방법에 따라 여러 성분의 손실량이 다르므로 되도록이면 성분의 손실이 적은 방법을 택하는 것이 좋다.

① 삶기

채소를 물에 넣고 삶는 조리법에서는 수용성 물질의 손실이 가장 크다. 반면 식품으로의 열의 침투시간이 빠르고, 또한 열이 100℃ 이상으로 올라가지 않으므로 열에 의한 영양소의 파괴율은 낮다.

② 찌기

온도가 높지 않고 수용성 성분이 용출될 우려도 적으므로 영양성분의 손실이 적은 좋은 방법이다.

③ 굽기

채소를 오븐 속의 건열에 장시간 노출시켜서 익히는 방법은 서양조리에서 가끔 사용된다. 이때 표면 가까이에 있는 성분은 열에 의하여 크게 파괴될 것이다.

④ 볶기

뜨거운 냄비에 기름을 조금 두르고 채소를 저어가면서 익히는 방법이다. 물을 사용하지 않으므로 수용성 물질이 용출될 우려는 없으나 대개 이 방법으로 채소를 조리할 때에는 잘게 썰어서 익히므로 단면이 넓어 영양성분의 산화와 열에 의한 영양소의 파괴가 있다.

⑤ 튀기기

냄비에 다량의 기름을 넣고 가열하여 일정한 온도에 달하면 식품을 넣어 익히는 방법이다. 기름의 온도가 175~180℃ 정도이므로 단시간을 요한다. 이 방법은 영양성분이 물에 용출되지도 않고 식품이 장시간 고열에 노출되지도 않기 때문에 좋은 조리법이다.

(3) 채소 데치기

잘 데쳐진 녹색 채소는 선명한 녹색을 띠어야 하고, 본래 함유하고 있던 비타민 C의 손실이 적어야 한다. 녹색 채소를 데칠 때 색과 비타민 C 함량에 영향을 주는 요인은 조리수의 양과 가열시간이다.

채소를 조리할 때 물의 양을 달리 하고 일정한 시간(10분간) 가열했을 때 채소에 남아 있는 비타민 C의 함량을 측정해 본 실험결과에 의하면 〈표 7-5〉에서와 같이 조리수의 양이 증가하면 증가할수록 채소 내에 남아 있는 비타민 C의 함량이 감소하였다. 또한

표 7-5 조리수의 양과 조리시간에 따른 비타민 C의 보유량

조리수의 양(mL)	채소의 양(g)	조리시간(분)	비타민 C의 보유율(%)
300	454	10	72
300	454	25	56
1,900	454	10	50
3,800	454	10	43

자료 : 이혜수 · 조영(1992)

조리수의 양을 일정하게 하고 가열시간을 달리한 경우 〈표 7-5〉에서와 같이 조리시간이 10분에서 25분으로 증가함에 따라 채소 내의 비타민 C의 잔존율이 72%에서 56%로 감소하였다.

이와 같이 비타민 C는 수용성이기 때문에 가열에 의하여 반투성을 잃게 된 채소의 세포막을 통하여 세포 내에 존재하는 다른 수용성 성분들과 함께 조리수로 쉽게 용출된다. 따라서 물을 너무 많이 넣고 조리하거나 조리시간이 불필요하게 길면 비타민 C의 손실률이 크므로 주의하여야 한다.

〈표 7-5〉의 실험결과에 의하면 조리수의 양이 많으면 비타민 C의 손실이 크다. 그러나 끓는 물에 채소를 넣으면 채소의 온도가 낮으므로 물의 온도가 일단 내려갔다가 다시 비점으로 올라가는 동안 클로로필라아제의 최적온도인 75~80℃에 머무르게 되어 활동이 활발해져 클로로필을 클로로필라이드로 상당량 변화시켜 채소를 청녹색으로 변하게 할 수 있다. 이때 물의 양이 너무 적으면 채소를 넣었을 때 더 많이 식어 효소의 최적온도에 더 오래 머무르게 하는 결과가 될 수 있는 반면, 가열시간이 길어져서 채소를 끓이는 동안 액포로부터 스며나온 유기산이 클로로필에 많이 접촉되어 상당량의 클로로필을 페오피틴으로 변하게도 한다. 페오피틴은 녹황색이므로 채소의 색이 누렇게 변한다.

이와 같이 데치는 물의 양은 비타민 C의 용출에 의한 손실과 클로로필 색소의 파괴에 대하여 서로 상반되게 작용하므로, 데치는 물의 적절한 양은 채소 무게의 5배 정도가 좋다고 알려져 있다.

녹색 채소를 데칠 때 색을 선명하게 하기 위하여 식소다를 넣고 데치는 일이 가끔 있다. 식소다는 약한 알칼리성이므로 클로로필에 접촉했을 때 클로로필을 클로로필린(chlorophylline)으로 변하게 한다. 클로로필린은 선명한 녹색 물질이므로 채소의 색은 선명해진다. 그러나 비타민 C는 알칼리성 용액 내에서는 쉽게 파괴되는 성질을 가지므로 채소를 데칠 때 식소다를 넣으면 비타민 C의 손실이 크다. 또한 채소의 세포벽 구성 성분인 헤미셀룰로스는 알칼리에 의해 쉽게 끊어지는 성질을 가지고 있으므로 식소다를 넣고 데치면 채소의 질이 지나치게 물러질 가능성이 있다.

소금은 중성염이지만 녹색 채소를 데칠 때 넣으면 채소의 색을 약간 선명하게 한다. 식염은 또한 비타민 C의 산화도 억제한다. 그러므로 녹색 채소를 데칠 때에는 식소다를 사용하는 것보다 소금을 사용하는 것이 바람직하다.

녹색 채소는 데친 후 냉수에 헹구는 것이 일반적이다. 냉수에 헹구면 비타민 C가 용출되어 손실되는 기회를 또 한 번 주게 되므로 영양적으로 보았을 때 바람직하지 않을 수 있으나, 데친 채소를 찬물에 넣으면 채소의 온도를 급격히 저하시켜 비타민 C의 열에 의한 파괴는 방지할 수 있을 것이다.

2) 침채류의 조리

(1) 종류

침채류는 예로부터 우리나라에서 가장 중요한 부식 중의 하나로서 김치를 담그기 시작한 초기에는 무김치만을 담가 먹었고, 배추김치는 근래에 와서 담가 먹기 시작하였으며, 최근 김치재료의 재배가 널리 보급됨에 따라 김치의 종류가 다양해졌다.

침채류의 종류는 지방에 따라 또는 각 가정에 따라 다를 뿐만 아니라 계절과 재료에 따라서도 다르므로 그 종류가 다양하다. 문헌을 통해서 볼 수 있는 김치를 열거해 보면 배추김치, 보쌈김치, 배추통김치, 막김치, 섞박지, 깍두기, 총각김치, 열무김치, 갓김치, 파김치, 산갓김치, 무채김치, 동치미, 나박김치, 돌나물김치, 가지김치, 오이지, 무짠지, 호배추김치 등이 있다.

침채류는 깍두기, 동치미, 나박김치와 같이 주재료를 썰은 후 살짝 절이거나 절이지 않고 그대로 양념을 넣고 버무리는 것과 배추김치, 갓김치 등과 같이 주재료를 일단 소금에 절였다 씻은 후 양념을 넣고 버무리는 두 종류로 크게 나눌 수 있다. 전자는 김치를 담그는 동안에 영양소나 맛성분에 큰 손실이 없으나, 후자는 재료를 절이고 헹구는 과정에서 여러 성분의 손실이 있을 수 있다.

배추는 절이는 소금용액의 농도와 절이는 시간에 따라 배추의 맛성분인 유리당, 유리아미노산 및 함황물질의 손실량이 달라지는데, 일반적으로 배추를 절이는 소금용액의 농도가 높으면 모든 맛성분의 손실이 크고, 절이는 기간이 길수록 역시 손실이 크다. 맛성분의 손실량이 클수록 김치의 맛이 없어지므로 이들 성분의 손실을 적게 하는 것이 중요하다. 배추의 경우 15~20%의 소금용액에 3~6시간 동안 절이는 것이 바람직하다고 한다.

(2) 김치의 숙성

김치는 버무려서 공기가 들어가지 않게 꼭꼭 눌러 담고 뚜껑을 덮은 후 저장하면 숙성되어 김치 특유의 향미가 생긴다. 김치가 숙성되는 동안 주재료인 배추나 무 또는 양념에 존재하는 탄수화물과 단백질이 아밀레이스, 말테이스 및 프로테이스 같은 효소에 의해 가수분해되어 당, 펩타이드 및 아미노산 등을 생성함으로써 구수한 맛성분이 증가된다. 숙성 중 세포는 점차 팽압을 상실하여 세포 내의 여러 가지 성분이 외부로 추출되고 유산균과 효모균에 의하여 발효된다. 김치가 숙성되는 과정에서 유산균은 단당류에 작용하여 유산을 비롯한 여러 종류의 유기산을 형성하여 김치의 신맛을 내고, 효모균은 에틸알코올을 생성하여 김치에 맛을 더해 준다. 생성된 알코올과 유기산의 일부는 결합하여 에스테르를 형성하여 방향을 더해 준다.

완전히 숙성된 김치에는 젖산(lactic acid)의 함량이 많고, 숙신산(succinic acid), 말산(malic acid), 타타르산(tartaric acid), 푸마르산(fumaric acid), 말론산(malonic acid), 말레산(maleic acid), 글리콜산(glycolic acid), 초산(acetic acid) 등도 함량은 적으나 들어 있다. 젖산과 숙신산의 함량은 김치의 염도와 숙성시킬 때의 온도에 따라 다르다. 일반적으로 김치의 염도가 낮을수록 그리고 숙성온도가 낮을수록 이 두 유기산의 함량은 많다.

(3) 김치 저장 중의 변화

김치가 숙성 적기를 지나면 시간이 경과함에 따라 산패 및 연부현상이 나타나며, 저장온도가 높으면 숙성 적기의 유지기간이 짧아진다. 김치의 연부현상은 배추나 무의 조직을 구성하고 있는 세포간질인 펙틴질의 긴 사슬이 폴리갈락투로네이스(polygalacturonase)에 의해 분해되어 조직이 무르게 되는 현상이다. 이 효소는 호기성 산막 미생물의 번식에 의해 활성화되므로 김치를 덜 눌러서 내부에 공기가 존재하거나 김치에 국물이 적어 배추나 무가 국물 밖으로 나오면 호기성균이 빨리 번식하여 김치의 연부현상이 일찍 나타난다. 따라서 김치나 깍두기 같은 침채류를 버무려서 항아리에 담을 때에는 공기가 들어가지 않게 꼭꼭 눌러 담고 배추나 무가 공기 중에 노출되지 않도록 하기 위해서 국물을 충분히 부어야 한다.

김치를 담글 때 설탕을 넣고 버무리면 국물이 걸쭉해지기 쉬운데 이 걸쭉한 물질은 미생물이 합성한 검물질 중의 하나인 덱스트란(dextran)이다. 덱스트란은 포도당이 α-1,6

표 7-6 블렌더에 간 과일의 식염농도에 따른 비타민 C 잔존율

종류	비타민 C 함량 (mg%)	비타민 C 잔존율(%)			
		0% Nacl	0.5% Nacl	1.0% Nacl	2.0% Nacl
사과	3.0	6.0	73.0	65.2	100.0
밀감	30.4	89.8	100.0	100.0	-
감	13.1	20.0	34.9	100.0	-
바나나	10.4	11.7	-	18.7	38.1
복숭아	8.7	86.2	93.1	89.7	95.4
포도	3.3	28.5	65.4	100.0	-
배	2.1	42.9	33.3	38.1	57.1

자료 : 松元文子(1992)

결합에 의하여 결합된 다당류의 하나로 *Leuconostoc mesenteroides*라는 미생물에 의하여 설탕이 가수분해된 후 합성된다. 김치를 담글 때 설탕의 양이 많을수록, 그리고 오래 버무릴수록 덱스트란이 많이 형성된다.

3) 과일의 조리

(1) 생과일 조리

과일에는 수분이 많고, 여러 가지 당류나 유기산이 함유되어 있으며 또한 에스터류의 방향이 존재하므로 그대로 먹는 것이 가장 맛있게 먹는 방법이다. 과일은 깎은 단면이 갈변하는 것이 있다. 또한 탄닌을 함유한 것은 동이나 철에 의해서 변색되기 쉽다. 그래서 철제 칼은 사용하지 않으며, 껍질을 벗긴 배나 사과 등은 1% 정도의 식염수에 담가서 갈변을 방지한다. 바나나도 쉽게 갈변하나 레몬즙을 뿌리면 갈변을 어느 정도 지연시킬 수 있다. 과즙은 공기와의 접촉이 크므로 갈변이 더욱 심하고 블렌더, 주서를 사

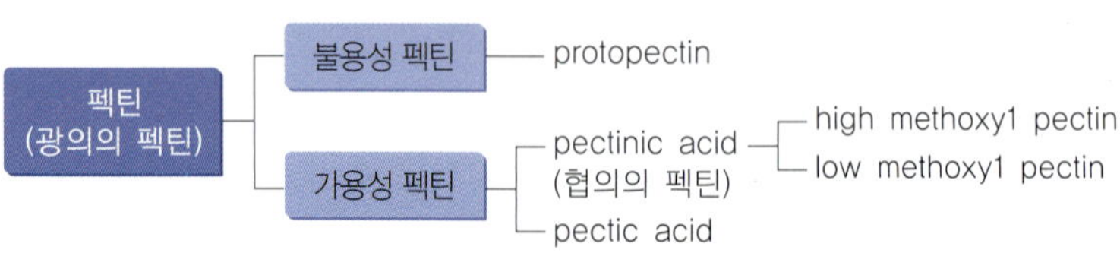

그림 7-1 **펙틴의 분류**

용하면 비타민 C의 파괴도 크다. 이 경우에도 앞에서와 같이 식염을 가하여 효소작용을 억제하거나 비타민 C를 첨가하여 방지할 수 있다(표 7-6 참조).

(2) 펙틴을 이용한 조리

펙틴은 과일과 채소류를 비롯한 식물조직 중에 널리 포함되어 있는 갈락투론산(galacturonic acid)을 기본으로 하는 복합다당류로서, 프로토펙틴(protopectin), 펙틴산(pectinic acid), 펙트산(pectic acid)으로 나눌 수 있다. 펙틴의 폴리갈락투론산의 일부는 메틸화되어 있는데, 완전히 메틸화되었을 때의 펙틴의 메톡실기 함량은 16.32%이다. 메톡실기 함량이 7% 이상의 것을 고메톡실(high methoxyl, HM) 펙틴, 7% 미만의 것을 저메톡실(low methoxyl, LM) 펙틴이라 한다.

과일에 들어 있는 펙틴 함량을 간단하게 판정하기 위해서 그 과즙에 95% 알코올을 동량 가해 본다. 펙틴은 알코올에 불용성(alcohol insoluble solid)이므로 전체가 젤리상태로 되면 펙틴함량이 많은 것이고, 소량의 침전이 생기지만 전체가 젤리상태로 되지 않으면 소량밖에 함유되어 있지 않은 것으로 본다. 잼을 만드는 데에는 과숙한 과일은 적당치 않다. 펙틴이 펙티네이스에 의하여 분해되어 버렸기 때문에 젤 강도가 약한 젤리가 형성된다. 미숙한 과일에 함유된 프로토펙틴은 물에 불용성이므로 젤리 형성에 적합하지 않다.

① 용해성

고메톡실 펙틴은 고온(90℃ 이상)에서 물, 우유에 녹으며, 저메톡실 펙틴은 냉수에서 녹는다.

표 7-7 과일의 펙틴질과 산의 함량

펙틴질	산	과일
1% 내외 (다량)	0.8~1.2% (다량)	사과, 레몬, 오렌지
1% 내외 (다량)	0.1% (소량)	무화과, 복숭아, 바나나
0.5% 이하 (소량)	1.0% (다량)	딸기, 살구
0.7% 내외 (중)	0.4% (중)	포도, 과숙사과
0.5% 이하 (소량)	0.1% (소량)	배, 감, 과숙복숭아

자료 : 松元文子 외(1992)

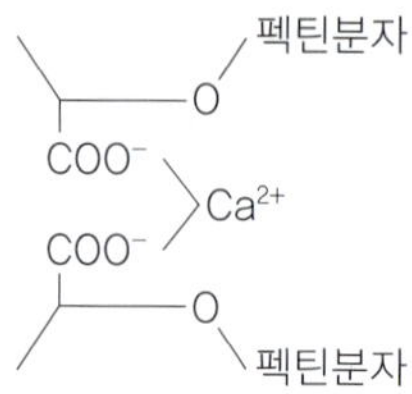

그림 7-2 Ca^{2+}에 의한 LM 펙틴의 젤화 모식도

② 젤 형성

펙틴은 실온에서 젤화한다. HM 펙틴은 과일에 주로 많이 함유되어 있으며 과즙에 적당량의 설탕을 첨가한 후 가열하여 펙틴농도 0.5~1.5%, pH 3~3.5, 설탕 60~65% 농도를 갖게 되면 적당한 젤리 강도를 가지는 잼, 마멀레이드를 만든다. HM 펙틴은 펙틴-산-당-물 간의 상호작용에 의해 젤을 만들며 비공유결합(수소결합)에 의한 젤이 형성된다. 산은 pH를 내려서 카복실기의 해리를 억제하여 펙틴 분자가 서로 네트워크를 만들기 쉽게 하고, 설탕은 탈수제로서 작용하여 젤의 형태를 유지시켜 준다.

LM 펙틴은 Ca^{2+} 등의 다가의 금속이온(이온결합)에 의해 젤화한다. 이것은 음이온인 카복실기 사이에 Ca^{2+}이 가교를 형성하여 겔화를 촉진한다. 이런 형태의 젤에서는 산, 당이 그다지 요구되지 않는다.

③ 첨가물의 영향

- **염류** LM 펙틴에 의한 젤리의 제조에서는 염화칼슘을 첨가하는데, 우유를 첨가하는 경우는 우유 중에 충분한 양의 Ca^{2+}이 포함되어 있기 때문에 금속이온의 첨가는 필요 없다.
- **산(pH)** HM 펙틴에서는 pH 3에서 젤강도가 최대로 되고, 그 전후에는 현저한 저하를 나타내므로, pH를 3 정도로 조정할 필요가 있다. LM 펙틴에서는 pH에 따른 민감한 영향은 나타나지 않고, pH 2.5~6.5의 범위에서 젤을 형성할 수 있다.
- **당** 질이 좋은 HM 펙틴 젤을 얻기 위해서는 고농도의 설탕이 필요하지만, LM 펙틴에서는 산, 당이 필수가 아니므로 아스파탐과 같은 다이어트 감미료와 조합하여 저칼로리 젤로서 이용된다. 그러나 LM 펙틴 젤에 10~20%의 설탕을 첨가하면 텍스처가 더 좋아진다.

④ 펙틴 젤의 특성

HM 펙틴 젤의 예로서 잼, 젤리, 마멀레이드 등을 들 수 있는데, 잼은 과일을 그대로 이용한 것이고, 마멀레이드는 과즙을 짜서 만든 젤리에 과육, 과편이 혼합되어 있으며 잼보다 연하다.

LM 펙틴 젤은 다이어트용의 저칼로리 잼, 젤리에 이용하거나, 우유와 같이 사용하여 우유 중의 Ca^{2+}을 이용한 새로운 형태의 디저트 젤리, 우유 젤리에 이용하기도 한다. LM 펙틴 젤은 HM 펙틴 젤보다 더 부서지기 쉽고, 탄력성이 적다.

펙틴 젤은 한천이나 젤라틴 젤과 달리 산성에서 젤 강도가 저하되지 않는다. 또한 펙틴 젤은 소성체의 거동을 보여서 일정 한도 이상의 힘을 주었을 때 유동하므로 빵 등에 발라줄 수 있다.

실험

데치는 방법에 따른 시금치의 색 변화

목적 시금치를 데칠 때 뚜껑을 열고 닫는데 따른 색 차이와 산, 알칼리를 첨가할 때의 색 차이를 비교한다.

재료 및 분량 시금치 50 g×5, 물 240 mL×5, 식소다 1/4작은술, 식초 1/4작은술

방법

① 냄비에 냉수와 시금치를 넣어 불에 올려놓고 가끔 뒤적거려 시금치가 물에 잠기면 뚜껑을 닫아 물이 끓기 시작한 후 3분간 끓인다. 즉시 찬물에 헹구어 접시에 담는다.

② 다른 냄비에 물을 넣고 가열하여 물이 끓기 시작하면 시금치를 넣고 뒤적여 시금치가 물에 잠기고 물이 다시 끓기 시작하면 뚜껑을 열고 3분간 끓인다. 즉시 찬물에 헹군다.

③ ②번과 같이 하되 물에 1/4작은술의 식소다를 넣고 끓인다.

④ ②번과 같이 하되 물에 1/4작은술의 식초를 넣고 끓인다.

⑤ 시금치를 담은 접시를 나란히 놓고 먼저 색을 비교해 본 후 먹어 보아 어떤 조건으로 데치는 것이 좋은가를 결정한다.

산, 알칼리에 의한 양파의 색 변화

목적 산 또는 알칼리 첨가에 따른 양파의 색 변화를 비교한다.

재료 및 분량 양파 50 g씩×3, 물 200 mL×3, 식소다 1/4작은술, 식 1/4작은술

방법

① 양파의 껍질을 벗기고 네 쪽으로 자른 후 적당한 크기로 썰어 50 g씩 3시료를 준비한다.

② 작은 냄비에 200 mL의 물을 넣고 가열하여 끓으면 첫 번째 시료의 양파를 넣고 3분간 끓인다.

③ 다른 냄비에 물 200 mL를 넣고 가열하여 끓으면 식소다와 두 번째 양파를 넣고 3분간 끓인다.

④ 다른 냄비에 물을 넣고 끓으면 식초와 나머지 양파를 넣고 3분간 끓인다.

⑤ 세 가지 양파의 색을 비교해 본다.

실습

배숙

재료 및 분량

재료	분량
생강	50 g
물	20컵
배	1개
통후추	1작은술
설탕	1½컵
잣	1큰술

만드는 법

① 생강은 껍질을 벗겨서 얇게 저민 후 물에 담가 은근한 불에서 서서히 끓여 고운 체에 거른다.

② 배는 작은 것으로는 길이로 6등분 또는 8등분하여 껍질을 벗기고, 큰 것으로는 삼각지게 썰어서 각을 조금씩 다듬는다.

③ 다듬어 놓은 배 조각의 등쪽에 통후추를 세 개씩 박는다.

④ 생강물에 설탕과 후추를 박은 배를 한데 넣어 불에 올려서 끓인다.

⑤ 배가 충분히 무르게 익으면 그대로 차게 식혀서 화채그릇에 담고 잣을 서너 알씩 띄워서 담는다.

포도즙

재료 및 분량

재료	분량
포도	4 kg
설탕	600 g

만드는 법

① 포도를 깨끗이 씻어서 알 하나씩 딴다.

② 포도 4컵에 물 1컵을 넣어 뭉그러뜨린다.

③ 불에 놓고 끓기 시작하면 불을 약하게 하여 약 15분간 둔다.

④ 행주로 꼭 짠다.

⑤ 포도즙 4컵에 설탕 1컵을 넣어 잘 젓는다.

⑥ 뜨거울 때 먹기도 하고 차게 식혀서 먹기도 한다.

⑦ 끓는 물에 소독한 병에 뜨거운 포도즙을 담아 뚜껑을 닫아 식힌다.

Tip

병조림에 사용하는 유리병은 뚜껑과 함께 물에 넣어 끓여서 소독한 후 거꾸로 엎어 물기를 제거한다. 소독한 병에 뜨거운 포도즙을 90%쯤 넣어 뚜껑을 닫으면 식으면서 병 안의 수증기가 응축되면서 부분적으로 진공상태가 되어 저장성이 좋아진다.

딸기잼

재료 및 분량

딸기	적당량
설탕	딸기 무게의 80~100%

만드는 법

① 딸기는 크기가 중간 정도로 색깔이 곱고, 감미와 산미가 강한 것을 골라서 잘 씻은 후 법랑냄비나 유리제 냄비에 넣는다.

② ①에 설탕의 반을 가하여 가열하여 설탕이 녹으면 나머지 설탕을 가하여 나무주걱으로 저으면서 약 20분간 가열한다.

③ 온도가 103~104℃(설탕농도 65% 정도)에 도달하면 불을 끄고 80℃ 정도로 내려가면 가열살균한 병에 넣는다.

Tip
- 딸기 외에 사과, 포도, 살구, 귤 등으로 잼을 만들 수 있다.
- 신맛이 약한 과일을 사용할 경우에는 구연산, 레몬즙 등을 가하면 좋다.
- 잼과 같이 설탕농도가 높은 것은 병뚜껑을 열어 두면 설탕의 흡습성이 강하기 때문에 공기 중의 수분을 흡수하여 표면의 설탕농도가 떨어져서 곰팡이가 필 때가 있다. 또 설탕의 일부는 과즙의 유기산에 의해 분해되어 전화당으로 되므로 저온에서도 결정형성이 잘 안된다.
- 잘 만들어진 딸기잼은 고운 딸기색을 띠고, 전체적으로 잘 굳어 있다. 텍스처는 약간 단단하고, 빵 등에 바르면 부드럽게 펴지며 딸기 특유의 향미가 난다.

마멀레이드(marmalade)

재료 및 분량

오렌지	大1개(200 g)
레몬	100 g
설탕	200 g
물	600 mL

만드는 법

① 오렌지를 깨끗이 씻어 반으로 자르고 아주 얇게 저민다.

② 저민 과일에 물을 넣고, 끓어오르면 약한 불에서 과일이 연해질 때까지 약 30분 정도 더 끓인다(필요하면 물을 더 붓고 약 600 mL 분량이 될 때까지 끓인다).

③ ②에 얇게 썬 레몬과 설탕을 첨가하여 끓이다가 온도가 103~104℃에 달하면 불을 끈다.

④ 80℃ 정도 식혀서 가열 살균한 병에 넣는다.

Tip
- 펙틴은 지나치게 가열하면 분해되어 펙트산이 되므로 겔화되기 어렵다.
- 마멀레이드에서는 군데군데 얇은 과일 조각이 보인다. 텍스처는 잼보다 더 연하고, 과일의 씹히는 맛이 있으며, 감귤류의 상큼한 향미가 난다.

CHAPTER 8

해조류 및 버섯류

1. 해조류

2. 버섯류

1. 해조류

해조류는 바다에 분포하는 식물의 총칭으로, BC 3000년 무렵부터 인류가 이용했으며, 서양보다는 동양에서 많이 이용하여 왔다. 우리나라 근해에 서식하고 있는 해조류는 다양하여 총 400여 종이나 되는데, 그중 50여 종이 식용으로 이용되고 있다.

해조류는 날것으로 또는 건조식품, 염장식품, 조미식품 등으로 이용되며 비교적 단백질을 많이 함유하고 있으나 에너지 공급원보다는 풍부한 무기질, 비타민과 미량 원소의 공급원으로서 식용가치가 높다. 해조류에서 특히 함량이 높은 무기질은 요오드, 칼슘, 철 등이며, 탄수화물은 대부분이 난소화성 점질다당류로서 식이섬유의 좋은 급원이다. 해조류에서 추출되는 한천이나 알긴산(alginic acid), 카라기난(carageenan) 등의 친수콜로이드 물질들은 점증제, 안정제, 젤화제 등의 목적으로 식품첨가물로 널리 사용되며, 특히 한천은 젤상 식품의 원료로 사용되기도 한다. 해조류는 그 밖에도 사료, 비료, 의약품 등의 제조원료로 이용되기도 한다. 우리나라에서 자주 식용으로 하는 해조류의 영양성분은 〈표 8-1〉과 같다.

1) 해조류의 생태와 종류

해조류는 대부분 모래나 바위에 뿌리를 내리고 엽록소에 의하여 영양소를 합성하여 성장한다. 해조류는 잎 모양을 한 것이 많으나 하등식물이기 때문에 뿌리, 줄기, 잎의 구분이 분명하지 않고 대개 뿌리와 잎의 중간에 있는 줄기는 파도에 잘 적응하도록 유연성과 탄력성을 가지고 있다.

해조류에는 녹색의 엽록소(chlorophyll), 황색의 카로티노이드(carotenoid), 적색의 피코빌린(phycobilin) 등의 색소들이 함유되어 있는데, 이들 색소의 배합에 따라 색이 다르게 나타난다. 식용 해조류는 색에 의하여 갈조류, 홍조류, 녹조류, 등으로 분류되는데, 갈조류에 속하는 것으로는 미역, 다시마, 톳 등이 있고, 김과 우뭇가사리는 홍조류, 파래와 청각은 녹조류에 속한다. 이들은 바다의 깊이에 따라 얕은 곳으로부터 녹조류, 갈조류, 홍조류 순으로 분포하며, 대체로 갈조류는 찬물에서 더 잘 자라므로 동해안에서 많이 생산되고, 홍조류는 따뜻한 물에서 잘 자라므로 김은 서해안과 남해안에서 많이 생산된다.

표 8-1 해조류의 영양성분

(100 g당)

식품		일반성분						식이섬유			무기질					비타민						
																A						
		에너지 (kcal)	수분 (g)	단백질 (g)	지질 (g)	회분 (g)	탄수화물 (g)	총 (g)	수용성 (g)	불용성 (g)	칼슘 (mg)	인 (mg)	철 (mg)	칼륨 (mg)	나트륨 (mg)	레티놀 Equi-Valent (RE)	레티놀 (μg)	베타카로틴 (μg)	B_1 (mg)	B_2 (mg)	나이아신 (mg)	C (mg)
김	건 (조선김)	163	10.4	41.8	1.5	9.9	36.4	–	–	–	265	690	15.3	2773	859	1948	0	11690	0.65	1.13	9.8	16
	건 (김밥용)	179	5.1	42.3	4.7	11.4	36.5	–	–	–	300	703	10.6	3117	258	2431	0	14583	0.79	3.62	11.3	157
다시마	생	12	91.0	1.1	0.2	3.5	4.2	–	–	–	103	23	2.4	1242	75	129	0	774	0.03	0.13	1.1	14
	건	110	12.3	7.4	1.1	34.0	45.2	(65.5)	(38.4)	(27.1)	708	186	6.3	7500	3100	96	0	576	0.22	0.45	4.5	18
	염장	16	64.1	1.2	0.3	28.4	6.0	–	–	–	145	27	1.4	468	10854	21	0	125	0.03	0.05	0.2	0
매생이	생	13	89.9	0.5	0	3.5	6.1	4.1	2.0	2.1	56	41	10.1	159	698	61	0	364	0.17	0.15	0.9	3
	건	125	15.6	20.6	0.5	22.7	40.6	–	–	–	574	270	43.1	–	–	–	–	–	–	–	–	–
미역	생	15	87.6	3.0	0.3	4.0	5.1	–	–	–	149	80	1.1	730	610	315	0	1890	0.06	0.14	1.3	15
	건	126	16.0	20.0	2.9	24.8	36.3	(90.4)	(52.1)	(38.3)	959	307	9.1	5500	6100	555	0	3330	0.26	1.00	4.5	18
청각	생	8	92.1	1.4	0.4	4.5	1.6	0	–	–	37	12	2.5	–	–	45	0	270	0.01	0.05	1.4	9
	건	156	10.0	13.8	0.8	22.6	62.6	0	–	–	–	–	–	–	–	–	–	–	–	–	–	–
톳	생	14	88.1	1.9	0.4	4.6	4.0	0	–	–	157	32	3.9	–	–	63	0	378	0.01	0.07	1.9	4
	건	81	32.7	6.6	0.8	27.9	32.0	–	–	–	768	118	76.2	–	–	–	–	–	–	–	–	–
파래	생	11	90.5	2.4	0.1	4.0	3.0	4.6	1.8	2.8	22	31	13.7	424	848	105	–	–	0.02	0.11	0.6	15
	건	144	15.2	23.8	0.6	13.7	46.7	(29.1)	–	–	652	150	17.2	–	–	–	–	–	0.40	0.52	10.0	10
우뭇가사리	생	46	70.3	4.2	0.2	3.8	18.5	0	–	–	183	47	3.9	–	–	360	0	2160	0.04	0.43	1.1	15
	한천	154	20.1	2.3	0.1	2.9	74.6	0	–	–	523	16	7.8	–	–	0	0	–	0	0	0	0

자료 : 2011 식품성분표 제8개정판, 농촌진흥청 국립농업과학원(2011)

2) 식품으로 이용되는 해조류

(1) 미역

미역은 갈조류 곤포과에 속하고, 바위나 돌에 착생하여 늦가을부터 이른봄까지 자라고 봄에서 여름에 걸쳐 성숙하는 일년생 해초이다. 미역은 포자로부터 자라기 시작하여 아포체를 거쳐 엽상체가 되었을 때 식용하게 된다. 미역의 엽상부는 중간에 뚜렷한 줄기가 있고, 줄기를 중심으로 하여 양 옆으로 잎 모양을 이루며 발달하여 전체적으로 원형의 윤곽을 나타낸다. 이 엽상부를 따서 여러 개를 한데 붙여 말린 것이 건조미역이다.

미역의 내부구조는 표층, 피층, 속의 세 부분으로 구분되며, 표층은 작은 세포가 치밀하게 배열되어 있고, 피층은 큰 세포로 된 유조직이며, 속은 사상세포로 구성되어 있다. 피층에는 점액선이 있다.

미역의 영양성분은 수분이 전체의 약 85% 이상이며 만니톨(mannitol), 라미나린(laminarin) 등의 탄수화물과 무기질이 비교적 많이 함유되어 있다. 그러나 단백질 함량은 적고 지질은 1% 이하로 적게 함유되어 있다. 미역의 점액물질은 알긴산에 칼슘이나 마그네슘이 결합된 염인 알긴(algin)으로, 이 물질은 점액선으로부터 분비되며 뿌리

미역

다시마

톳

김

청각

보다 잎이나 줄기에 많이 들어 있다. 그 밖에도 푸코이딘(fucoidin), 헤미셀룰로스 등의 다당류가 함유되어 있다.

미역에는 카로티노이드 색소인 푸코잔틴, 비올라잔틴 등이 함유되어 있고 그 외에도 클로로필, 루테인(lutein), β-카로틴 등의 색소가 존재한다. 생미역의 색이 검게 보이는 것은 클로로필이 지단백질과 결합되어 있기 때문이며, 뜨거운 물에 데치면(85~100℃에서 30~60초 정도) 색깔이 녹색으로 변하는데, 이것은 결합되어 있던 지단백질이 변성되어 클로로필의 녹색이 표면화되기 때문이다. 이 변화는 40℃ 부근부터 일어나고 70℃ 이상이 되면 순간적으로 나타난다.

건조미역을 사용할 때는 물에 담가 불려서 사용하는데, 물을 흡수하면 부피가 5배로 증가한다.

(2) 다시마

다시마에는 여러 종류가 있는데, 본래 북아메리카 연안과 우리나라 동해안에서 많이 서식하며, 남해 도서 지방에서도 생산된다. 다시마는 뿌리에서부터 줄기가 끝까지 있으며, 줄기의 가장자리에 잎이 밋밋하게 붙어 있다.

다시마의 성분은 건조제품을 기준으로 대략, 수분 15%, 단백질 7%, 지방 1.5%, 탄수화물 50% 정도인데 탄수화물 중 식이섬유가 대부분을 차지한다. 구수한 맛의 주성분은 글루탐산(glutamic acid), 아스파트산(aspartic acid), 숙신산(succinic acid), 만니톨 등이며, 지방은 적게 들어 있으나 비린내가 나고 많은 불검화물을 함유하고 있다.

탄수화물은 주로 점질성물로서 분해하면 포도당, 과당, 갈락토스, 맥아당 등을 생성하는데, 알긴은 점질성, 비소화 다당류로 식품첨가물로 이용된다. 무기질함량이 높고 특히 칼슘, 요오드가 많다.

마른 다시마의 표면은 때로 흰 분말로 씌워져 있는데, 이것은 만니톨 때문이다. 다시마는 튀각을 하여 마른반찬으로 이용되고, 빛깔이 검고 소식이 두꺼울수록 좋은 제품이다. 색이 붉게 변한 것이나 잔주름이 간 것은 좋지 않으며, 흑색에 약간 녹갈색을 띠는 것이 좋은 제품이다.

다시마는 국물을 내는 원료로서 중요한 식품이고, 글루탐산나트륨 등의 구수한 맛성분을 효율적으로 추출하여 좋지 않은 맛이 나오기 전, 즉 끓기 직전에 냄비로부터 꺼내는 것이 좋다.

(3) 김

김은 홍조류 보리털과에 속하며 엽상체는 한 층 또는 두 층의 세포로 된 얇은 막으로 되어 있다. 홍자색 내지 흑자색을 띠는 잎이며, 바닷가의 돌, 막대기, 조개껍데기 등에 붙어서 서식하는데 양식으로는 대나무쪽을 엮은 대발과 합성섬유그물에 포자를 부착하여 성장시킨다. 발에 붙은 김이 8~9 cm쯤 되면 채취한 후 냉장, 선별, 절단, 초제(抄製), 건조, 결속보존 등의 과정을 거쳐 가공한다.

김은 일광을 쬐면 엽록소가 일광에 의하여 파괴되어 5일 후에는 적색, 10일 후에는 완전히 홍색으로 변한다. 홍조류의 붉은색은 홍색의 피코에리스린(phycoerythrin)이 주가 되나, 그 외에 엽록소와 카로티노이드, 그리고 청색의 피코사이안(phycocyan) 등도 함유되어 있다. 김을 구울 때 160℃에서 순간적으로 녹색으로 변하는 것은 피코에리스린이 탈수소화되어 청색의 피코사이안으로 변하기 때문이다.

건조과정에서 습기가 많으면 클로로필이 분해되고 피코빌린 색소가 많이 잔존하여 흑자색에서 흑갈색으로 변하고 향미도 나빠진다. 또 김이 오래되면 붉게 되는 것은 광선 또는 공기와 접촉하여 잔토필(xanthophyll)이나 클로로필이 분해하기 때문이며, 이런 변화는 습기가 많을 때 더욱 빠르게 일어나고, 붉은색으로 변한 김은 구워도 녹색으로 변하지 않는다.

김은 단백질을 약 35~42% 내외, 탄수화물을 약 35~40% 함유하고 있다. 그러나 탄수화물은 한천이 주성분이고, 그 외에 헤미셀룰로스 같은 다당류가 함유되어 있다. 소비톨(sorbitol)과 둘시톨(dulcitol) 같은 당알코올이 함유되어 있어 단맛을 준다.

김의 독특한 향기는 다이메틸설파이드(dimethylsulfide)에 의한다. 이 물질은 다량 존재하면 악취를 내나 미량 존재하면 향기를 낸다. 김에는 글리신(glycine)과 알라닌(alanine) 등의 아미노산이 존재하여 단맛이 난다.

(4) 우뭇가사리 및 한천

우뭇가사리는 홍조류에 속하며 보통 4~10월에 걸쳐 채취하는데 4~6월까지 채취하는 것이 품질이 좋다. 우뭇가사리는 한천의 원료로서 이용되는데, 한천은 아가로스(agarose)와 아가로펙틴(agaropectin)이라는 두 종류의 다당류가 7:3의 비율로 혼합되어 있다. 한천은 소화 흡수되지 않으므로 에너지원으로서의 가치는 없지만 장의 연동운동을 돕고 정장작용이 있다. 제품으로는 분말상과 가는 봉모양이 있으며, 분말상의 것은 봉모양의 것의 약 2배의 젤화 능력을 가진다.

시판 한천은 수분이 약 20%, 당질 70~80%, 기타 성분이 3~8%로서, 냉수에 녹지 않고 뜨거운 물에 녹는다. 한천은 젤을 형성하는 능력이 강하여 0.2~0.3%의 저농도에서도 보수성이 큰 젤을 형성하며, 형성된 젤은 열가역성을 나타낸다. 그러나 한천은 조리의 목적에 따라 다르지만, 보통 0.5~1.5% 범위에서 사용하며, 한천 젤 식품에는 우무·내두부(豆腐)·행인두부(杏仁豆腐)·양갱 등이 있다. 한천농도에 따른 응고온도, 젤리강도의 차이를 〈표 8-2〉에 나타냈다. 한천 젤의 특징은 젤라틴 젤에 비해 단단하고, 잘 부서지고 탄력성이 부족하며 투명도도 젤라틴에 비해 떨어진다. 그러나 부착성이 높지 않으므로 용기에서 쉽게 떨어진다.

한천은 주로 저에너지식품으로 이용되며, 여러 가지 응고제, 젤리, 과자 등의 제조, 미생물 배양배지 등에 이용된다. 또한 요구르트의 유청분리 방지, 양조공업의 청정제, 식품공업의 안정제, 젤 형성제, 증점제 등으로 사용되며, 그 밖에 의약품, 화장품 및 실험용 젤의 원료로도 사용된다.

① 한천의 흡수 팽윤, 용해, 냉각응고, 이장

한천은 물에 담가 팽윤시킨 후 가열 용해한다. 한천농도가 낮을수록, 침수시간이 길수록 용해하기 쉬우며, 한천농도가 2% 이상에서는 용해하기가 어렵다. 침수 시의 흡수량은 수온 20℃에서 한천 무게의 10~20배에 달한다. 흡수시간은 분말한천이 5분, 봉모양의 것이 1시간 정도이다. 팽윤된 한천을 가열하면 80℃ 이상에서 녹는데 보통은 끓여서 용해하여 일정 농도까지 농축하여 사용한다. 녹인 액(졸)은 온도가 낮아지면 젤화하여 25~35℃에서 응고한다. 한천 젤의 응고온도가 졸(sol)화 온도보다 상당히 낮으므

표 8-2 한천농도와 응고온도, 젤리강도

한천농도(g/100 g)	응고 개시온도(℃)	응고온도(℃)	젤리 강도(dyne/m²)
0.5	35~31	28	1.8×10^5
1.0	40~37	33	2.2×10^5
1.5	42~39	34	4.4×10^5
2.0	43~40	35	6.7×10^5

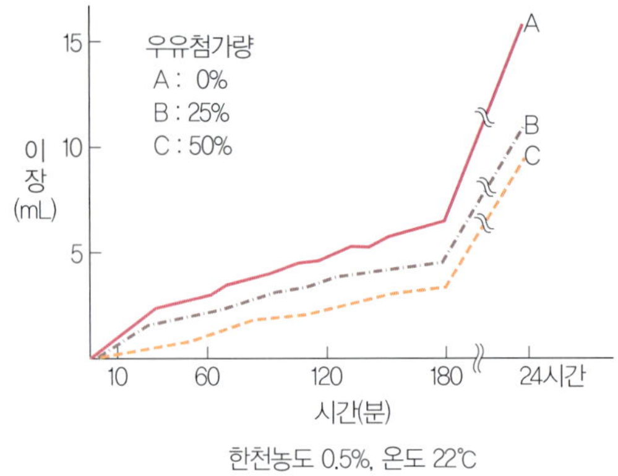

그림 8-1 **우유 첨가량의 차이와 이장의 비교**
자료 : 松元文子(1992)

로 40~50℃에서 부재료의 혼합이 가능하고 여름철에도 실온에서 융해되지 않으므로 젤라틴보다 취급하기 쉽다.

젤은 장시간 방치했을 때 젤 구조 속에 포함되어 있던 액체가 빠져나오는데, 이것을 이장(syneresis)현상이라 한다. 젤화물질 중에서 한천은 이장현상이 가장 심하다. 이장은 한천농도·설탕농도가 낮을수록 많아지고, 또 방치시간이 길수록 커진다. 이장은 젤을 구성하고 있는 망상구조가 점점 수축하여 망 속에 갇혀 있던 유리수가 빠져나오는 것이다.

② 첨가물의 영향

- 설탕　설탕은 탈수작용으로 한천 분자에 수화된 물을 빼앗아서 한천 분자 간의 결합을 촉진한다. 그 때문에 망상구조가 치밀해지고, 망상구조 속에 갇혀 있는 액체의 점성도 증가한다. 따라서 설탕의 첨가는 한천 젤의 경도, 탄력성을 높여주고 더욱 안정된 젤을 형성하기 때문에 이장현상이 저하되고 투명도도 높아진다. 그러나 설탕농도가 75% 정도까지 높아지면 한천 젤의 수화수가 감소하여 망상구조가 만들어지기 어렵고 젤리 강도는 오히려 저하한다.
- 산　한천용액에 산을 가하여 가열하면 젤 형성능력이 저하된다. 이것은 산에 의해 다당류인 한천이 가수분해되어 직쇄가 짧아져 망상구조가 형성되기 어려워지기 때문이다. 과즙 등을 첨가하는 경우에는 한천을 충분히 가열 용해시킨 후 60℃ 부근까지 식

혀서 첨가한다. 처음부터 과즙을 첨가하여 가열하면 유기산에 의해 한천이 분해되어 젤리 강도는 저하한다.

- 기타 소금을 3~5% 첨가하면 젤리 강도는 높아지지만 부착성은 줄어든다. 우유의 첨가는 유지방이 망상구조의 형성을 방해하기 때문에 젤리 강도는 저하되지만, 우유와의 결합이 강하기 때문에 안정된 젤리로 되어 이장량은 줄어든다(그림 8-1 참조). 그 밖에 팥앙금 등과 같이 망상구조를 약화시키는 첨가물도 젤리 강도를 약하게 한다.

2. 버섯류

버섯은 엽록소를 가지고 있지 않은 하등식물로 담자균류에 속하는 균류의 일종이다. 버섯은 자실체의 모양에 따라 종류가 구분되며 식용버섯은 300종 정도로, 보통 이용되고 있는 것은 120종 정도이다. 버섯은 독특한 향기와 맛을 가지고 있으며 우리나라 사람은 송이와 표고버섯을, 서양사람들은 양송이를 특히 좋아하는데, 송이·싸리버섯은 야생종이며, 표고·목이·양송이버섯 등은 인공으로 재배하고 있다.

버섯의 성분은 수분이 90% 이상, 조단백질은 1.5~2.0% 정도인데, 총 단백질의 절반 가량이 비단백태 질소화합물이다. 지방은 1% 이하로 거의 무시할 정도이며, 탄수화물은 3~6% 정도로 펜토산(pentosan), 만니톨, 포도당, 트레할로스(trehalose), 덱스트린 등이 많이 들어 있다. 버섯에는 비타민 B_1, B_2 및 비타민 D의 전구체인 에르고스테롤(ergosterol)이 많이 들어 있다.

버섯은 기호성이 큰 식품으로서 특유의 구수한 맛을 내는 핵산성분으로 아데닐산(adenylic acid), 구아닐산(guanylic acid) 등이 들어 있는데 이들과 글루탐산의 상승효

표고

건표고

양송이

목이버섯

과에 의해서 구수한 맛이 강하게 나타난다. 또한 종류에 따라 특유한 향과 텍스처를 가지고 있어 식탁을 풍부하게 한다. 한편, 독이 있는 버섯을 먹으면 중독이 될 수 있으므로 의심스럽거나 확실하지 않으면 사용하지 말아야 한다.

일반적으로 우산 모양의 자실체가 펴지기 전의 버섯이 상품가치가 높다. 또한 각종의 효소를 함유하고 있으므로 저온에서 보존하고 되도록 빨리 이용하는 것이 좋다. 생버섯은 수분함량이 많아 변질되기 쉬우므로 건조시키거나 통조림하여 시판되는 것도 있다.

실습

내두부

재료 및 분량

한천	3 g
물	250 mL
설탕	40 g
우유	180 mL
〈시럽〉	
설탕	50 g
물	100 mL

만드는 법

① 한천은 씻어 물에 담근 후 끓여서 한천이 녹으면 설탕을 가하여 220 g까지 조려서 불에서 내린다. 여기에 우유를 넣어서 섞은 후 접대용 그릇(부피 600~800 mL)에 붓는다. 거품이 생기면 떠내고 굳힌다.

② 시럽은 설탕과 물을 넣고 조용히 끓여서 100 g까지 조려지면 식힌다.

③ 내두부가 굳혀지면 그릇 속에서 다이아몬드형으로 썬다. 시럽을 조용히 부으면 내두부가 떠오른다.

Tip

- 우유를 가한 젤리는 우유량이 많을수록 젤리 강도가 약해진다. 내두부와 시럽의 비중 차이를 이용하여 비중이 가벼운 내두부를 뜨게 한다.
- 잘된 내두부는 기공이 없는 매끈한 표면과 깨끗한 백색을 가지고 시럽 위에 떠 있으며, 연하고 매끄러운 텍스처를 가진다. 또한 우유의 부드러운 풍미가 시럽의 단맛과 잘 어울린다.

팥양갱

재료 및 분량

한천	4 g
물	300 mL
설탕	150 g
팥앙금	150 g
소금	1 g

만드는 법

① 한천을 씻어 물에 담근 후 끓여서 한천이 녹으면 설탕을 가하여 약 400 g까지 조린다.

② 팥앙금에 소금과 ①의 액을 가하여 잘 섞고 다시 500 g이 될 때까지 조린다. 이것을 40~45℃ 정도로 식힌 후 용기에 넣어서 굳힌다.

Tip

- 팥양갱은 응고시킬 때 팥앙금의 비중이 크기 때문에 적당한 온도에서 굳히지 않으면 분리된다. 팥앙금과 설탕의 농도가 높을수록, 혼합액을 형에 부을 때의 온도가 낮을수록 분리량이 적은 균일한 제품이 된다. 이것은 온도의 저하와 더불어 혼합액의 점도가 증가하여 팥앙금의 침전이 잘 일어나지 않기 때문이다.
- 팥양갱에서는 매끄러운 표면을 가지며, 팥앙금이 균일하게 분산되어 굳어 있어야 한다. 팥앙금이 들어 있어 특유의 쫀득쫀득한 텍스처를 가지며, 팥앙금과 한천이 어우러져 부드러운 향미를 낸다.

CHAPTER 9

수조육류

1. 육류의 구조
2. 육류의 구성성분
3. 육류의 사후경직
4. 육류의 연화
5. 육류의 조리에 따른 변화
6. 육류의 부위와 명칭
7. 육류의 등급과 선택

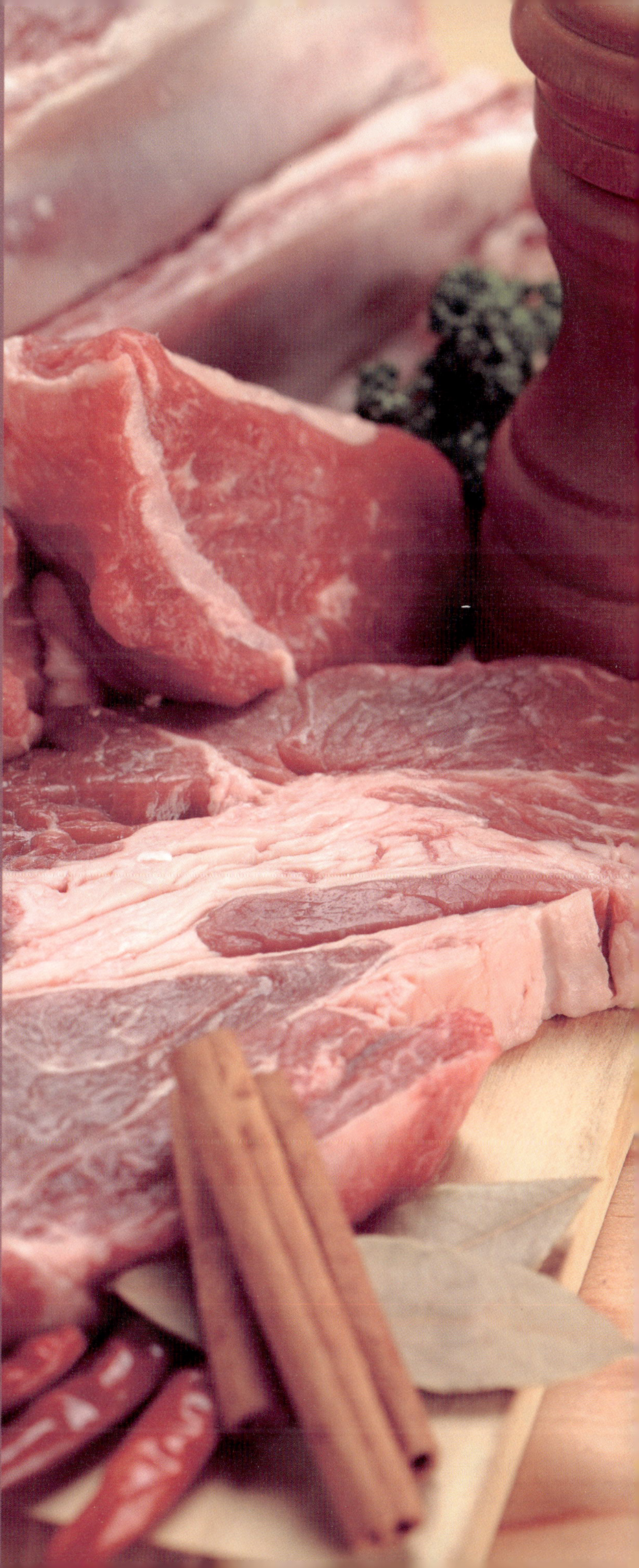

식품으로 이용되는 고기는 소, 돼지, 양 등의 가축이나 닭, 칠면조 등의 가금류의 근육으로부터 얻는다. 수조육의 근육은 골격근, 내장근, 심장근으로 되어 있는데 식품으로 이용되는 것은 주로 횡문근이라 불리는 골격근이다. 동물의 종류, 연령 또는 신체의 부위에 따라 고기의 색, 텍스처, 맛 등이 다르다. 그 이유는 고기의 구성성분인 단백질과 지방의 함량과 분포상태가 다르고 맛에 관련되는 미량성분의 함량에도 차이가 있기 때문이다.

또한 수조육류는 대부분 가열조리하여 먹게 되는데, 조직의 특성에 따라 가열에 따른 변화에 차이가 있고 그에 따라 음식맛도 다르다. 따라서 조직의 특성과 육류 구성성분에 대하여 잘 이해하고 부위에 따라 적절한 조리방법을 선택해야 한다.

1. 육류의 구조

육류 구조의 기본이 되는 것은 근섬유(muscle fiber)이다. 근섬유는 수십 혹은 수백의 근원섬유(myofibril)와 그 사이를 채우고 있는 근장으로 이루어져 있고, 근섬유의 주위는 결합조직인 근섬유막으로 싸여 있다. 근섬유 수십 개가 모여 근속막에 둘러싸여 근섬유다발을 이루고, 근섬유다발이 모여 결합조직에 둘러싸여 큰 근섬유다발을 이루기도 한다. 근섬유다발이 모여 하나의 근육이 되고, 고기는 하나 또는 몇 개의 근육으로 이루어져 있다. 근육의 주변은 결합조직의 막으로 싸여 있고 근육의 끝에서 건(tendon)이 되며, 건은 근육을 뼈에 연결시킨다.

근육조직에는 근섬유와 결합조직 이외에도 혈관과 지방조직, 신경조직 등이 분포되어 있다(그림 9-1).

1) 근섬유

근섬유는 가늘고 긴 모양을 하고 있으며, 크기는 다양하나 지름은 10~100 μm이고 길이는 수 mm에서 수 cm에 이른다(그림 9-2 참조). 이러한 근섬유세포의 내부에는 가늘고 긴 근원섬유가 들어 있고, 근원섬유의 주위에는 근장이라고 하는 세포질이 채워져 있다. 근원섬유 주변에는 또한 레티큘럼(reticulum)이 존재하여 근육수축에 중요한

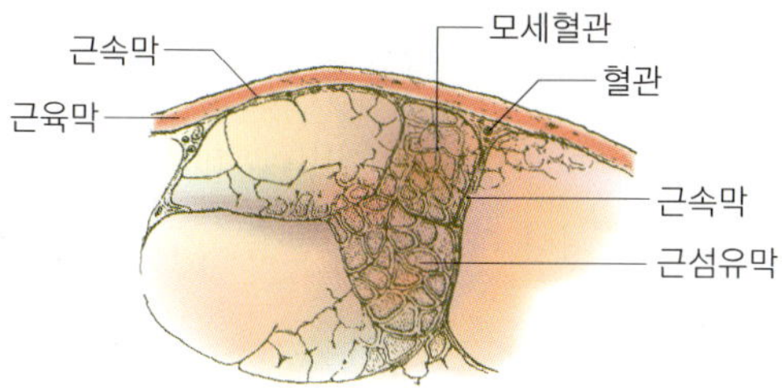

그림 9-1 **골격근의 구조**

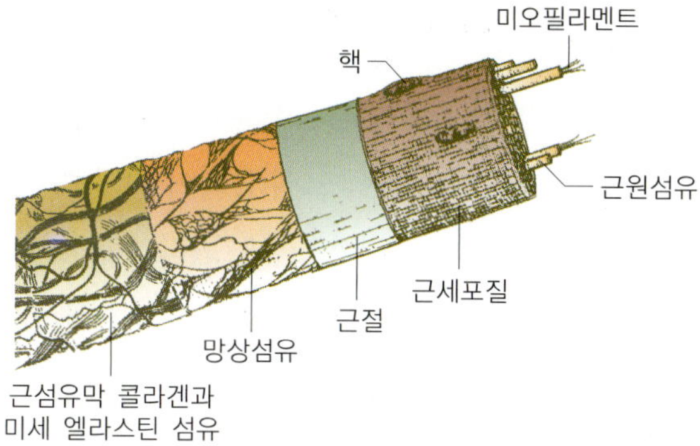

그림 9-2 **근섬유의 구조**

역할을 하고 많은 미토콘드리아가 있어서 고에너지 화합물인 ATP의 형태로 세포에 에너지를 공급한다. 근원섬유는 주로 미오신(myosin)으로 이루어진 굵은 미오필라멘트(thick myofilament)와 액틴(actin)으로 이루어진 가는 미오필라멘트로 구성되어 있으며, 근육의 수축과 이완에 직접 작용한다. 근육의 수축은 미오신과 액틴이 결합하여 액토미오신을 형성함으로써 일어나며, 액토미오신이 해리되면 근육은 이완하는데 이때 ATP를 소모하게 된다. 그밖에도 조절작용을 하는 트로포미오신(tropomyosin)과 트로포닌(troponin)이 가는 미오필라멘트에 연결되어 존재한다(그림 9-3).

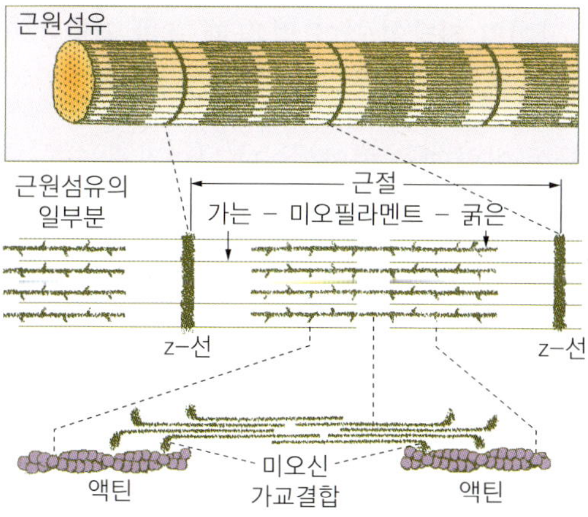

그림 9-3 **근섬유를 이루는 단백질의 배열**

2) 결합조직

결합조직은 근섬유의 막을 이루며 근육세포를 서로 결합시켜 근섬유다발을 이루게 하고, 이들이 모여 근육이 되게 하며, 건이나 인대를 형성하여 근육을 뼈에 연결시키기도 한다. 결합조직은 콜라겐(collagen), 레티큘린(reticulin), 엘라스틴(elastin) 같은 단백질로 이루어져 있고, 길고 강한 섬유상으로 특히 목이나 다리 같이 운동을 많이 하는 부위에 발달되어 있으며 하얀색이나 노란색을 띤다.

고기의 부위에 따라 맛이나 질긴 정도에 차이가 있는 것은 근섬유와 결합조직의 비율이 다르기 때문이다. 일반적으로 닭고기는 결합조직이 적어서 연하고, 쇠고기나 돼지고기의 경우 등부위는 결합조직이 적어 육질이 연하지만 다리나 목 부위의 고기는 결합조직이 많아 질기다. 또한 동물의 나이가 많을수록 결합조직의 가교결합이 많아서 고기가 더욱 질기다.

3) 지방조직

지방조직은 피하 또는 내장기관의 주변에 많이 축적되고, 다리같이 운동이 격심한 부위에는 지방이 적다. 동물이 살찌면 근육 사이에 지방조직이 발달되고, 더 나아가 근속막이나 근섬유막까지 지방이 들어가 근육 내에 미세한 지방조직이 고르게 발달된다. 이러한 고기를 상강육(marbled meat)이라 하고 스테이크 등의 건열조리에 잘 이용되며, 가열에 의하여 근섬유 사이의 지방이 녹아 먹을 때 윤활 역할을 하여 부드러운 느낌을 주고, 풍부한 맛을 더해 준다.

지방조직의 색은 동물이 어릴 때는 하얀색이나 나이가 들수록 노란색을 띠게 되는데, 이는 카로티노이드 색소가 축적되기 때문이다.

2. 육류의 구성성분

육류의 종류와 부위에 따른 구성성분은 〈표 9-1〉과 같다. 육류는 주로 물, 단백질, 지방 및 무기질로 구성되어 있고, 소량의 비타민, 색소 및 효소도 포함되어 있다. 간에

표 9-1 육류의 부위별 영양성분함량(생고기로서, 100g 가식부위에 대하여)

	수분(%)	단백질(g)	지방(g)	탄수화물(g)	칼슘(mg)	인(mg)	철(mg)
쇠고기, 한우, 등심	70.4	18.9	9.1	0	16	199	0.7
쇠고기 부산물, 간	70.9	19.9	4.9	2.9	5	379	6.4
돼지고기, 뒷다리	63.6	18.5	16.5	0.3	1.0	179	1.7
돼지고기, 등심	61.5	17.4	19.9	0.2	6	152	0.8
돼지고기, 삼겹살	53.3	17.2	28.4	0.3	8.0	132	0.7
돼지고기, 간	73.4	18.7	3.9	2.6	16	327	18.2
닭고기, 가슴살	75.1	23.3	0.4	0	3	203	1.8
닭고기, 날개	66	17.5	15.2	0.2	9	107	1.1
닭고기, 다리	66.7	17	12.3	0.2	4	160	1.6
닭고기 부산물, 간	76	18.8	3.9	0.1	5	279	11

자료 : 2011 식품성분표 제8개정판, 농촌진흥청 국립농업과학원(2011)

는 탄수화물이 글리코겐으로 들어 있고 그 함량은 변화가 크나 대개 1~5% 범위이다. 고기의 수분함량은 부위에 따라서 차이가 있으나 약 75% 정도이며, 육류의 수분은 유연성, 맛, 색 등 육류의 질에 영향을 미친다.

1) 단백질

육류는 약 15~20%의 단백질을 함유하고 있으며, 육류의 단백질은 필수아미노산을 골고루 함유하고 있어, 달걀·우유의 단백질과 함께 양질의 단백질에 속한다. 그러나 뼈와 연골 등 결합조직으로부터 용출되는 젤라틴은 생물가가 매우 낮다.

육류의 단백질은 〈표 9-2〉에서와 같이 근장(筋漿)단백질, 근섬유(筋纖維)단백질, 결합조직의 육기질(肉基質)단백질 등으로 구분되는데, 동물의 종류에 따라 이러한 단백질들의 분포가 다르다.

근장단백질은 총단백질의 25~30%를 차지하며, 대부분이 미오겐(myogen)이라 불리기도 하는 수용성 단백질로서 해당작용 및 여러 대사반응에 관여하는 효소들로 구성되어 있다. 근장단백질에는 또한 생체 내에서 산소 운반에 관여하는 미오글로빈(myoglobin), 헤모글로빈(hemoglobin), 시토크롬(cytochrome) 등이 포함되어 있고, 이 중 미오글로빈은 고기의 주요 색소이다.

표 9-2 동물의 종류에 따른 단백질 종류별 함량

단백질의 종류	포유류	가금류	생선
근장단백질	30~40	30~34	20~30
근섬유단백질	49~55	60~65	65~75
육기질단백질	10~17	5~10	1~3

근섬유단백질은 주로 미오신과 액틴이며, 이 밖에 트로포미오신, 트로포닌, 액티닌(actinin) 등이 함유되어 있다. 미오신은 근육 중에 가장 많이 들어 있는 단백질로서 그 함량은 약 38%이고, 액틴은 미오신과 함께 근육의 수축과 이완에 관여하며 그 함량은 13% 정도이다.

결합조직의 육기질단백질에는 콜라겐, 엘라스틴, 레티큘린 등이 있으며, 가식 부위에는 주로 콜라겐이 들어 있다. 콜라겐은 동물체 중에서 양적으로는 가장 풍부한 단백질이나 영양적으로는 빈약한 아미노산 조성을 가지는데, 특히 트립토판은 거의 결여되어 있다.

2) 지방

육류의 지방함량은 동물의 종류, 품종, 나이 및 부위에 따라 5~40%로 다양하고, 사료 등 성장환경에 따라서도 영향을 받는다. 근래에는 육류 유통업자들이 소비자의 요구에 맞추기 위하여 지방층을 제거하여 판매하는 경우가 많다. 축산업계에서는 지방층을 제거함으로써 낭비되는 원가를 줄이기 위하여 지방함량이 적은 살코기를 생산할 수 있는 품종을 개발하고 있다.

3) 비타민과 무기질

칼슘은 대부분이 뼈에 들어 있고 가식 부위에는 적다. 살코기에는 인과 철이 매우 많으며, 아연과 구리도 풍부하고 간에는 특히 철이 많고, 비타민 A도 매우 많이 들어 있다. 육류는 니아신(niacin)과 리보플래빈(비타민 B_2)의 좋은 급원이고, 티아민(비타민 B_1)의 좋은 급원이기도 하나, 티아민은 쇠고기보다 돼지고기에 더 많이 들어 있다.

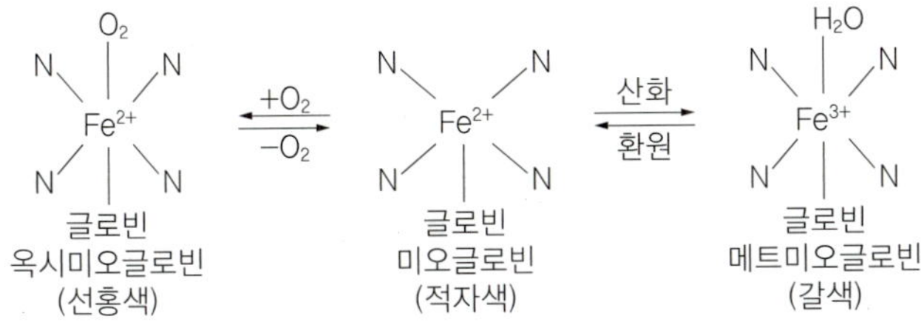

그림 9-4 **육류색소의 상태 변화**

4) 색소

고기의 색은 주로 근육색소인 미오글로빈이고, 혈색소인 헤모글로빈도 약간 섞여 있다. 미오글로빈은 글로빈 단백질과 헴색소가 결합되어 있는 색소단백질로서 적자색이다. 육류의 표면이 공기 중에 노출되면 산소가 미오글로빈과 결합하는 데 이를 산소화(oxygenation)라 하고, 산소화된 미오글로빈은 선명한 붉은색의 옥시미오글로빈(oxymyoglobin)이다. 시판되는 고기의 표면이 붉은 것은 이 때문이다.

3. 육류의 사후경직

도살 직후의 근육은 부드러우나, 시간이 지남에 따라 살아 있을 때와는 다른 생화학적인 변화가 일어나며 경직상태에 이르게 되는데 이를 사후경직이라 한다. 동물이 죽으면 산소 공급이 중단되고 혈액 순환이 정지되어 대사산물이 제거되지 않기 때문에 근육에 젖산이 쌓이게 된다. 따라서 pH가 저하된다. 또한 ATP도 점차 감소되기 시작하는데, 처음에는 근육 중에 있는 크레아틴 포스페이트(CP)로부터 인산기를 받아 ADP에서 ATP가 다시 생성되어 그 함량이 어느 정도 유지되나 CP가 소모됨에 따라 ATP도 역시 감소된다. ATP의 수준이 어느 정도 유지될 때는 근육이 부드러우나 ATP가 감소됨에 따라 근육의 이완작용은 더 이상 일어나지 못하고 미오신과 액틴이 결합된 상태(액토미오신)로 유지되어 경직이 일어난다(그림 9-5 참조).

사후경직이 시작되는 때와 계속되는 시간은 동물의 종류, 나이, 크기 및 도살 전후의 취급방법에 따라 다르다. 소는 도살 후 9시간 이내에 경직이 시작되고, 12~24시간 경

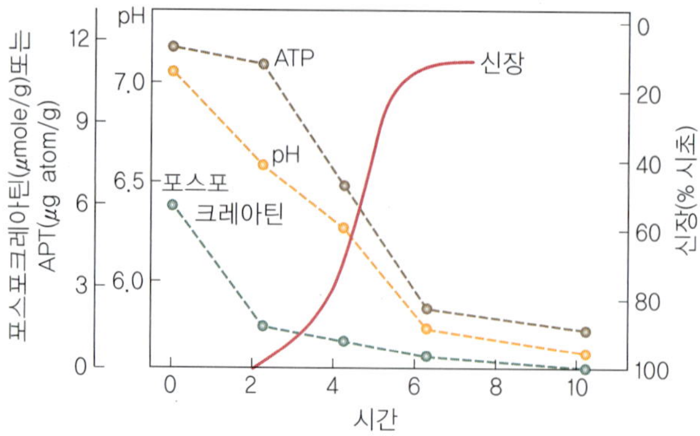

그림 9-5 **육류의 사후에 일어나는 ATP, CP, pH 및 신장성의 변화**

과하면 완전히 경직된다.

도살 전에 동물을 굶기거나 격렬하게 움직이게 하면 근육의 글리코겐 함량이 낮아져서 사후에 젖산 생성량이 줄어든다. 그렇게 되면 pH가 6.3 이상으로 높게 유지되기 때문에 쇠고기의 경우 고기의 색이 어둡게 되어 선호도가 떨어진다.

4. 육류의 연화

고기의 텍스처는 품질평가의 중요한 요인이다. 우리가 고기를 먹을 때 질긴 고기는 싫어하고 부드러운 것을 선호한다. 전에는 상강육에 분포되어 있는 지방조직이 고기의 부드러움과 관계가 있는 것으로 생각되었으나, 그것은 조리 시 녹아 윤활 역할을 함으로써 부드럽게 느끼게 할 뿐이라고 알려졌고, 육류의 질긴 성질과 더욱 직접적으로 관련되는 요인은 결합조직과 근섬유조직으로서 부위에 따라 둘 중의 한 요소가 주요인이 된다.

결합조직이 많은 부위는 일반적으로 질기며, 결합조직 단백질인 콜라겐은 습열조리 시 가열에 의하여 젤라틴으로 용출됨에 따라 부드러워진다. 따라서 콜라겐 함량도 중요하지만, 콜라겐의 용해도가 고기의 연한 정도에 더 관련이 있다. 동물은 나이가 들수록 콜라겐에 가교결합이 많이 형성되어 용해도가 떨어져서 결합조직이 더 질겨진다.

결합조직의 함량이 적고 비교적 부드러운 부위는 근섬유 단백질의 텍스처에 따라 맛이 달라진다. 도살 직후에는 부드러우나 경직상태에 들어가면 미오신과 액틴의 필라멘트 사이에 가교결합이 많이 생기게 되고 극도로 수축되어 신장성이 소실된다. 쇠고기는 특히 강직상태에서는 먹기 좋게 조리를 할 수 없으므로 숙성에 의하여 연화된 후에 식용으로 사용한다. 숙성 후에도 질긴 고기는 효소나 기계적 방법으로 연화시킬 수 있다.

1) 숙성에 의한 연화

경직상태의 고기는 도살 직후보다 더 질기나, 시간이 지나면 경직은 해소되고 근육이 다시 부드러워진다. 경직을 완화시키고 적당하게 부드러운 고기를 얻으려면 숙성을 시켜야 한다. 고기의 숙성은 미생물의 성장을 방지하기 위하여 1.0~3.3℃, 상대습도 70%에서 행한다. 쇠고기의 경우 최대한의 효과를 얻기 위하여 7~10일, 양고기는 3~5일 숙성시킨다. 돼지고기는 하루의 숙성으로 충분하다.

온도가 높으면 숙성속도가 빨라 쇠고기의 경우 21℃ 정도에서 2일이면 숙성된다. 그러나 이때는 수분의 증발을 막기 위하여 습도를 높게(85~90%) 유지하고, 세균 성장을 막기 위하여 숙성실에 자외선 등을 설치해야 한다.

고기가 숙성되는 동안 고기가 연화되는 것은 자가분해에 의하여 근섬유의 구조가 약화되기 때문이고, 결합조직에는 별 변화가 없다. 즉 근섬유를 이루는 근원섬유가 파열되는데, 이는 근육세포의 라이소좀(lysosome)에서 분비된 카텝신(cathepsin)과 같은 단백질 분해효소에 의하여 액틴과 z선과의 결합이 끊어지기 때문이라고 알려져 있다.

2) 효소에 의한 연화

숙성된 이후에도 질긴 고기를 조리할 때는 단백질 분해효소를 사용하여 결합조직이나 근섬유단백질을 가수분해함으로써 어느 정도 연화시킬 수 있다. 열대성 식물 중에는 육류를 연화시키는 효소를 많이 포함하고 있는 것이 있다. 파인애플에는 브로멜린(bromelin), 무화과에는 피신(ficin), 파파야 열매에는 파파인(papain), 카이모파파인(chymopapain) 등을 포함한 몇 가지 단백질 분해효소와 펩티데이스가 들어 있다. 브로멜린은 콜라겐을 연화시키고, 파파인과 피신은 근섬유단백질을 분해한다고 알려져 있다. 또한 배, 양다래(키위) 등에도 효과적인 단백질 분해효소가 들어 있다.

3) 기계적 연화

고기를 갈고, 다지고, 칼집을 내고, 얇게 썰고, 두드리는 등의 기계적인 조작은 근섬유와 결합조직을 물리적으로 파괴시킴으로써 고기를 연하게 한다. 스테이크와 같은 큰 조각의 고기를 연화시킬 때는 예리한 날이 좁은 간격으로 많이 달려 있는 장치에 고기를 통과시킴으로써 연화시키기도 한다.

5. 육류의 조리에 따른 변화

육류는 동물을 도살한 후 장시간 보존하여 숙성시키므로 미생물이 부착되기 쉽다. 그래서 생고기로 먹는 일은 드물고, 가열조리를 하여 먹는다. 가열에 따라 고기의 단백질은 변성되고, 고기의 색, 텍스처, 맛, 육즙의 용출 등의 변화가 일어난다.

1) 색의 변화

고기를 가열하면 일반적으로 그 색이 변하여 회갈색을 띠게 된다. 이것은 열에 의하여 미오글로빈을 구성하는 글로빈 단백질이 변성되고, 헴색소는 그에 결합된 철 이온이 산화되어 헤미크롬으로 변하기 때문이다(그림 9-6 참조). 돼지고기는 쇠고기보다 미오글로빈 함량이 낮기 때문에 가열했을 때 색의 변화가 크지 않다.

서양음식 중에서 연한 부위를 택하여 건열조리하는 로스트비프나 스테이크에는 익히는 정도에 따라 덜 익힌 것(rare-done), 반쯤 익힌 것(medium-done), 잘 익힌 것

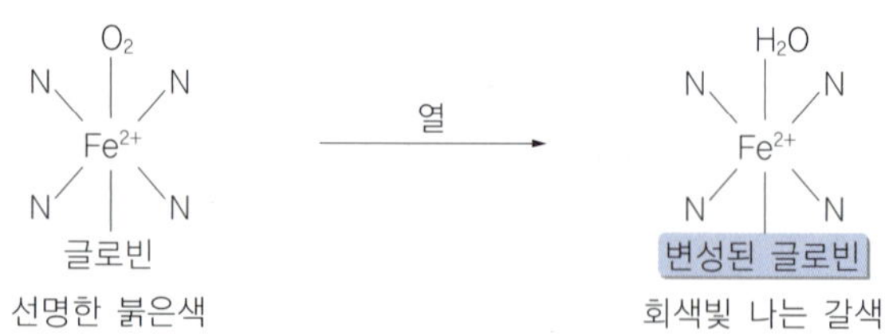

그림 9-6 **가열에 의한 고기의 색 변화**

(well-done) 등이 있다. 덜 익힌 고기의 내부는 선명한 붉은색이고 표면은 변성된 글로빈 헤미크롬을 가진 얇은 갈색층으로 덮여 있다. 반쯤 익힌 고기의 내부는 연분홍색이고, 잘 익힌 고기는 속까지 모두 갈색이다.

2) 고기의 수축과 경화

가열온도가 높아지고 가열시간이 길어짐에 따라 고기는 수축하고 중량이 감소된다. 따라서 육질은 단단하고 질겨지며, 독특한 씹힘성이 생긴다. 이러한 변화는 근섬유단백질인 섬유상의 액틴과 미오신이 열변성되어 응고되고 수축되기 때문이다. 또한 구상의 근장단백질은 가열에 의하여 두부처럼 응고되어 근원섬유들을 접착시킨다.

결합조직을 이루는 섬유상의 콜라겐은 물과 함께 가열할 때 초기에는 급격히 수축되어 고기가 질겨지나, 장시간 가열하면 수용성인 젤라틴으로 변하여 용출되고 고기는 부드러워진다.

고기는 일반적으로 가열할수록 수축되어 경화되므로 조리시간은 짧게 하고, 고기의 내부온도는 60~85℃ 정도에 도달하도록 해야 한다. 그러나 결합조직이 많은 고기는 장시간 가열하여야 조직이 부드러워진다(그림 9-7).

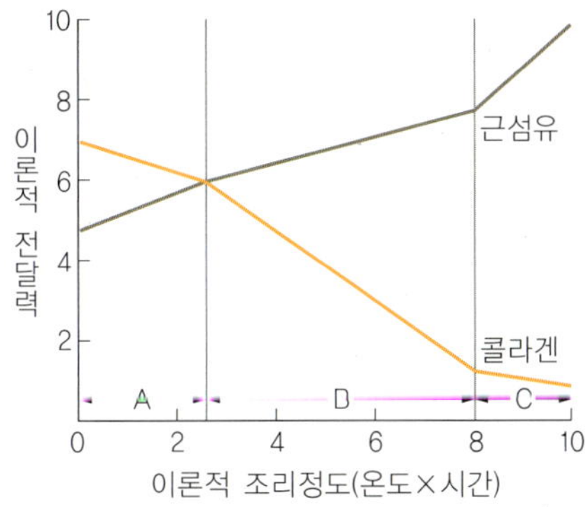

그림 9-7 **조리에 의한 육류의 텍스처 변화**

3) 육즙의 용출

고기를 가열하면 단백질이 변성되어 보수성이 감소하므로 고기가 수축될 때 육즙이 용출된다. 육즙은 단백질이 응고될 때 압출되는 수분이나 지방으로서, 그 안에는 구수한 맛성분이 함유되어 있으므로 가능한 육즙의 유출을 방지하기 위하여 고기의 표면을 단시간에 고온으로 가열하고 내부를 차차 익히는 방법으로 가열하는 것이 좋다. 가열에 따라 육즙이나 지방이 유출되어 결과적으로 고기의 중량이 감소된다. 고기를 가열하였을 때 20~30% 감소되는 경우도 있다.

4) 지방의 확산

지방조직에서는 지방구를 둘러싸는 콜라겐의 막이 열에 의하여 용해되고, 지방의 융점 이상(표 9-3 참조)으로 되면 지방이 녹아 콜라겐의 통로를 따라 확산되며 콜라겐과 유화된다. 조리된 고기를 따뜻할 때 먹으면 지방이 아직 녹아 있는 상태이므로 맛이 좋다.

5) 맛의 변화

고기를 가열하면 글루탐산과 이노신산 등의 구수한 맛성분과 단백질과 지방이 분해되어 생성되는 냄새성분 등이 형성되어 향미가 좋아진다. 특히 구이를 할 때는 고온에서 분해가 일어나 좋은 냄새성분이 많이 형성되나, 가열시간이 길어지면 육즙이 유출되어 구수한 성분이 많이 손실된다.

표 9-3 동물성 지방의 융점

(℃)

동물의 종류	융점	동물의 종류	융점
소	40~45	칠면조	31~32
돼지	33~46	닭	30~32
양	44~55	오리	27~39

6) 영양가의 변화

고기를 조리하면 주성분인 단백질의 영양가에는 별 변화가 없으나 고기에 상당량 존재하는 티아민, 리보플래빈, 니아신, 판토텐산 등의 비타민 B 복합체의 손실은 건열조리 시 약 20% 정도이며, 고기를 물에 넣고 끓일 때에는 수용성이므로 국물에 용출되고 열에 약한 티아민 등은 상당량 손실된다.

7) 젤라틴의 용출과 젤 형성

젤라틴은 동물의 껍질, 힘줄, 뼈, 결합조직에 포함되는 콜라겐을 산 또는 알칼리와 함께 가열함으로써 가수분해시켜 얻을 수 있다. 아미노산 조성은 트립토판이 부족하지만 곡류단백질에 부족한 라이신이 풍부하다. 소화흡수 능력이 뛰어나므로 유아, 노인, 환자식으로도 이용할 수 있다. 젤리로의 이용 외에 안정제로서 아이스크림, 셔벗에도 사용한다. 젤라틴 젤 식품에는 족편, 젤리, gelatin foam, gelatin sponge, bavarois salad 등이 있다.

조리에 사용되는 농도는 3~5%이며, 〈표 9-4〉에 나타낸 바와 같이 응고온도, 융해온도가 한천에 비해서 낮다.

(1) 젤라틴의 흡수 팽윤, 용해, 냉각응고, 붕괴

젤라틴을 물에 침지하여 흡수 팽윤시킨 후 가열 용해한다. 젤라틴의 흡수량은 젤라틴

표 9-4 젤라틴 농도와 응고, 융해온도

젤라틴농도(%)	졸의 응고온도(℃)	젤리의 융해온도(℃)
2	3	20
3	8	23.5
4	10.5	25
5	13.5	26.5
6	14.5	27
10	18.5	28.5

무게의 약 10배, 흡수시간은 분말 젤라틴의 경우 약 5분, 입자상 젤라틴의 경우 20~30분이다. 흡수 팽윤한 젤라틴은 한천보다 잘 녹아 40℃ 이상에서 쉽게 녹는데, 젤라틴의 침지시간이 길수록, 농도가 낮을수록, 온도가 높을수록 잘 녹는다. 젤라틴은 직화 또는 중탕으로 가열하여 용해시키는데, 직화에서는 과열되기 쉽고 분해취가 나오기 쉬우므로 중탕으로 용해시키는 것이 좋다. 젤라틴은 가열에 의해 가수분해가 일어나서 펩타이드 사슬이 짧아지면 젤화 능력이 저하하므로 한천처럼 농축하여 일정 농도로 하는 일은 피한다. 농도 3~5%의 젤라틴 젤리의 응고온도는 8~13.5℃이므로 냉장고 또는 얼음물로 냉각하여 젤화시킨다. 젤리 강도는 냉각시간이 길고, 냉각온도가 낮을수록 강해진다.

젤라틴 젤리는 한천 젤리보다 융해온도가 낮아 농도 3~5%의 젤리의 경우 융해온도는 23.5~26.5℃이므로 냉장고에서 꺼내어 실온에 장시간 방치하면 융해, 붕괴한다. 이것은 젤 망상구조의 가장 약한 결합부터 점점 끊어져서 붕괴되는 것이다. 젤라틴 용액을 천천히 냉각하면 젤라틴 분자 간의 결합은 한층 규칙적으로 형성되어 급속하게 냉각한 것보다 안정된 젤을 형성한다. 젤라틴 젤리는 붕괴해도 저온으로 해주면 다시 젤을 형성하는 특성이 있다.

(2) 첨가물의 영향

- 설탕　설탕은 젤라틴 분자가 튼튼한 망상구조를 만드는 것을 방해하여 젤리 강도를 낮춘다. 젤라틴 젤리는 입에 넣으면 금방 녹아 한천 젤리보다는 감미를 빨리 느끼므로 설탕량은 적어도 좋으며 20~25%로 충분하다.
- 과즙　산미가 강한 과즙을 가하여 가열하면 젤라틴의 가수분해가 일어나서 젤화 능력이 저하하므로 젤라틴액을 식힌 후 과즙을 가해야 한다.
- 효소　파인애플, 파파야, 키위, 무화과 등 단백질 분해효소를 포함하는 과일을 첨가하는 경우는 단백질 분해효소의 작용에 의해 젤화가 방해되므로 미리 가열하여 효소를 불활성화시킨 후 첨가하도록 한다.
- 염　우유 첨가 젤에서는 젤리 강도가 상승하는데, 이것은 우유 중의 염류의 영향이라고 생각된다. 무기질이 많이 함유된 물로 만든 젤은 순수한 물로 만든 젤보다 더 단단하다.

(3) 젤라틴 젤의 특성

젤라틴 젤은 입안에서 잘 녹고 촉감이 매끄럽고 좋은데, 그것은 부착성이 있고 체온 이하에서 젤이 녹는 특성에 의한 것이다. 그러나 용기에서 겔을 꺼낼 때는 부착성이 방해가 되므로 40℃ 정도의 미지근한 물에 담가서 주위를 녹여서 꺼내도록 한다. 또한 젤라틴 젤은 한천 젤보다 투명도가 높고, 이장도 잘 일어나지 않는다. 따라서 한천 0.1~0.5%, 젤라틴 2~3%의 비율로 혼합하여 만든 젤은 양자의 장점이 결합하여 입에서의 촉감이 좋으면서 이장이 잘 일어나지 않는 젤을 만들 수 있다.

6. 육류의 부위와 명칭

1) 쇠고기

고기는 우선 크게 몇 개의 부위별로 자른 후 소비자가 이용할 수 있는 크기와 모양으로 다시 자르게 되는데, 그 방법이 우리나라와 서양이 다르다. 우리나라에서는 대부분 뼈를 발라낸 후에 부위별로 고기를 자르는데 비해 서양에서는 티본스테이크와 같이 뼈와 함께 고기를 잘라 조리하는 경우도 있다.

우리나라에서는 쇠고기를 크게 10부위로 분할한 후 다시 조리용도에 맞게 29개 부위로 소분할하여 판매하고 있다.

쇠고기의 부위별 특징을 잘 알고 용도에 맞게 구입하여 사용하는 것은 쇠고기 조리의 기본이다. 〈그림 9-8〉에서 이를 잘 설명해 주고 있다.

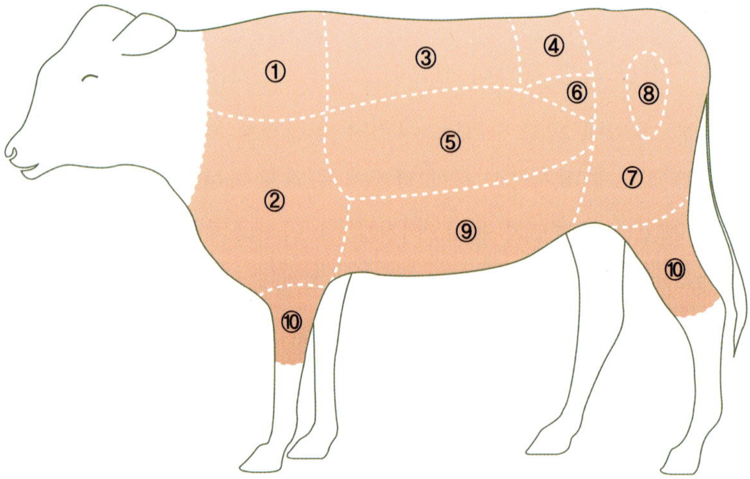

① 목심(Neck) : 불고기
② 앞다리(Blade/Cold) : 불고기
③ 등심(Loin) : 구이, 스테이크
④ 채끝(Strip Loin) : 구이, 스테이크
⑤ 갈비(Rib) : 불갈비, 찜갈비
⑥ 안심(Tender-Loin) : 구이, 스테이크
⑦ 설도(Butt & Rump) : 산적, 불고기
⑧ 우둔(Topside/Inside) : 산적, 불고기
⑨ 양지(Brisket & Flank) : 국거리
⑩ 사태(Shin/Shank) : 장조림

그림 9-8 **쇠고기 부위에 따른 명칭**

표 9-5 **쇠고기 소분할 부위별 명칭 및 용도**

대분할 부위명	목심(Neck)	정육률 : 4.13%, 정육량 : 14.5 kg	
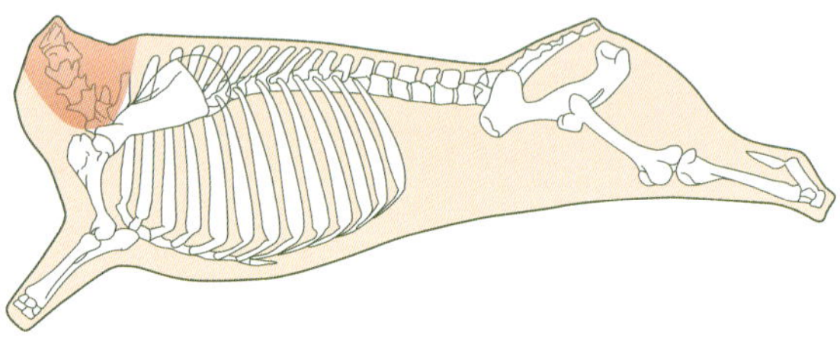 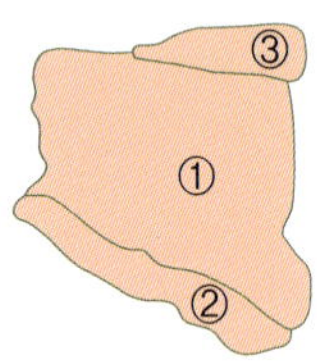 위치도 1. 목심살 2. 제비추리 3. 멍에살			
부위 위치	제1~7목뼈(경추) 부위의 근육들로서 앞다리와 양지부위를 제외함		
소분할 부위명	① 목심살 ② 제비추리 ③ 멍에살	목심에서 위 뒤쪽의 멍에살과 아래쪽에 제비추리를 제외한 목심 목심의 하단부위, 경추골의 아래 부분에 위치한 살 멍에를 거는 목덜미살로 매우 질긴 살	불고기 국거리 다짐육
특징	운동량이 많은 부위로서 결이 거칠어 고기는 다소 질기며 육색은 짙음		

표 9-5 쇠고기 소분할 부위별 명칭 및 용도 (계속)

대분할 부위명	앞다리(Blade/Cold)	정육률 : 7.21%, 정육량 : 25.2 kg	
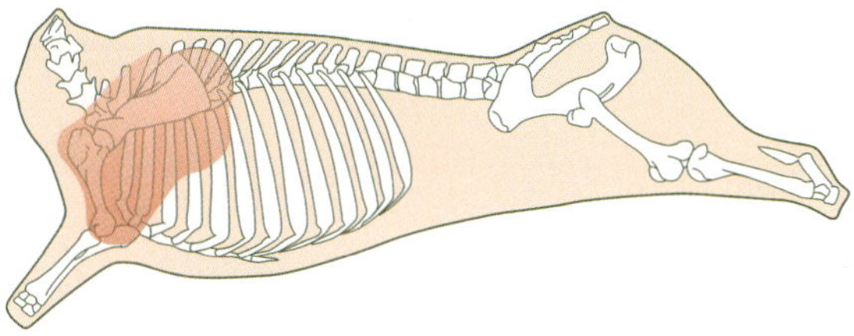		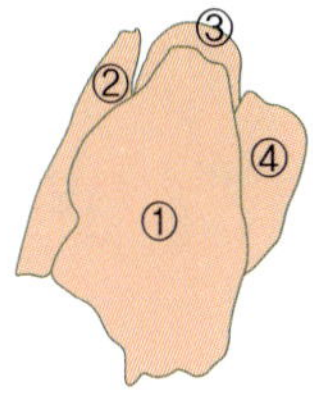 위치도 1. 앞다리살 2. 꾸리살 3. 부채살 4. 갈비덧살	
부위 위치	소의 앞다리를 감싸고 있는 근육으로서 사태를 제외한 부위		
소분할 부위명	① 앞다리살 ② 꾸리살 ③ 부채살 ④ 갈비덧살 ⑤ 부채덮개살	소의 앞다리를 이루는 살 견갑골 앞쪽(목방향)을 덮고 있는 살 꾸리살 뒤쪽으로 부채뼈를 덮고 있는 부채 모양의 살 앞다리 분리 시 갈비 부위와 분리된 살	불고기 국거리 육회 조림 전골
특징	운동량이 많은 근육들이 모여 있기 때문에 다른 부위와 비교하여 고기결은 거칠고, 육색은 약간 짙고 근내지방 침착도 낮음		

대분할 부위명	등심(Loin)	정육률 : 10.32%, 정육량 : 36.1 kg	
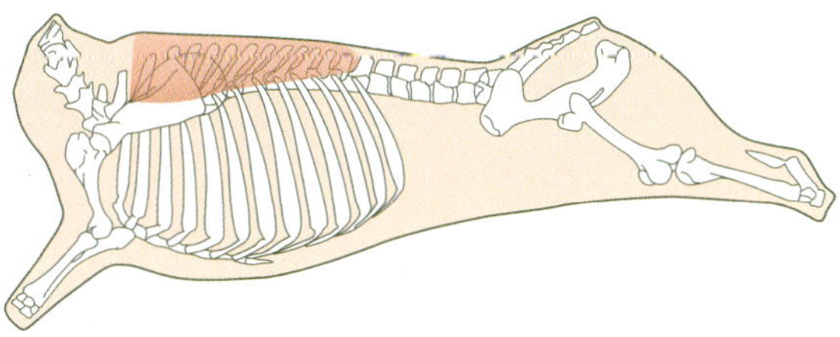		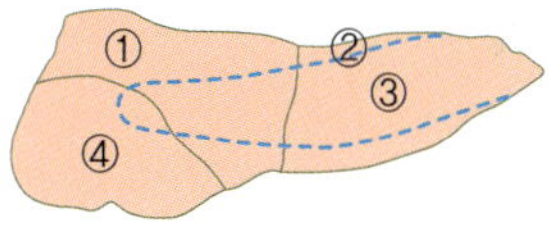 위치도 1. 윗등심살 2. 아래등심살 3. 꽃등심살 4. 살치살	
부위 위치	가슴등뼈를 중심으로 양쪽에 길게 붙어 있는 두채의 살덩이		
소분할 부위명	① 윗등심살 ② 아래등심살 ③ 꽃등심살 ④ 살치살	6번째와 7번째 흉추골 사이를 절단한 등심의 앞부분 6번째 7번째 흉추골 사이를 절단한 등심의 뒷부분 등심 가운데에 길게 형성된 근내지방이 잘 형성된 살코기 앞다리 어깨 부위 밑에 있는 삼각형 살	구이 스테이크 스키야키 샤부샤부
특징	근육 내에 지방이 대리석상으로 박혀 있어 부드럽고 풍미가 좋음		

표 9-5 쇠고기 소분할 부위별 명칭 및 용도 (계속)

대분할 부위명	채끝(Strip Loin)	정육률 : 2.35%, 정육량 : 8.2 kg	
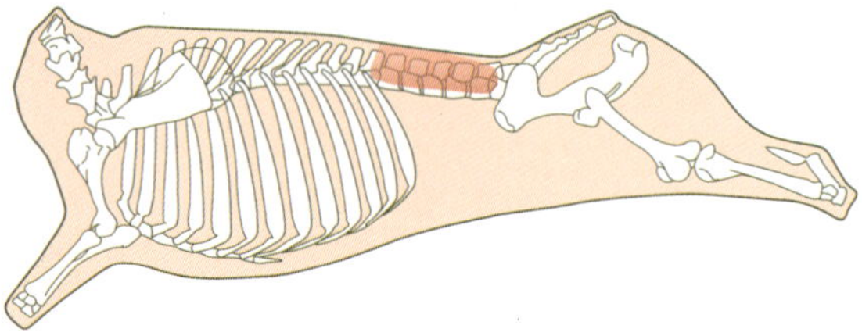		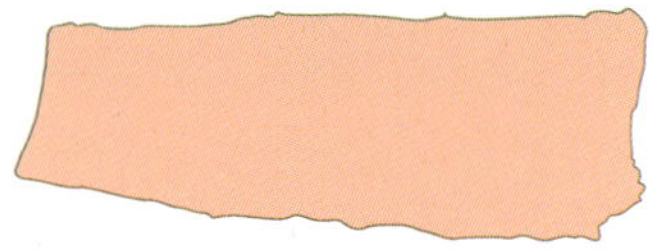 위치도 채끝(채끝살)	
부위 위치	등심의 연장선에 있는, 요추골 양쪽 외측을 감싸고 있는 장방형의 등심살(등심 한 채의 끝 부분)		
소분할 부위명	채끝살	등심에서 연결된 허리부위로 허리등뼈 양쪽 외측을 감싸고 있음	구이, 스테이크
특징	동일한 개체 내에서 등심보다는 근내지방 침착이 상대적으로 낮지만 오히려 등심보다 더 연함		

대분할 부위명	갈비(Rib)	정육률 : 13.9%, 정육량 : 48.7 kg	
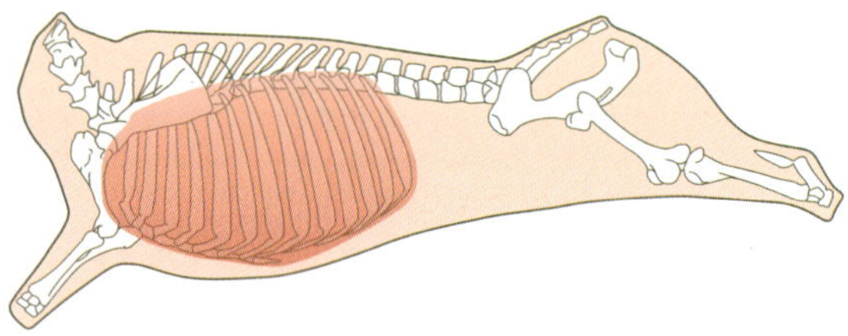		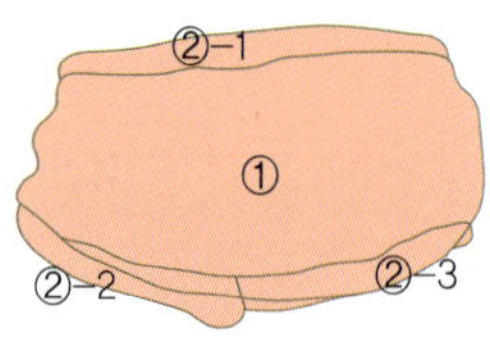 위치도 1. 갈비 2–1. 고리마구리 2–2. 상마구리 2–3. 하마구리	
부위 위치	소의 1~13번 갈비뼈(늑골)와 이를 덮고 있는 살을 총칭		
소분할 부위명	① 본갈비 ② 꽃갈비 ③ 참갈비 ④ 갈빗살 ⑤ 마구리 ⑥ 안창살 ⑦ 토시살 ⑧ 제비추리	 대분할 갈비에서 마구리를 제거한 가운데 살집이 많은 부분의 갈비 대부분 갈비의 상단 및 하단 부위 소의 횡격막(가로막살) 토시 모양의 만화(지라와 이자)에 붙은 고기 갈비 안쪽에 붙은 이 고기를 손으로 잡아 추리는 데서 유래	구이 탕 찜갈비
특징	근내지방 침착이 뛰어나며, 근육조직과 지방조직이 층을 형성하여 갈비뼈와 함께 요리 시 풍미 높음		

표 9-5 쇠고기 소분할 부위별 명칭 및 용도 (계속)

대분할 부위명	안심(Tender-Loin)	정육률 : 1.81%, 정육량 : 6.3 kg	
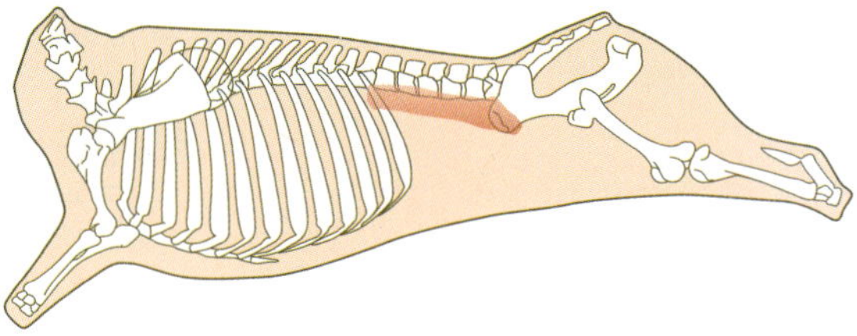		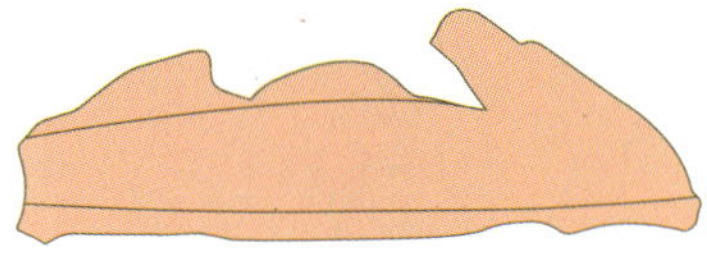 위치도 안심(안심살)	
부위 위치	복강 안쪽 요추골 아래 양쪽에 위치, 치골 하부에서 제1요추골까지 이어짐		
소분할 부위명	안심살	요추를 따라 가로돌기 안쪽에 자리 잡고 있는 가늘고 긴 원통형의 막대 모양	스테이크, 구이, 샤부샤부, 전골
특징	운동량이 거의 없는 부위로서 결이 비단과 같이 곱고 부드러움		

대분할 부위명	설도(Butt & Rump)	정육률 : 9.63%, 정육량 : 33.7 kg	
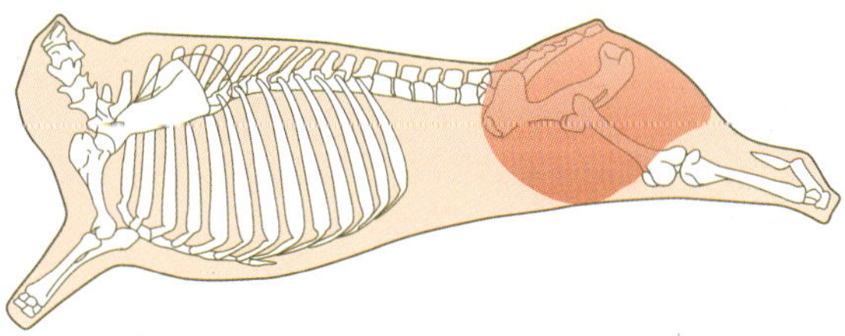		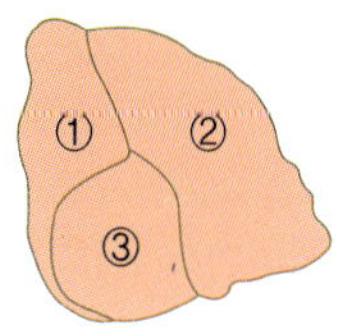 위치도 1. 보섭살 2. 설깃살 3. 도가니살	
부위 위치	소의 뒷다리 중 넓적다리 바깥쪽 궁둥이 살		
소분할 부위명	① 보섭살 ② 설깃살 ③ 설깃머리살 ④ 도가니살 ⑤ 삼각살	농기구 보습의 형태를 가진 살 소의 뒤 바깥쪽 엉덩이를 이루는 살 도가니 모양의 살	산적, 불고기 장조림, 육회 육포, 국거리 전골, 산채
특징	부위에 따른 육질 차가 크지만 고기질은 우둔과 유사하며 풍미가 좋아 스테이크로도 이용		

표 9-5 쇠고기 소분할 부위별 명칭 및 용도 (계속)

대분할 부위명	우둔(Topside/Inside)	정육률 : 6.09%, 정육량 : 21.3 kg	
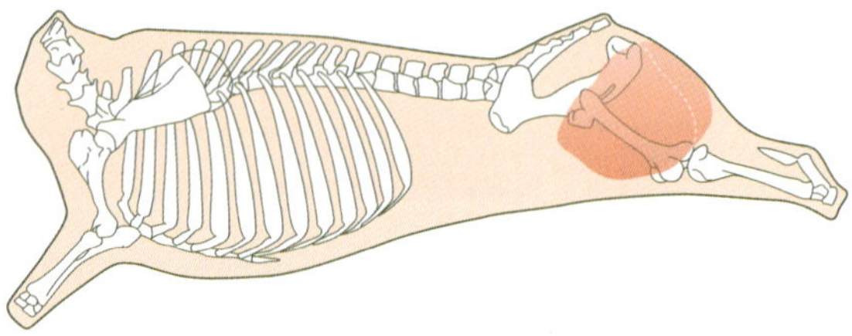		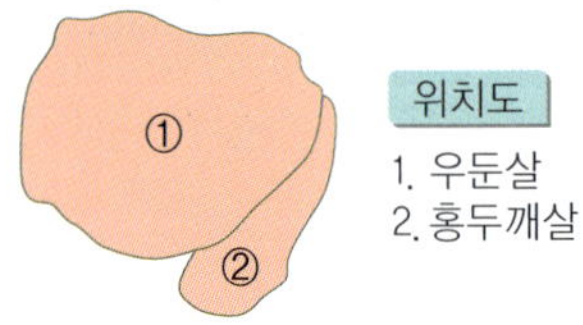 	
부위 위치	소의 뒷다리에서 넓적다리 안쪽으로 위치하며, 외측면에 지방으로 덮여 있고, 근육 내에 지방침착이 적으며 고기의 결이 약간 굵은 편이나 근육막이 적고 연한 편		
소분할 부위명	① 우둔살 ② 홍두깨살	소의 뒷다리 안쪽(엉덩이 안쪽)살 소의 볼기에 붙어 있는 홍두깨 방망이 모양의 살	산적, 장조림 육회, 불고기 국거리
특징	육질은 부드러운 부분과 질긴 부분으로 나누어지며 연하고 맛이 좋음		

대분할 부위명	양지(Brisket & Flank)	정육률 : 10.62%, 정육량 : 37.2 kg	
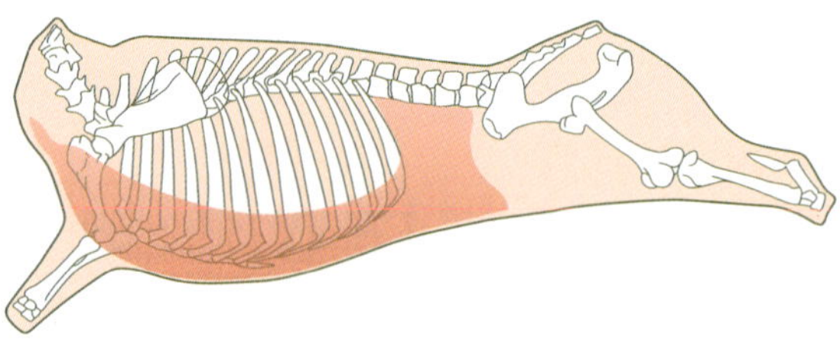		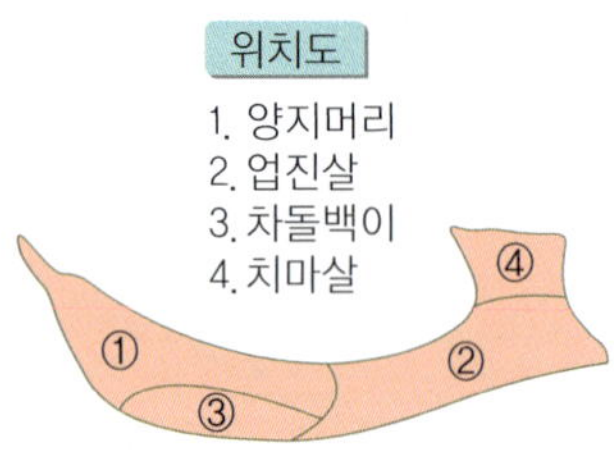 	
부위 위치	목심 아래와 앞가슴부터 허리아래 배 부위 뱃살		
소분할 부위명	① 양지머리살 ② 차돌박이 ③ 업진이살 ④ 치마양지 ⑤ 치마살 ⑥ 앞치마살	목심의 아래와 갈비 아래 가슴살로 차돌박이를 분리한 살 양지머리뼈의 복판에 붙은 희고 단단한 기름진 고기 양지머리에서 배 쪽으로 이어지는 복부 양지 채끝 아래에 타원형의 얇은 근육으로 정형 후 주름치마 모양의 살	국거리 구이 육개장 탕
특징	겉과 속면 사이에 지방과 근막이 풍부하게 끼어 있으며, 결합조직이 많아 질기지만 구수한 육수 맛을 냄		

표 9-5 **쇠고기 소분할 부위별 명칭 및 용도 (계속)**

대분할 부위명	사태(Shin/Shank)	정육률 : 4.44%, 정육량 : 15.5 kg	
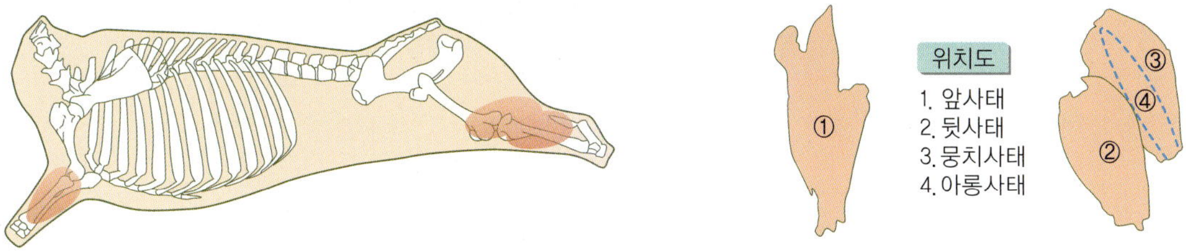			
부위 위치	앞다리의 전완골과 뒷다리의 하퇴골을 감싸고 있는 작은 근육들로 근막이 잘 발달된 다발 모양의 고기		
소분할 부위명	① 앞사태 ② 뒷사태 ③ 뭉치사태 ④ 아롱사태 ⑤ 상박살	앞다리 전완골을 감싸는 살 뒷다리 하퇴골을 감싸는 살 무릎 관절을 감싸는 근육 뭉치사태 안쪽 가운데 있음 상완근을 앞사태에서 분리 정형한 것	장조림 찜 탕
특징	운동량이 많고 결합조직이 많아 질기나 장시간 조리하는 요리에 적합		

2) 돼지고기

돼지고기도 쇠고기와 마찬가지로 우리나라에서는 주로 뼈를 발라낸 후 부위를 자르고, 서양에서는 뼈가 있는 채로 자르기도 한다.

돼지고기는 〈그림 9-9〉와 같이 7개 부위로 대분할하며, 이를 조리용도에 맞게 16부위로 소분할하여 판매한다.

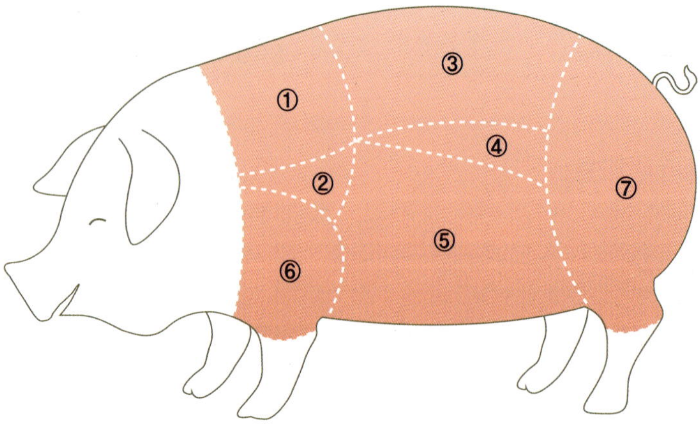

① 목심(Neck) : 구이, 수육
② 갈비(Rib) : 불갈비, 갈비찜
③ 등심(Loin) : 돈가스, 스테이크
④ 안심(Tender-Loin) : 안심가스, 구이
⑤ 삼겹살(Belly) : 구이
⑥ 앞다리(Blade/Cold) : 불고기, 장조림
⑦ 뒷다리(Ham) : 불고기, 장조림

그림 9-9 **돼지고기 부위별 명칭**

표 9-6 **돼지고기 소분할 부위별 명칭 및 용도**

대분할 부위명	목심(Neck)	정육률 6%, 정육량 5.14 kg	
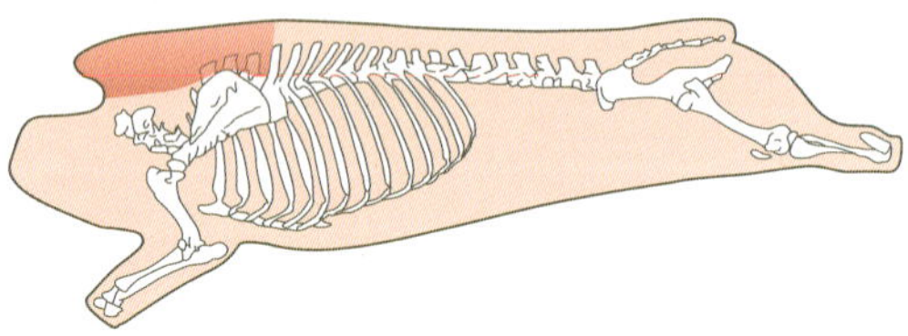		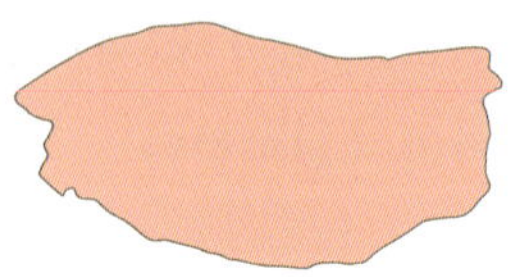 위치도 목심(목심살)	
부위 위치	등심에서 머리 쪽으로 이어지는 부위		
소분할 부위명	목심살	등심에서 머리 쪽으로 이어지는 부위	숯불구이, 로스용 수육, 구이, 보쌈, 주물럭용
특징	붉은색을 띤 핑크색으로 결이 약간 거칠고 질긴 편이지만 안쪽에 분포된 지방층과 스지가 불규칙한 모양으로 넓게 분포되어 있기 때문에 감칠 맛나는 농후한 맛으로 돼지고기 중에서 삼겹살과 더불어 가장 맛있는 부위		

표 9-6 돼지고기 소분할 부위별 명칭 및 용도 (계속)

<table>
<tr><th>대분할 부위명</th><th>갈비(Rib)</th><th colspan="2">정육률 3.8%, 정육량 3.26 kg</th></tr>
<tr><td colspan="4">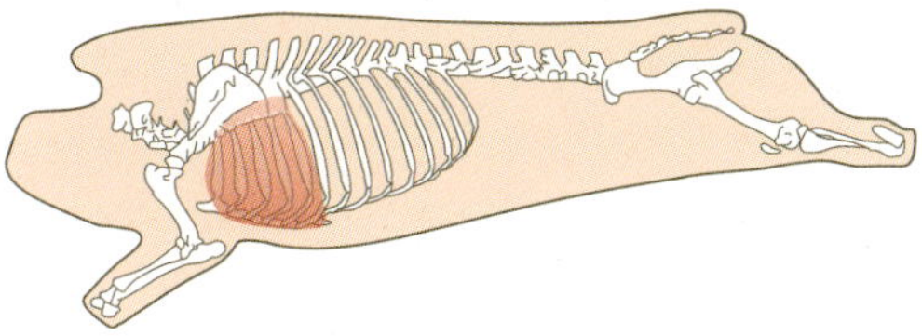 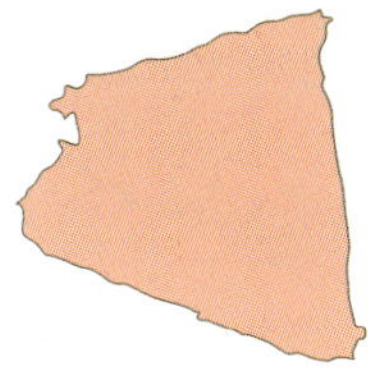</td></tr>
<tr><td>부위 위치</td><td colspan="3">앞가슴 부위로 목심과 앞다리로부터 분리되며 첫 번째부터 네 번째 또는 다섯 번째까지의 갈빗대(늑골)와 갈빗대 사이 살(늑간살)로 쫄깃쫄깃</td></tr>
<tr><td>소분할 부위명</td><td>① 갈비
② 갈빗살
③ 마구리</td><td>제1늑골에서 제4늑골 혹은 제5늑골까지
갈비 부위에서 뼈를 제거하여 살코기만을 정형한 것
소분할 갈비 부위에서 가슴뼈(흉골) 부분을 따라 분리 정형한 것</td><td>바비큐, 불갈비, 갈비찜, 찌개용, 양념갈비</td></tr>
<tr><td>특징</td><td colspan="3">뼈에서 나오는 엑기스가 살로 스며들어 독특한 맛을 내는 역할을 하며 전반적으로 근육 내에 지방이 잘 박혀 있어 풍미가 좋아 전통적으로 갈비구이용, 갈비찜용으로 이용</td></tr>
</table>

<table>
<tr><th>대분할 부위명</th><th>등심(Loin)</th><th colspan="2">정육률 9.0%, 정육량 7.71 kg</th></tr>
<tr><td colspan="4">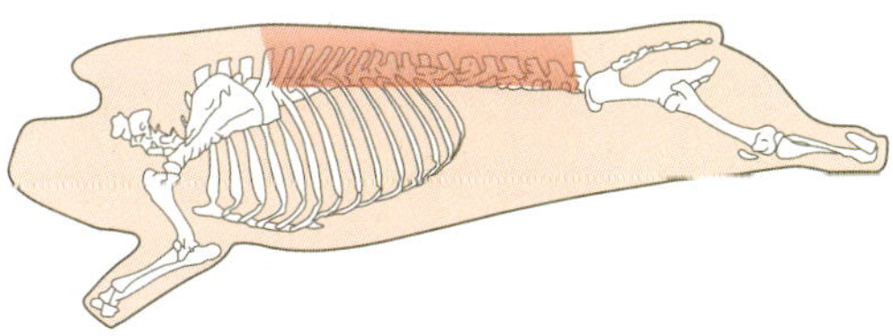 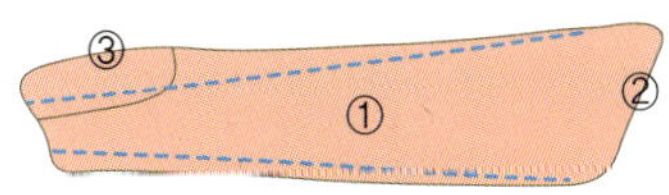</td></tr>
<tr><td>부위 위치</td><td colspan="3">목심과 같은 배최장근이 주를 이루는 원통형의 살코기 덩어리로 목심에 이어 등쪽 중앙 부분에 길게 위치</td></tr>
<tr><td>소분할 부위명</td><td>① 등심살
② 알등심살
③ 등심덧살</td><td>제5 또는 제6 흉추골부터 뒷다리 앞까지의 등 부위살
등심살 안쪽에 길게 형성된 고기
목심과 연결되는 부위의 덧살</td><td>탕수육, 잡채용, 폭찹, 돈까스, 스테이크, 카레</td></tr>
<tr><td>특징</td><td colspan="3">지방으로 둘러싸여 있는데 안심과 같이 운동량이 적은 부위이기 때문에 색상이 연하고 부드러운 적육으로 내부 근막도 없는 저지방육임</td></tr>
</table>

표 9-6 돼지고기 소분할 부위별 명칭 및 용도 (계속)

대분할 부위명	안심(Tender-loin)	정육률 1.5%, 정육량 1.3 kg	
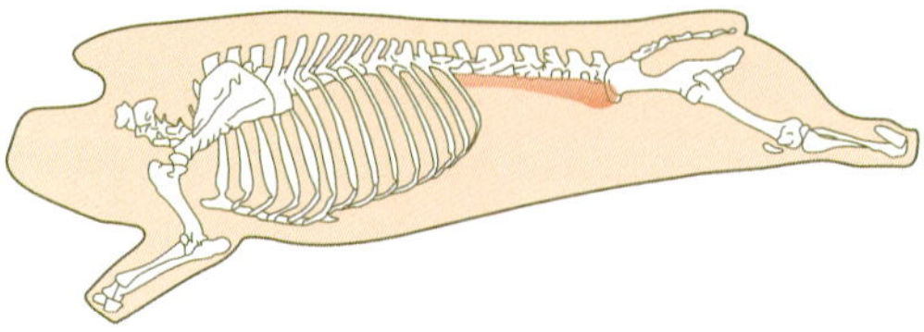		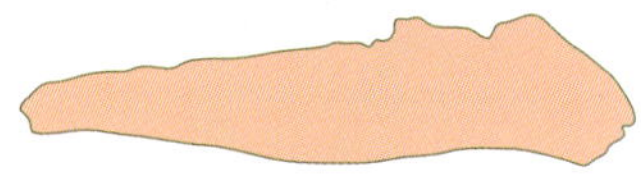 위치도 안심(안심살)	
부위 위치	요추 뼈 안쪽 몸 중앙에 위치하며 뾰족하고 긴 막대 모양으로 대요근과 소요근, 잘골근과 날개살(사이드 근육)로 구성. 쇠고기 대분할 부위 안심과 동일한 부위		
소분할 부위명	안심살	요추 뼈 안쪽 몸 중앙에 위치하며 뾰족하고 긴 막대 모양으로 대요근과 소요근, 잘골근과 날개살(사이드 근육)로 구성. 쇠고기 대분할 부위 안심과 동일한 부위	장조림, 카레, 잡채, 탕수육, 훈제가공바비큐
특징	지방이 적어 맛은 담백한 저칼로리 부위로 성인병이나 비만인 사람, 치아가 약한 사람들도 안심하고 먹을 수 있음		

대분할 부위명	삼겹살(Belly)	정육률 11.4%,, 정육량 9.77 kg	
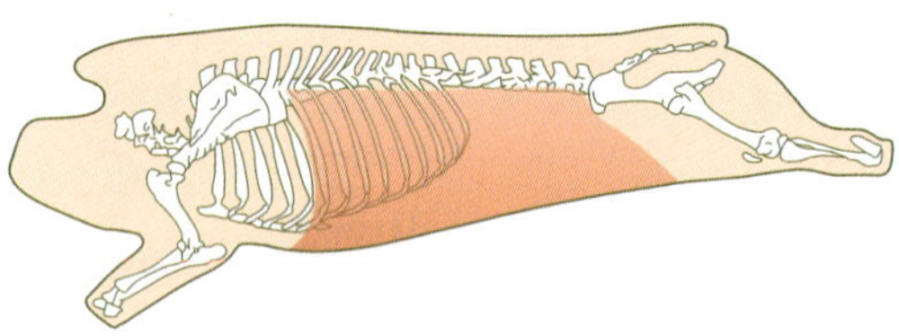		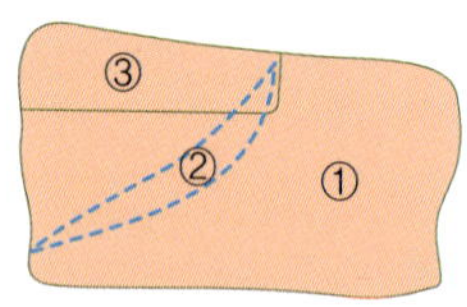 위치도 1. 삼겹살 2. 갈매기살 3. 갈비삼겹	
부위 위치	갈비를 분리한 뒤 부분에서 뒷다리 앞까지의 복부 부위로 넓고 납작하며 복부근육과 지방이 마치 삼겹의 층을 형성		
소분할 부위명	① 삼겹살 ② 갈매기살 ③ 등갈비 ④ 토시살 ⑤ 오돌삼겹	돼지의 뱃살로 지방과 살이 삼겹으로 층을 이루고 있는 살 돼지고기의 가로막 살	구이 가공베이콘용 수육용 찜용
특징	지방의 함유량이 높고 단백질은 적지만 비타민과 무기질을 적당량 포함하고 있기 때문에 질기지 않고 감칠맛 나는 농후한 맛이 특징임		

표 9-6 돼지고기 소분할 부위별 명칭 및 용도 (계속)

대분할 부위명	앞다리(Blade/Cold)	정육률 11.3%, 정육량 9.68 kg	
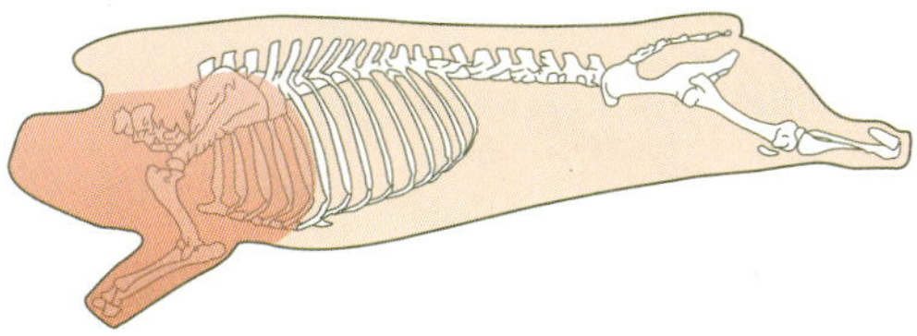		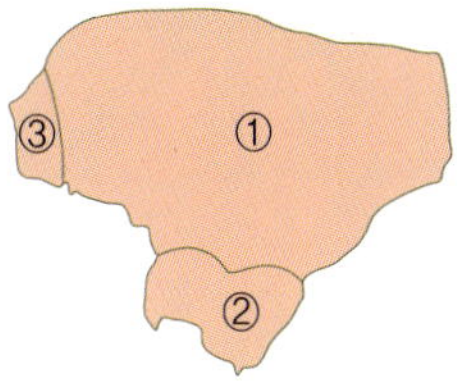	위치도 1. 앞다리살 2. 사태 3. 항정살
부위 위치	상완골과 어깨뼈(견갑골)를 싸고 있는 근육들로 대분할 앞다리에서 아래쪽 사태와 목덜미 쪽 항정살을 분할한 부위		
소분할 부위명	① 앞다리살 ② 앞사태살 ③ 항정살	앞다리에서 사태와 항정살을 제거(앞다리 전완골을 감싸고 있는 살) 앞다리에서 목덜미쪽 고기로 살과 지방이 여러겹으로 반복되는 부드러운 살	구이, 불고기 찌개, 카레 수육(보쌈)
특징	운동을 하는 부위이기 때문에 고기결이 조금 거칠고 고기색도 다른 부위에 비해서 짙음		

대분할 부위명	뒷다리(Ham)	정육률 17.6%, 정육량 15.08 kg	
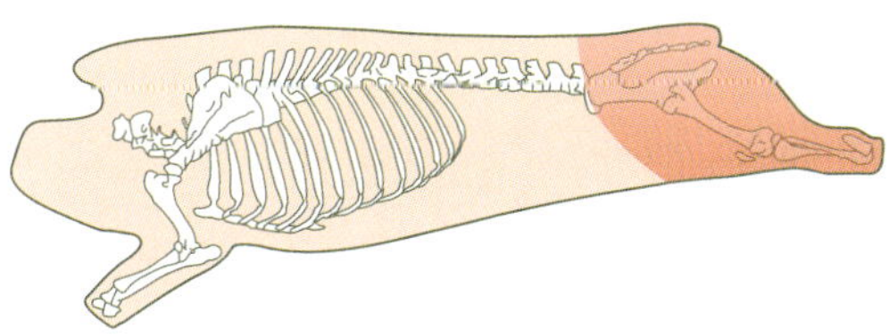		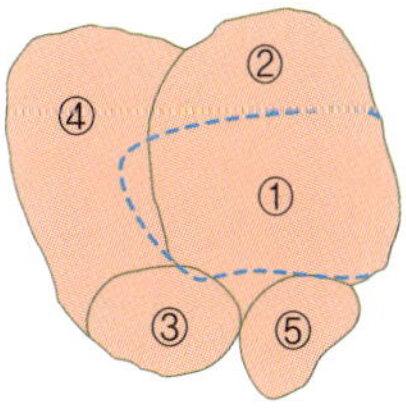	위치도 1. 볼기살 2. 설깃살 3. 도가니살 4. 보섭살 5. 사태살
부위 위치	뒷다리 안쪽 넓적다리뼈(대퇴골) 상단부에 위치하며 살집이 두텁고 지방이 적어 담백한 맛을 냄		
소분할 부위명	① 볼깃살 ② 설깃살 ③ 도가니살 ④ 홍두깨살 ⑤ 보섭살 ⑥ 뒷사태살	뒷다리 안쪽 위에 위치한 살 돼지의 뒤쪽 둔부 외측을 감싸고 있는 살 대퇴골을 앞쪽에서 감싸고 있는 도가니 모양의 살 등심에 이어지는 농기구 보습 모양의 살 돼지의 뒷다리 하퇴골을 감싸는 살	불고기 장조림용 샤부샤부 주물럭 찌개 탕수육튀김
특징	다른 부위에 비해 단백질, 비타민 B_1이 많이 포함되어 있으며 움직이는 부위로서 스지와 근막이 많아 질기지만 같은 부위라 하더라도 부드러움에 차이를 보임		

3) 닭고기

닭의 부위에 따른 명칭은 〈그림 9-10〉과 같고, 부위별 조리명은 〈표 9-7〉과 같다.

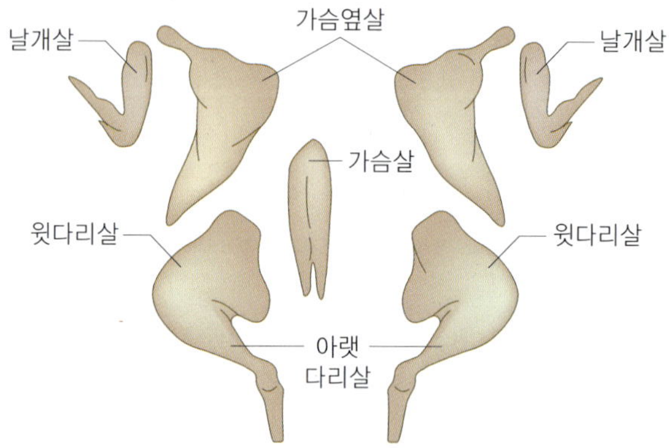

그림 9-10 **닭고기의 부위별 명칭**

표 9-7 **닭고기의 부위별 명칭과 조리명**

명칭		특징	한국조리	외국조리
통닭(whole chicken)		1.3 kg 이하가 좋으며 4~5개월의 병아리가 백숙과 삼계탕에 적합하다.	영계백숙(병아리), 삼계탕(병아리), 통닭, 닭찜, 튀김	fried chicken, roast chicken
다리 전체(whole legs)		근육의 색이 짙으며 가장 맛이 있는 부분으로, 모양이 좋으므로 뼈와 함께 붙은 채 조리를 한다.	구이, 튀김, 조림, 찜	fried chicken
허벅다리(thighs)			구이, 튀김, 조림, 찜	fried chicken, saute
아랫다리(drumsticks)			구이, 튀김, 조림, 찜	fried chicken, saute
가슴(breast)		맛이 담백하며 부드럽고 살코기는 희다.	회, 무침, 튀김, 찜	chicken salad, fried chicken
날개 (wings)	윗날개	고기색이 희고 지방이 적으며 부드럽다.	조림, 튀김	fried wings
	아랫날개	고기는 적으나 콜라겐이 많으며, 지방이 많고 맛이 있다.		
간(liver)		소간보다 부드럽고 냄새도 덜 난다.	조림, 구이, 튀김	chicken paste, chicken salad
등, 목 (backs and necks)		뼈에 붙어 있는 고기는 얼마 되지 않는다.	튀김, 볶음	fried chicken, fried necks, fried backs
뼈(bones)		맛이 있는 성분이 우러나며, 끓이면 콜라겐 성분이 젤라틴화되어 묵 형태가 된다.		soup stock, jellied soup

7. 육류의 등급과 선택

품질이 좋은 고기를 선택하기 위해서는 농림축산식품부에서 법제화하여 실시하는 축산물 등급제를 잘 알고 있는 것이 좋다. 축산물 등급제는 쇠고기와 돼지고기를 육량과 육질에 따라 등급을 표시하는 것으로 육량에 따른 등급은 도매 유통과정에서 이용되고, 소매 유통과정에서는 육질에 따른 등급표시만 사용되고 있으므로 소비자는 이를 잘 이해하는 것이 중요하다.

1) 축산물 등급제도

우리 식생활에 이용되는 축산물(쇠고기·돼지고기·닭고기·달걀)의 품질을 정부가 정한 일정기준에 따라 구분하여 품질을 차별화함으로써 소비자에게 구매지표를 제공하고 생산자에게는 더 좋은 품질의 축산물을 생산하게 하여 축산물 유통을 원활하게 하는 생산자·유통업자·소비자 모두를 위한 제도로서 축산물품질평가원(www.ekape.or.kr)에서 하고 있다.

국민소득의 증가로 식생활이 변함에 따라 육류 소비경향이 양에서 질 위주로 전환되어 고급육의 선호도가 높아졌으며, 외국산 고기의 수입 개방에 대응하기 위하여 품질이 우수한 국내산 고기 생산이 절실히 요구되고 있어 축산물 등급제도의 필요성이 대두되었다.

등급제의 실시로 소비자는 사고자 하는 고기의 품질을 식별할 수 있어 구입 시 선택의 폭이 넓어졌으며, 유통업자는 고객 수준에 맞는 품질의 고기를 제공할 수 있어 소비자와의 신뢰 구축과 판매이익 등의 예측이 가능해 안정적인 영업활동이 가능해졌다. 또한 생산자는 등급결과를 이용하여 품질이 좋은 가축 생산으로 소득 증대의 효과를 얻을 수 있다.

2) 육류의 부위별·등급별 및 종류별 구분방법

쇠고기는 축산물 등급판정 확인서에 표기된 등급을 적용하여 대분할 부위인 안심, 등심, 채끝, 양지, 갈비와 이에 해당하는 소분할 부위에 의무적으로 표기하여 판매한다.

식품의 종류 (원산지)	국내산(한우고기)
부위명칭	등심
등급	1^{++}
도축장명	농협서울
거래식품번호	002 027 080 289
100 g당 가격	6,500원

그림 9-11 **식육판매 표지판**

그 외의 쇠고기 대분할 부위(목심, 앞다리, 우둔, 설도, 사태)와 이에 해당하는 소분할 부위 및 돼지고기의 대분할 부위와 소분할 부위의 등급표시는 식육판매업소 자율적으로 표시한다. 쇠고기의 등급은 1^{++}등급, 1^{+}등급, 1등급, 2등급, 3등급, 등외로 표시하고, 돼지고기의 경우 1^{+}등급, 1등급, 2등급, 등외로 표시한다.

실습

너비아니

쇠고기의 연하고 맛이 있는 부위인 등심 또는 안심을 얇게 저며서 간장으로 간을 하고 여러 가지 양념을 가하여 굽는 음식으로 요즈음은 흔히 불고기라고 한다.

재료 및 분량(4인분)

쇠고기(등심 또는 안심)	500 g
간장	4큰술
배즙	4큰술
설탕	2큰술
다진 파	3큰술
다진 마늘	1½큰술
깨소금	1½큰술
참기름	1½큰술
후춧가루	약간

만드는 법

① 쇠고기는 등심이나 안심의 연한 부위를 0.5 cm 정도의 두께로 썰어 잔칼집을 넣어 연하게 한다.

② 파, 마늘은 곱게 다지고, 배는 갈아서 다른 조미료와 모두 합하여 양념간장을 만든다.

③ 고기를 굽기 30분 전쯤에 ②의 양념간장을 넣고 주물러 간이 고루 배게 한다.

④ 뜨겁게 달군 석쇠에 얹어서 양면을 고루 익혀 뜨거울 때 바로 먹도록 한다.

Tip
전통적으로는 숯불에 석쇠를 얹어서 직화로 굽는 방법이 번철에 굽는 것보다 훨씬 맛이 있다. 요즈음은 가정에 오븐이 많이 보급되어 있으므로 오븐의 브로일 기능을 이용하면 좋다.

로스트 비프(roast beef)

로스트 비프는 대량 급식 또는 가족 수가 많은 경우에 이용된다.

만드는 법

① 로스트용 쇠고기 덩어리를 다듬는다. 힘줄을 베어내고 전체에 소금과 후추를 뿌려 손으로 잘 문지른 후 목면제의 소포끈으로 묶는다. 오븐 속의 구이용 선반에 기름을 두른 후 고깃덩어리를 얹어 판에 받쳐서 230℃로 15~20분간 구워 표면의 색을 본다.

② 고깃덩어리에서 흘러나온 육즙이 오븐 팬에 눌어 타지 않도록 주의한다.

③ 고기가 알맞게 갈색이 되면 속히 오븐 온도를 150℃로 내리며 계속 굽는다. 만약 고깃덩어리의 뒷부분에 지방조직이 없는 경우에는 고기가 타기 쉬우므로 배춧잎이나 양배춧잎을 덮어 그 위에 기름을 발라서 굽는다. 스테인리스 스틸로 된 로스트용 덮개를 덮으면 더 좋다.

④ 육류용 온도계로 찔러서 내부온도를 보거나 꼬챙이로 중심부를 찔러보아 꼬챙이가 들어가면 다 된 것으로 생각한다.

⑤ 로스트 비프는 다 되면 썰어서 접시에 담고 먹기 직전에 팬 그레이비를 개인 접시의 로스트 비프 위에 얹는다.

⑥ 로스트 비프를 구울 때 만약 오븐구이용 선반이 없으면 오븐 팬에 당근, 셀러리, 양파 등을 깔고 그 위에 고깃덩어리를 얹어서 구워도 된다.

Tip
여러 단계로 익힌 로스트 비프의 내부온도는 다음과 같다.

very rare	55℃(130°F)	medium	70℃(158°F)
rare	60℃(140°F)	well done	75℃(168°F)
medium rare	65℃(150°F)	very well done	80℃(176°F)

폭찹(pork chops)

폭찹에는 돼지고기의 rib chop, loin chop, spareribs, shoulder steaks, leg steaks, tenderloin, 염통, 간, 콩팥 등 여러 부위를 모두 이용할 수 있다.

재료 및 분량

폭찹	4컵
채썬 양파	2컵
채썬 토마토	2컵
다진 피망	2작은술
소금	1작은술
뜨거운 물	1컵

만드는 법

① 프라이팬에 폭찹 토막의 돼지고기를 양면이 갈색이 될 때까지 지진다.

② 지진 폭찹을 넣고 얕은 캐서롤 그릇에 옮겨 담아 양파와 토마토 썬 것을 얹고 피망 다진 것을 위에 뿌린다.

③ 뜨거운 물에 소금을 넣어 프라이팬에 붓고 브라운 그레이비를 만들어서 캐서롤에 담은 폭찹 위에 얹는다. 176℃의 오븐에서 1시간 20분가량 연해질 때까지 익힌다.

프라이드 치킨

재료 및 분량

구이용 생닭	1.3 kg
조미된 밀가루	2/3컵
버터	1/4컵
기름	1/4컵
물	1/4컵

만드는 법

① 닭은 적당한 크기로 토막내어 물기를 행주로 닦은 후 소금과 후추를 혼합한 밀가루를 입힌다.

② 두꺼운 냄비를 뜨겁게 한 후 기름을 둘러 닭이 갈색이 되도록 양면을 볶는다.

③ 닭이 볶아지면 끓는 물을 붓고 뚜껑을 덮어 약한 불에서 익힌다.

④ 닭이 연해지면 접시에 담아 그레이비를 얹는다.

쇠고기 육수

부위 무국 등 맑은 국을 끓일 때 기본으로 사용하는 맑은 육수에는 양지머리, 사태육, 업진육 등의 질긴 부위의 쇠고기가 적당하다. 소의 사골, 도가니, 잡뼈 등을 섞어서 끓이면 맛이 더 진해지나 육수가 탁해진다.

쇠머리나 쇠꼬리, 갈비 등은 뼈와 고기가 한데 있어서 육수를 끓이면 맛이 진하고 좋다. 육수를 만들려면 고깃덩어리는 찬물에 깨끗이 씻고, 뼈가 붙은 것은 찬물에 담가 핏물을 뺀다.

조리기구 육수는 육류에 물을 부어 오랜 시간 가열하므로 수분의 증발을 되도록 적게 하여야 한다. 육수를 끓일 때는 두껍고 깊숙한 냄비를 사용하여야 증발량이 적고 온도를 일정하게 유지하기에 알맞다.

불의 조절 육수를 만들 때는 찬물에 고기를 넣은 후 센불로 가열하고, 일단 끓어오르기 시작하면 불의 세기를 적게 조절하여 서서히 끓인다. 끓이는 도중에 떠오르는 거품, 기름 등은 자주 걷어내야 맑은 육수가 된다.

곰탕을 끓일 때는 적어도 3시간 이상 끓여야 고기의 성분이 충분히 우러나와 맛있는 육수를 얻을 수 있다.

Tip
장국을 소량 만들 때는 쇠고기를 잘게 썰어서 다진 파와 마늘, 참기름, 후춧가루로 양념하여 냄비에 참기름을 약간 두르고 볶다가 고기가 익어 색이 변하면 물을 넣어서 끓인다. 끓는 도중에 위로 떠오르는 기름과 찌꺼기 거품은 말끔하게 걷어낸다. 고기는 따로 건져내지 않고 그대로 넣고 끓인다.

양지머리 편육

쇠고기의 양지머리 부위를 덩어리째 삶아 반듯하게 눌러서 얇게 저며 초간장을 찍어 먹는 음식으로, 양지머리는 쇠고기의 부위 중 편육으로 가장 많이 쓰인다.

재료 및 분량

양지머리	800 g
물	20컵
소금	2큰술
파	1뿌리
마늘	3톨
〈초간장〉	
간장	4큰술
식	2큰술
물	2큰술
설탕	1/2작은술
잣가루	1작은술

만드는 법

① 양지머리는 되도록 두께가 두꺼운 부위 한 덩어리로 준비하여 찬물에 담가서 핏물을 뺀다.

② 물이 끓어오르면 양지머리를 넣어 삶는다.

③ 국물이 다시 끓어오르면 파를 크게 썰고, 마늘은 두세 조각으로 저며서 넣는다. 불을 줄이고 그 위에 떠오르는 거품을 가끔 걷어내면서 서서히 끓인다.

④ 2시간 정도 삶아서 고기가 무르게 익으면 소금을 넣어 잠시 더 끓여서 젖은 베보자기에 싸서 눌러 모양을 반듯하게 한다.

⑤ 눌러놓은 고기를 고깃결의 반대 방향으로 폭 5 cm 정도로 얇게 썰어서 그릇에 흐트러지지 않게 담는다.

⑥ 초간장을 만들어 작은 그릇에 담고 잣가루를 뿌려낸다.

Tip
사태, 우설 등으로도 편육을 만들며, 부위에 따라 맛과 텍스처가 특이하다.

브라운 비프스튜(brown beef stew)

재료 및 분량

쇠고기	900 g
조미된 밀가루	1/3컵
기름	2작은술
물	3컵
다진 파슬리	2작은술
셀러리	1
썬 양파	1/3컵
파초잎	1
정향	3
작은 양파	6
당근	6
썬 셀러리	1컵

만드는 법

① 고기를 깨끗한 마른행주로 닦아 사방 2.5 cm로 깍둑썰기하여 소금과 후추를 혼합한 밀가루를 묻혀 두꺼운 냄비에 기름을 두르고 갈색이 될 때까지 볶는다.

② 끓는 물을 붓고 파슬리, 셀러리, 양파, 파초잎, 정향을 넣어 뚜껑을 덮고 약한 불로 연해질 때까지 약 2시간 반가량 익힌다.

③ 고기가 연해지기 30분 전에 당근을 넣어 같이 익히며, 수분이 부족해지면 물을 더 붓는다.

④ 미리 뜨겁게 한 스튜 그릇에 담아낸다.

쇠고기 장조림

장조림에 적합한 부위는 홍두깨살, 우둔살, 사태 등 비교적 질긴 부위이다. 일단 고기를 덩어리째 부드럽게 삶은 다음 간장을 넣어 조린다. 가정에서 비교적 오래 두고 먹을 수 있는 밑반찬이다.

재료 및 분량

쇠고기(우둔)	600 g
물	5컵
간장	1컵
설탕	4큰술
마늘	2톨
생강	1톨

만드는 법

① 쇠고기를 덩어리째 물에 씻어 핏물을 빼고 5 cm 정도의 크기로 토막을 낸다.

② 냄비에 물을 끓여서 고기토막을 넣어 고기가 어느 정도 무를 때까지 삶는다.

③ 고기가 연해졌으면 간장, 설탕, 그리고 얇게 저민 마늘과 생강을 넣어 조린다.

④ 상에 낼 때는 결대로 가늘게 찢거나 얇게 저며서 그릇에 담고 간장을 조금 부어낸다.

CHAPTER 10

어패류

1. 어패류의 분류
2. 어패류의 성분
3. 생선의 선택과 보관
4. 생선의 조리성
5. 생선의 조리

우리나라는 삼면이 바다로 둘러싸여 있어 풍부한 수산자원을 식품에 이용할 수 있다. 어류, 패류, 갑각류, 연체류 등의 수산 동물성 식품은 축산식품이 부족했던 우리나라의 식생활에서 우수한 단백질 급원으로 이용되어 왔다. 신선한 어패류는 생식을 하기도 하지만 가열조리하여 섭취하는 경우가 많고, 건조, 염장, 냉동 등의 방법으로 장기간 저장하기도 한다.

1. 어패류의 분류

가다랑어

수산동물은 척추를 가진 어류와 무척추인 패류로 분류되며, 패류는 다시 연체동물과 갑각류로 분류된다. 어류는 매우 다양하고 지역에 따라 식용으로 하는 종류도 다르다. 어류에는 해수어와 담수어가 있고, 일반적으로 차고 맑고 깊은 물에서 자란 생선이 따뜻하고 갯벌이 있고 얕은 물에서 자란 생선보다 맛과 질이 좋다. 어류는 종종 지방함량에 따라 분류되기도 하는데, 저지방 생선은 지방함량이 2% 이하로 광어, 가자미 등의 넙치류와 농어류가 속하고, 고지방 생선은 지방함량이 5% 이상으로 다랑어, 고등어, 청어, 연어, 정어리, 빙어, 참치 등이 속한다. 저지방 어류의 지방은 거의 모두 간에 들어 있으므로 간유의 원료가 된다.

생선은 머리, 몸체, 꼬리의 세 부분으로 구성되어 있으며, 지느러미가 있어 이동할 때 사용된다. 생선의 표면은 피부로 덮여 있고 그 위에 피부의 일부인 진피가 변화한 비늘로 덮여 있다(그림 10-1). 그러나 삼치, 고등어, 꽁치, 갈치 등과 같이 비늘이 없는 생선도 있다. 생선의 내장기관은 호흡기관인 아가미, 소화기관인 식도, 위, 장 및 소화선으로 췌장과 담낭이 있고 생식기관이 있다. 일부 생선의 알이나 내장은 식용으로 이용되기도 한다.

생선의 몸체를 이루는 근육은 근섬유가 모인 다발로 구성되어 있으며, 주로 식용으로 사용되는 것은 몸통에서 꼬리에 이르는 측근이다. 측근은 머리뼈 다음부터 꼬리까지 등뼈의 수와 같은 수의 근절이 겹쳐서 이루어졌다(그림 10-2).

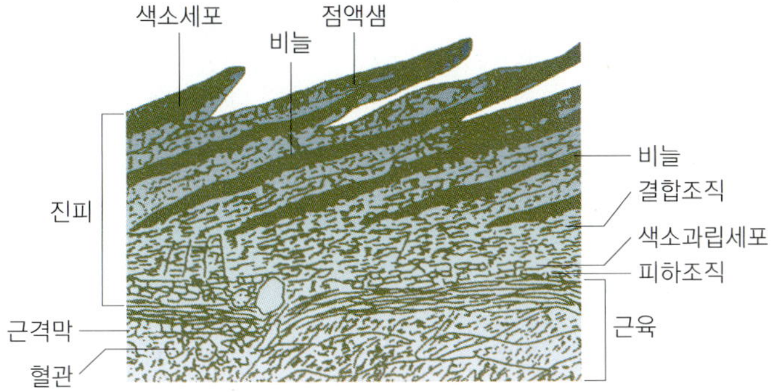

그림 10-1 **어류 피부층의 단면도**

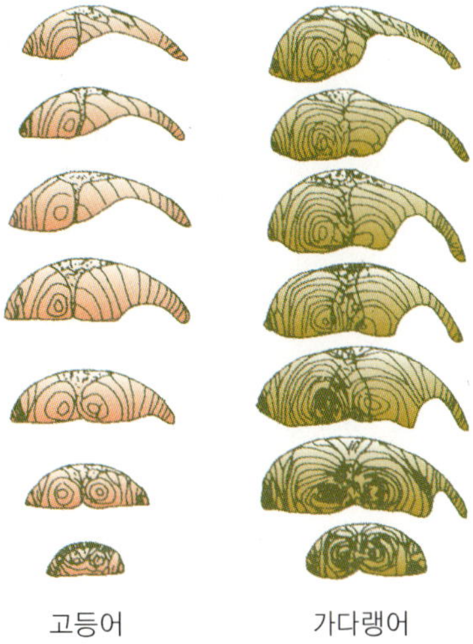

그림 10-2 **생선 근육의 단면도**

패류는 척추가 없는 대신 단단한 껍데기가 부드러운 내부조직을 둘러싸고 있다. 갑각류에 속하는 게, 새우, 가재 등은 키틴질의 단단한 껍데기로 둘러싸여 있으며, 마디가 있어 이동할 때 이용된다. 연체동물은 마디가 없는 부드러운 몸체가 석회질로 된 껍데기에 싸여 있다. 여러 가지 조개류와 굴, 달팽이가 여기에 속한다. 또한 문어, 오징어와 같이 뼈나 껍데기가 없는 연체동물도 있고, 성게, 해삼 등은 극피동물로 분류되기도 한다. 패류의 조직은 생선과는 다르며 훨씬 단단하고 고온에서 쉽게 질겨진다. 결합조직에 관하여는 아직 잘 알려지지 않았다.

2. 어패류의 성분

1) 일반성분 및 영양가

어패류의 일반성분은 〈표 10-1〉과 같다. 어류의 주성분은 단백질로서 생선살의 약 20%를 차지하며, 생선 단백질의 아미노산 조성도 육류와 비슷한 좋은 단백질이다. 단백질은 생선의 종류나 계절에 따른 변화가 별로 없으나 지방은 계절이나 부위에 따라 차이가 있다(그림 10-3, 10-4).

표 10-1 **어패류의 일반성분**

(%)

종류	수분	단백질	지방	탄수화물	회분
가다랭이(bonito)	70.0	25.4	3.0	0.3	1.3
가자미(flounder)	83.7	15.1	1.8	-	1.6
갯장어(conger eel)	60.7	20.0	12.5	0.3	1.2
큰게(king crab)	72.3	22.0	0.5	1.5	2.0
고등어(mackerel)	76.0	18.0	4.0	0.7	1.3
광어(flounder)	66.2	19.9	4.1	6.5	3.3
꽁치(mackerel pike)	70.0	20.0	8.4	0.3	1.3
꽃게(red crab)	79.0	16.4	0.5	1.3	2.8
농어(sea bass)	75.1	19.5	12.4	0.9	1.1
낙지(octopus)	83.7	12.1	0.4	-	1.1
대구(cod)	80.3	17.5	0.4	0.3	1.1
참도미(red sea-bream)	77.4	20.2	1.4	-	1.7
멸치(anchovy)	67.6	20.3	9.0	0.2	2.9
명태(alaskan pollack)	77.5	20.3	0.9	-	1.4
민어(croaker)	67.9	21.0	6.5	2.5	2.1
새우(대하)(spiny-lobster)	80.4	17.8	0.6	-	0.6
숭어(gray mullet)	72.0	22.0	4.0	0.8	1.2
연어(salmon)	72.0	19.8	6.2	0.1	1.3
오징어(squad)	80.6	16.9	0.7	0.5	1.4
전복(abalone)	78.8	12.9	0.5	4.2	0.6
정어리(sardine)	75.0	17.5	6.0	0.3	1.2
조기(yellow toilrunner)	81.7	18.3	0.8	-	1.3
참치(tuna)	71.9	21.2	5.3	0.3	1.3
청어(herring)	63.9	17.4	12.6	-	1.3
갈치(hair tail)	72.0	17.7	8.2	0.7	1.4
굴(oyster)	84.7	7.6	1.6	4.0	1.6
대합(clam)	80.2	7.5	1.3	3.9	2.8
바지락(short neck clam)	84.2	9.1	0.8	4.0	1.9

자료 : 2011 식품성분표 제8개정판, 농촌진흥청 국립농업과학원(2011)

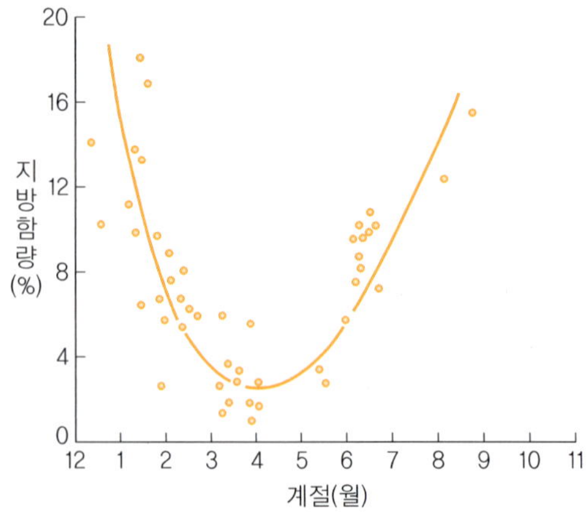

그림 10-3 **계절에 따른 어류의 지방함량**

자료 : 松元文子(1991)

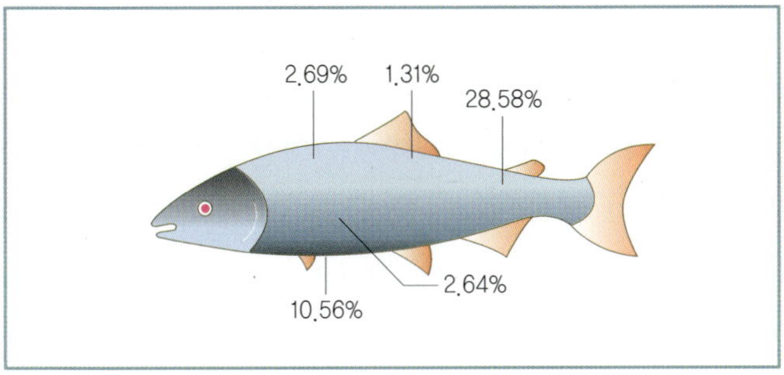

그림 10-4 **어류의 부위에 따른 지방함량**
자료 : 松元文子(1991)

생선의 지방함량은 맛에 크게 영향을 주는데 머리쪽에 가까운 부분, 복부, 피하에 많다. 참치의 뱃살은 지방함량이 20% 이상이나 되어 가장 맛있는 부분으로 여겨진다. 생선이 산란기가 가까워지면 산란에 필요한 에너지를 지방으로 체내에 축적하므로 산란 직전에는 지방함량이 높다. 이때가 가장 맛이 있는 시기이며, 생선마다 산란기가 다르므로 그 시기는 생선마다 모두 다르다. 그러나 산란이 끝나면 지방함량이 급격히 감소하고 수분함량이 증가하므로 가열하면 수축이 심해져서 뻣뻣하고 맛이 없어진다(그림 10-3).

어류의 지방은 불포화도가 매우 크고, 특히 EPA(eicosapentaenoic acid)와 같은 n-3 또는 ω-3라고도 불리는 다중불포화지방산(PUFA, polyunsaturated fatty acids)의 함량이 많다. 일반적으로 생선의 n-3PUFA 함량은 총지방의 30~45%이다(표 10-2).

패류는 지방함량이 매우 적으며, 탄수화물은 글리코겐의 형태로 들어 있다. 바닷가재에는 글리코겐이 1% 미만으로 함유되어 있지만 전복, 대합, 홍합, 굴, 패주 등에는 3~5% 정도 들어 있다. 여러 가지 패류의 달큰한 맛은 글리코겐이 효소작용에 의해 분해되어 형성된 포도당에 기인한 것이다.

표 10-2 **어류의 총 지방 중 n 3 지방산의 함량**

(%)

종류	n-3 지방산 함량	종류	n-3 지방산 함량
농어	33.7	연어	39.9
대구	45.9	정어리	43.4
가자미	37.5	숭어	30.1
넙치	28.3	참치	37.6
청어	23.6		

어류의 무기질 함량은 육류보다 약간 많은 편이며, 패류는 어류의 2배 정도이다. 굴, 대합, 새우에는 육류나 다른 생선류보다 칼슘 함량이 많고, 특히 우리가 해산물에 의존하는 무기질은 요오드이다. 굴, 대합, 바닷가재는 해산물 중에서도 요오드 함량이 많은 편이다. 새우가 그 다음이고, 게와 나머지 해산물은 적다. 어류의 비타민 함량에 대하여는 그다지 많이 연구되지 않았으나, 고지방 생선은 비타민 A의 함량이 상대적으로 많고 굴은 티아민과 리보플래빈의 좋은 급원이다. 어류에는 티아민을 파괴하는 효소인 티아미네이스가 있어서 날로 먹으면 효과가 떨어진다. 어류는 비타민 C의 함량이 매우 적으며, 여러 가지 어간유는 비타민 A와 D의 풍부한 급원이다.

2) 맛성분

어패류에는 유리아미노산, 뉴클레오타이드, 저분자 질소화합물, 유기산 등 저분자량의 수용성 물질들이 함유되어 있어 어패류의 구수한 감칠맛을 내고, 어패류를 물에 넣고 가열하면 그들이 물에 용출되어 국물의 맛이 좋아진다. 이러한 수용성 맛성분은 생선보다 연체동물에 더 많이 함유되어 있으며, 생선의 종류에 따라 그 함량이 높은 것은 독특한 국물을 내는 재료로 사용되고 있다.

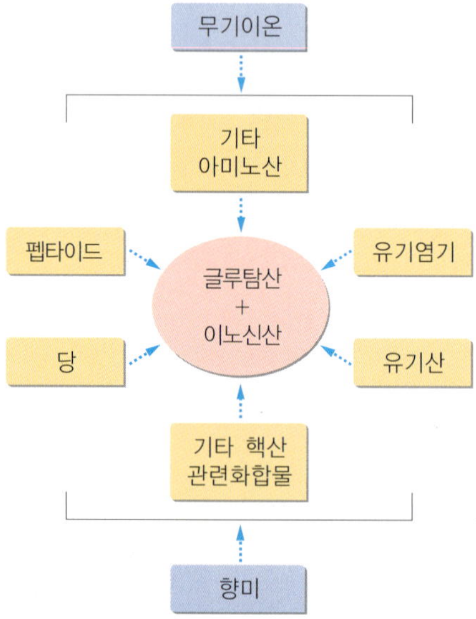

그림 10-5 **어패류의 맛에 기여하는 성분들**

어패류의 맛성분의 중심이 되는 것은 유리아미노산 중 글루탐산이고 뉴클레오타이드인 이노신산과 함께 존재하면 상승효과가 있어 구수한 맛이 더 강해진다(그림 10-5). 그 밖의 유리아미노산으로는 글리신, 알라닌, 프롤린 등이 있다. 저분자 질소화합물에는 감미를 내는 TMAO(trimethylamine oxide)와 베타민(betain)이 있는데 베타민은 깨끗한 뒷맛을 가진다. 패류에 상당량 함유되어 있는 숙신산(succinic acid) 등의 유기산도 구수한 맛을 낸다.

3) 냄새성분

어패류의 냄새는 신선할 때와 선도가 떨어졌을 때 그리고 해수어와 담수어에 따라 다르다. 해수어의 비린내는 TMA(trimethylamine)에 의한 것이며, 그 외에 δ-aminovaleric acid와 δ-aminovaleral도 비린내를 낸다. TMA는 생선조직에 함유되어 있던 TMAO가 세균에 의하여 환원된 것으로, 생선이 세균에 의하여 부패되기 시작하면 TMA가 많이 생성되고 비린내는 강해진다.

신선한 담수어의 냄새는 피페리딘(piperidin)과 아세틸알데히드(acetaldehyde)가 축합된 것이다. 선도가 떨어지면 강한 이취를 내는데 이것은 암모니아, 황화수소, TMA, 메틸머캅탄(methylmercaptan), 인돌(indole), 스캐톨(skatole), 지방산 등이 섞여서 나는 것이다.

3. 생선의 선택과 보관

생선의 사후 변화는 수조육보다 빠르게 일어나므로 선도의 저하속도가 빠르고, 조직이 연하여 세균의 침투가 용이하므로 변질이 쉽게 일어난다. 따라서 생선을 구입할 때는 반드시 선도가 높은 것을 선택해야 하고, 보관할 때도 주의를 기울여야 한다.

1) 선도

신선한 생선은 살이 단단하고 몸이 빳빳하며, 특히 배가 단단한 것이라야 한다. 비늘은 밀착되어 있고 아가미가 붉으며, 눈은 투명하며 움푹 들어가지 않은 것이 신선한 것이다. 손으로 눌러보아 누른 자국이 남지 않는 것이 신선하다. 신선한 생선은 표면에 점액이 거의 없고, 냄새가 독특하나 비린내가 적다.

오래된 생선은 반대로 몸이 축 늘어지며, 눈이 불투명하게 흐리고 꺼져 있다. 비늘이 쉽게 벗겨지고 아가미는 붉지 않으며, 좋지 않은 냄새가 난다.

냉동생선은 전체가 단단하게 얼어 있는 상태로 구입해야 하고, 생선살이 변색되거나 갈색을 띠지 않으며, 냄새가 나지 않아야 한다. 전유어용이나 튀김용 등으로 손질한 것을 구입할 때는 수분이나 수증기를 차단하는(moisture/vapor-proof) 포장재료로 잘 포장된 것을 선택해야 한다.

패류를 구입할 때는 항상 살아있는지 확인해야 되는데, 살아있는 조개는 껍데기가 꼭 닫혀 있거나 살짝 건드리면 껍데기를 닫는다.

2) 보관

생선은 냉장 또는 냉동보관한다. 생선을 냉장고에 보관할 때는 가장 온도가 낮은 위치에 넣어야 하고, 비린내가 강하여 다른 식품에 냄새가 오염되기 쉬우므로 잘 봉해 두어야 한다.

살아있는 패류를 냉장할 때는 깨끗한 젖은 헝겊으로 느슨하게 덮어주어야 하며, 공기를 차단하는 용기는 피한다. 어패류는 구입한 후 냉장고에서 2일 이상은 두지 않으며, 더 오래 보관하려면 냉동해야 한다.

4. 생선의 조리성

어육을 구성하는 단백질은 수조육류와 비슷하여, 미오신, 액틴, 트로포미오신 등의 근원섬유단백질이 총 단백질의 60~70%, 구상 미오겐 등의 근장단백질이 총 단백질의 20~30%를 이루며, 육기질단백질은 1~3%로 수조육의 10분의 1 정도이다.

어육의 근섬유는 수조육보다 짧고 근절이 있으며, 근절의 사이는 근격막으로 싸여 있다. 그리고 결합조직 단백질이 수조육보다 적기 때문에 생육으로도 연하고, 물에 넣고 가열할 때에도 수조육보다 쉽게 용출되어 가열된 생선살이 부서지기 쉽고 연하게 된다.

1) 소금에 의한 변화

소금을 사용하는 것은 간을 맞추어 맛을 돋우는 동시에 생선살의 질감을 변화시킨다. 적당량의 소금을 첨가하면 생선살의 보수성이 향상되나, 소금량이 많아지면 어육단백질은 변성되고 보수성이 오히려 저하된다. 보수성이 증가하는 것은 소금의 Na^+과 Cl^-가 근육단백질의 전하가 있는 부분에 결합하여 반대전하의 극성기와 결합하는 것을 감소시킴으로써 입체구조에 공간을 만들기 때문이라고 생각된다.

생선을 절이는 방법에는 생선에 소금을 직접 뿌리는 법과 소금물에 담그는 법이 있다. 소금을 뿌리는 법은 소량을 다룰 때 조작이 간편하고, 소금물에 담그는 법은 공기와의 접촉을 막아 지방의 산화를 방지할 수 있다.

구이를 할 때는 1~3% 정도의 소금을 뿌려 탈수와 동시에 비린내를 제거하는 효과를 얻을 수 있다. 이는 비린내 성분이 소금 중의 Cl^-과 결합하여 물 속으로 녹아나오는 성질이 있기 때문이다.

소금의 농도에 따라 어육단백질의 용출량은 다르다(그림 10-6). 생선 단백질 중 미오겐(myogen)은 물 또는 2% 이하의 소금물에 용해되는데, 이때는 용출량이 적기 때문에 투명하고 점도가 낮은 용액을 형성한다. 소금농도가 2%를 넘으면 단백질의 용출량이 급격히 증가하고 점도가 높아지는데 2~6%의 소금농도에서는 미오신과 액틴이 주로 용출된다.

이들 단백질이 용출되면 서로 결합하여 큰 분자인 액토미오신을 형성하고, 이 액토미

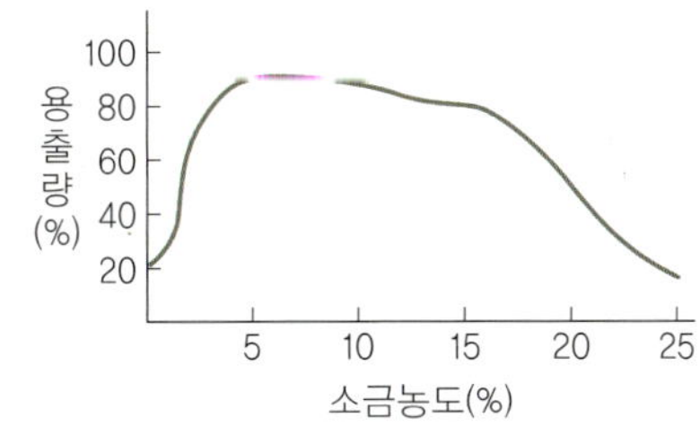

그림 10-6 **소금농도에 따른 어육단백질의 용출량**

자료 : 澁川祥子 외(1992)

표 10-3 **소금의 농도에 따른 어육의 변화**

소금농도	어육의 변화
1% 이하(소금물)	미오겐이 용출되어 나온다(어육 전 단백질의 20~30%에 상당한다).
2~6%	미오신, 액틴이 가장 잘 용출된다. 그러므로 액토미오신이 형성되어 점도가 높은 졸이 되고, 방치하면 탄력성이 높은 젤이 된다. 어묵을 만들 때 3% 정도의 소금이 사용된다.
15%	액토미오신의 형성은 저해된다. 단백질은 소금에 수화수를 빼앗겨 탈수 침전된다(염장품의 단백 변성).

오신 분자가 서로 엉겨 입체적 망상구조를 형성하면 젤이 되어 굳는다. 이 성질을 이용하여 어묵을 제조한다. 어묵은 3% 정도의 소금을 생선에 넣고 갈아 미오신과 액틴을 용출시켜 액토미오신을 형성하게 한 후 일정한 모양을 만들어 찌거나 기름에 튀긴 것이다.

소금농도가 더 높아지면 15%까지는 용출량에 큰 변화가 없으나 그 이상이 되면 단백질 표면에 흡착되어 있던 수분이 소금으로 대치됨으로써 단백질이 응고되고 용출량은 감소한다. 이때는 액토미오신의 형성이 저해된다. 고농도의 소금에 절였던 생선을 물에 담가 소금을 빼도 어육의 조직이 생것이었을 때와 같은 상태로 돌아가지 않는 것은 단백질이 불용성이 되기 때문이다.

2) 산에 의한 변화

식초를 넣으면 생선살이 단단해지며 외부에 부착되어 있던 세균에 대한 살균효과도 있다. 이런 효과를 얻기 위하여 홍어회를 만들 때 식초를 넣기도 한다.

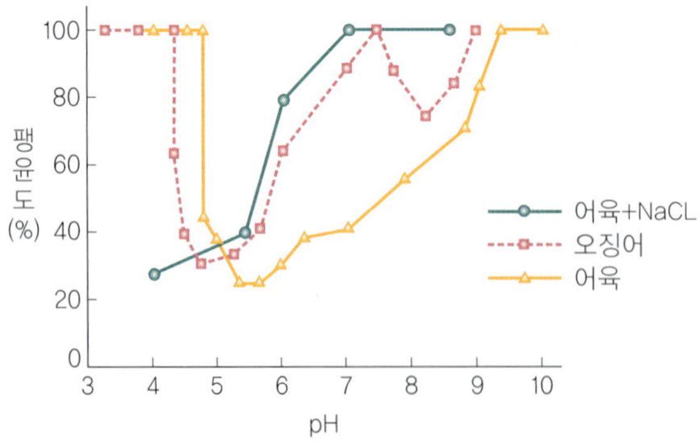

그림 10-7 **어육의 팽윤도에 대한 pH의 영향**

자료 : 松元文子(1991)

일본에서는 특히 10% 정도의 소금으로 절인 후 식초를 가하는 생선 초절임을 많이 한다. 어육을 초절임하면 표면이 하얗게 변성되고 굳어지며, 불투명해지고 텍스처가 변한다. 일반적으로 어육은 〈그림 10-7〉에 표시한 것처럼 단백질의 등전점으로부터 산성이나 알칼리성으로 기울어지면 팽윤이 일어나지만 소금이 첨가되어 있는 경우는 단백질의 등전점보다 산성 쪽으로 되어도 팽윤이 일어나지 않고 응고된다.

3) 가열에 의한 변화

생선을 가열하면 단백질의 변성에 의한 근육의 수축과 텍스처의 변화, 육즙의 용출, 색과 풍미의 변화 등이 일어난다.

(1) 결합조직의 수축

생선의 껍질과 근육섬유를 둘러싸고 있는 불용성 단백질인 콜라겐은 물 속에서 가열하면 변성되어 초기에는 수축하다가 계속 가열하면 수용성인 젤라틴으로 변하여 용출된다.

콜라겐의 열수축온도는 포유동물보다 낮으며 생선이 자란 환경에 따라 다르다. 바닷물의 온도가 높은 곳에 사는 생선의 열수축온도는 50~60℃이고, 낮은 곳에 사는 생선은 38~40℃이다. 그러므로 생선을 물에 넣어 낮은 온도에서 가열해도 젤라틴이 쉽게 용출되어 국물이 식으면 젤화되어 굳는다.

(2) 텍스처의 변화

근육단백질은 가열하면 응고하고 근육이 수축하여 탈수가 일어나기 때문에 살이 단단해지고 중량은 감소한다. 신선한 생선일수록 탈수에 의한 부게의 감소량이 적다. 가열하면 생선은 평균 15~20%가 감소되나 오징어, 낙지, 문어 등의 연체동물은 감소율이 높아서 35~40%에 달한다.

어육을 가열하면 근원섬유단백질과 근장단백질이 응고되어 경도는 증가하고, 근격막의 육기질단백질은 용해되어 결합력이 약해져서 살이 부서지기 쉽게 된다(그림 10-8). 근원섬유단백질의 주성분인 액토미오신은 45℃ 정도에서 응고되기 시작하고, 수용성

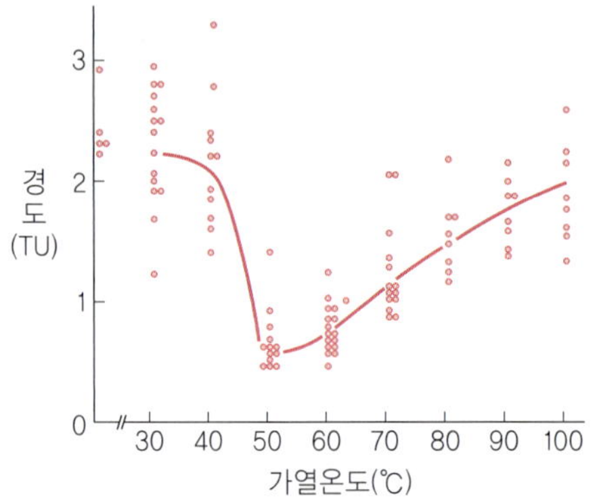

그림 10-8 **어육의 가열에 의한 경도의 변화**

자료 : 松元文子(1991)

의 근장단백질인 미오겐은 50~60℃에서 응고된다. 특히 어육의 경도에는 근장단백질의 함량이 영향을 미친다. 근장단백질은 가열에 의하여 두부상으로 응고되어 근섬유 사이에 채워져 접착을 강화시키므로 근장단백질이 많은 붉은살생선은 근장단백질이 적은 흰살생선보다 더 단단하다.

(3) 단백질의 수축과 육즙의 용출

근원섬유단백질이 응고됨에 따라 생선살은 보수성이 저하되고 육즙이 분리되어 용출된다. 45~50℃ 부근에서 근원섬유단백질이 응고되면 그 온도에서 응고되지 않는 근장단백질이 수분과 함께 용출되고 점점 온도가 올라감에 따라 어육 표면에 부착되거나 조리수 중으로 용출되어 응고된다. 가열온도에 따라 용출되는 단백질의 양은 〈표 10-4〉에서 보는 바와 같다.

어육의 열수추출물은 유리아미노산과 뉴클레오타이드류, 저분자 질소화합물 등으로서 참치, 가다랭이 등의 붉은살생선에는 100 g 중에 500~800 mg 정도로 많고, 참돔, 넙치 등의 흰살생선에는 240~400 mg으로 적다. 어육의 유리아미노산 중 특징적은 것은 히스티딘과 타우린(taurin)으로 가다랭이, 참치 등의 회유어에는 히스티딘이 많고, 넙치, 참돔 등의 흰살생선에는 타우린이 많다. 그 밖의 아미노산으로는 글리신, 알라닌이 많고, 복, 아구에는 라이신도 많다. 가다랭이에는 특히 뉴클레오타이드류 중 5′-이노신산(IMP)이 많다. 패류와 연체동물인 오징어, 갑각류인 새우 등에는 어육에 비하여 아

표 10-4 가열온도에 따른 수용성 단백질의 용출

(%)

생선을 넣을 때의 온도 (℃)	총 단백질에 대한 단백질 용출량	생선을 넣을 때의 온도 (℃)	총 단백질에 대한 단백질 용출량
20	3.4	55	1.1
25	1.2	60	0.4
30	2.1	65	0.5
35	2.3	70	0.7
40	3.9	75	0.2
45	2.9	80	1.0
50	1.0	90	0.4

미노산이 많고, 베타인이 많은 것이 특징이다. 새우는 글리신이 많고 오징어에는 타우린, 프롤린이 많다.

멸치국물을 낼 때와 같이 수용성 단백질과 구수한 맛성분이 국물에 많이 우러나와야 할 경우에는 찬물에 넣고 끓여야 국물의 맛이 좋아지고, 생선찌개나 조림과 같이 생선 자체의 맛을 살리는 경우에는 국물이 펄펄 끓을 때 생선을 넣어야 한다. 이렇게 하면 생선의 표면에 있는 단백질이 응고되어 수용성 단백질과 구수한 맛성분의 용출을 방지할 수 있다. 구이를 할 때도 강한 불을 멀리서 쪼여 표면의 단백질을 빨리 응고시키는 것이 좋다.

(4) 열응착성

어육을 가열할 때 냄비나 프라이팬의 금속 표면에 들러붙는 성질을 열응착성이라 하는데, 그 원인은 미오겐이라 생각되고 있다. 미오겐은 펩타이드 사슬이 구부러져서 구상을 형성하고 있는 단백질로 이 결합이 가열에 의하여 끊어지면 구부러졌던 펩타이드 사슬이 풀어지고, 결합이 끊어짐으로써 분사 표면에 노출된 활성기가 금속면에 닿으면 금속 이온과 반응을 일으켜 고기가 석쇠나 프라이팬에 붙게 된다. 프라이팬에서 생선을 구울 때 기름칠을 하면 기름의 막이 프라이팬 표면에 생겨 열응착성을 방지할 수 있다.

요즈음에는 내부에 실리콘 수지코팅을 한 프라이팬이나 냄비가 시판되고 있어 사용이 편리하다.

(5) 껍질의 수축

생선을 껍질이 있는 채로 조리하면 근섬유단백질과 진피층을 이루는 콜라겐의 열응고 온도가 다르기 때문에 껍질이 먼저 수축되어 찢어지거나 살이 구부러지는 경우가 있다.

생선 껍질의 수축온도는 37~58℃로 생선의 종류에 따라 다른데 수온이 높은 곳에서 사는 생선은 수축온도가 높다. 오징어를 가열하면 둥글게 말리는 것도 콜라겐 섬유의 수축에 의한 것이다. 그러므로 생선을 통째로 구울 때는 군데군데 칼집을 넣어 주어야 모양이 보기 좋게 유지된다.

(6) 지방의 변화

생선은 피하에 지방층이 있다. 껍질이 붙은 채로 가열하면 조직이 변하여 지방은 열에 용해되어 외부로 녹아 나온다. 지방함량이 높은 생선을 직화로 구울 때는 지방이 불에 떨어져 연소하여 연기가 나기도 한다. 지방함량이 적당한 경우에는 조미료와 혼합되어 생선의 맛과 색을 돋우고, 양념구이를 할 때에는 지방이 양념과 혼합되어 독특한 향미를 낸다.

4) 비린내의 제거

생선을 조리할 때는 여러 가지 방법으로 비린내를 제거할 수 있다.

(1) 물로 씻기

트리메틸아민 등의 아민류는 수용성으로서 물에 쉽게 용출되므로 물로 씻을 때 제거된다. 생선을 토막낸 후에는 단면에서 구수한 맛을 내는 성분이 용출되므로 토막을 내기 전에 씻는 것이 좋다.

(2) 산의 첨가

아민류는 산과 결합하면 냄새가 감소된다. 그러므로 식초, 레몬즙 등을 구이, 조림,

찜 등에 사용하면 비린내가 많이 감소된다. 서양음식에서 생선요리에 반드시 레몬조각이 나오는 것은 레몬의 향미로 음식의 맛을 돋우는 것도 있지만 비린내를 제거하기 위한 목적도 있다.

(3) 술의 사용

술의 향기는 비린내를 약화시키므로 생선구이나 조림을 할 때 술을 사용하기도 한다. 서양에서는 포도주를 많이 사용하고, 일본에서는 정종이나 조리용 술을 생선요리에 사용한다. 정종에는 숙신산을 비롯한 구수한 맛을 내는 성분이 많이 함유되어 있고, 조리용 술을 첨가하면 가열함에 따라 단백질과 반응하여 보기 좋은 갈색을 띠게 되고 좋은 방향성분이 생성된다. 생선조림에 술을 넣으면 윤이 나고 좋은 맛을 낸다.

(4) 생강의 첨가

생강은 자극적인 매운맛 성분에 의하여 미뢰의 감각을 마비시킴으로써 맛을 못 느끼게 하기도 하고, 산과 마찬가지로 트리메틸아민과 결합하여 비린내가 나지 않는 다른 물질로 변화시켜 냄새를 감소시키는 이중의 효과를 가진다. 생강은 생선을 미리 가열하여 단백질을 변화시킨 후에 넣고 조리하는 것이 처음부터 넣고 조리하는 것보다 효과가 크다고 보고되어 있다.

(5) 간장과 된장의 첨가

간장은 생선을 조리할 때 가장 흔히 사용되는 조미료이다. 간장은 생선의 맛에 향미를 주고 생선에 침투하여 단백질의 응고를 촉진시켜 살을 단단하게 한다.

날생선을 간장에 담가두면 단백질 중 글로불린이 용출되는 동시에 비린내도 용출되므로 양념한 간장에 생선을 담갔다가 조리하면 비린내가 효과적으로 제거된다.

된장은 콜로이드상이기 때문에 흡착성이 강하여 다른 조미료와 동시에 넣고 끓이면 다른 조미료가 생선으로 침투하는 것을 방해하므로 나중에 따로 첨가하는 것이 좋다. 그러나 된장도 비린내의 억제효과가 크다.

(6) 마늘, 파, 양파 및 고추의 첨가

마늘, 파, 양파는 황을 함유하고 있어 맵고 냄새가 강하여 비린내를 감소시키고 비린내를 감지하는 능력을 약화시킨다.

또한 고추의 강한 매운맛은 미뢰를 마비시켜 비린맛을 감지하지 못하게 하므로 비린내 억제효과를 내는 것이라고 생각된다.

(7) 우유의 첨가

서양에서는 생선을 조리하기 전에 우유에 담가두기도 하는데, 이렇게 하면 생선의 비린내가 약화된다. 그 이유는 우유단백질 중 카세인(casein)의 흡착성이 강하기 때문에 트리메틸아민을 흡착시키므로 비린내가 제거되기 때문이다.

5. 생선의 조리

1) 회

생어육의 텍스처를 즐기는 조리로서 선도가 가장 중시된다. 흰살생선은 붉은살생선보다 결합조직단백질이 많기 때문에 육질이 질기다. 그러므로 회를 뜰 때 가늘고 얇게 썬다. 붉은살생선은 육질이 연하므로 두껍고 평평하게 썬다.

생선은 부패하기 쉽고 세균에 의하여 오염되기 쉬우므로 기온이 높은 여름철에는 회를 피하는 것이 좋다. 오징어, 문어, 낙지, 상어회 같이 데쳐서 먹는 것도 있으나, 일반적으로 회는 가열에 의하여 살균할 기회가 없으므로 반드시 위생적으로 다루어야 한다.

2) 조림

조림은 끓고 있는 조림액에 생선을 넣어 계속 끓이는 것이다. 조림액은 비교적 적은 편이어서 생선의 15~40% 정도이므로 윗부분에도 맛이 골고루 스며들도록 국물을 끼얹어야 한다.

흰살생선은 살이 무르고 맛이 담백하기 때문에 단시간 가열함으로써 생선의 구수한 맛을 살리면서 살짝 조린다. 붉은살생선은 비교적 살이 단단하고 비린내도 강하므로 청주나 조리용 술을 가하고 가열시간을 길게 하여야 생선냄새가 약화된다. 또한 된장을 가하면 된장의 콜로이드 입자에 좋지 않은 성분이 흡착되어 비린내가 감소된다.

생선을 조리기 전에 식초로 씻어주면 비린내 성분인 아민 등의 염기성 성분과 결합하여 비린내를 억제할 수 있고, 생강 등의 향신료를 넣으면 그의 강한 향에 의하여 어취가 약화된다.

3) 구이

고온에서 구운 고기에는 생선의 성분이 그대로 유지되고 단백질과 지방이 가열에 의해 분해되어 독특한 향기를 낸다. 일반적으로 신선한 생선이나 흰살생선은 비린내가 약하므로 소금구이를 하는 경우가 많고, 붉은살생선이나 비린내가 강한 생선은 간장이나 맛술을 사용하여 양념구이를 한다. 양념구이의 경우 조미료 중의 아미노산이나 당분과 어육의 지방이나 단백질이 한꺼번에 가열되면서 서로 반응하여 더욱 향기로운 냄새를 발생시킨다.

생선을 굽는 방법에는 직화구이, 철판구이 등이 있다. 어떤 방법이든 고온에서 생선 표면의 단백질을 빨리 응고시킨 후에 중심까지 열이 전달되도록 하여야 한다. 가열 초기나 생선이 부분적으로 익었을 때 움직이면 부서지기 쉽다. 직화구이는 강한 불을 사용하여 멀리서부터 생선 전체를 가열하는 식으로 구워야 한다.

4) 튀김

어패류를 튀기는 방법에는 튀김옷을 입히지 않고 그냥 튀기는 방법과 옷을 입혀서 튀기는 방법이 있다. 그냥 튀길 때는 튀김재료의 물기를 잘 닦아서 아무것도 씌우지 않고 기름에 넣어 튀기거나, 재료에 약간 묻어 있는 물기에 마른 밀가루나 녹말가루를 씌워서 튀긴다. 이것은 작은 생선을 튀길 때 사용되는 방법으로 이렇게 튀기면 뼈와 머리가 모두 연해진다.

튀김옷을 사용하면 재료의 수분 증발을 막고 재료 자체의 맛을 살릴 수 있다. 옷을 입혀서 튀기는 경우 튀김옷의 재료로는 밀가루, 전분, 빵가루, 달걀 등이 이용된다.

밀가루에 물과 달걀을 섞어 재료에 씌워 가볍게 튀겨내는 방법은 대개 흰살생선, 새우, 오징어 등을 튀길 때 사용된다. 튀김옷은 한꺼번에 많이 만들어서 오랜 시간 두면 글루텐의 점성 때문에 좋은 튀김을 할 수 없으므로 조금씩 만들면서 튀기는 것이 좋다.

재료에 먼저 마른 밀가루를 바른 다음 풀어 놓은 달걀에 담근 후 빵가루를 씌워서 튀기는 방법도 있다. 빵가루는 굳지 않은 빵을 굵은체로 걸러서 만들기도 하고, 또 빵을 말려서 빻아 보슬보슬하게 만들어서 사용하기도 한다. 부드러운 빵가루를 씌워서 튀기면 튀김음식의 감촉이 부드럽고, 마른가루를 씌운 것은 바삭바삭하다. 빵가루를 씌워서 튀기면 튀기는 동안 빵가루가 탈수되고 갈변되면서 독특한 향기가 난다. 이 방법으로는 쉽게 익는 흰살생선, 새우, 조개류를 튀긴다.

프리터(fritter)는 거품낸 달걀흰자를 생선에 씌워서 튀기는 것이다. 달걀흰자의 색이 희기 때문에 재료는 흰살생선을 사용하고 깨끗한 새기름을 사용해야 튀겨 놓은 음식이 깨끗하고 맛이 좋다.

5) 오징어의 조리

(1) 오징어의 조직

오징의 근육조직은 횡문근과 비슷한 근육이 몸의 축과 직각으로 나란히 존재한다. 그 사이를 결합조직이 채우고 있다(그림 10-9 참조). 바깥쪽의 껍질은 4개 층으로 이루어져 있고, 제1층과 제2층에는 색소세포가 있어 적자색의 반점이 보이고, 제3층과 제4층은 망상구조의 강인한 콜라겐 섬유로 이루어져 있다. 보통 오징어의 껍질을 벗기면 제2층과 제3층 사이가 분리되어 색소세포가 제거되므로 오징어를 데치면 백색으로 익는다. 제3층과 제4층은 잘 제거되지 않는다. 제4층의 콜라겐 섬유는 가늘기는 하나 질기고 이것이 몸의 길이로 존재하며 근육섬유와 직각으로 교차하여 근육을 고정시키고 있다.

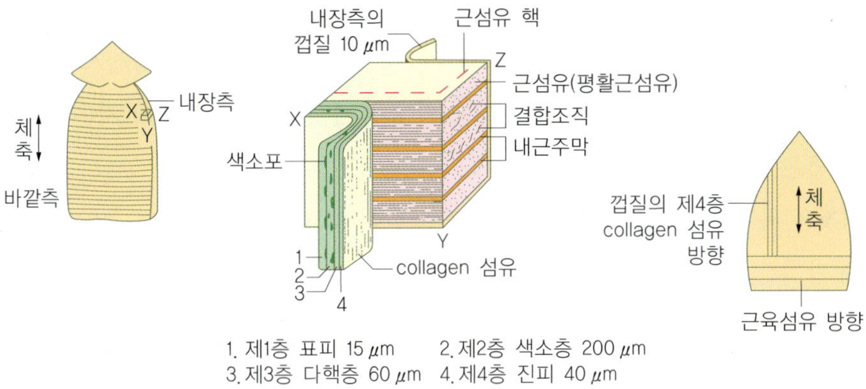

그림 10-9 **오징어의 근육구조**

(2) 오징어의 가열에 의한 변화

오징어는 가열하면 색소세포로부터 적자색의 색소가 용출되므로 대개 표피의 제1층과 제2층을 제거한 후 가열하는 경우가 많다. 오징어를 가열하면 수축되고, 중량의 감소가 30~40%까지 될 수 있기 때문에 되도록 단시간에 가열한다. 이때 표피의 제3층과 제4층이 강하게 수축하므로 몸의 축방향으로 동그랗게 말린다. 또한 가열하면 결합조직이 약화되므로 체축과 직각방향으로 찢어지기 쉬워진다. 조미료의 침투를 좋게 하고 모양을 내기 위해 칼집을 넣어 조리하기도 한다. 칼집을 넣는 부위와 방향에 따라 가열에 의한 수축의 정도가 다르다.

6) 젓갈의 조리

젓갈은 어패류를 소금에 절여 부패되지 않게 저장하는 것이 주목적이나 숙성되는 동안 구성단백질이 가수분해되어 유리아미노산과 핵산 관련물질이 생성되어 구수한 맛이 나므로 그 자체의 독특한 향미를 즐기는 반찬으로 사용되기도 하고 양념으로 사용되기도 한다.

멸치젓, 새우젓, 조기젓, 갈치젓, 황새기젓 등은 주로 침채류의 양념으로 사용되며, 굴젓, 명란젓, 창란젓, 오징어젓, 곤쟁이젓, 조개젓 등은 반찬으로 사용된다. 양념으로 사용되는 젓갈은 염도가 높고, 숙성 후 끓여서 여과하여 맑은 액체 상태인 액젓으로 만들어 사용하는 경우가 많다. 반찬으로 사용되는 젓갈은 비교적 염도가 낮은 편이다.

멸치젓의 경우 멸치 무게의 20~25%의 소금에 절여 실내온도에서 숙성시키고, 새우젓은 어체가 작고 조직이 무르므로 약 30%의 소금에 절여 15℃ 전후의 저온에서 숙성시켜야 좋은 품질의 젓갈을 얻을 수 있다.

조개젓은 바지락의 살을 소금을 많이 넣고 절여 약 1년간 삭게 두었다가 판매한다. 이렇게 장기간 저장하는 동안 트리메틸아민옥사이드가 트리메틸아민으로 변하여 비린내가 강해진다. 따라서 비린내를 제거할 수 있는 여러 가지 조미료와 향신료를 많이 넣고 양념하여 먹는다.

실험

오징어 데치기

목적 오징어의 근육조직과 가열에 따른 수축과의 관계를 이해하고, 수축의 정도에 영향을 미치는 요인을 알아본다.

재료 및 분량 오징어 1.5마리

기구 저울, 스톱워치, 온도계(100℃), 자, 일반 조리용구

방법

① 다리와 머리 부분을 잘라내고 동체를 연골이 있는 쪽부터 세로로 잘라 펼친 후 표피측의 1, 2층 껍질을 벗긴다.

② 동체를 아래 그림의 (A)와 같이 자른다. 세로 4 cm, 가로 2 cm(a_1, a_2, a_3, a_4)와 세로 2 cm, 가로 4 cm(b_1, b_2, b_3, b_4)로 잘라 각각의 중량을 측정한다.

③ 나머지 a와 b는 뜨거운 물에 2초씩 담갔다 꺼내 바로 찬물에 담갔다가 표피측의 3, 4층 껍질과 내장측의 껍질을 벗기고 세로 4 cm, 가로 3 cm(a_5)와 세로 3 cm, 세로 4 cm(b_5)로 잘라, 각각의 중량을 측정한다.

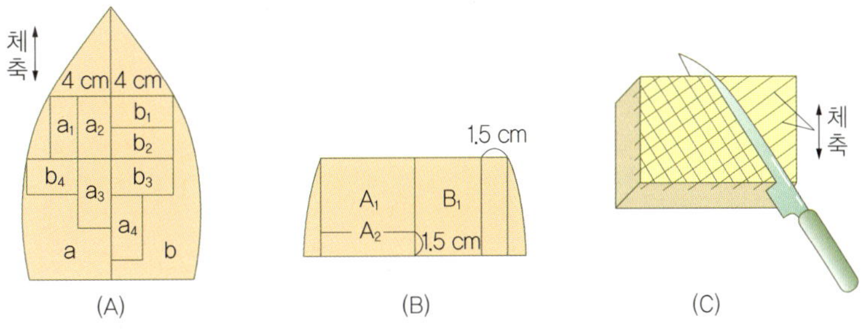

시료(오징어) 자르는 법(A, B)과 칼집 넣는 법(C)

④ 냄비에 500 mL의 물을 붓고 가열하여

i) 물의 온도가 50℃로 되면 a_1, b_1을 동시에 넣고 20초 후에 꺼낸다.

ii) 물의 온도가 70℃로 되면 a_2, b_2를 동시에 넣고 20초 후에 꺼낸다.

iii) 물의 온도가 90℃로 되면 a_3, b_3를 동시에 넣고 20초 후에 꺼낸다.

iv) 물의 온도가 90℃로 되면 a_4, b_4를 동시에 넣고 60초 후에 꺼낸다.

v) 물의 온도가 90℃로 되면 a_5, b_5를 동시에 넣고 20초 후에 꺼낸다.

⑤ i)~iv)의 가열 후 중량과 가로, 세로의 길이를 측정하고 a_1, a_4, a_5와 b_1, b_4, b_5의 축소율을 다음 식에 따라 구한다. 또한 오징어 근육의 경도를 비교해 본다.

$$\text{축소율}(\%) = \frac{\text{날오징어육의 길이} - \text{가열 후의 오징어육의 길이}}{\text{날오징어육의 길이}} \times 100$$

⑥ 오징어 1/2마리의 동체의 표피측 1, 2층의 껍질을 벗기고, 앞 그림의 (B)와 같이 자른다.

⑦ A_1은 표피측에, B_1은 내장측에 앞 그림의 (C)와 같이 0.7 cm 간격으로 칼집을 넣는다.

⑧ A_2는 체축에 평행하게, B_1는 체축에 직각으로 칼집을 넣는다.

⑨ 냄비에 물 500 mL를 붓고 끓으면 A_1, B_1을 동시에 넣고 30초간 삶아서 접시에 꺼내 수축의 정도를 비교한다.

⑩ ⑨와 같은 방법으로 A_2, B_2의 오징어를 뜨거운 물에 넣고 20초 후에 꺼내 가열에 따른 수축과 근섬유의 방향과의 관계를 비교한다.

결과 오징어의 근육조직과 가열에 따른 수축과의 관계

시료	가열 전 중량(g)	가열 후 중량(g)	가열 후 세로의 길이	축소율(%)	가열 후 가로의 폭	축소율(%)	수축된 모양	경도
a_1 a_2 a_3 a_4 a_5								
b_1 b_2 b_3 b_4 b_5								

시료	가열 전의 중량(g)	가열 후의 중량(g)	수축의 정도
A_1			
B_1			
A_2			
B_2			

주의

실험 ④의 i)~v)의 화력은 가능한 한 일정하게 한다.

실습

조기조림

재료 및 분량	
조기(생선)	400 g
간장	1/2컵
파	20 g
쑥갓	40 g
설탕	2큰술
실고추	조금
생강	1/2작은술
물	3큰술

만드는 법

① 비늘을 긁고 아가미로 손을 넣어 내장을 꺼내 버린다.

② 생선은 토막을 내서 냄비(뚝배기)에 담는다.

③ 파는 5 cm 길이로 잘라서 위쪽만 반을 가른다.

④ 생강과 마늘을 저며서 생선 사이에 넣고, 파는 조기 밑에 깐다.

⑤ 간장에 물, 깨소금과 설탕을 혼합하여 조기 위에 붓고 실고추를 얹어 끓인다.

⑥ 생선이 다 익을 때 쑥갓을 넣는다.

Tip
생선조림에 생강을 넣으면 맛이 개운해서 좋다. 물 대신 무즙을 넣으면 좋다.

홍합초

홍합을 조린 것으로 술안주로도 많이 이용한다. 생홍합은 살을 떼어내어 데쳐서 조리며, 말린 홍합은 부드럽게 불려서 조린다.

재료 및 분량	
말린 홍합	30개
쇠고기(우둔)	50 g
진간장	4큰술
물	1컵
파(흰 뿌리)	1뿌리
마늘	2?
생강	1?
후춧가루	1/4작은술
녹말	1큰술
설탕	1큰술
참기름	1큰술
잣가루	1큰술

만드는 법

① 마른 홍합은 물에 담가서 불린 후 틈에 있는 모래를 빼내고 털을 자른다.

② 쇠고기는 납작납작하게 저며서 홍합과 같이 양념장으로 양념한다.

③ 냄비에 물을 붓고 간장과 설탕을 넣어 불에 올려 끓기 시작하면 쇠고기와 홍합을 넣어 약한 불에서 조린다.

④ 파의 흰 부분을 2 cm로 썰고, 마늘과 생강은 편으로 썰어 ③에 같이 넣는다.

⑤ ④의 장물이 거의 졸면 녹말을 물에 타서 넣어 걸쭉하게 하고 참기름을 넣어 윤기나게 조린 후 그릇에 담가 잣가루를 뿌려낸다.

조기구이

재료 및 분량

조기(중 또는 대)	1마리
소금	1작은술
간장	1큰술
다진 파	1큰술
마늘	1작은술
깨소금	1작은술
기름	1작은술
실고추	조금
설탕	1작은술
다진 생강	1/8작은술

만드는 법

① 조기를 깨끗이 손질한 후에 행주로 닦아 물기를 없앤다.

② 먼저 기름을 생선에 바르고 석쇠는 먼저 뜨겁게 해놓은 후 굽는다.

③ 뭉근한 불에 소금을 뿌려가면서 대강 굽는다.

④ 양념을 다같이 잘 섞어 놓는다.

⑤ 양념을 발라가면서 구워낸다.

Tip
생선은 비늘을 긁고 지느러미를 떼어 내고 내장을 뺀다. 토막을 치거나 통째로 구워낸다. 살이 두꺼운 곳에 2 cm 너비로 칼집을 넣는다.

도미구이

재료 및 분량

도미	1마리(500 g)
소금	4작은술
설탕	1큰술
후춧가루	1/2작은술
참기름	1큰술
다진 파	2작은술
다진 마늘	2작은술

만드는 법

① 도미는 비늘을 긁고 내장을 빼서 깨끗이 씻는다.

② 물기가 빠지면 마른행주로 물기를 닦는다.

③ 도미 몸에 칼집을 어슷하게 내어 소금을 뿌려 놓는다.

④ 설탕, 후춧가루, 참기름, 파, 마늘을 혼합한다.

⑤ 도미를 구울 때 양념을 바르면서 굽는다.

⑥ 석쇠를 불에 달궈서 도미를 놓고 구우면 석쇠에 붙지 않고 잘 구워진다.

Tip
생선은 굽기 전 30분 동안 소금을 뿌렸다가 구우면 담백한 생선맛을 잘 살릴 수 있다. 양념장에 간장을 쓰지 않는 것은 생선 자체의 아름다운 색을 유지시키기 위한 것이다. 큰 도미는 통째로 굽기 어려우므로 오븐 속에서 구우면 좋다.

새우튀김

재료 및 분량	
새우 (큰 것 15마리)	700 g
밀가루	1컵
소금	1/2작은술
달걀	1개
물	약 1/2컵
무	100 g
유자즙	1큰술
〈튀김간장〉	
간장	4큰술
장국	4큰술
고추냉이	약간

만드는 법

① 머리는 떼어내고 등부분의 내장을 제거하며 꼬리는 남겨둔다.

② 새우 등에 칼질을 하고, 달걀, 밀가루, 소금, 물을 혼합한 튀김옷을 묻혀서 튀긴다.

③ 무는 강판에 갈아서 유자즙을 혼합하여 곁들인다.

④ 튀김간장은 간장에 장국을 섞은 후 고추냉이를 넣어 만든다.

CHAPTER 11

달걀

1. 달걀의 구조와 성분의 특성
2. 달걀의 선도와 보존
3. 달걀의 조리성

달걀은 아미노산 조성이 뛰어난 동물성 단백질 급원인 동시에 지질, 비타민 A, D, B군과 인, 철, 등 무기질의 급원이다. 그러나 칼슘은 난각 부분에 집중되어 있으므로 실제로 이용되기 어렵다. 조리면에서 보면 희석성, 열응고성, 기포성, 유화성 등 다양한 조리성을 가지고 있어서 용도가 대단히 넓다.

최근에는 양계 기술의 진보에 의하여 달걀은 비교적 싼값으로 연간 안정적으로 공급되고 있어서 국민의 건강상, 조리상 유용한 식품이라 할 수 있다. 〈표 11-1〉은 우리나라와 외국과의 연간 1인당 달걀 소비량을 비교한 것으로, 멕시코와 일본이 달걀 소비가 특히 많으며, 우리나라의 1인당 달걀소비량은 220개(2005), 224개(2008), 238개(2009)로 꾸준히 증가했지만 2009년 이후는 달걀소비량이 약간 감소하는 추세로 돌아서 2011년도는 232개이다.

표 11-1 한국과 외국의 연간 1인당 달걀 소비량의 비교

국가	한국	멕시코	일본	중국	러시아	미국	인도
소비량(개)	232	358	329	295	260	247	57

자료 : 농림축산식품부(2011); IEC(International Egg Commission)

1. 달걀의 구조와 성분의 특성

1) 달걀의 구조

달걀

달걀은 〈그림 11-1〉에 나타낸 것처럼 난각과 난백, 난황으로 이루어져 있다. 난각의 두께는 보통 0.26~0.36 mm이고, 그 표면에는 약 7,000~10,000개의 기공이 있어 공기의 유통과 수분 증발 등의 조절이 이루어진다. 신선한 난각에는 큐티클(cuticle) 층이 형성되어 있어 세균의 침입을 막아주고 있다.

이 큐티클은 주로 단백질로 되어 있으며, 물에 씻으면 떨어지기 쉬우므로 달걀을 씻은 후

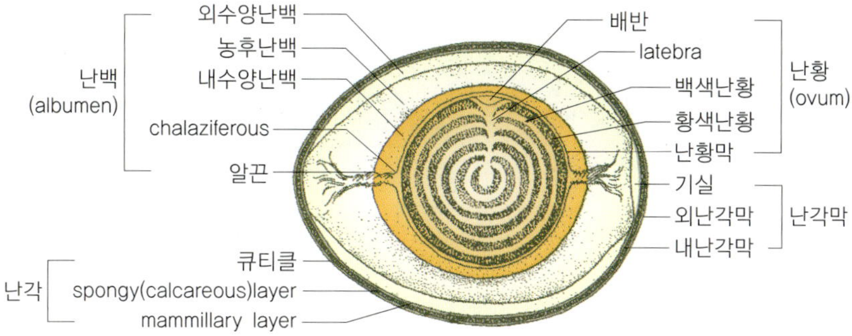

그림 11-1 **달걀의 구조**

장기 보존하는 것은 좋지 않다. 난각막은 내·외 두 층으로 되어 있고, 달걀의 둔단부(鈍端部)에서 떨어져서 공간을 형성하고 있다. 이 부분을 기실이라고 하며 공기·수증기로 채워져 있는데, 산란 후 시간의 경과와 더불어 커지므로 선도 판정의 지표로 된다.

난백은 점도가 높은 농후난백과 점도가 낮은 수양난백으로 나누어지고, 수양난백은 다시 위치에 따라 외수양난백과 내수양난백으로 나누어진다. 신선한 달걀은 농후난백이 약 57%를 차지하는데, 시간이 경과하면 농후난백도 차츰 묽어지기 때문에 그 중량비는 선도 감별의 기준이 된다. 난황은 난황막에 의해 보호되어 있으며, 작은 입자상의 물질(granule)이 액상부분(plasma)에 분산되어 있다. 미립자의 중심은 지방이고 주위를 인지질이 둘러싸고 있으며 그 외부는 단백질이 둘러싸고 있는데, 삶은 난황이 잘 부스러지는 것은 이처럼 난황이 구상의 미립자로 구성되어 있기 때문이다.

2) 성분 특성

(1) 달걀의 일반 조성

난백은 약 90%가 수분이고 나머지는 거의 단백질로 되어 있으며, 소량의 탄수화물을 포함한다. 난황은 약 50%가 수분이고 고형분의 대부분은 지질과 단백질로 구성되어 있다. 지질의 주요 성분은 레시틴(lecithin)과 세팔린(cephalin) 등의 인지질이고 단백질과 결합하여 지단백(liopprotein)을 형성하고 있다.

〈표 11-2〉에 나타난 것처럼 난백에 함유되어 있는 무기질 중에는 황(S)이 가장 많은

표 11-2 달걀의 영양성분

(가식부 100 g당)

구분	에너지 (kcal)	수분 (%)	단백질 (g)	지질 (g)	탄수화물 (g)	회분 (g)	무기질				비타민			콜레스테롤 (mg)
							칼슘 (mg)	인 (mg)	철 (mg)	황 (mg)	A (R.E.)	B_1 (mg)	B_2 (mg)	
전란	139	76.0	11.4	8.3	3.3	1.0	52	185	1.7	136	87	0.21	0.69	475
난백	49	87.7	9.8	0	1.8	0.7	3	13	0.3	195	0	0.02	0.44	1
난황	353	51.4	15.3	29.8	1.8	1.7	139	530	5.4	16	463	0.22	0.44	1281

자료 : 2011 식품성분표 제8개정판, 농촌진흥청 국립농업과학원(2011)

데, 그 대부분은 함황아미노산에서 유래한 것이다. 또 난황에는 인(P)이 가장 많은데, 그 대부분은 인지질에서 유래한 것이다. 또 난각은 95%가 무기질로서 그중 칼슘이 가장 많다.

(2) 주요 성분의 특징

① 난백 단백질

난백은 40종류 이상의 단백질로 구성되어 있으나 그중 비교적 많이 함유되어 있는 것은 다음과 같다.

- 오브알부민(ovalbumin) 난백 단백질의 약 2/3를 차지하는 주요 단백질로 64~67℃의 열로 쉽게 응고한다. 분자 내에 만노스(mannose) 및 글루코사민(glucosamin)으로 이루어진 다당류를 소량(1.8~2.8%) 포함하고 있는 당단백질이다.
- 콘알부민(conalbumin) 난백 단백질의 약 1/10을 차지하며 55~60℃에서 열에 쉽게 응고된다. 철, 구리와 같은 금속이온과 결합하는데 철과의 결합이 가장 강하다. 금속과 결합한 콘알부민은 단백질 분해효소와 가열, 그 밖의 변성요인에 대한 저항성이 높다.
- 오브뮤코이드(ovomucoid) 난백 단백질의 약 1/10을 차지하며, 만노스, 글루코사민 등의 당을 약 20% 포함하는 당단백질이며 가열해도 응고하지 않는다. 오보뮤코이드의 중요한 성질로서 단백질 분해효소인 트립신(trypsin)의 작용을 저해하는 성질이 있는데, 이 저해작용은 가열하면 감소한다.
- 오보글로불린(ovoglobulin) 전기영동적 성질이 다른 G_1, G_2, G_3의 세 성분으로 이루어져 있다. 이 중에서 G_1 성분은 살균성이 있는 라이소좀(lysozyme)이라는 것

이 확인되었다. 라이소좀의 살균작용은 세균의 세포벽을 구성하는 뮤코펩타이드(mucopeptide)의 분해에 의한 것이며, 이것을 분리하여 의약품의 소염제로서 이용하고 있다. 신선한 난백에서는 라이소좀이 오보뮤신(ovomucin)과 결합하여 고점도의 특수 망상구조를 형성하여 농후난백의 점성을 부여한다.

- 오보뮤신(ovomucin) 물에 대한 용해도가 매우 낮은 당단백질로서 난백을 희석하면 쉽게 침전되고 당함량에 따라 두 가지로 나누어진다. 농후난백에서 얻어지는 오보뮤신은 당함량이 많고, 수양난백에서 얻어지는 오보뮤신은 당함량이 적다. 오보뮤신은 용액 중에서 높은 점성을 나타내고, 농후난백 조직의 유지, 난백의 기포성 등에 중요한 역할을 하고 있다.
- 아비딘(avidin) 비타빈 B군에 속하는 비오틴(biotin)과 결합하여 흡수를 방해하는 성질을 가진다. 그러나 실험동물에게 다량의 난백을 주었을 경우에는 비오틴 결핍증이 나타날 수 있지만, 난백 중의 아비딘 함량이 적기 때문에 보통의 식사에서는 문제가 되지 않는다.

② 난황 단백질 및 지질

난황 고형분의 성분은 〈표 11-3〉과 같이 단백질이 33%, 지질이 63%이며 나머지는 무기질 등 기타성분으로 되어 있다.

난황 단백질의 대부분은 지단백으로, 저밀도 지단백(low density lipoprotein, LDL)과 고밀도 지단백(high density lipoprotein, HDL)으로 나누어진다. LDL의 약 90%, HDL의 약 20%는 지질이며, 결합해 있는 단백질은 인단백질로서 각각 비텔레닌(vitellenin), 비텔린(vitellin)으로 불린다. LDL은 동결하면 변성되어 용해도가 감소하고, 결합 지질이

표 11-3 난황 고형분의 성분조성

성분	조성(%)	성분	조성(%)
단백질	33	지질	63
vitellin(lipid-free)	4~15	triglycerides	41.0
vitellenin(lipid-free)	8~9	phospholipids	
livetins	4~10	lecithin	14.8
phosvitin	5~6	cephalin	3.2
free glucose	0.4	sphingomyelin	0.5
무기질	2.1	cholesterol	3.5
기타(아미노산 등)	1.5		

분리되는 현상 등이 일어난다.

리베틴(livetin)은 수용성 단백질로 3성분(α, β, γ)으로 나누어지며, 난황 속에 들어 있는 대부분의 효소의 구성성분이다.

포스비틴(phosvitin)은 인단백질로 약 10%의 인을 포함한다. 난황 중에서 단백질과 결합해 있는 인의 60~70%는 포스비틴 중에 포함되어 있다.

난황 지질의 주요성분은 중성지방과 인지질이다. 인지질은 대부분 지단백의 구성성분으로 올레산, 리놀레산 등의 불포화지방산이 많아 산화되기 쉽다. 중성지방에도 불포화지방산이 많이 포함되어 있는데, 지방산 조성은 사료의 영향을 받아 불포화지방산이 많은 사료를 제공하면 난황 지방의 불포화지방산 함량도 증가한다.

③ 난백 탄수화물

난백에는 탄수화물이 약 1% 포함되어 있으며, 약 0.6%가 유리형으로 존재하고 나머지 0.4%가 당단백질로서 존재한다. 유리당의 대부분은 글루코스이고, 건조란의 제조 시 갈변 반응을 일으키는 원인이 된다.

④ 난황 색소

난황 색소는 루테인(lutein), 제아잔틴(zeaxanthin) 등의 잔토필(xanthophyll)류가 주이고, 소량의 크립토잔틴(cryptoxanthin) 및 카로틴(carotene)류를 포함한다. 이들 난황 색소는 닭의 체내에서 합성되는 것이 아니고 사료의 영향을 받는다. 따라서 난황의 색을 진하게 하기 위해서는 사료에 잔토필류가 많은 푸른잎 채소나 풀을 섞어 주는 것이 효과적이다.

2. 달걀의 선도와 보존

1) 달걀의 저장 중의 변화

살모넬라균 등과 같이 어미닭에 감염된 균이 직접 달걀로 옮겨가는 경우도 있지만, 대부분의 경우 산란 직후의 달걀은 무균상태에 가깝다. 뿐만 아니라 달걀에는 미생물의 침입 및 증식에 대한 천연의 저항성이 있다. 따라서 산란 후의 취급에 주의하면 신선란이 미생물에 의해서 오염되는 위험성은 거의 없다. 그러나 달걀을 저장하는 경우에는 미생물의 작용을 받지 않더라도 달걀의 상태가 서서히 변한다. 이러한 변화는 달걀이 가지는 천연의 저항성을 약화시켜 저장 중에 미생물이 달걀의 내부까지 침입하여 증식하게 된다.

(1) 물리적 변화

산란 직후의 농후난백과 수양난백의 비율은 약 6:4인데, 저장 중에 농후난백의 점도가 저하하여 묽어지므로 농후난백의 비율이 감소한다. 농후난백의 수양화는 농후난백 중의 오보뮤신에서 당함량이 많은 부분이 수양난백으로 옮겨감으로써 일어난다. 또한 저장에 따라 난황계수(yolk index)가 감소되는데, 난황계수는 달걀을 평면상에 깨뜨렸을 때 난황의 높이를 지름으로 나눈 값이다. 난황계수 감소의 이유는 저장 중에 난백에서 난황으로 수분이 이동되기 때문인데, 난황막이 약해지는 것이 그 원인으로 생각된다.

(2) 성분 조성의 변화

① 수분

달걀은 저장 중에 수분이 기공을 통해서 증발하기 때문에 무게가 감소한다. 또 난황의 수분함량은 난백의 수분함량보다 낮기 때문에 저장 중에 난백의 수분의 일부는 난황으로 이동한다.

② 탄산가스

저장 중에는 난백에서 탄산가스가 방출되어 난백의 pH가 현저하게 상승한다. 신선한 난백은 pH 7.6 정도이나 10일 정도 지나면 pH 9.5 정도가 된다.

저장 중의 탄산가스 방출은 달걀 성분이 저장 중에 분해하여 생겼다기보다는 기체상태로 녹아 있던 탄산가스가 외부의 탄산가스 분압의 저하와 더불어 방출된 것으로 생각된다.

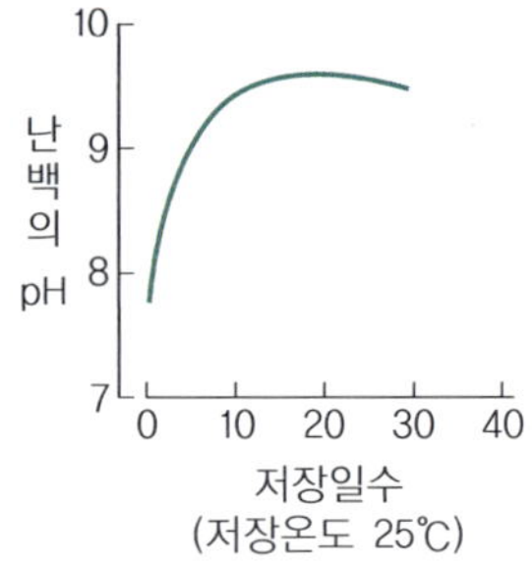

그림 11-2 **저장 중 난백의 pH 변화**

(3) 조리성의 변화

저장란의 기포성은 신선란보다 더 크지만, 안정성은 적다. 이것은 저장 중에 농후난백이 수양화하여 난백의 점도가 저하하기 때문으로 생각된다. 또한 저장란은 난황의 유화성이 신선란보다 적다. 저장에 의해서 난황은 레시틴/콜레스테롤 비가 저하하고, 난백과 난황의 분리가 어려워 난백이 섞이기 때문에 유화성이 저하하는 것으로 생각된다.

(4) 미생물에 의한 오염

난황은 미생물에 오염되기 쉬우나, 난백은 자체 내에 미생물의 번식을 억제하는 작용이 있을 뿐만 아니라 난황을 둘러싸서 난황이 미생물에 의해 오염되는 것을 방지한다. 난황이 농후난백에 의해 달걀의 중앙부에 위치할 때는 난황의 미생물에 의한 오염은 거의 없다. 그러나 저장 중에 농후난백이 수양화하여 난황의 위치가 이동하여 난각막에 접촉하게 되면 기공을 통해서 미생물이 난황에 직접 접촉하게 되므로 오염의 위험성이 높아진다.

난백이 미생물의 번식을 막는 기작에는 ① 저장에 따른 난백의 pH 증가, ② 라이소좀의 살균성, ③ 콘알부민이 난백 중의 철과 결합하는 성질, ④ 오보뮤코이드의 트립신 저해작용, ⑤ 아비딘이 비오틴과 결합하는 성질 등이 있다.

2) 달걀의 선도 판정

달걀의 선도는 조리과정과 제품의 품질에 영향을 미친다. 달걀의 선도는 달걀의 표면 상태로부터 판별할 수 있으나, 생산, 유통기구의 변화 때문에 외관으로 판단하기는 어렵고, 달걀의 비중, 난백의 비율, 난황계수 등으로 판별하는 것이 일반적이다. 달걀조리 중 수란, 달걀부침에서 난백이 난황을 잘 싸주면서 난백이 물과 기름 속에 흩어지지 않게 하기 위해서는 신선한 달걀을 사용하는 것이 좋다.

(1) 투시검란법

난각은 투과광선에 대하여 반투과성을 나타내므로 달걀에 빛을 비추어 반대 방향에서 관찰하면 기공의 크기, 난황의 위치 등을 알 수 있어서 선도를 판정할 수 있다. 또 혈액반점, 이물질의 존재, 난각면의 미세한 균열 등도 함께 조사할 수 있다.

(2) 비중법

신선란의 비중은 1.08~1.09인데, 선도가 저하함에 따라서 감소하므로 여러 가지 비중의 소금물에 달걀을 담가 봄으로써 선도를 알 수 있다. 비중 1.019(3%) 및 1.026(4%)의 소금물에 뜨는 것은 오래된 것이라 할 수 있다.

(3) 난황계수(yolk index)

난황의 퍼진 정도를 측정하여 달걀의 신선도를 판단하는 지표로 삼기도 한다. 난황계수는 평면 위에 난황을 올려놓고 난황의 높이를 난황의 지름으로 나눈 값을 말하는데, 신선란의 난황계수는 0.44~0.36의 범위에 있다. 37℃에서 3일, 25℃에서 8일, 2℃에서 100일 정도 경과하면 난황계수는 0.3 이하가 되며, 난황계수가 0.25 이하가 되면 난황이 터지기 쉽다.

(4) 농후난백 비율

전난백에 대한 농후난백의 무게 백분율로서 신선란의 경우 약 60%의 값을 가진다.

(5) 난백계수(albumin index)

난백계수는 평면 위에 달걀을 깨뜨렸을 때 난백의 최대 높이를 난백의 평균 지름으로 나눈 값을 말하며, 신선한 달걀의 난백계수는 0.14~0.17이다.

(6) Haugh 단위(Haugh unit)

농후난백의 형태 변화에 무게 변화를 조합한 방법으로서 국제적으로 이용되는 판정법이다. 농후난백의 높이(mm)를 H, 달걀의 무게(g)를 W로 하였을 때 100 log(H-1.7$W^{0.37}$+7.6)으로 계산된 값을 말하며, 신선란의 값은 80~90이다. 미국에서는 72 이상에서 AA등급 계란으로 평가 되며, 60~64는 난백이 퍼지기 시작하고 소비자가 거부감을 느끼기 시작하는 지점(consumer resistance point)이 된다.

(7) 기타

난각의 두께와 강도 등도 평가의 대상이 된다. 이상란에는 달걀의 모양과 크기가 비정상적이고, 난각이 약하거나 없는 것 등이 포함된다. 무게 5~20 g의 극소란에는 대부분 난황이 결여되어 있고, 80 g 이상의 거대란에는 난황이 2개 이상 포함되어 있는 것이 있다. 기형란으로는 원통형, 방추형, 구형이 있다.

3) 달걀의 보존

달걀은 그 구조상 보존성이 좋은데, 저온에 저장하거나 기공을 막음으로써 보존성을 높일 수 있다. 또한 달걀 내용물을 냉동 또는 건조시킴으로써 보존기간을 더욱 늘릴 수 있다.

(1) 냉장법

냉장은 가장 일반적인 방법으로 0~5℃, 습도 80~85%에서 저장한다. 그러나 냉장고에 넣었다가 꺼내면 달걀의 표면에 공기 중의 습도가 응결수로서 부착하여 다시 냉장고에 넣을 때 기공을 통하여 그 수분이 달걀 속으로 흡수된다. 이 수분과 함께 달걀 속에 무수한 세균이 흡수되므로, 냉장고에 넣었다가 꺼내기를 반복하는 것은 피하는 것이 좋다.

(2) 액체 냉장법

액체 상태의 전란, 난백, 난황은 살모넬라균 등을 살균처리한 후 냉장 상태로 유통하는데 저장기간은 그다지 길지 않다.

(3) 냉동법

액체란을 냉동 상태로 유통시키는 것으로 살균처리를 한 액체란을 -20~-30℃에서 급속 냉동한다. 달걀의 생산량은 봄, 가을이 많고 여름철은 적은데, 냉동법은 이 생산량의 차이를 보충하기 위한 보존법이 된다. 수입란의 대부분은 냉동란이다. 여러 가지 달걀제품 제조용 원료란의 공급 안정화에 도움이 되나, 냉동난황의 경우 난황을 그대로 냉동하면 점도가 지나치게 증가하여 젤화하므로 글리세린, 소금, 설탕 등을 첨가하여 냉동한다.

(4) 건조법

액체란을 건조하여 저장성을 높게 한 것으로, 건조는 대부분 분무건조법에 의한다. 건조란에는 건조전란, 건조난황 및 건조난백의 구별이 있으며, 살균처리를 한 액체란을 사용하는 것이 좋다. 액체란을 그대로 건조하면 저장 중에 갈변반응(maillard reaction)이 일어나므로 난백 중의 유리의 글루코스를 효소(글루코스 산화효소)로 처리하여 제거하여야 한다. 수분은 5% 이하로 하여 저온에 보존하여야 한다.

3. 달걀의 조리성

1) 유동성 · 희석성

달걀은 유동성이 있어서, 물이나 우유 등으로 임의의 농도로 희석, 균일하게 조미할 수 있다.

달걀의 희석성을 부분적으로 이용하는 조리에는 달걀찜, custard pudding 등이 있는데, 희석 배율, 희석제의 종류와 온도, 조미료의 종류와 농도 및 가열법에 따라서 제품의 연한 정도, 텍스처, 기공의 크기와 균질성, 이장량 등이 달라진다. 이들 조리에서는 희석하기 위하여 저을 때 거품이 생기지 않도록 하는 것이 중요하며, 이때의 교반 정도가 부족하면 균일하지 않은 상태가 되어 외관과 맛이 나빠지고, 지나치면 제품의 색이 나빠지고 응고력도 약화된다. 특히 오래된 달걀을 사용하면 제품의 색이 암록색을 띠는 경향을 보인다.

2) 열응고성

난백, 난황 모두 가열에 의해 응고하는데, 응고란 구상단백질에서 단백질의 분자 형태가 완전히 풀어져 분자 간의 소수성결합, 수소결합, S-S결합 등이 노출된 후 다시 무질서하게 집합하여 불용성으로 되는 현상이다.

난백은 55~57℃에서 응고하기 시작하여 60℃에서 유백색의 젤리상으로 되고 65℃에서 완전히 응고된다. 이때는 응고물이 부드러운 질감을 가지나 80℃ 이상이 되면 단단하게 응고된다. 난황은 난백보다 더 높은 온도인 62~65℃에서 응고되기 시작하여 70℃에서 완전히 응고된다. 이러한 응고온도의 차이를 이용하여 반숙란에서 완숙란까지 여러 가지 경도의 삶은 달걀을 만들 수 있는데, 완숙란의 성상은 달걀의 선도에 따라서 상당히 다르다.

산란 직후의 달걀은 껍질을 벗기기 어렵고 윤기가 없는 백색으로 맛이 싱겁고 연하다. 그 이유는 산란 직후 달걀의 난백에 포함되어 있는 탄산가스가 급속하게 기화하면서, 난백에 미세한 구멍을 남겨 스펀지상으로 응고하기 때문에 연하며, 또 팽창의 압력에 의해서 난백과 난각막을 난각 쪽으로 밀기 때문에 껍질을 벗기기 어려운 것으로 생각된다.

(1) 열응고성에 영향을 미치는 요인

① 단백질 농도(달걀액의 희석비율)

단백질 농도가 높을수록 응고온도가 낮고 젤은 단단하다. 20%의 달걀액에서는 시료 내부온도가 78℃가 되지 않으면 응고하지 않으나, 50%에서는 74℃에서 응고한다. 20%의 달걀액으로 만든 젤은 연하고 일반적으로 기호도가 높지만 용기에서 꺼냈을 때 형태를 유지하기 어렵다.

② 용액의 pH

용액의 pH에 따라서 열응고성은 다르고, 그 단백질의 등전점 부근의 pH에서 열응고성이 최대로 된다. 예를 들어, 1% 오브알부민 용액의 열응고온도는 등전점인 pH 4.8에서 60℃ 전후인데, pH 4.39에서는 80℃이며, pH 4.25에서는 90℃에서도 응고하지 않는다.

③ 무기염

염류는 달걀의 젤을 단단하게 하는데, 이 경향은 염류의 원자가가 클수록 크며 Na^{+}, Ca^{2+}, Fe^{3+}의 순서로 커진다.

④ 설탕

설탕의 첨가는 젤의 응고온도를 높이고 연하게 하는데, 그 경향은 설탕농도가 클수록 현저하며 지나치면 응고가 잘 되지 않는다. 또 기공이 적은 매끄러운 텍스처의 젤을 만든다. 이는 설탕이 단백질 분자가 가열에 의해 풀리는 것을 억제하기 때문으로 생각된다.

⑤ 온도 상승속도

응고온도는 가열속도에 따라서 다르다. 시료의 온도 상승속도가 느리면 낮은 온도에서 응고하고, 매끄러운 젤을 형성한다. 반대로 온도 상승속도가 빠르면 응고온도는 높아진다. 단백질의 응고는 흡열 반응으로 응고 중에는 온도 상승이 완만해진다. 응고가 끝나면 다시 온도가 상승하고, 망상구조 속의 수분이 증발하여 기공이 생긴다. 온도 상승속도가 빠르면 기공이 생기기 쉽다.

(2) 열응고성과 조리

① 껍데기째 가열하는 조리

달걀의 열응고성을 이용한 조리로서, 응고의 정도가 다른 여러 가지 경도의 삶은 달걀을 만들 수 있다. 가열시간은 난백 및 난황의 응고온도, 달걀 내부의 온도 상승을 고려하여 가열조건을 설정한다.

삶은 달걀에서 난황 표면이 변색하는 일이 종종 있는데, 이것은 난백에서 발생한 황화수소와 난황 중의 철이 결합하여 황화제1철(FeS)이 생성되었기 때문이다. 이것을 방지하기 위해서는 신선한 달걀을 선택하여 가열시간을 길게 하지 않고 삶은 즉시 냉수에 담근다. 냉수에 담그면 외부의 압력이 저하되므로 발생한 황화수소가 외부로 이동하여

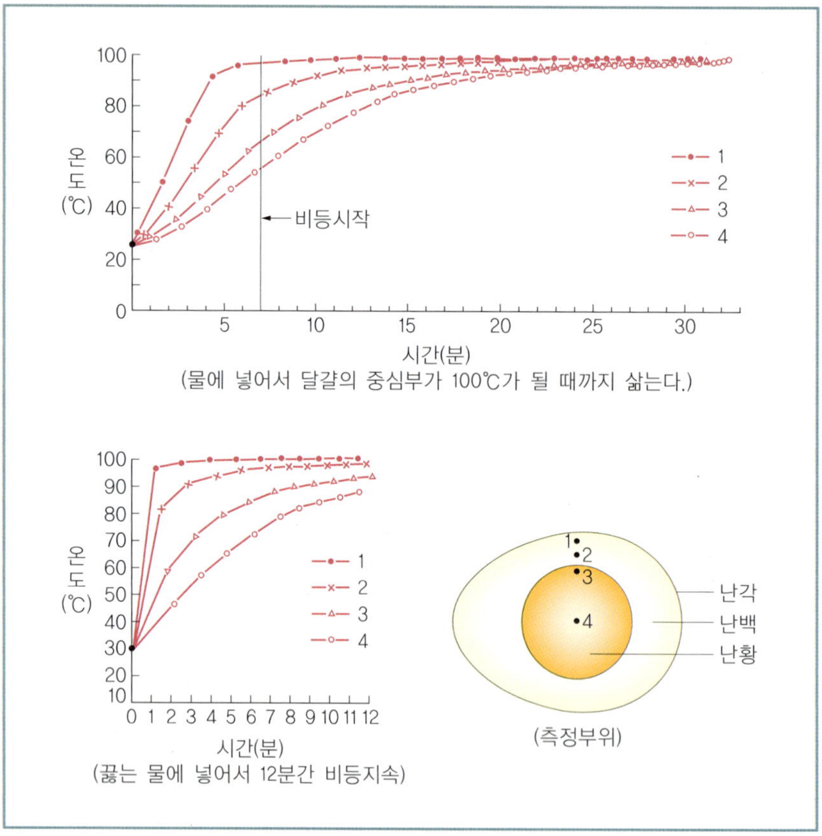

그림 11-3 **삶은 달걀의 내부온도**

황화제1철은 거의 형성되지 않으며, 동시에 내부 부피도 수축되면서 난각막과의 사이에 미세한 공간이 생겨 껍질이 잘 벗겨진다.

또 난황의 비중은 1.03으로 난백의 비중 1.038~1.045보다 작기 때문에 오래된 달걀에서는 난황이 떠오르기 쉬워 삶았을 때 난황의 위치가 중앙부에 고정되지 않는다. 신선한 달걀을 선택하고, 난백이 응고하는 80℃ 정도까지 달걀을 굴려 주면서 가열하면 이것을 방지할 수 있다.

② 깨뜨려 가열하는 조리

수란, 달걀부침 등은 달걀의 형태를 유지하면서 가열응고시키는 조리로, 가열의 종점은 난황이 반숙 상태이고 난백이 완숙에 가까운 상태로 응고했을 때이다. 달걀의 선도가 저하한 것은 난백의 일부가 분산하여 탈수되기 때문에 단단하고 텍스처가 나빠진다. 따라서 이들 조리에서는 신선한 달걀을 사용해야 한다.

오믈렛, 스크램블드 에그 등은 달걀을 풀어서 교반하면서 가열하여 응고시키는 조리로 가열속도, 교반속도가 제품의 품질에 영향을 미친다. 응고입도를 크게 할 경우는 급속 가열로 하고, 입도를 작게 할 경우는 화력이 약하고 교반속도가 빠를수록 좋은 결과를 얻을 수 있다.

③ 희석하여 가열하는 조리

커스터드 푸딩, 알찜 등은 달걀액을 우유, 조미료액 등으로 희석한 것으로 기호성이 높은 연한 젤상식품이다. 이런 종류의 식품은 희석배율이 같더라도 희석액의 종류와 사용하는 조미료의 종류에 따라서 젤의 물성이 달라진다. 그 밖에 가열속도의 차이에 따라서 기공이 생기고, 외관과 텍스처가 영향을 받는다.

희석도가 높을수록 응고하기 어려워지고 소금과 간장을 첨가하든지 우유로 희석하면 Na^+과 Ca^{2+}의 작용으로 달걀 단백질의 가열 응고성이 촉진된다. 설탕은 열응고를 방해한다. 〈표 11-4〉는 희석액의 종류와 배율, 소금의 유무가 희석달걀액의 열응고에 따른 경도에 미치는 영향을 본 것이다. 물 3배 희석에서는 젤이 형성되지 않았으나 우유희석, 소금 1% 첨가에서는 응고되는 것을 알 수 있다.

알찜, 커스터드 푸딩과 같이 연하고 매끈하게 응고시키고 싶은 조리에서 가열온도가 너무 높으면 기공이 생기는 일이 있다. 이것은 고온에서 달걀 단백질이 응고할 때 견고

표 11-4 달걀 젤의 경도 비교

실험 No.	재료배합(g)				
	달걀	물	우유	소금	경도 (dyne/cm²)
1	20	60	–	–	–
2	20	–	80	–	8.98×10^2
3	20	80	–	1	5.83×10^2
4	30	70	–	–	2.50×10^2

자료 : 松元文子(1992)

한 망상구조가 만들어지고, 동시에 그 사이를 메우고 있던 수분이 기화되며 난액 중의 기체가 열팽창되기 때문이다. 또 간격을 메우고 있던 수분은 기계적으로 빠져나와 이장(syneresis)을 일으킨다. 이러한 기공을 방지하기 위해서는 가열온도의 조절이 필요하다. 실제로 온도의 상승속도가 완만한 편이 텍스처가 좋은 젤이 되므로, 가열하기 전에 온도를 40℃ 전후로 올리든지, 가열온도를 80~90℃ 정도로 유지하는 등의 방법을 쓰면 좋다.

3) 기포성

난백은 교반하면 뛰어난 기포성을 가지는데, 교반에 의해 변성된 난백 단백질이 엷은 막으로 되어 공기를 둘러싸서 다수의 거품을 형성하여 부피가 커진다. 난백의 기포성을 이용하여 케이크, 머랭 등을 만드는데, 거품은 제품의 팽화도, 부드러운 텍스처 등에 관여한다.

기포성은 거품이 생기기 쉬운 정도인 기포력과 거품의 안정성으로 나눌 수 있다. 난백의 기포력은 거품의 부피를 측정하여 알 수 있으며, 안정성은 보통 거품에서 분리되는 액체량을 측정하여 나타내고 있다. 이와 같이 정치 상태의 거품에서 액체로 돌아가지 않는 안정된 거품에 대한 평가를 정적 안정성이라 하고, 가열, 외부적 충격 등과 같은 동적 조작을 가했을 때의 거품 상태에 대한 평가를 동적 안정성이라 한다. 거품은 이 두 가지 안정성이 갖추어졌을 때 좋은 제품을 얻을 수 있다.

난백의 구성 단백질을 각각 분리하여 기포성, 거품의 안정성을 비교하면 글로불린에 속하는 단백질[오보뮤신, 글로불린(G_2, G_3), 라이소좀(글로불린 G_1)]이 알부민에 속하는 단백질(콘알부민, 오브알부민, 오보뮤코이드)보다 뛰어나며, 거품을 가열했을 때의 팽화율도 같은 경향을 나타낸다.

(1) 난백의 기포성에 영향을 미치는 요인

① 온도

난백은 온도가 높으면 점도가 낮기 때문에 기포성이 좋다. 그러나 고온에서 거품을 생성한 경우는 거품이 건조하기 쉽고, 일부는 변성하여 윤기도 없어지며 파괴되기 쉬워 안정성이 저하한다. 반면 온도가 낮으면 점도가 높으므로 기포성은 떨어지나 안정되고 탄력 있는 거품이 생성된다.

② pH

난백의 기포성은 난백의 주요 단백질인 오브알부민의 등전점(pH 4.8) 부근에서 크고, 그 외의 pH 영역에서는 작다. 이것은 등전점에서 난백의 점도가 낮아지고 난백 단백질의 표면막 형성이 쉬워지기 때문이다. 따라서 거품을 낼 때 주석산염이나 구연산 등의 산성물질을 가해주면 기포성이 좋아진다.

③ 첨가물

난백에 설탕을 첨가하면 기포력은 감소하지만 광택이 있는 안정된 거품이 된다. 기포력이 감소하는 것은 설탕 첨가로 난백의 점성이 증가되고 단백질의 변성이 억제되기 때문이고, 안정성이 좋아지는 것은 설탕 첨가로 거품의 표면에서 수분 증발이 감소되기 때문이다. 난백의 거품에 설탕을 첨가한 것을 머랭(meringue)이라 하며, 머랭에 첨가하는 설탕량이 많을수록 거품의 안정성은 높아진다.

소금은 난백의 표면변성을 촉진하여 거품의 안정성을 증가시키나 기포성에는 별로 영향을 미치지 못하며, 소금의 실제 사용 농도가 1% 미만이므로 거의 영향을 미치지 못한다.

기름은 소량에서도 기포 형성을 저하시키는 데 그 영향이 크다. 난백에 난황이 혼합되면 거품 형성이 나빠지는 것도 난황 중에 포함된 지방 때문이다.

④ 교반방법

수동교반에서는 교반력이 약하기 때문에 동일 시간에서는 전동교반에 비해 거품 형성이 떨어진다. 따라서 수동교반기는 수양화된 난백을 사용하는 것이 거품 형성이 잘 되고, 농후난백이 많은 신선란은 전동교반기를 사용하는 것이 좋다.

⑤ 달걀의 선도와 난백의 종류

수양난백이 농후난백보다 점도가 낮아 거품이 더 잘 생기나, 거품의 안정도는 농후난백이 더 뛰어나다. 난백의 점성은 오보뮤신의 영향을 받으므로 난백을 희석하든지, pH를 산성으로 하여 오보뮤신을 제거하면 난백의 점도가 저하하여 거품의 안정성이 저하한다. 신선란보다 오래된 달걀이 수양난백이 많으므로 거품 형성이 잘 되나, 신선란은 농후난백이 많으므로 거품이 형성되기는 어려우나 안정성은 높다. 전동교반의 경우는 교반력이 강력하므로 기포성에 차이가 없다.

(2) 거품 형성 정도와 난백 거품의 용도

난백의 거품을 이용한 케이크류는 많고, 케이크의 종류에 따라서 거품의 형성 정도도 다르다.

목적별로 거품 형성은 4단계로 나눌 수 있는데, 거품 형성 조건에 따라서 각 단계에 도달하기까지의 거품 형성 시간이 다르고 거품상태에도 차이가 있다.

① foamy

거품은 좀 크지만 거의 균일하고 약간 부피가 커져 있는 상태로, 투명감이 있고 유동성이 크다.

② soft peaks

거품이 윤기가 있고 단단함과 탄성이 있으나 기울이면 천천히 유동한다. 거품은 피크를 만들지만 처진다. 안정도는 약간 모자라고 기포력이 최고의 상태이다.

③ stiff peaks

거품이 아주 미세하고, 탄력성이 크고 단단하다. 거품은 똑바로 서는 피크를 만들고, 거꾸로 해도 흐르지 않고 안정도가 높다. dry에 가까운 stiff 상태에서는 거품의 윤기가 줄고 백색도가 증가한다.

④ **dry**

단단하지만 탄성이 없고, 거품의 광택도 부족하며 건조한 느낌의 백색이 된다. 일부에 난백의 응고에 의한 백색 반점이 나타나고 지나치게 거품낸 상태로서 조리에 적합하지 않다.

이상의 단계에서 설탕의 첨가 시기는 일반적으로 foamy부터 soft peaks까지의 단계가 적합하다. 유지가 적은 스폰지케이크 반죽에는 soft peaks나 약간 stiff peaks 상태의 거품을 사용하고, 유지가 풍부한 버터케이크에는 완전히 stiff한 거품을 사용하는 것이 좋다.

4) 유화성

달걀의 유화성은 난황과 난백의 양쪽에서 나타나지만, 난황의 유화력은 난백에 비해 훨씬 더 크다(난백은 난황 유화력의 약 1/4). 난황은 그 자체가 o/w형(수중유적형)의 유화액이다. 난황의 유화력은 난황 중의 지단백에 의한 것으로, 여기에 포함되는 레시틴이 유화에 중요한 역할을 하고 있다. 난황의 유화성을 그대로 이용한 것이 마요네즈이고, 전란으로 이용한 것은 각종 케이크류이다. 또 난백의 유화성은 샐러드 드레싱 제조 시에 중요한 의의를 가진다. 일반적으로 유화액이 o/w형이 될지 w/o형이 될지는 사용하는 유화제의 종류 외에 물과 기름의 비율, 분산방법, 공존물질의 유무 등에 의해 좌우된다. 난황은 보통 o/w형의 유화액을 생성하는데, 마요네즈 제조 시 제조 조작상의 결함으로 w/o형의 유화액을 생성하면 풍미도 나쁘고 완전한 유화액으로 되지 않기 때문에 기름과 물이 쉽게 분리된다.

또한 달걀의 선도 저하는 유화액의 안정성을 저하시키기 때문에 마요네즈 제조에는 신선란을 사용하도록 한다. 마요네즈의 기름 함량은 70% 정도이지만, 기름기를 별로 느끼지 않는 것은 o/w형이기 때문이며, 마요네즈를 묽게 하는 데는 물과 식초를 가하고, 되게 하는 데는 기름을 가하면 된다. 난황 중의 콜레스테롤도 유화성을 보이는데, w/o형(유중수적형)의 유화액을 생성한다.

5) 기타

생달걀이 식품의 좋은 접착제 역할을 하는 것은 생달걀이 유동성을 가지고 다른 식품과 잘 접촉하는 것 외에 강한 점착력을 가지고 다른 식품을 연결하기 때문이다. 햄버거, 고기완자 등을 만들 때 갈은 고기만을 사용하면 날것일 때는 형태를 만들지만 가열하면 열변성 때문에 형태를 유지하기 어렵다. 이처럼 식품을 서로 붙여 모양을 유지하는 데 달걀의 역할은 대단히 중요하다.

또한 생선전, 튀김 등에 달걀을 사용하는 것은 점착성에 의하여 밀가루나 빵가루를 붙여주기 때문이다. 완숙 달걀은 여러 가지 모양으로 잘라서 각종 음식의 장식에 쓰이며, 달걀을 깨서 전란이나 난백·난황으로 지단을 부쳤을 때 하얀색과 노란색을 띠므로 음식의 고명으로 사용된다. 그 외 난백은 수프의 청징제로서 사용된다. 수프 스톡을 끓일 때 액량의 1% 정도의 난백을 첨가하면 난백이 열응고할 때 혼탁의 원인이 되는 물질을 흡착하여 국물이 맑게 된다.

달걀은 알칼리 응고성을 보이므로 달걀을 껍데기째 강알칼리성의 페이스트에 담가서 독특한 응고물을 만들 수 있다. 이 원리를 이용한 것이 중국요리에서 볼 수 있는 피단으로, 알칼리에 의해 난백 단백질은 변성하여 젤리화하고 흑갈색을 띠며, 난황도 변성하여 청흑색의 응고체가 된다.

피단

실험&실습

실험

달걀의 기포방법에 따른 스폰지케이크의 품질 특성

목적 스폰지케이크 반죽 시 달걀의 기포방법이 스폰지케이크의 품질 특성에 미치는 영향을 알아본다.

재료 및 분량 박력분 70 g(35 g×2), 설탕 90 g(45 g×2), 물 또는 우유 14 mL, 달걀 100g(2개), 버터 또는 식용유 적당량

기구 저울, 메스실린더(10 mL), 페트리디시(지름 3~5 cm), 케이크 틀(12×6 cm), 갱지, 일반 조리용구

방법

① 밀가루와 설탕은 체로 친다.

② 케이크 틀에는 얇게 기름을 바르고, 밑면과 측면에 종이를 깐다.

③ 달걀 1개를 난백과 난황으로 나누어 난백을 볼에 넣어 거품기로 단단한 거품을 낸 후 설탕 45 g을 2~3회로 나누어 거품을 내면서 첨가한다.

④ 다시 거품을 일으키면서 난황과 물 7 mL를 가하여 잘 저은 후 밀가루를 첨가하여 거품이 꺼지지 않도록 조심하면서 가볍게 섞는다.

⑤ 반죽을 페트리디시에 넣고 나이프로 윗면을 깎아낸 후 무게를 측정하여 다음 식과 같이 반죽의 비중을 계산한다.

$$\text{반죽의 비중} = \frac{\text{반죽의 무게}}{\text{페트리디시에 가득 채운 물의 무게}}$$

⑥ 케이크 틀에 남은 반죽을 넣고 반죽의 높이를 측정한다.…… A

⑦ 달걀 1개를 깨뜨려서 볼에 넣고 설탕 45 g, 물 7 mL를 가한 후 거품기를 사용하여 거품이 거품기에서 떨어져서 가라앉지 않고 형태를 유지할 수 있는 정도로 거품을 낸다.

⑧ 밀가루 35 g을 가하여 가볍게 섞어(10회 정도), ③의 실험과 같은 방법으로 반죽의 비중, 틀에 넣은 반죽의 높이를 측정한다.…… B

⑨ A, B를 예열한 160~170℃의 오븐에서 30~40분간 구운 후 꺼내어 20~30분 방치 후에 케이크의 높이를 측정하여 팽화율을 다음 식과 같이 계산하고, 기공의 크기, 맛, 촉감 등을 비교한다.

$$\text{팽화율} = \frac{\text{구운 후 케이크의 높이}}{\text{굽기 전 반죽의 높이}}$$

결과

평가항목	A	B
반죽의 비중 팽화율 기공의 크기 맛 촉감		

Tip

• 스폰지케이크의 반죽방법과 특징

	반죽 만드는 법	특징
A	난백 ― 거품 내기 (2~3분) 난황, 설탕, 물 또는 우유 ― 거품 내기 → 혼합, 교반 밀가루 ― 가볍게 섞는다	난황+설탕물을 교반하면 아주 작은 거품이 생기고, 4배 정도 부피가 늘어나며 난황의 유화성을 살릴 수 있는 방법이나, 조리과정이 복잡하고 난백 거품의 안정성이 떨어진다.
B	난백 ― 거품 내기 설탕 ― 거품 내기 난황, 물 또는 우유 ― 거품 내기 밀가루 ― 가볍게 섞는다	난백 기포의 안정성이 좋고 조리 조작면에서는 합리적이다. 난황의 유화성을 그다지 살릴 수 없으므로 케이크가 노화되기 쉽다.
C	전란, 설탕, 물 또는 우유 ― 거품 내기 (약 10~12분) 밀가루 ― 가볍게 섞는다	달걀 거품의 안정성, 난황의 유화성을 살릴 수 있어 부드러운 스폰지케이크가 된다. 거품을 충분히 내지 않으면 실패하기 쉽고, 손으로 교반할 때에는 시간과 노력이 많이 들므로 전동거품기를 사용하는 것이 좋다.

• 스폰지케이크를 만들 때에는 많은 거품을 빨리 만들고, 안정성이 있는 거품을 만드는 것이 중요하다. 난백은 응고하지 않는 정도에서 온도가 높을수록 거품이 잘 생기나 안정도는 냉장란과 같이 점도가 높은 쪽이 좋다. 또 신선한 달걀은 농후난백이 많으며 기포력은 약하지만 안정성이 있고, 수양난백이 많은 오래된 달걀은 기포력은 좋으나 안정성이 없기 때문에 구운 제품의 부피는 적어진다.

• 스폰지케이크를 굽는 온도는 데코레이션케이크의 받침으로 사용할 경우에는 160~170℃로 비교적 낮은 온도가 좋고, 롤스폰지와 같이 반죽을 얇게 흘려 넣는 경우에는 약간 높게 하여(180~190℃) 단시간에 구워내어야 폭신폭신하게 된다.

실습

삶은 달걀

① 냄비에 달걀이 충분히 잠길 정도의 물을 넣고서 끓기 시작하면 불을 약하게 하여 원하는 상태에 따라 다음 표와 같이 가열한다.

달걀의 경도와 가열시간

	처음부터 넣을 경우	물이 끓은 후 넣을 경우
완숙	끓은 후 10~12분	10~12분
반숙	끓은 후 2~3분 또는 끓은 직후 불을 끄고 4~5분	4~5분

② 삶아지면 냉수에 1분 정도 담근 후 껍질을 벗긴다.

Tip

- 삶은 달걀에서 노른자는 치우침이 없이 한가운데 있어야 하며, 주위에 검푸른색을 띠지 않아야 한다. 완숙의 노른자는 내외부가 균일한 노란색을 띠고 분상으로 보이며, 반숙의 노른자는 점조한 졸 상태로 부분적으로 유동성이 있고 흰자는 연하게 응고되어 있다. 텍스처는 완숙의 노른자는 팍팍하고, 흰자는 단단하면서 야들야들하다. 반숙은 노른자는 끈끈하고, 흰자는 연한 젤리상이다.
- 가열시간은 가열 전 달걀의 온도에 따라서 달라진다. 위의 표는 달걀 온도가 실온일 때의 시간을 나타낸다. 냉장고에서 꺼낸 달걀은 급격한 온도 변화를 피하기 위하여 실온으로 해준 다음에 삶는다. 달걀의 껍데기는 약하고 두께도 일정하지 않은데, 냉장고에서 꺼내서 바로 가열하면 부분적으로 팽창이 고르지 않아 약한 부분에서 균열이 생겨 깨지기 쉽다. 삶을 때 물에 약 1%의 소금이나 식초를 넣어주면 달걀 껍질에 금이 갔을 때 액의 유출을 막을 수 있다.

수란(poached egg)

① 끓는 물을 준비하고, 달걀을 깨어 조심스럽게 넣는다. 뚜껑을 덮은 다음 반숙으로 익을 때까지 조용히 가열한다(3~5분).

② 구멍이 있는 국자로 꺼내어 물기를 제거한다

Tip

- 물 양의 1% 소금 또는 4% 식초를 첨가하면 난백이 분산하지 않고 응고된다. 소금, 식초는 난백의 응고를 촉진시켜 주지만 식초는 난백의 광택을 잃게 한다.
- 수란의 흰자는 퍼지지 않고, 노른자는 터지지 않아야 한다. 잘된 수란은 흰자가 노른자를 얇은 막으로 둘러싸고 있다. 노른자의 내부는 반숙 상태이고 흰자는 연한 젤리상이다.

달걀부침

재료 및 분량

달걀	1개
식용유	1작은술
물	1작은술

만드는 법

① 프라이팬을 달구어 기름 1작은술(달걀의 10%)을 두르고, 달걀을 깨넣고 익힌다.

② 달걀이 하얗게 익기 시작하면 물 1작은술(달걀의 10%)을 넣고 뚜껑을 덮는다. 증기로 난백은 백색 불투명하게, 난황은 반숙이 될 때까지 가열하는데, 총 소요시간은 3분 정도이다.

Tip
잘된 달걀부침의 난백은 하얗게 응고하고, 난황은 응고된 난백의 얇은 백색막으로 싸여 있다. 주변은 타지 않고 깨끗하다. 난황은 약간 유동성이 있고, 난백은 튼튼한 젤구조를 가진다.

스크램블드 에그(scrambled egg)

재료 및 분량

달걀	1개
우유 또는 크림	1큰술
버터 또는 마가린	1작은술
소금, 후추	약간

만드는 법

① 달걀을 풀고 조미료와 우유를 가하여 거품이 생기지 않도록 저어서 균일하게 한다.

② 프라이팬을 달구어 버터를 녹이고, ①의 달걀 혼합물을 부어 약한 불에서 가열하면서 저어주어 위·아랫부분을 가볍게 섞고 반숙으로 골고루 익힌다.

Tip
- 고온에서 급속하게 익히면 달걀 단백질의 지나친 수축으로 액체가 침출되어 질기고 건조한 제품이 된다. 색을 예쁘게, 타지 않게 하는 데는 더블 보일러(double boiler)를 사용하여 중탕을 하면 좋다.
- 잘된 스크램블드 에그는 촉촉하고 부드러우며 달걀 덩어리가 큼직큼직하다. 액체는 응고된 단백질에 잘 보유되어 물기가 빠져나오지 않으며, 가볍고 연한 텍스처를 가진다.

오믈렛(french omelet 또는 plain omelet)

스크램블드 에그와 같은 재료를 사용한다. 재료를 잘 섞은 후 프라이팬을 달구어 기름을 녹이고 달걀액을 부어서 달걀이 익기 시작하면 안 익은 부분과 뒤집어서 전체가 반숙이 되면 반달 모양으로 접는다.

Tip

- 기름은 샐러드유와 버터를 반반씩 사용하는 편이 조리하기 쉽다. 오믈렛에 가하는 수분으로는 우유 외에 물, 크림, 토마토주스 등이 있으며, 난백을 거품내서 난황, 우유, 조미료를 가하여 굽는 것을 퍼피(puffy) 또는 포미 오믈렛(foamy omelet)이라고 한다.
- 오믈렛은 타지 않게 예쁘게 굽고, 내부는 부드럽고 반숙 상태여야 한다. 표면은 매끄러운 텍스처를 주고, 내부는 부드럽게 씹히며, 온화한 달걀의 향미와 버터의 향미가 어우러진다.

알쌈

재료 및 분량

재료	분량
달걀	1개
소금	1/5작은술
쇠고기(우둔)	20 g
간장	1/5작은술
다진 파	1/5작은술
다진 마늘	1/5작은술
깨소금, 후추, 참기름	약간
식용유	1큰술

만드는 법

① 달걀은 노른자와 흰자를 나누어서 소금을 약간 넣고 잘 저은 다음 거품을 걷는다.

② 쇠고기는 곱게 다져 갖은양념을 해서 섞는다.

③ 양념한 고기를 지름 0.8 cm 정도의 완자를 빚어 팬에 굴리면서 지진다.

④ 팬에 기름을 두르고 달걀을 1큰술씩 부어 둥근 지단을 부친 다음 달걀이 완전히 익기 전에 고기완자를 중심에 놓고 반을 접어서 지름 4 cm의 반달 모양으로 하여 지진다.

Tip

알쌈의 외관은 황·백의 예쁜 색을 띠며, 크기가 일정해야 한다. 표면은 매끄러운 얇은 지단의 텍스처이고, 내부는 부드러운 고기완자의 씹힘성을 주며, 달걀맛과 고기맛이 어우러진다.

알찜

재료 및 분량

달걀	1개
물	난액분량과 동량
파	6 g
쇠고기	4 g
새우젓	2작은술
참기름	1/10작은술

만드는 법

① 새우젓은 다지고, 파는 3 cm 정도로 채치고, 쇠고기는 다진다.

② 새우젓, 파, 쇠고기에 참기름을 넣어 섞고, 달걀은 노른자와 흰자를 거품이 나지 않게 잘 젓고 물과 섞어준다.

③ 알맞은 그릇에 담아 중탕으로 찐다.

Tip

- 알찜을 할 때 물의 분량은 찜의 상태에 큰 영향을 미친다. 달걀과 동량의 물을 넣어 희석하면 그릇에서 꺼내도 별로 부서지지 않을 정도의 단단함을 가지고, 물의 분량이 2배가 되면 한층 더 연해진다. 물의 분량이 3배가 되면 겨우 엉겨 있기 때문에 용기에서 다른 그릇으로 옮길 수 없고, 그대로 떠먹어야 한다.
- 난액을 가열할 때 온도가 100℃ 가까이 오르면 수증기 때문에 기공이 생기므로 찔 때 뚜껑을 약간 열어 놓아 온도를 90℃ 정도로 유지한다.
- 알찜, 커스터드(custard) 등과 같은 정치 가열하는 조리에서 응고는 용기의 표면 근처에서 시작하여 내부로 진행한다. 따라서 중심부가 적당히 젤화될 무렵에는 표면 근처는 과열되기 쉽다. 이것을 방지하기 위해 고온에서 급속 가열하여 중심부가 응고하지 않은 사이에 불을 꺼서 여열을 이용하는 것도 좋다. 또한 도기와 같은 열전도가 나쁜 재질의 용기를 쓰고, 가열 단위(용기의 크기)를 작게 하면 좋다.
- 알찜은 표면과 내부에 기공이 없이 매끈하고 색상이 균일하며, 분리액량이 적어야 한다. 입에 넣었을 때 촉감이 부드럽고 매끈하며 온화한 달걀의 향미가 나야 한다.

커스터드(baked custard)

재료 및 분량

우유	1¼컵
설탕	2큰술
달걀	1개
바닐라	1/4작은술
계피	약간
소금	약간

만드는 법

① 우유를 끓기 직전까지 가열한다.

② 설탕, 소금, 달걀을 거품이 생기지 않도록 주의하면서 완전히 섞은 후, 끓인 우유를 가하여 계속해서 저어준다.

③ ②에 바닐라, 계피를 넣고 커스터드 컵에 붓는다.

④ 팬에 뜨거운 물을 붓고 커스터드 컵을 놓은 다음 180℃의 오븐에서 중심부가 굳을 때까지 30~40분간 굽는다.

Tip

- 커스터드를 만들 때 이중냄비를 사용하여 저으면서 끓여 만든 것을 soft 또는 stirred custard라 한다.
- 커스터드는 희석비율이 5배 정도 되지만 우유 중의 칼슘이온이 열응고를 촉진하기 때문에 굳힐 수 있다. 그러나 설탕의 작용으로 젤은 연하다. 커스터드의 경우 알찜과 마찬가지로 가열온도가 너무 높으면 기공이 생기므로 90℃ 이하에서 가열하는 것을 원칙으로 한다. 또한 매끄러운 텍스처를 얻기 위해서는 난액이 균질하게 혼합되어야 한다.
- 잘된 커스터드는 매끄러운 외관과 균일한 연한 황색을 띠며, 꺼냈을 때 부서지지 않는다. 입에 넣었을 때 녹는 듯한 부드러움을 가지고, 여러 가지 향미물질이 달걀 냄새를 가려준다.

머랭(soft meringue)

재료 및 분량

난백	2개(60 g)
설탕	60 g
바닐라	1 mL

만드는 법

① 오븐을 175℃로 예열한다.

② 달걀흰자를 작은 볼에 넣고 바닐라를 넣는다. 달걀흰자를 거품기로 soft peak 상태까지 거품낸다.

③ 설탕을 2~3회 나누어서 가하고 stiff peak 상태까지 거품낸다. 거품낸 머랭을 과일이나 젤리 등에 얹거나 장식으로 사용한다.

④ 머랭을 175℃의 오븐에서 표면이 갈색이 될 때까지 20분 정도 굽는다. 식혀서 파이나 커스터드에 이용한다.

Tip

- soft 머랭에서 물방울이 표면에 맺히는 현상(beading)은 지나친 가열이나 설탕이 덜 녹았을 때 일어나고, 물기가 빠져나오는 현상(leakage)은 난백의 교반이 부족하거나 가열이 부족한 경우 일어난다.
- 머랭은 설탕량이 많을수록 거품의 안정도가 높은데, 보통 난백의 100%를 가한다. 다음의 표에 머랭의 비중과 안정도를 나타냈다.

머랭의 비중과 안정도

설탕량(%)	비중	머랭으로부터의 분리액량(%)			
		경과시간(시간)			
		0.5	1.0	2.0	3.0
100	0.238	0	0	3.64	9.09
80	0.209	0	0.31	7.27	15.54
50	0.171	1.39	1.46	28.23	29.11

자료 : 下田吉人 외, 1980

- 머랭을 하얗게 유지하고 싶은 경우는 오븐의 최저 온도에서 구워서, 난백에 포함되어 있는 수분을 서서히 증발시킨다. 이는 난백의 열응고와 건조를 위해서이다.
- 난백의 200%의 설탕을 가하는 경우 hard 머랭이 되며 단단한 거품이 형성된다. hard 머랭은 파삭하고 하얀색을 띠는 것이 좋으므로 머렝을 121℃에서 50~60분간 구운 후 오븐에 1시간 정도 방치한다.
- soft 머랭은 표면이 보기 좋은 갈색이고 peak가 있다. 거품이 균일하고 거품을 둘러싸는 벽은 얇다. 겉은 약간 단단하고 내부는 부드러우며 자를 때 깨끗이 잘라진다.

스폰지케이크(sponge cake)

재료 및 분량

지름 18 cm(cake 1개분)

달걀	3개(150 g)
설탕	120 g (달걀 중량의 80%)
밀가루(박력분)	100 g (달걀 중량의 약 70%)
향료	약간

만드는 법

① 오븐을 예열한다.

② 밀가루와 설탕을 따로따로 체에 친다.

③ 달걀은 난황과 난백으로 나누어, 난백은 충분히 거품낸다. 설탕을 가하여 계속해서 거품내고 다시 난황을 가하여 거품낸다. 여기에 밀가루를 거품이 꺼지지 않게 가볍게 섞어 주고 향료도 가한다.

④ 기름을 바르지 않은 팬에 넣고 표면을 평평하게 한 후 너무 큰 거품을 없앤다.

⑤ 오븐을 165℃ 정도로 해서 35~40분간 굽는다.

⑥ 구워지면 팬에서 꺼내서 종이를 벗기고 식힌다.

Tip

- 케이크에는 지방을 사용하는 것과 사용하지 않는 것의 두 종류가 있는데, 스폰지케이크는 지방을 사용하지 않는 대표적인 것이다. 케이크는 batter에 있는 거품 중의 공기와 수증기의 열팽창을 이용하여 팽창시킨 것으로, 다공질의 골격을 만들어서 고정된다. 이때 거품 형성이 부족하면 제품이 납작해져서 부피가 작고 질겨진다. 거품 형성이 지나칠 경우 거품이 쉽게 파괴되어 탄력이 없어진다. 또 거품이 불균일하여 커다란 거품이 포함되어 있을 때 날것이면 부피가 크지만 구운 후의 부피는 작다.
- 오븐은 적온에 달하여 온도 분포가 균일화하기까지 시간이 걸리므로 미리 예열하는 것이 좋다. 팬은 2/3 정도 채우는 것이 좋으며, 두께가 같아지도록 평평하게 해주다.
- 잘 된 스폰지케이크의 외관은 표면이 약간 둥글게 부풀고 연한 황색을 띠며, 거품이 균일하다. 가볍고 푹신푹신하여 부드러운 텍스처를 가진다.

CHAPTER 12

우유 및 유제품

1. 우유의 물리적 성질
2. 우유의 구성성분과 특성
3. 조리·가공 시 우유와 유제품의 변화

포유동물의 유선에서 분비되는 물질을 젖이라고 하며 여러 종류의 포유동물이 젖을 생산하고 있으나 예전부터 소가 생산하는 젖이 생산량이 많을 뿐만 아니라 다양하게 이용되고 있어 우유(milk)가 젖을 나타내는 대표적 명칭으로 사용되고 있다. 우리의 식생활에서는 우유의 사용이 극히 제한적이었으나, 우유는 영양적으로 거의 완전한 식품 중 하나이며 맛도 담백하므로 우유 소비가 크게 증가되고 있다.

1. 우유의 물리적 성질

우유

우유는 87~88%의 수분과 분자량과 용해도가 다른 여러 성분으로 구성되어 있는 복합적인 조직체이다. 이 가운데 염, 유당, 수용성 비타민, 무기질 등은 수분에 완전 용해되어 진용액(true solution) 상태로 존재한다. 효소·카세인 등의 단백질과 지방구 등의 분자량이 큰 성분은 교질용액(colloid solution) 상태로 분산되어 광선을 난반사시키기 때문에 우유가 희게 보인다.

우유의 pH는 단백질, 인산염 등의 완충작용에 의해 일정하게 유지되며, 25℃에서 6.5~6.7을 나타낸다. 우유의 pH는 온도 의존적으로, 가열하면 인산칼슘(calcium phosphate)의 용해성이 낮아져 침전하며, 이때 방출되는 수소이온 때문에 pH가 낮아진다.

$$3Ca^{2+} + 2HPO_4^{2-} \xrightleftharpoons{\text{가열}} Ca_3(PO_4)_2\downarrow + 2H^+$$

그러나 이 현상은 우유에 녹아 있는 CO_2가 가열에 의해 휘발하여 제거되는 작용과 상쇄되므로 신선한 우유는 가열에 의한 pH 변화가 그리 크지 않다.

우유의 점성은 뉴턴성 흐름(Newtonian flow)의 특성을 보이며, 온도와 단백질 및 지방의 분산 정도와 양에 의해 영향을 받는다. 같은 양의 지방이라도 균질화된 우유가 점성이 더 크다.

우유의 빙점은 함유되어 있는 유당과 수용성 염류들 때문에 물보다 약간 낮아 -0.512 ~ -0.550℃ 범위이다. 우유에 물을 첨가하였는지 측정할 때 빙점 측정방법이 사용되고 있다. 물을 1% 첨가할 때마다 빙점은 0.006℃씩 상승한다.

우유의 밀도는 구성물질의 함량에 의해 영향을 받는다. 지방은 물보다 밀도가 낮고 단백질, 유당 등은 물보다 밀도가 높다. 따라서 탈지우유는 일반우유보다 밀도가 높아 비중이 15.5℃에서 1.036이며 20% 유지방 함유 크림의 비중은 1.019이다.

우유의 흡착성

우유는 카세인과 지방구 등이 분산된 콜로이드 용액이므로 콜로이드의 특성인 흡착성을 가져 생선, 간 등을 우유에 담그면 냄새의 탈취작용으로 비린내 등을 제거할 수 있다.

2. 우유의 구성성분과 특성

우유는 평균적으로 〈표 12-1〉에서와 같이 수분 87.99%, 단백질 3.29%, 지질 3.34%, 탄수화물 4.66%, 회분 0.72%로 구성되어 있다.

우유의 고형물질은 크게 유지방(milk fat)과 무지방우유 고형분(nonfat-milk-solids)

표 12-1 **우유 및 유제품의 구성성분**

(100 g당)

유제품	수분 (%)	단백질 (g)	지질 (g)	탄수화물 (g)	칼슘 (mg)	비타민A (IU)
fluid milk						
whole	87.99	3.29	3.34	4.66	119	126
low fat, 2%	89.21	3.33	1.92	4.80	122	205
condensed milk						
sweetened	27.16	7.91	8.70	54.40	284	328
evaporated milk						
whole	74.04	6.81	7.56	10.04	261	243
skim	79.40	7.55	0.20	11.35	290	392
dried milk products						
whole	2.47	26.32	26.71	38.42	912	922
nonfat	3.16	36.16	0.77	51.98	1,257	36
whey, sweet	3.19	12.93	1.07	74.46	796	44
half and half	80.57	2.96	11.50	4.30	105	434
cream, heavy						
whipping	57.71	2.05	37.00	2.79	65	1,470
cheese						
cheddar	36.75	24.90	33.14	1.28	721	1,059
cottage, creamed	78.96	12.49	4.51	2.68	60	163
cottage, 2% fat	79.31	13.74	1.93	3.63	68	70

으로 나누며, 식품의약품안전처에서 고시한(2013년) 축산물의 성분규격에 따르면 우유의 유지방은 3.0% 이상, 무지방우유 고형분은 8.0% 이상 함유되어 있어야 한다고 규정되어 있다.

우유의 구성성분은 젖소의 품종 등의 유전적 요인, 젖소의 나이 등의 생리적 요인, 젖 짜는 시기·질병 등의 주변 환경적 요인에 따라 변화한다.

1) 수분

우유의 수분은 다른 물질을 용해하거나 분산시키는 용매 역할을 한다. 일부는 우유단백질에 결합되어 있고 유당이나 염에 수화되어 있어 수분활성도(A_w)는 0.993이다.

2) 단백질

우유단백질은 우유의 조리, 가공 및 유제품 제조 시 특성 변화에 가장 큰 영향을 주는 물질이다. 우유단백질은 용해도 특성에 따라 카세인과 유청단백질(whey protein)로 나눈다.

(1) 카세인

카세인은 탈지우유를 pH 4.6(20℃)으로 조절하였을 때 응고되는 인단백질의 총칭으로 우유단백질의 80%를 차지한다. 카세인은 α_{s1}-, α_{s2}-, β-, κ-카세인으로 구성되며 대부분이 미셀(micelles) 형태로 우유 중에서 콜로이드 상태를 이룬다. 카세인 미셀은 크기가 20~600 nm로 다양하며, 10,000~25,000개의 분자로 구성 되어 있다.

카세인은 수소결합, 소수성결합, 정전기적 상호작용, 황화결합, 칼슘결합 같은 다양한 힘에 의해 미셀을 형성하지만 이 가운데 소수성 결합과 칼슘결합의 힘이 가장 큰 영향을 준다. 미셀의 구조는 〈그림 12-1〉과 같이 소수성을 띠는 α_{s1}-, α_{s2}-, β-카세인은 내부에, 친수성을 띠는 κ-카세인은 외부에 위치하여 비교적 안정한 콜로이드 상태를 유지하고 있다. pH 4.6에서는 카세인이 가지고 있던 정전기적인 반발력이 소실되어 침전하며, 레닌과 같은 단백질 가수분해효소에 의해서는 κ-카세인 분자의 페닐

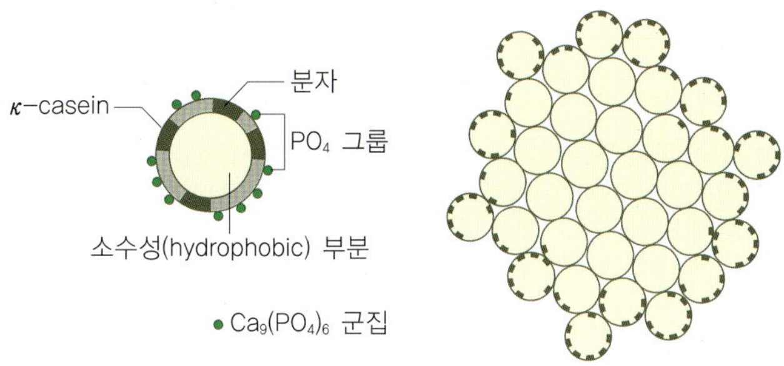

그림 12-1 **카세인 미셀의 모형도**

표 12-2 **우유단백질의 조성**

단백질	탈지우유 중(g/L)	총 우유단백질 중(%)	분자량
caseins		80	
α_{S1}-casein	12~15	34	22,068~23,724
α_{S2}-casein	3~4	8	25,230
β-casein	9~11	29	23,944~24,092
κ-casein	2~4	9	19,007~19,039
whey proteins		20	
β-lactoglobulin	2~4	12	18,025~18,363
α-lactalbumin	0.6~0.7	5	14,147~14,175
serum albumin	0.4	1	66,267
immanoglobulins		2	
IgG_1	0.3~0.6		153,000~163,000
IgG_2	0.05~0.1		146,000~154,000
IgA	0.05~0.15		385,000~417,000
IgM	0.05~0.1		1,000,000
secretory component	0.02~0.1		79,000

* Values for β-and δ-caseins combined and reported as β-casein.

알라닌과 메싸이오닌의 결합부분이 가수분해되어 친수성 부분인 당 고분자 펩타이드(glycomacropeptide)가 분리되어 소수성화되기 때문에 침전한다.

$$\kappa\text{-casein} + \text{rennin} \rightarrow \text{para-}\kappa\text{-casein(hydrophobic)}$$
$$+ \text{glycomacropeptide(hydrophilic)}$$

카세인은 산이나 레닌에 의해 쉽게 침전되므로 우유로부터 분리하여 치즈나 유단백 농축물 등의 제조 시 기본재료로 사용된다. 또한 열에 안정하여 100℃에서 장시간 가열하여도 응고되지 않으며, 유화안정성 및 젤형성 등의 기능적 특성을 가지고 있어 조리·가공에 많이 이용되고 있다.

카세인의 응고

산에 의한 응고

산을 첨가하여 카세인의 등전점인 pH 4.6에 가까이 도달되면, 카세인의 콜로이드 상태를 불안하게 하여 침전이 일어난다. 카세인 입자들이 음으로 하전되어 서로 반발하여 떨어져 있다가 수소이온이 첨가됨으로써 칼슘 포스포카세이네이트(calcium phosphocaseinate)의 칼슘(Ca^{++})이온 대신 수소이온이 카세인과 결합하여 중화되어 응고하게 되고 칼슘은 유청에 남게 된다. 이 원리로 만든 코티지 치즈, 크림 치즈, 모차렐라 치즈는 칼슘 함량이 낮다.

$$\text{칼슘 포스포카세이네이트} \xrightarrow{\text{산}(H^+)} \text{카세인 침전물} + Ca^{++}$$

효소에 의한 응고

효소 레닌에 의해 κ-카세인이 분해되어 생성된 소수성의 para-κ-카세인은 가용성인 글리코펩타이드가 떨어져서 미셀구조를 유지하지 못하고 서로 결합하여 응고하게 된다. 레닌에 의한 응고는 카세인과 결합되어 있는 칼슘을 제거하지 않으므로 응고물의 칼슘함량이 산응고물보다 더 많으며 더 단단하다. 레닌의 최적온도는 40~42℃이며, 15℃ 이하나 60℃ 이상에서는 잘 작용하지 못한다.

페놀화합물과 염류에 의한 응고

채소, 과일 등에 들어 있는 폴리페놀은 카세인을 응고시키는 작용이 있어 채소에 우유를 넣어 조리할 때 응고물이 생기는 일이 있으며, 햄과 같이 조리할 때도 햄 속의 염류로 인해 응고물이 생기는 경우가 있다.

(2) 유청단백질(whey protein)

유청단백질은 20℃ , pH 4.6에서 침전되지 않고 용해되는 우유단백질의 총칭으로 우유단백질의 20% 정도를 차지한다. 주요 유청단백질로는 β-락토글로불린, α-락트알부민, 면역글로불린(immunoglobulin), 혈청알부민(serum albumin) 등이 있다. 유청단백질은 카세인과 달리 산과 레닌에 의해 응고되지 않으나 열을 가하면 쉽게 변성되므로 우유 가열시 막이 형성되거나 밑바닥에 눌어 붙는 현상이 생긴다.

β-락토글로불린은 유청단백질의 50% 이상을 차지하며 분자구조내에 5개의 시스테인 잔기를 가지고 있는데 이 가운데 하나는 유리 싸이올(-SH)기로 존재한다. 가열하면 단백질이 변성되면서 유리 싸이올기가 노출되어 κ-카세인과 복합체를 형성하고 가열에 불안정하게 되어 침전한다. 또한 유리 싸이올기는 가열 시 우유의 가열취(cooked flavor) 생성에 주요한 원인이 된다. 우유를 71.7℃에서 15초간 살균하는 경우에는 β-락토글로불린이 변성되지 않아 가열취가 생성되지 않으나 이보다 더 높은 온도에서 살균하는 경우에는 일부 변성되면서 약간의 가열취가 생성된다.

α-락트알부민은 유청단백질 중 25% 정도를 차지하며 우유단백질 가운데 가장 좋은

아미노산 조성을 가지고 있다. 가열에 의해 변성되지만 유리 싸이올기가 없기 때문에 가열취 발생 등의 문제를 거의 일으키지 않는다.

우유 가열 시의 피막 형성

우유를 가열하면 엷은 피막이 생기는데 이것을 제거하면 새로운 피막이 또 생성된다. 피막은 우유 표면으로부터의 수분 증발과 더불어 우유의 알부민, 염, 지방구가 서로 혼합되어 응고되어 형성된 것이다. 피막은 60~65℃ 이상에서 생기므로 우유를 가열할때는 온도에 유의하고 가볍게 저어주어 고형물의 응집을 막아주며 완성된 후 버터를 넣어 피막 형성을 방지한다. 또한 피막은 수분 증발을 방해하여 우유를 끓어 넘치게 하므로 주의해야 한다.

(3) 효소

우유에는 〈표 12-3〉과 같이 많은 종류의 효소들이 있으며 대부분 살균에 의해 불활성화된다. 특히 알칼라인 포스포모노에스터레이스(alkaline phosphomonoesterase,

표 12-3 **우유 중 주요 효소의 기능 및 특성**

효소	기능	살균에 대한 예민성	최적 pH
알돌레이스	fructose 1,6-diphosphate의 가수분해	파괴	7
α-아밀레이스	전분의 α-1,4결합을 가수분해	파괴	7.4
카틸레이스	H_2O_2를 물과 O_2로 분해	파괴	7
에스터레이스	에스터의 가수분해	-	8.0
락토스 합성효소	UDP-galactose + D-glucose = UDP + lactose	-	7.2
리페이스	지방의 에스터결합 가수분해	파괴	9~9.2
리이소자임	박테리아 세포벽의 다당류 가수분해	잔존	7.9
퍼옥시데이스	과산화물의 분해	잔존	6~7
산성 포스파테이스	인산에스터의 가수분해	잔존	4.0
알칼리성 포스파테이스	인산에스터의 가수분해	파괴	9.6
플라스민	펩타이드결합의 가수분해	잔존	8.5
산성 프로티에이스	펩타이드결합의 가수분해	잔존 가능	4.0
리보뉴클레이스	RNA의 가수분해	잔존	
잔틴 산화효소	퓨린, 피리미딘, 알데히드의 산화	잔존	

alkaline phosphatase)는 살균에 가장 민감하여 이 효소의 불활성화를 측정하여 살균의 정도를 보는 포스파테이스 시험(phosphatase test)에 이용된다.

지방 분해효소(lipase)는 유지방에 작용하여 뷰티르산(butyric acid) 등을 유리시켜 산패취(rancid flavor)를 생성시킨다. 유지방구의 보호막이 변형된 균질우유에 살균되지 않은 원유가 소량이라도 유입되면 원유 중의 리페이스에 의해 지방의 가수분해가 쉽게 일어나 산패취가 발생되므로 우유 처리시 주의하여야 한다.

단백질 분해효소인 플라스민(plasmin)은 β-카세인에 작용하여 γ-카세인과 쓴맛을 내는 프로테오스-펩톤(proteose-peptone)을 생성시킨다. 이 효소는 열에 강하여 초고온살균(UHT)에서도 활성이 남아 있어 장기 저장용 멸균우유 제조의 문제점으로 대두되고 있다.

3) 지질

(1) 유지방의 화학적 조성

우유에 함유되어 있는 지질의 대부분은 중성지방으로 98% 내외이며, 지질의 종류와 함량은 〈표 12-4〉와 같다.

우유에서 유지방의 중요성은 다음과 같다. 경제적 측면에서는 원유 가격 결정의 한 요인이며, 영양적으로는 상당량의 필수지방산을 함유하면서 지용성 비타민의 매개체로서 작용하고, 맛의 측면에서 보면 소비자가 선호하는 향미(flavor)와 텍스처(texture)를 제공한다.

유지방을 구성하고 있는 지방산은 약 400여 종류로 일반적인 지방산 구조가 대부분이지만, 다른 지방에서는 찾아보기 어려운 측쇄나 수산기로 치환된 특수 구조의 지방산도 있으며, 〈표 12-5〉와 같이 뷰티르산(butyric acid C_4), 카프로산(caproic acid C_6), 카프릴산(caprylic acid C_8) 등 C_8 이하의 저급지방산 비율이 높아 소화가 잘 되고 우유와 유제품에 독특한 향미를 준다. 그러나 이러한 저급지방산이 리페이스의 작용으로 유리지방산이 생성되면 이취미(off flavor)를 일으켜 품질을 떨어뜨리는 원인이 된다.

유지방 중 포화지방산의 비율은 62% 내외로 상당히 높다. 단일 불포화지방산의 비율은 30% 정도이며 다중 불포화지방산의 비율은 약 3.5% 정도로 비교적 낮은 편이다.

표 12-4 우유의 지질 구성

지질	알코올 잔기	그 외의 성분	지방산의 수	구성비(%)
neutral glycerides				98.7
triglycerides	glycerol		3	98.3
diglycerides	glycerol		2	0.3
monoglycerides	glycerol		1	0.03
free fatty acids	-		-	0.1
phospholipids		phospho group		0.8
lecithin	glycerol	choline	2	0.26
ph. ethanolamine	glycerol	ethanolamine	2	0.28
ph. serine	glycerol	serine	2	0.03
ph. inositide	glycerol	inositol	2	0.04
plasmalogens	glycerol	choline	1	0.02
sphingomyelin	sphingosine	choline	1	0.16
cerebrosides	sphingosine	hexose	1	0.1
gangliosides	sphingosine	hexose	1	0.01
sterols				0.32
cholesterol			-	0.30
cholesteryl esters	cholesterol		1	0.02
carotenoids+vitamin A	-			0.002

표 12-5 우유지방의 지방산 조성

지방산	무게(%)	지방산	무게(%)
포화, 직쇄	62.47	단일불포화	29.79
4 : 0	3.57	14 : 1	0.76
6 : 0	2.22	16 : 1	1.79
8 : 0	1.06	18 : 1*	27.02
10 : 0	1.88	20 : 1	0.22
11: 0	0.12	2중불포화	
12 : 0	2.96	18 : 2*	2.83
13 : 0	0.10	3중불포화	
14 : 0	11.20	18 : 3*	0.5
15 : 0	1.52	측쇄	2.24
16 : 0	25.24	키토(>C=O)	0.3
17 : 0	0.70	수산화(-OH)	0.3
18 : 0	11.90		

* 모든 위치 이성제 포함

인지질은 0.8% 정도로 지방구를 둘러싸고 있는 막과 우유단백질 복합체 내에 비슷하게 분포되어 있으며, 콜레스테롤은 0.3% 정도로 그중 75% 정도는 유지방에, 10%는 지방구막에, 나머지는 유청에 분포되어 있다. 특히 인지질에는 불포화도가 높은 지방산이 많아 공기 중의 산소와 자동산화를 일으켜 저분자물질 등을 생성하여 산패취를 일으키는데, 햇빛이나 금속이 있으면 이 반응이 더욱 촉진되므로 우유 보관 시에는 주의해야 한다.

(2) 유지방의 물리적 특성

유지방은 지름 1~10 nm의 지방구로서 수용액 중에 수중유적형의 유화액 상태로 분산되어 있다. 지방구는 안쪽에 소수성인 중성지방이 있고 바깥쪽에 친수성과 소수성을 가진 지단백,인지질 등이 둘러싸고 있어 지방구들 간의 합체(coalescence)를 방지하고 리페이스 같은 효소의 작용에서 보호된다.

그러나 원유의 지방구는 크기가 커서 지방의 유화상태를 좀더 안정화시키기 위해 〈그림 12-2〉와 같이 지방구를 잘게 분할하는 균질화 과정(homogenization)을 거치고 있다.

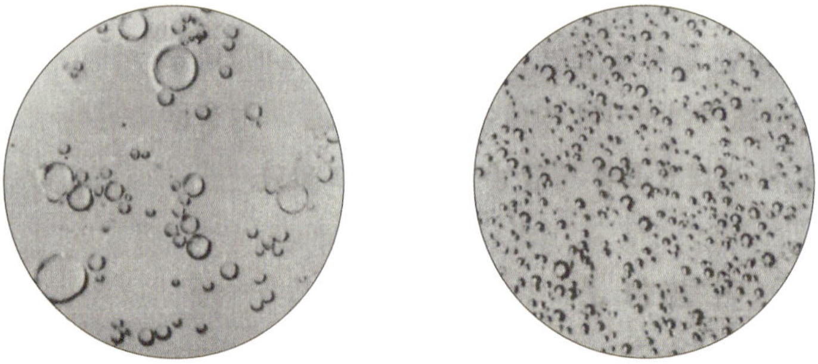

균질화 전　　　균질화 후

그림 12-2 **균질화 처리에 의한 지방구의 변화**

4) 탄수화물

우유의 주요 탄수화물은 포도당과 갈락토스로 구성된 이당류인 유당(lactose)으로 우유 내에 약 4.8%를 차지하며 그 외에 포도당, 갈락토스 등의 단당류가 극소량 존재한다. 유당은 용해도가 낮아 결정화가 잘 일어나며, 감미도가 과당의 약 1/5로 단맛이 상당히 약하다.

유당은 α형과 β형으로 구성되어 있으며, β형이 α형보다 용해성이 크다. α형 유당 결정은 입안에서 모래와 같은 감촉(sandiness)을 주므로 특히 아이스크림 제조 시 주의해야 한다. 유당은 열에 의해 쉽게 캐러멜화를 일으키고, 라이신의 ε-아미노기와 반응하여 아미노-카보닐 반응, 즉 마이얄 반응을 일으키므로 빵을 만들 때 우유를 넣으면 물로만 반죽한 것보다 빵 표면의 갈색화가 더 잘 일어나고 좋은 향이 난다.

생리적으로 유당 분해효소인 락테이스가 결핍된 사람은 유당을 분해하지 못하여 장내 불편함을 느끼는 유당불내증(lactose intolerance)을 보인다. 유당불내증을 보이는 사람은 백인보다 아프리카인과 아시아인 중에 더 많다.

영양적인 면에서 보면 유당은 장에서 장내세균에 의해 유산(lacric acid)을 생성시켜 정장작용을 하며, 칼슘 등 무기질의 흡수를 증진시킨다.

5) 미량 성분

우유의 염류는 1% 미만이다. 염류를 구성하는 음이온에는 Cl^-, PO_4^{-3}, SO_3^{-2}, CO_3^{-2} 등이 있으며, 양이온에는 K^+, Ca^{+2}, Na^+ 등이 있다. 우유 중 0.12% 정도를 차지하는 칼슘은 인과의 비율이 약 2:1로 이상적이며, 다른 식품에 들어 있는 칼슘보다 체내 흡수율이 높아 우유는 중요한 칼슘 제공식품 중의 하나이다. 극미량 존재하는 구리와 철은 우유와 유제품에서 산화에 의한 이취를 발생시키는 촉매로 작용한다.

우유에는 거의 모든 종류의 수용성·지용성 비타민이 함유되어 있다. 지용성 비타민의 함량은 소의 식이에 의한 영향을 받지만 수용성 비타민과 비타민 K의 함량은 소의 장 내에서 생합성되기 때문에 식이와 관계없이 일정하다.

지용성 비타민 A의 전구체인 카로틴은 유지방을 노란색으로 보이게 한다. 유지방 제거 시 지용성 비타민도 함께 제거되므로 탈지우유에는 지용성 비타민을 강화하여야 한다.

수용성 비타민 중 리보플래빈(riboflavin)은 우유 100 g 중에 약 0.17 mg 정도로 많이 함유되어 있으며 엷은 황색을 나타낸다. 리보플래빈은 햇빛이나 형광등 빛에 노출되면 상당량이 파괴되며, 함황아미노산인 메싸이오닌(methionine)을 메싸이오날

(methional)로 산화시켜 탄 냄새 또는 양배추 냄새의 이취를 발생시키므로 우유 포장 시는 빛을 차단하여야 한다.

티아민(thiamine)과 나이아신(niacin)은 우유에 비교적 소량 존재한다. 그러나 우유에는 니아신의 전구체인 트립토판(tryptophan)이 상당량 들어 있어 니아신의 역할을 한다.

3. 조리 · 가공 시 우유와 유제품의 변화

시유나 유제품을 제조하기 위하여 원유를 가열, 건조 또는 응고시킬 때 향미, 색깔, 텍스처, 기능성, 영양가 등의 변화가 수반된다.

1) 가열

(1) 살균

살균(pasteurization)은 병원균을 파괴하기 위해 필수적인 과정이며, 살균방법에 따른 온도와 적용시간은 〈표 12-6〉과 같다.

우유를 살균하기 위하여 가열하면 이취를 발생시키는 리페이스 등의 효소가 불활성화되고 변패를 일으키는 미생물이 파괴되어 저장기간이 연장된다. 그러나 β-락토글로불린의 변성에 의해 황화수소(thiol)기의 작용으로 가열취(cooked flavor)가 생성되어

표 12-6 **우유의 살균 방법**

살균방법	살균조건	특징
저온장시간살균법 (low temperature long time pasteurization, LTLT)	63~65℃에서 30분	모든 병원성 미생물과 세균의 90% 이상이 사멸되나 비병원성 세균은 남아 있다. 시간이 오래 걸리는 반면, 색, 풍미, 영양가의 변화가 가장 적다.
고온단시간살균법 (high temperature short time pasteurization, HTST)	72~75℃에서 15~20초	대량의 우유를 연속적으로 처리할 수 있고, 저온살균법보다 생균수가 상당히 감소하고 내열성 균도 거의 사멸된다.
초고온가열살균법 (ultra high temperature heating pasteurization, UHT)	130~150℃에서 0.5~5초	우유 중의 영양소 파괴와 화학적 변화를 최소화하고 살균효과를 극대화시킨 방법으로, 세균 및 유산균이 전부 살균되며 미생물 포자까지 사멸된다.

우유의 향미는 변화된다.

초고온 살균이나 멸균처리를 하면 단백질이 변성되고 유지방이 분리되며, 점성 증가와 함께 가열취 등 이취가 발생되고, 장기 저장 시 plasmin(단백분해효소)에 의해 단백질이 분해되어 쓴맛이 나기도 하는 문제점이 있다.

(2) 농축

우유를 농축한 연유(evaporated milk)는 고형분 함량이 원유보다 2배 이상 농축되어 유고형분 함량이 22.0% 이상, 유지방이 6.0% 이상 되어야 하며, 균질화 과정을 거친 후 통에 넣어 밀봉한 다음 115~118℃에서 15~20분 동안 멸균한다. 고온에서 비교적 장시간 가열처리하기 때문에 가열취가 강하다.

가당연유(sweetened condensed milk)는 농축 후 설탕을 첨가하여 유지방은 8.0% 이상, 유고형분은 29.0% 이상, 당분(유당 포함)은 58.0% 이하로 조절한 것이다. 설탕의 농도가 높기 때문에 멸균 처리를 하지 않고도 장기 저장이 가능하며, 효모와 곰팡이를 억제하기 위해 진공상태로 밀봉하기 때문에 향미 변화가 크지 않다.

(3) 건조

우유나 우유의 일부 구성성분을 건조하여 제조하는 가공품으로는 전지분유(whole dry milk powder, WDM), 탈지분유(nonfat dry milk powder, NFDM), 유청분말(dried whey), 유청단백농축물(whey protein concentrates), 카세인 분말 등이 있다.

이들 유제품 건조분말은 제과제빵 시 우유 대신으로 사용되고 또 육류 가공, 아이스크림 제조 등 다양한 식품가공에 첨가물질로도 사용된다.

전지분유는 유지방의 산화에 의해 이취가 발생하기 쉬워 탈지분유가 더 많이 제조·사용되고 있다. 특히 85℃로 20분간 살균하여 건조한 탈지분유는 유청단백질이 변성되는데, 빵 제조 시 변성된 유청단백질은 수분 보유력을 증가시키고 빵의 부피를 증가시켜 더 선호되고 있다. 60~65℃의 낮은 온도에서 살균하여 제조한 분유는 액체우유로 복원시킬 때나 케이크, 커스터드 제조 시에 사용되고 있다.

체다 치즈 제조 시 부산물인 유청을 건조한 유청분말은 72% 유당, 8.6% 유청단백질, 8% 무기질로 구성되어 있으며, 단백질 함량에 비해 유당과 무기질의 함량이 높기 때문에 사용이 제한되어 왔다. 그러나 한외여과에 의해 유당과 무기질을 제거하여 제조한 유청단백질 농축물은 높은 단백가와 바람직한 기능성을 가지고 있어 단백질 강화음료 등 여러 가공식품에 다양하게 사용되고 있다.

카세인 분말은 오래 전부터 식품의 재료로 사용되어 왔다. 카세인은 높은 영양가와 보습성, 보유성(保油性), 거품성, 유화성, 점성 등 다양한 기능적 특성을 나타내어 곡류 가공제품(cereals), 제빵, 육류제품, 인조커피크림, 음료, 치즈 유사품 등에 다양하게 사용되고 있다.

2) 균질화(homogenization)

원유에 있는 지방구는 그 크기가 커서 유화상태가 불안정하여 쉽게 위로 떠올라 크림상태(creaming)가 된다. 안정한 유화상태를 유지하기 위해 우유를 높은 압력(13,790~17,238 kPa)아래에서 극히 작은 구멍을 통과시키면 대부분 1 μm 이하인 작은 지방구로 분할되며 그 수는 크게 증가하게 된다. 분할된 지방구는 크기가 작아 안정한 유화상태를 유지하게 되지만 지방구의 표면적이 크게 증가하고 지방구를 둘러싸는 단백질막이 약해진다. 이러한 균질화 처리로 소화가 더 잘 되지만 지방 가수분해효소인 리페이스의 작용을 쉽게 받게 되어 산패취가 더 잘 발생할 수 있다. 따라서 균질화 전에 살균처리를 하여 리페이스 등의 효소를 불활성화시켜야 한다.

균질화된 우유는 더 희게 보이고 점섬이 증가되며, 향미가 순해지고 거품성이 증가하여 조리 시 음식의 색, 향미, 질감을 향상시킨다. 또 균질화된 우유는 쉽게 응고하므로 푸딩, 소스 등을 만들 때 유리하며, 응고 시 더 연한 응고물이 된다.

3) 유지방 함량의 조정

유지방은 바람직한 향미와 질감을 주지만 열량이 높아 우유에서 일부를 제거하기도 한다.

(1) 저지방우유

저지방우유(low-fat milk)는 0.6~2.6%의 유지방이 함유되도록 제조되며, 무지방우유(skim 또는 nonfat milk)는 유지방을 가능한 한 완전히 제거하여 0.5% 이하가 되도록 한 것이다.

저지방우유는 점성이 약간 낮으며 입안에서 퍼지는 맛이 없고 고소한 맛도 덜하다. 지방을 제거할 때 콜레스테롤과 비타민 A도 함께 제거되므로 비타민 A를 다시 첨가하며, 비타민 D를 함께 첨가하기도 한다.

(2) 크림

크림(cream)은 우유에서 분리된 지방의 농축액이다. 크림은 유지방 함량에 따라 여러 종류가 있으며(표 12-7 참조) 사용방법이 다르다.

묽은 크림(light cream) 또는 커피크림(coffee cream)은 18~30%의 유지방을 함유하며 일반적으로 커피용으로 사용된다. 묽은 휘핑크림(light whipping cream)은 30~36%의 유지방을 함유하고, 진한 크림(heavy cream) 또는 진한 휘핑크림(heavy whipping cream)은 36% 이상의 유지방을 함유하며 거품성이 커 거품을 내어 생크림케이크 등의 장식용으로 사용된다. 크림을 거품낼 때에는 유지방 함유량이 많은 크림을 5℃의 낮은 온도에서 24~48시간 저장하였다가 거품을 내어야 지방이 단단해져 안정하고 두꺼운 거품을 형성시킬 수 있다.

이외에 우유와 크림을 섞어 유지방을 10.5~18%로 조절한 half-and-half는 커피에 넣는 크림으로 사용되며 다른 크림에 비해 열량이 적다.

표 12-7 **크림의 종류와 유지방 함량**

크림의 종류	유지방 함량(%)
half-and-half	10.5~18.0
light cream (coffee or table)	18.0~30.0
light whipping cream (whipping)	30.0~36.0
heavy cream (heavy whipping)	36.0
sour cream (cultured sour)	18.0

크림 휘핑 시 설탕 첨가

크림 휘핑 시 설탕의 첨가는 난백거품의 경우와 마찬가지로 거품의 안정성을 증가시키나, 휘핑을 방해하여 휘핑 속도를 저하시키고 거품의 경도를 낮춘다. 따라서 크림 휘핑 시 설탕 및 다른 부재료의 첨가 시기는 휘핑이 어느 정도 된 후가 좋으며 입자가 고와서 잘 용해되는 가루설탕을 사용하는 것이 좋다.

(3) 버터

버터는 80% 이상의 유지방과 18% 정도의 수분을 함유하고 있으며, 유중수적형(water-in-oil, W/O) 유화물로서 유화상태가 버터의 특성에 영향을 준다.

버터는 장기간 저장 시 가수분해에 의한 산패와 산화적 산패가 일어나므로, 저온저장과 함께 포장지를 버터 표면에 밀착하고 밀폐용기를 사용하여 공기와 광선을 차단해야 한다. 또한 버터는 콜로이드상 식품으로 다른 식품으로부터 쉽게 냄새를 흡수하므로 밀폐용기를 이용하는 것이 좋다

버터의 특성 중 퍼짐성(spreadability)은 소비자 선호도에 영향을 미치는 중요한 요인이다. 퍼짐성은 〈그림 12-3〉과 같이 액체지방이 연속상(continuous phase)으로 연결되어 있고 고체지방과 작은 물방울, 공기방울이 분산상(dispersed phase)을 이루고 있는 유화상태의 버터 구조에서 액체지방의 양에 의해 크게 영향을 받는다. 액체지방의

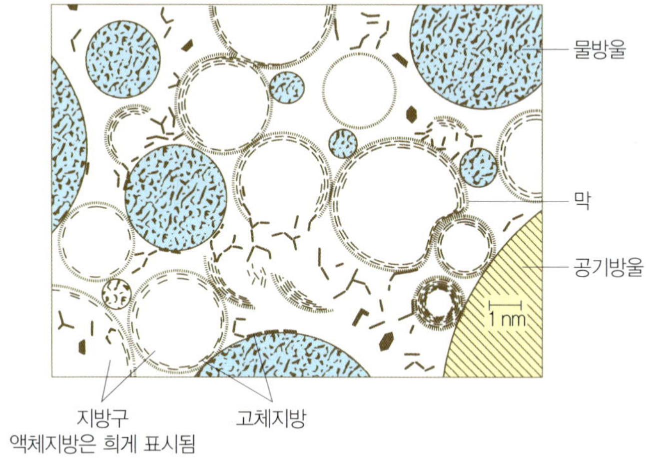

그림 12-3 **상온에서 버터 구조의 모형**

양은 버터를 제조하기 위해 유지방을 응고시키는 과정(churning)에서 주로 온도에 의해 좌우된다.

4) 발효(fermentation)

우유나 유제품은 유산균을 접종시켜 버터우유(butter milk), 요구르트(yogurt), 신크림(sour cream) 등 여러 발효유제품과 치즈 등의 제조에 이용되고 있다.

(1) 발효유제품

발효유제품의 특성은 우유의 지방 함량, 접종된 미생물, 발효 전의 저장온도, 발효 시 온도 등에 따라 달라진다.

버터우유는 무지방우유에 *Streptococcus cremoris*, *Streptococcus lactis* 등을 접종하여 20~22℃로 발효시켜 제조한다.

요구르트 제조 시에는 *Streptococcus thermophilus*와 *Lactobacillus bulgaricus* 등을 접종하는데 젖산균이 생성하는 젖산량이 요구르트의 점조성에 큰 영향을 주며, pH 4.4 정도가 되면 온도를 낮추어 발효를 억제한다. 상업적 요구르트는 평균 15%의 고형분과 5.25%의 단백질을 함유하며, 점조성을 증가시키기 위하여 검물질인 펙틴(pectin), 아가(agar), 카라기난(carrageenan), 젤라틴(gelatin) 등을 0.1~0.5% 정도 첨가한다.

(2) 치즈

치즈는 선사시대인 BC 2000년 전 이집트인들도 식료품으로 사용하였다고 하며, 로마제국시대에 이미 여러 종류의 치즈가 제조되었다.

① 자연치즈

우유단백질을 주요 재료로 사용하여 만들어지는 치즈는 지역과 시대에 따라 제조방법이 다양하기 때문에 향미, 텍스처가 크게 다른 여러 종류의 치즈가 생산된다. 자연치즈는 가열처리를 하지 않으므로 보관 중에도 계속 발효숙성이 일어난다.

치즈는 숙성 여부, 수분함량, 발효 시 사용되는 미생물에 따라 〈표 12-8〉과 같이 분

그림 12-4 **치즈의 여러 종류**

류할 수 있다.

코티지(cottage)·뇌샤텔(neufchatel)·크림 치즈(cream cheese) 등은 미숙성(unripened)시킨 연성(soft) 치즈이며, 체다(cheddar)·스위스(swiss)·파마산(parmesan) 치즈 등은 숙성(ripened)시킨 경성(hard) 치즈에 속한다. 또한 브리(brie), 카망베르(camembert), 로크포르(roquefort), 블루(blue) 치즈 등은 세균 대신 곰팡이(mold)에 의해 발효 숙성된 치즈들이다.

치즈를 제조하기 위해서는 카세인을 산이나 레닌효소로 처리하여 응고시키고, 응고물을 33~80℃로 가열하여 유청을 분리시킨 다음 미생물을 접종하고 염을 첨가한 후 성형, 압축하여 일정기간 숙성시킨다.

숙성 시 미생물의 효소작용으로 단백질이 펩타이드, 아미노산으로 가수분해되며, 유당은 숙성 초기에 유산으로 변하여 바람직하지 않은 미생물의 증식을 억제한다. 지방은 지방 가수분해효소에 의해 유리지방산으로 가수분해되며, 이외에도 에스터, 알코올, 케톤(ketone) 등의 물질이 생성되어 치즈의 독특한 향미를 나타낸다.

조리 시 치즈는 자연 그대로 사용하거나 또는 갈거나 썰어 음식의 위에 뿌리기도 하지만 피자나 치즈 토스트와 같이 적당히 가열하면 녹으면서 실처럼 늘어나는

표 12-8 대표적인 치즈의 종류와 치즈 생성에 이용되는 미생물

치즈	수분(%)	유지방(%)	pH	미생물
soft, unripened, acid curd				
코티지 크림 (cottage)	80 55	4 33	5.0 4.6	*Streptococcus lactis* *Streptococcus cremoris* *Streptococcus diacetylactis* *Leuconostoc citrovorum*
pasta filata (pulled curd)				
모차렐라(mozzrella) 프로볼론(provolone)	52~60 45	18 25	5.2 5.4	*Streptococcus thermophilus* *Lactobacillus bulgaricus* *Lactobacillus bulgaricus*
soft, ripened (surface)				
브리(brie)	55	28	6.95	*Streptococcus cremoris* *Streptococcus lactis* *Penicillium caseicolum* *Brevibacterium linens*
semisoft, ripened				
문스터(muenster)	46	27	6.2	*Streptococcus lactis* *Streptococcus cremoris* *Brevibacterium linens*
hard, ripened without eyes				
체다(cheddar)	39	31	5.5	*Streptococcus lactis* *Streptococcus cremoris*
hard, ripened with eyes				
스위스(swiss)	41	26	5.7	*Streptococcus thermophilus* *Lactobacillus helveticus* *Propionibacterium shermanii*
blue-veined				
로크포르(roquefort)	45	28	6.4	*Streptococcus lactis* *Streptococcus diacetylactis* *Streptococcus cremoris* *Leuconostoc spp. Penicillium roqueforti*
very hard, ripened				
파마산(parmesan)	32	22	5.4	*Streptococcus thermophilus* *Lactobacillus bulgaricus* *Streptococcus lactis*

(stringiness) 성질을 이용하는 경우도 있다.

치즈를 과도하게 가열하면 지방의 분리가 일어나고 텍스처가 굳어지며 너무 길게 늘어나므로 가능한 한 낮은 온도에서 단시간 가열하는 것이 바람직하다.

② 가공치즈

가공치즈(processed cheese)의 제조방법은 1916년 미국의 Kraft사(社)가 특허를 낸 것으로, 자연체다치즈를 가열하여 녹인 후 인산염 등 유화제와 유지방을 넣고 산, 색소, 향미 등을 미량 첨가하여 연한 텍스처와 온화한 향미를 가지도록 만든 것이다. 가공치즈는 가열·용해하는 과정에서 살균 및 효소의 파괴로 더 이상 발효숙성이 일어나지 않아 맛이 변하지 않고 장기 보존이 가능하다.

자연체다치즈는 제조하는 장소와 시기 등에 따라 품질이 달라지나, 가공치즈는 품질이 다른 여러 체다치즈를 녹여 섞어서 항상 일정한 품질을 유지하게 되었으며 손쉽게 사용할 수 있도록 개별 포장되어 소비가 크게 확산되었다.

요즈음에는 '가공치즈' 보다 수분함량이 높아 더 연한 텍스처의 '가공치즈식품', '가공치즈스프레드' 등도 저에너지 치즈 유사품으로 제조되고 있다.

5) 냉동

냉동은 우유의 장기 저장을 위해서도 사용되지만 좋은 후식으로 인기 있는 아이스크림 등 냉동유제품 제조를 위한 기본 가공과정이다. 우유를 이용한 냉동후식(frozen dessert)에는 아이스크림(ice cream), 아이스밀크(ice milk), 셔벗(sherbet) 등이 있다.

냉동후식의 일반적 구조는 거품(foam)으로 분류되는 콜로이드 분산 형태로서 얼음결정이 고체 연속상을 구성하고 냉동 중 교반하는 동안에 공기가 들어가서 작은 공기방울로 분산상을 구성하고 있다.

아이스크림의 주요 기본재료는 유지방, 유고형분, 감미료, 안정제, 향미료, 유화제 등이며, 견과류나 과일류가 사용되기도 한다.

아이스크림 내의 유지방은 진하고 풍부한(rich) 향미와 매끄럽고 부드러운 텍스처를 주고, 우유 고형분은 주로 카세인 등 우유단백질로 아이스크림의 텍스처를 구성하고 유지하는 데 필수적인 물질이다. 감미료로는 설탕이 일반적으로 사용되지만 콘시럽(corn syrup) 또는 포도당-과당 혼합물이 사용되기도 한다. 감미료는 단맛을 주는 외에 아이스크림의 냉동온도를 낮추는 데 꼭 필요하다.

유화제로는 난황이나 상업적 유화제가 사용되어 유지방의 분산을 돕는다. 안정제(stabilizer)로는 검물질인 젤라틴, 구아검(guar gum), 카라야검(karaya gum), 해초류검(seaweed gum), 펙틴, CMC(carboxymethyl cellulose) 등이 사용된다. 안정제는 아이스크림의 유화상태의 안정성을 높이고 점도를 증가시키며, 물을 수화시켜 큰 결정의 얼음 생성을 방해하여 매끄럽고 풍부한 느낌의 텍스처를 유지시켜 준다.

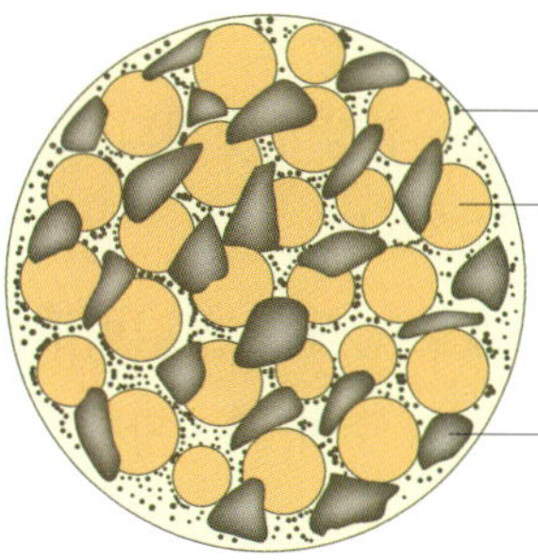

그림 12-5 **아이스크림 미세구조의 모형도**

이외에 소비자들의 선호에 따라 바닐라향, 초콜릿(chocolate), 딸기, 견과류 등이 사용되고 있다.

냉동후식의 맛과 텍스처에 영향을 주는 주요 요인으로는 ① 유지방 함량, ② 얼음결정의 크기와 수, ③ 공기 유입량과 크기 등이 있다.

냉동후식은 유지방의 함량에 따라서 맛과 텍스처가 다르다. 유지방이 많을수록 작은 크기의 수많은 공기방울을 분산시킬 수 있어 텍스처가 부드럽고 맛이 고소하며 좋은 입안감촉(mouthfeel)을 준다. 냉동후식 유제품은 유지방 함량에 따라 특성 차이가 크게 나타나므로 〈표 12-9〉와 같이 분류되기도 한다.

유지방 16~20%의 'premium' 아이스크림은 맛과 텍스처는 좋으나 높은 지방함량으로 에너지가 높고, 유지방 10~12%의 'economy' 아이스크림은 텍스처가 거칠고 맛이 떨어지므로 상업적 아이스크림은 대부분 12~14%의 유지방 함량을 갖도록 제조하고 있다.

아이스밀크는 3~6% 내외의 낮은 유지방 함량으로 인하여 아이스크림보다 부드러움성이 떨어진다. 셔벗(sherbert)은 아주 소량의 유지방과 우유 고형분을 함유하여 거친 텍스처를 주지만 높은 당함량으로 낮은 온도를 유지하여 좀더 시원한 느낌을 준다. 아이스캔디는 유지방 또는 우유 구성물질이 전혀 함유되지 않고 물에 당과 향미, 색소성분만 첨가한 것으로 시원한 맛을 준다. 셔벗과 아이스캔디는 빙점 강하 성질이 없는 유지방이 적은 대신 설탕이 많이 들어 있어 빙점 강하가 많이 일어나 어는 온도가 낮고 입안에서 녹는 온도도 낮아 차갑고 시원한 맛을 준다.

아이스크림은 사용되는 재료를 잘 섞은 다음 빠르게 온도를 낮추어 냉장상태로 2시간 이상 두어 섞인 재료가 서로 잘 혼합되도록 한 후 교반하면서 급속히 냉동시켜 제조한다. 급속냉동을 하면 작은 크기의 얼음결정이 형성되므로 모래 같은 느낌이 없는 부드러운 텍스처의 아이스크림을 만들 수 있다.

교반을 하는 이유는 다음과 같다. 재료 전체를 잘 섞어주어 냉동온도를 고르게 하여 얼음결정을 일정한 작은 크기로 유지시켜 주며, 유지방의 부분합체를 유도하여 매끄러운 느낌을 주게 하고, 또한 공기를 아이스크림에 유입한다.

공기는 거품계(foam system)를 형성하여 아이스크림의 부피를 증가시키며 가벼운 느낌을 준다. 아이스크림의 증가된 부피백분율을 'over-run'이라 한다. 상업적 아이스크

표 12-9 상업적 냉동후식 유제품의 구성성분 비율 (%)

	유지방	MSNF*	당	안정제, 유화제	전체 고형분
premium ice cream	16 18 20	7~8 6~7 5~6	13~16 13~16 14~17	0.20~0.40 0.25 0.25	40.0~41.0
good average ice cream	12 14	11 8~9	15 13~16	0.30 0.20~0.40	37.5~39.0
economy ice cream	10 12	10~11 9~10	13~15 13~15	0.30~0.50 0.25~0.50	35.0~37.0
good average ice milk (soft serve)	4 5 6	12.0 11.5 11.5	13.5 13.0 13.0	0.40 0.40 0.35	29.0~30.0
ice milk	3	14	14	0.45	31.4
sherbert	1~3	1~3	26~35	0.40~0.50	28.0~36.0
ice candy	–	–	26~35	0.40~0.50	26.0~35.0

* MSNF: milk-solid-nonfat

림의 바람직한 over-run은 70~80%로 over-run이 100% 이상 되면 너무 거품(frothy) 같은 느낌을 준다. 셔벗은 일반적으로 30~40%의 over-run을 보이며, 가정에서 만든 아이스크림은 over-run이 50% 이상 넘지 않는다.

$$\text{over-run}\ (\%) = \frac{(\text{아이스크림의 부피} - \text{원재료의 부피})}{\text{원재료의 부피}} \times 100$$

실험

카세인의 응고에 영향을 주는 요인

목적 카세인이 응고되는 조건 확인 및 응고물의 특성조사

방법 1

① 35~40℃로 가열한 우유 240 mL에 레닛(rennet) 시약 1/2정을 35℃ 물 15 mL(1큰술)에 녹여 섞는다.

② ①을 2개의 커스터드 컵(내열유리컵)에 나누어 붓고 하나는 즉시 냉장고에, 다른 하나는 상온에 30분간 정치한 후 형성된 응고물의 외관, 텍스처, 무게 및 향미를 관찰한다.

조건 변화 레닛 대신 다른 단백질 가수분해효소를 사용하거나 키위즙, 생파인애플즙 등을 사용한다.

방법 2

① 젖산, 구연산 등 유기산으로 10% 수용액을 만든다.

② 우유 100 mL 각각에 유기산 수용액을 첨가시키면서 pH를 측정하여 pH 5.0, pH 4.6, pH 3.0으로 조절하고 30분간 상온에서 정치한 후 형성된 응고물을 위와 같은 방법으로 조사한다.

조건 변화 95℃로 10분간 가열하여 식힌 우유 및 분유나 무당연유로 만든 우유를 사용한다.

우유의 거품 형성력과 안정성 측정

목적 유지방 함량과 온도가 거품 형성력과 안정성에 주는 영향을 관찰한다.

방법

① 작고 깊이가 있는 둥근 그릇(bowl)을 준비한다.

② 다음의 표와 같이 같이 온도를 조절한 각종 유제품을 각각의 그릇에 담는다.

유제품 종류와 온도

유제품	사용량	온도
35% 크림	125 mL	24℃
35% 크림	125 mL	4℃
18% 크림	125 mL	4℃
농축우유	125 mL	4℃
탈지분유*	125 mL	4℃

* 75 mL의 물에 녹인다.

③ 거품기로 10분간 일정한 속도로 거품을 낸다.

④ 거품 형성 7분 후 레몬주스 15 mL(1큰술)를 첨가하고 3분간 거품을 형성시킨다.

⑤ 그릇에 형성된 거품의 부피를 표시한 후에 물로 채워 부피를 측정한다.

⑥ 거품 일정량(10 mL 또는 20 mL)을 깔대기에 담고 15분, 30분, 1시간 후에 액체가 되어 떨어진 양을 측정한다.

⑦ 거품을 최대로 형성시키는 시간을 측정한다.

조건변화

① 온도를 0℃, 4℃, 24℃ 등으로 조절한다.

② 첨가물로 설탕, 포도당, 물엿 등 각종 당을 사용한다.

화이트소스(white sauce) 만들기

목적 화이트소스를 만들기 위하여 재료를 혼합하는 방법과 점조도에 영향을 미치는 우유와 밀가루의 함량 변화 효과를 관찰한다.

재료 및 분량

종류	밀가루		지방		소금*		우유**		용도
	Ts	mL	Ts	mL	ts	mL	cup	mL	
very thin	1/2	7	1	15	1/4	1	1	250	cream soups made from starchy foods
thin	1	15	1	15	1/4	1	1	250	cream soups made from non-starchy foods
medium	2	30	2	30	1/4	1	1	250	creamed dishes, scal-loped dishes, gravy
thick	3	45	2	30	1/2	2	1	250	cooked salad dressing, browned flour for gravy
very thick	4	60	2½	35	1/2	2	1	250	croquettes, souffles

자료 : Practical Cookery and the Etiquette and service of the Table, John Wiley & Sons, Inc., New York

* 짠 식품에는 소금을 넣지 않거나 양을 감함

** 우유 대신 채소주스나 고기국물을 넣기도 함

조리방법 1

① 지방을 녹인 후 밀가루와 소금을 넣어 잘 섞으면서 천천히 가열하여 '루(roux)'를 만든다.

② '루'에 우유를 넣으면서 계속 젓는다.

③ 약한 불에서 혼합물이 되직해질 때까지 천천히 가열하면서 계속 저어준다.

④ 5분 동안 때때로 저으면서 약한 불로 가열하거나 끓는 물에 뚜껑을 덮고 10~20분간 중탕한다.

조리방법 2

① 찬 우유 1/8~1/4컵 분량에 밀가루를 넣어 매끄러운 풀(paste)처럼 만든다.

② 나머지 분량의 우유에 지방과 소금을 넣고 천천히 가열한다(scald).

③ 뜨거운 우유의 일부분을 천천히 ①에서 만든 밀가루 풀에 넣으며 잘 섞는다(blend).

④ ③에서 만든 혼합물을 나머지 분량의 뜨거운 우유에 넣어 계속 저으면서 되직해질 때까지 약한 불에서 천천히 가열한다.

⑤ 같은 조건으로 5분간 계속 가열하거나 뚜껑을 덮고 중탕으로 10~20분간 가열한다.

조건 변화

① 일반우유 대신 무지방우유, 저지방우유, 무지방분유 사용

② 지방으로 마가린, 식용유 또는 버터를 사용

평가

① 두 가지 방법으로 만든 화이트소스의 점조성을 조사한다.

② 조건 변화에 의한 화이트소스의 점조성과 향미 특성의 차이를 측정한다.

③ 재료 함량의 변화에 따른 점조성의 변화를 관찰한다.

토마토주스가 우유의 응고에 미치는 요인 조사

목적 우유는 산성하에서 응고되기 때문에 우유를 기본 재료로 사용하는 화이트소스나 크림수프(cream soup)에 산성을 띠는 토마토주스나 레몬주스를 첨가할 때 나타나는 현상을 관찰한다.

조리방법 1

토마토주스 50 mL와 우유 50 mL를 다음 조건에 따라 사용한다.

① 찬 토마토주스를 찬 우유에 넣어 85℃로 가열한다.

② 85℃의 뜨거운 토마토주스를 85℃의 뜨거운 우유에 넣어 섞는다.

③ 토마토주스에 1/2작은술의 밀가루를 넣어 ②와 같이 한다.

④ 우유에 1/2작은술의 밀가루를 넣어 ②와 같이 한다.

조리방법 2

묽은(thin) 화이트소스를 만든 후 토마토주스 50 mL를 첨가한다.

① 화이트소스 제조 시 토마토주스를 처음부터 첨가한다.

② 화이트소스를 다 만든 후 토마토주스를 첨가한다.

③ 화이트소스를 다 만든 후 뜨거운 토마토주스를 첨가한다.

평가방법

① 응고물의 양과 응고 모양을 관찰한다.

② 각 조건으로 만든 시료의 pH를 측정한다.

CHAPTER 13

유지류

1. 지방의 구조와 종류
2. 조리에 사용되는 주요 지방의 종류
3. 조리에서의 지방의 주요 기능
4. 지방의 변패

유지는 식품의 재료로서 또는 튀김 시 열전달 매체로서 다양하게 사용되어 왔다. 유지의 독특한 물리·화학적 성질은 식품의 텍스처에 영향을 주어 식품을 더 부드럽고 매끄럽게 하며 향미와 색깔 형성에도 관여하고, 유지의 종류에 따라 식품의 저장성도 달라지게 한다.

1. 지방의 구조와 종류

유지는 일반적으로 물에는 녹지 않고 에터, 석유 에터, 벤젠, 아세톤 등의 유기용매에 녹아서 지용성을 나타내는 물질을 총칭하는 지질(lipid)에 속한다. 지질은 그 구성성분에 따라 단순지질, 복합지질, 유도지질로 분류한다. 복합지질이나 유도지질에 속하는 물질로는 인지질, 당지질, 스테롤, 지방산, 알코올, 지용성 비타민류, 지용성 색소 등이 있다. 비교적 소량이 들어 있는 이들 물질은 식품 내에서 중요한 기능적 역할을 하기도 한다. 단순지질에 속하는 유지는 지질 중 대부분을 차지하며, 상온에서 고체상태인 것은 지방(fat, 脂), 액체상태인 것은 기름(oil, 油)으로 부르기 때문에 유지라고 하지만 구별하지 않고 지방으로 부르는 것이 일반화되어 있다.

식품의 지방함량은 〈표 13-1〉에서 보는 것처럼 동물성·식물성 식품에 따라 매우 다양하다. 지방함량은 채소에는 매우 낮으나 곡류에는 1~4%, 우유에는 3.5% 정도이며,

표 13-1 몇 가지 식품의 지방함량

식품	지방함량(%)	식품	지방함량(%)
쌀	1.4	우유	3.5
보리	1.9	버터	80
귀리	4.4	치즈	34
아스파라거스	0.25	쇠고기	10~30
대두	17~25	닭고기	7
코코넛	34	햄버거고기	30
땅콩	49	대구	0.4
호두	58	청어	12.5
해바라기	28		

호두에는 60% 내외, 땅콩에는 50% 정도로 상당히 많다. 버터는 80% 정도가 지방이나 쇼트닝은 1% 이내의 유화제를 제외하면 거의 전부가 지방으로 구성되어 있다.

1) 지방의 구조

지방은 세 개의 지방산(fatty acid)이 한 개의 글리세롤(glycerol)과 에스터 결합을 한 triacylglycerol(TAG) 구조를 가지고 있는 물질을 말하며(그림 13-1 참조), 중성지질(neutral lipid)에 속하고 에터, 석유 에터, 벤젠 등 비극성 용매에 잘 용해되는 특성이 있다.

지방의 특성은 결합된 세 개의 지방산의 구조에 의해 결정된다. 결합된 세 개의 지방산이 모두 같으면 단순지방(simple triacylglycerol)이라 하고, 하나라도 다른 지방산이 결합되어 있으면 혼합지방(mixed triacylglycerol)이라 한다.

2) 지방산

지방의 독특한 화학적·물리적 성질은 지방분자의 90%가량을 차지하고 있는 지방산의 종류와 비율에 의해 결정된다. 지방을 가수분해하면 생성되는 지방산은 대부분 4~24개의 짝수 탄소원자가 직쇄상으로 결합된 형태로 한쪽 끝부분에 카복실기(-COOH)가 있는 형태이다. 그러나 2개의 카복실기를 갖거나 측쇄에 수산기(-OH), 케톤기(C=O)를 갖는 것도 있다.

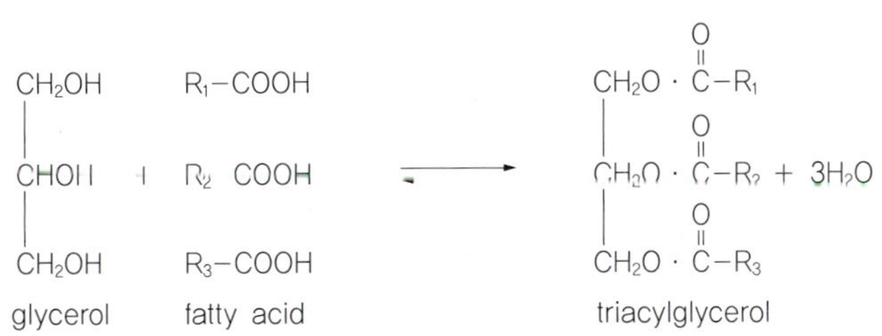

단순지방 : $R_1 = R_2 = R_3$
혼합지방 : $R_1 = R_2 = R_3$, 또는 $R_1 ≒ R_2 = R_3$, 또는 $R_1 ≒ R_2 ≒ R_3$

그림 13-1 **지방의 화학적 구조**

표 13-2 지방산의 체계적 명명, 일반명, 융점 및 주요 함유식품

단축구조	체계적 명명	일반명	융점(℃)	함유식품
4:0	butanoic	butyric	-7.9	버터
6:0	hexanoic	caproic	-3.4	버터, 코코넛유
8:0	octanoic	caprylic	16.7	버터, 코코넛유
10:0	decanoic	capric	31.6	버터, 코코넛유
12:0	dodecanoic	lauric	44.2	야자핵유, 코코넛유
14:0	tetradecanoic	myristic	54.4	야자핵유, 코코넛유
16:0	hexadecenoic	palmitic	62.9	야자유, 동물성유
16:1(9)	9-hexadecenoic	palmitoleic		버터, 어유, 동물성유
18:0	octadecanoic	stearic	69.6	동물성 유지
18:1(9)	9-octadecenoic	oleic	16.3	동식물성 유지
18:2(9, 12)	9, 12-octadecadienoic	linoleic	-6.5	동식물성 유지
18:3(9, 12, 15)	9, 12, 15-octadecatrienoic	linolenic	-12.8	식물성 유지
20:0	eicosanoic	arachidic	75.4	채종유, 땅콩유
20:1(9)	9-eicosenoic	gadoleic		채종유
20:4(5, 8, 11, 14)	5, 8, 11, 14-eicosatetraenoic	arachidonic	-49.5	어유, 간유
20:5(5, 8, 11, 14, 17)	5, 8, 11, 14, 17-eicosapentaenoic	EPA		어유
22:0	docosanoic	behenic	80.0	땅콩유
22:1(11)	11-docosenoic	cetoleic		어유
22:1(13)	13-docosenoic	erucic	33.4	채종유
22:5(4, 8, 12, 15, 19)	4, 8, 12, 15, 19-docosapentaenoic	clupanodonic	-78.0	어유
22:6(4, 7, 10, 13, 16,19)	4, 7, 10, 13, 16, 19-docosahexaenoic	DHA		어유
24:0	tetracosanoic	lignoceric	84.2	땅콩유
24:1(15)	15-tetracosenoic	selacholeic	43.0	어유

여러 지방산의 체계적 명명과 일반명, 융점 및 주요 함유식품을 〈표 13-2〉에 표시하였다. 지방산은 결합된 탄소원자수에 따라 저급, 중급, 고급지방산으로 나누며, 탄소원자수가 많을수록 지방의 융점이 높아진다. 또한 지방산은 분자구조 내 이중결합(double bond)의 존재 여부에 따라 이중결합이 없는 포화지방산(saturated fatty acid)과 이중결합이 있는 불포화지방산(unsaturated fatty acid)으로 크게 나눈다. 불포화지방산은 다시 이중결합이 1개 있는 단일불포화지방산(monounsaturated fatty acid)과 2개 이상 있는 다중불포화지방산(polyunsaturated fatty acid)으로 나누며, 다중불포화지방산은 불포화 정도에 따라 이중불포화(diunsaturated), 삼중불포화(triunsaturated) 등으로 부른다. 이중결합을 갖는 지방산은 융점이 낮으며 특히 다중불포화지방산의 융점은 탄소원자수가 많은 고급지방산이라 하더라도 0℃ 이하의 아주 낮은 온도를 갖게 된다.

일상식품에 함유된 지방에 들어 있는 여러 지방산의 구성 비율은 〈표 13-3〉과 같다. 지방산 중 뷰티르산(4:0)은 우유지방에 주로 존재하며 라우르산(12:0)는 코코넛유(coconut oil)와 야자핵유(palm kernel oil)의 주요 구성지방산으로 45% 내외이다. 야자

표 13-3 일상식품에 함유된 지방의 지방산 구성비율

지방	지방산(g/100g 지방)															
	4:0	6:0	8:0	10:0	12:0	14:0	16:0	18:0	16:1	18:1	20:1	18:2	18:3	18:4	20:5	22:6	U/S
우유지방	2.6	1.6	0.9	2.0	2.3	8.2	21.3	9.8	1.8	20.4							0.33
우 지					0.9	3.7	24.9	18.9	4.2	36.0	0.3	3.1	0.6				0.88
돈 지				0.1	0.2	1.3	23.8	13.5	2.7	41.2	1.0	10.2	1.0				1.56
청어유						9.0	19.0	3.8	13.3	15.5	1.7	2.0	1.0	2.4	12.5	7.9	1.32
코코넛유		0.6	7.5	6.0	44.6	16.8	8.2	2.8		5.8		1.8					0.09
야자핵유		0.2	3.3	3.7	47.0	16.4	8.1	2.8		11.4		1.6					0.15
코코아버터						0.1	25.4	33.2	0.2	32.6		2.8	0.1				0.60
야자유					0.1	1.0	43.5	4.3	0.3	36.6	0.1	9.1	0.2				0.99
올리브유							11.0	2.2	0.8	72.5	0.3	7.9	0.6				6.05
땅콩유						0.1	9.5	2.2	0.1	44.8	1.3	32.0					4.58
해바라기유							5.9	4.5		19.5		65.7					9.00
옥수수유							10.9	1.8		24.2		58.0	0.7				6.37
면실유						0.8	22.7	2.3	0.8	17.0		51.5	0.2				2.72
홍화유						0.1	6.2	2.2	0.4	11.7		74.1	0.4				9.31
대두유						0.1	10.3	3.8	0.2	22.8	0.2	51.0	6.8				5.62
참기름							9.7	4.8		41.2		44.4					5.90
들기름							6.4	1.6		13.8		15.5	62.6				11.49
유채유 (저에루스산)							4.8	1.6	0.5	53.8	1.0	22.1	11.1				7.34

※ U/S : 불포화지방산/포화지방산

유(palm oil)는 특히 팔미트산의 함량이 43% 정도로 높으며, 올리브유에는 올레산(oleic acid)이 70% 이상 함유되어 있다. 대두유에는 리놀레산(linoleic acid)이 50% 정도, 리놀렌산(linolenic acid)이 7% 정도 함유되어 있다. 참기름에는 올레산과 리놀레산이 각각 40% 이상 함유되어 있으며, 들기름에는 다중불포화지방산이 가장 많이 함유되어 리놀렌산이 60% 이상 들어있다. 팔미트산(16:0), 스테아르산(18:0), 올레산(18:1), 리놀레산(18:2)은 거의 대부분의 지방에 골고루 들어 있는 일반적인 지방산이다.

식품에 함유된 지방의 지방산 구성은 식물성 지방인 경우에는 재배지역, 온도, 계절 등 환경적 요인에 의한 영향을 많이 받고, 동물성 지방인 경우에는 환경적 요인 외에도 품종, 성별, 나이, 저장 부위 등에 따라 영향을 크게 받는다.

불포화도가 큰 지방은 영양학적인 측면에서는 포화지방보다 혈액응고를 늦추는 작용을 하며, 융점과 점도가 낮아 혈액 순환에 도움을 준다고 알려져 있다. 리놀레산, 리놀렌산은 체내에서 생성되지 않으므로 식품으로 섭취하여야 하는 필수지방산이다. 불포화지방산은 식품학적인 면에서 살펴보면 쉽게 산소와 반응하여 2차 산화물질을 생성한다. 생성된 2차 산화물질은 향미, 색깔의 변화를 수반하여 식품의 조리, 저장 중에 문제를 발생시킨다.

각종 지방식품에 포함된 포화지방산, 불포화지방산의 함량과 비율(U/S)은 〈표 13-3〉과 같다. 들기름이 가장 높은 U/S 비율을 갖고 있으며 홍화유, 해바라기유, 유채유, 참기름, 올리브유, 대두유 등도 상당히 높은 U/S 비율을 보인다. 반면 우지, 돈지 등 동물성유는 아주 낮은 U/S 비율을 나타내며, 식물성유 중에도 코코아버터, 코코넛유, 야자유 등도 낮은 U/S 비율을 나타내고 있다.

3) 식품 지방의 분류

상업적으로 판매되고 있는 지방은 급원, 구성지방산의 특성에 따라 일반적으로 우유지방(milk fat), 육지동물성 지방(land animal fat), 어유(marine oil), 라우르산유(lauric acid oil), 올레-리놀레산유(oleic-linoleic acid oil), 리놀렌산유(linolenic acid oil), 에루스산유(erucic acid oil), 식물성 버터(vegetable butter) 등으로 나눈다.

(1) 우유지방(milk fat)

우유지방은 400개 이상의 여러 지방산으로 구성된 가장 복잡한 지방 중의 하나이다. 특히 지방분자 내에 저급과 고급지방산이 독특하게 결합되어 있으며, 뷰티르산이 결합된 유일한 천연지방이다.

(2) 육지동물성 지방(land animal fat)

동물의 에너지 저장을 위하여 형성된 저장성 지방으로 수백 종류의 지방산으로 이루어졌으나 16개 및 18개 탄소원자 수를 갖는 포화지방산의 비율이 많아 식물성 지방 또는 어유보다 융점이 높다. 돈지, 가금류 지방이 우지나 양지방보다 불포화지방산 함량이 더 많다.

(3) 어유(marine oil)

어유는 지방산의 탄소 수나 불포화도에 있어 다양한 변이를 보인다. 4~6개의 이중결합을 가진 다중불포화 고급지방산인 EPA, DHA 등이 다른 어떤 종류의 지방보다 많이 존재하여 영양적으로 중요성이 더욱 커지고 있다. 그러나 높은 불포화도 때문에 쉽게 산화되어 산패취를 유발시키므로 추출하여 직접 식품에 이용하기는 어렵다.

(4) 라우르산유(lauric acid oil)

식물성유 중에서 라우르산이 특별히 많이 함유되어 있는 야자핵유와 코코넛유가 이에 속한다. 라우르산 외에 융점이 비슷한 미리스트산, 팔미트산도 상당히 함유되어 있으며, 단순한 지방산 분포 때문에 융점 범위가 24~27℃로 좁아 캔디류 제조 또는 아이싱(icing) 등에 코코아비터(cocoa butter)와 함께 많이 이용되고 있다. 포화도가 높아서 산화적 산패는 잘 일어나지 않지만, 가수분해되면 탄소 수 12 이하의 저급지방산이 상당량 존재하므로 저급유리지방산에 의하여 바람직하지 못한 냄새를 발생하기도 한다.

(5) 올레-리놀레산유(oleic-linoleic acid oil)

면실유, 땅콩유, 옥수수유, 홍화유, 올리브유, 야자유, 참기름 등 여러 식물성유는 올레산과 리놀레산의 함량이 높으며, 산화에도 비교적 안정하여 조리, 가공에 가장 적절하게 이용되고 있다.

(6) 리놀렌산유(linolenic acid oil)

대두유는 대표적인 리놀렌산유로 6% 이상의 비교적 높은 리놀렌산을 함유하고 있다. 이중결합이 3개 있는 리놀렌산은 매우 빠르게 산화되어 냄새성분을 생성시킨다. 일반적인 화학적 분석방법으로 산화 정도를 측정할 수 없는 경우에도 산패냄새를 느끼는 변향(reversion flavor)은 대두유에 함유된 리놀렌산이 산화되어 나타나는 현상이다.

이러한 바람직하지 못한 냄새가 생성되는 것을 감소시키기 위해 대두유에 함유된 6~10% 리놀렌산 비율을 3% 또는 1% 이하로 감소시키는 방법이 제안되고 있다.

들기름은 대두유보다 훨씬 많은 60% 이상의 리놀렌산을 가지고 있어 특히 추출 후 항상 냉장상태로 저장하여야 하며 빠른 시일 내에 소비하여야 한다.

(7) 에루스산유(erucic acid oil)

겨자, 유채 등 겨자과(brassica) 채소의 씨앗에서 추출한 기름에는 40~55% 에루스산이 포함되어 있다. 에루스산이 많이 함유된 유채유를 동물들에게 섭취시킨 결과 나쁜 건강상태를 보여서 품종을 개량하여 유채유의 에루스산 함량을 낮춘 카놀라유(canola oil)가 개발되었다. 카놀라유는 1~2% 이하의 에루스산, 55~65%의 올레산, 9~15%의 리놀렌산을 함유하여 구성지방산 특성상 앞에 기술한 리놀렌산유에 속하게 된다.

(8) 식물성 버터(vegetable butter)

열대지방에서 자라는 카카오나무 등의 열매에서 추출한 지방으로 라우르산유와 유사한 좁은 범위의 융점을 갖는다. 가장 대표적인 식물성 버터로 코코아버터가 35℃ 정도의 좁은 범위의 융점을 나타내는 것은 구성지방의 50% 이상이 한 가지 형태의 중성지방(1-palmitoyl-2-oleoyl-3-stearoyl-sn-glycerol : sn-POSG)으로 이루어져 있기 때문이다.

2. 조리에 사용되는 주요 지방의 종류

조리에 사용되는 지방은 단순히 적당한 향미 또는 경제성 때문에 선택되기도 하고 지방의 물리적·화학적 특성이 해당 조리에 적당하기 때문에 사용되기도 한다.

1) 버터

버터

버터(butter)는 유지방으로 제조한다. 우유를 원심분리하여 얻은 30~35% 유지방의 크림을 가열하여 지방 가수분해효소(lipase)를 불활성화시키고 미생물을 살균한다.

살균된 크림에 젖산발효세균을 접종시켜 숙성시킨 다음 처닝(churning, 강하게 젓기)하여 유장을 제거하여 얻어진 유지방에 소금과 색소물질 등 미량의 첨가물질을 넣어 버터를 제조한다.

버터는 80~81%의 유지방과 17~18% 정도의 수분을 포함하는 유중수적형 유화상태이다. 짠맛을 주기 위해 첨가된 2.5% 정도의 소금은 버터 내의 수분에 용해되어 미생물의 생장을 억제하는 작용을 하여 가염버터의 저장성이 무염버터보다 더 길다. 버터는 0℃에서는 1개월까지, -18℃에서는 6~9개월까지 저장이 가능하다.

버터는 냉장온도에서 단단하여 퍼짐성이 없으나 융점 범위가 좁고 저급지방산 및 다이아세틸(diacetyl) 등에 의한 독특한 향미를 가지고 있다. 다이아세틸은 유지방의 1차 발효 생성물인 아세틸메틸카비놀(acetylmethylcarbinol)의 산화에 의해 생성된다.

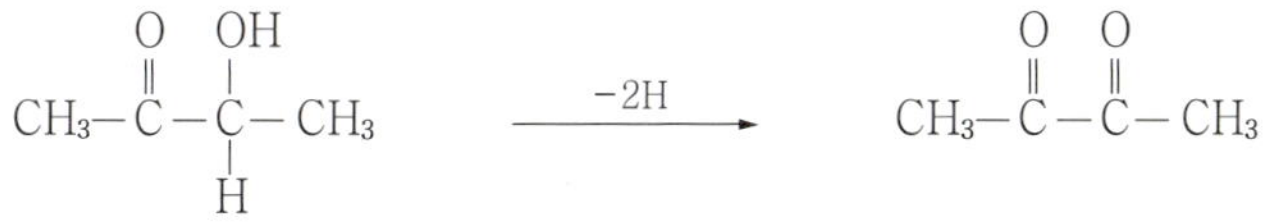

acetylmethylcarbinol diacetyl

2) 마가린

마가린(margarine)은 1869년 프랑스 화학자 Mege-Mouries에 의해 개발되었다. 초기에는 우지가 마가린의 주원료였으나 대두유, 옥수수유와 같은 식물성유를 부분 수소화시켜 바람직한 물성을 갖도록 제조되고 있다. 그러나 유지가 수소화되는 과정에서 일부의 이중결합이 시스형보다 안정한 트랜스형으로 전환되어 트랜스지방을 생성하기 때문에 최근에는 트랜스지방 생성을 억제하는 공정을 개발하여 제로 트랜스마가린을 제조하기도 한다. 마가린도 버터와 같이 80% 정도의 지방과 수량의 비타민 A, 비타민 D, 다이아세틸 등의 향미물질, 레시틴 등의 유화제, 색소, 소금 등으로 구성되어 있다. 최근에는 에너지를 낮추기 위해 지방함량을 40~75%로 조절하고 수분함량을 높인 마가린 유사품(spread)도 시판되고 있다.

마가린

제조되는 마가린은 다음과 같은 종류들이 있다. 경성 마가린(stick margarine)은 버터의 특성과 유사한 일반 마가린으로 퍼짐성이 부족하고 융점이 높다. 연성 마가린(soft

또는 tub margarine)은 경성 마가린보다 융점이 낮아 냉장온도에서도 퍼짐성이 좋으며, 불포화지방산 비율이 높은 지방으로 제조하며 일반적으로 플라스틱 용기에 담아 판매한다. 저열량 마가린(diet 또는 low calorie margarine)은 경성 마가린보다 2배 이상의 수분을 함유한 것으로 마가린 스프레드(spread)라고도 부르며, 거품마가린(whipped margarine)은 경성 마가린에 질소나 공기를 불어넣어 거품을 낸 것으로 부피가 늘어나 단위부피당 경성 마가린보다 에너지가 낮다.

3) 쇼트닝

쇼트닝(shortening)은 정제유를 수소화시켜 가소성의 고체상태로 바꾼 순수 지방을 일반적으로 말하나 액체 쇼트닝, 입자 형태의(powdered) 쇼트닝도 제조되고 있다. 정제유로는 식물성유를 많이 사용하지만 동물성 지방인 라드(lard) 등을 일부 사용하기도 한다. 바람직한 물성을 위하여 액체지방과 고체지방을 적절히 배합하여 질소나 공기를 부피비로 10~15% 정도 되게 불어 넣어 제조한 쇼트닝은 희고 불투명하며, 부드럽고 넓은 범위의 가소성(plasticity)을 갖는다. 고체지방이 대부분 β' 결정으로 이루어진 쇼트닝은 부드럽고 크리밍하기에 좋기 때문에 β' 결정을 잘 이루는 수소화시킨 면실유나 야자유를 첨가한다. 그러나 액체 쇼트닝(fluid shortening)에는 판상형(platelike)의 β형 결정형이 적당하다.

쇼트닝은 순수 지방으로 구성되나 빵이나 케이크의 부피와 품질을 높이고 유화력 증진을 위해 5% 정도 모노글리세리드(monoglyceride)나 다이글리세리드(diglyceride)를 유화제로 첨가하여 제조(super-glycerinated shortening)하기도 하지만, 첨가된 유화제는 발연점을 낮추어 튀김용으로는 부적절하다.

4) 라드, 우지

돈지를 수증기나 건열로 추출(rendering) 정제시킨 지방을 라드(lard)라고 하며, β형 결정형의 거친 질감을 주므로 작은 크기의 β' 결정형을 갖도록 가공한 재배열 라드(rearranged lard)가 제조되고 있다. 소의 지방조직으로부터 추출 정제된 우지(beef tallow)는 조리에 단독으로는 거의 사용되지 않지만 β' 결정형 형성을 돕기 때문에 쇼트닝의 원료로 일부 사용된다.

5) 식물성유

식물성유

식물성유는 일반적으로 불포화도가 높은 지방으로 구성된다. 조리에 사용되는 식물성유는 샐러드 오일(salad oil) 또는 쿠킹 오일(cooking oil)로 부르며, 냉장조건에서 결정화가 일어나지 않도록 저온 처리(winterization)를 거치고 있으나 옥수수유나 대두유는 이런 처리가 불필요하다.

식물성유 중 가장 많이 사용되고 있는 대두유는 높은 리놀렌산 함량 때문에 자동산화에 의한 산패가 빠르게 일어나 변향(flavor reversion)되기 쉬우므로 광선 투과를 억제하기 위해 갈색의 용기에 담아 저장하고, 쇼트닝 제조의 원료로 사용될 경우에는 반드시 탈취과정을 거쳐야 한다. 면실유는 5~7℃에서 결정화되므로 저온처리를 하여야 한다. 각종 서양음식에 사용되고 있는 올리브유는 향기로운 독특한 향미를 지니고 있으며, 70% 이상의 올레산을 함유하여 산화에 비교적 안정하다. 카놀라유(canola oil)는 개량된 유채 품종인 카놀라 열매에서 추출한 지방으로 에루스산의 함량이 2% 이하로 낮고 올레산 함량이 불포화지방산의 50% 이상이나, 리놀렌산의 비율이 비교적 높고 발연점도 높아 대두유와 유사한 특성을 가지고 있다.

참기름은 우리나라 등 극동 아시아 지방에서 나물무침 등 각종 조리에 독특한 향미를 주기 위해 양념으로 사용되고 있다. 참깨에는 지질이 50%, 탄수화물과 단백질이 각각 20% 정도 함유되어 있다. 참기름의 불포화지방산은 80% 이상이며 이 중 리놀레산과 올레산이 각각 40% 이상 차지한다. 우리나라에서는 참기름 제조시 용매추출법보다는 볶아서 압착 추출하는 배전압착법을 사용하고 있다. 볶는 과정 중에서 파이라진(pyrazine), 퓨란(furan), 락톤(lactone), 에스터(ester), 알데하이드(aldehyde) 등 여러 화합물이 생성되어 참기름의 독특한 향미를 주나 그중 아세틸파라진(acetylpyrazine)이 참기름 향미의 주요물질로 알려져 있다. 배전압착에 의하여 참기름을 제조하는 동안 〈그림 13-2〉와 같이 세사몰린(sesamolin)으로부터 세사몰(sesamol), 세사민올(sesaminol) 등의 천연 항산화물질이 생성되어 참기름은 높은 불포화도에도 불구하고 산화에 비교적

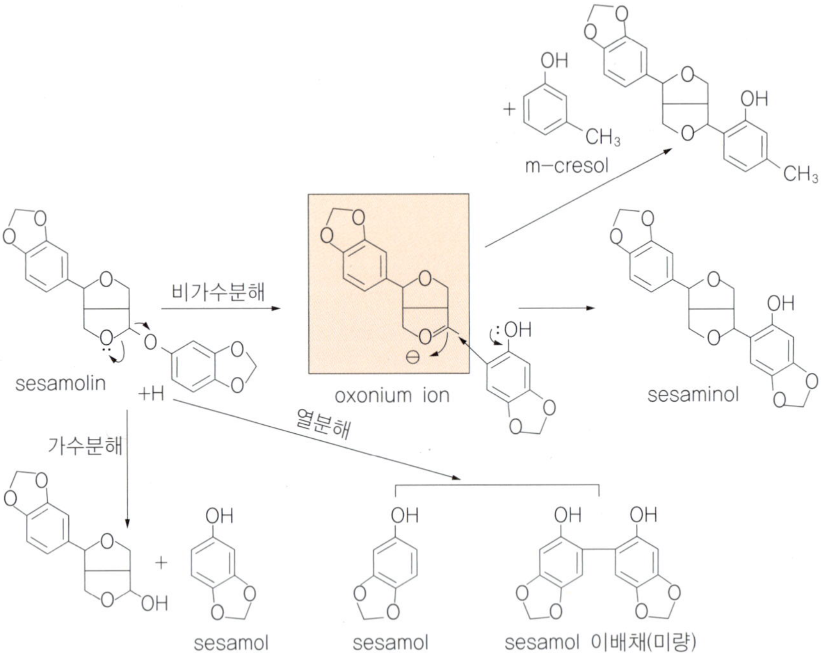

그림 13-2 **참기름의 세사몰린에서 세사민올 등의 여러 항산화제 생성기작**

안정하다.

예전부터 나물무침 등의 전통조리에 사용되어온 들기름은 리놀렌산 등으로 구성된 다중불포화지방 함량이 상당히 높고 천연 항산화물질 함량은 낮으므로 쉽게 산화되어 강한 산패냄새가 발생되기 때문에 저장성이 상당히 낮다.

6) 코코넛유, 야자핵유, 야자유

코코넛유와 야자핵유는 유사한 지방산 구조를 가지고 있다. 식물성 지방이지만 포화지방산 함량이 높고 중급지방산인 라우르산(lauric acid)의 함량이 높아 상온에서 반고체적 성질을 띠고 좁은 융점 범위를 나타내며 산화에 상당히 안정하다. 코코아버터 대용 등으로 당과(confectionary) 제조에 많이 사용된다. 야자유는 식물성 지방이지만 포화지방산인 팔미트산의 함량이 가장 많고 올레산도 상당히 함유되어 있다. 그러나 다중불포화지방산 함량이 낮으므로 산화에 비교적 안정하여 라면 등의 튀김기름으로 많이 사용되고 있다.

3. 조리에서의 지방의 주요 기능

지방은 여러 목적으로 식품의 조리에 사용된다. 지방은 단순히 바람직한 향미와 입안에서의 느낌(mouthfeel)을 강화시키기 위해 빵 등에 바르거나 식품에 양념으로 첨가하기도 하지만, 빵이나 과자를 제조할 경우에는 텍스처를 부드럽고 매끄럽게 하는 가장 중요한 재료이다. 또한 지방은 유화상태를 이용한 샐러드 드레싱, 마요네즈와 초콜릿 등 캔디 제품제조의 기본물질이며, 튀김을 할 때 열을 전도해 주는 열 매개체로 사용된다.

1) 연화작용(tenderizing function)

지방은 빵이나 케이크, 쿠키 제조시 연화작용에 의해 부드러움을 주는 주요한 재료이다. 지방의 연화능력은 밀가루 반죽 시 글루텐의 형성을 방해하는 정도에 의해 결정된다. 지방은 수분과 밀단백질 사이에 끼거나, 물을 넣어 반죽하는 동안에 밀단백질 중의 글리아딘과 글루테닌의 결합에 의하여 형성되는 글루텐 섬유 표면을 둘러싸서 물리적으로 글루텐 섬유가 길게 성장되거나 글루텐 섬유끼리 연결되어 질기고 탄력성이 있는 긴 망상구조를 갖게 되는 글루텐의 삼차원 망 형성을 방해한다. 이와 같이 지방이 글루텐섬유의 성장을 방해하여 짧은 섬유가 되도록 작용한다는 뜻으로 쇼튼(shorten)이라는 말이 사용되고 있다.

따라서 밀가루 반죽 시 글루텐 성장에 필요한 수분 및 인접한 글루텐과의 접촉을 최소로 하기 위해 글루텐의 표면적을 넓게 둘러싸는 지방의 능력을 쇼트닝 파워(shortening power)라 한다. 지방의 쇼트닝 파워에 영향을 주는 요인으로는 지방의 구조적 특성, 지방의 첨가량, 반죽의 온도와 정도, 밀가루 반죽에 함유된 다른 성분 등이 있다.

(1) 지방의 구조적 특성

지방분자가 둘러싸는 표면적의 크기는 지방산의 불포화 정도에 의해 결정된다. 불포화결합 부분은 포화결합보다 전자가 밀접해 있으므로 좀더 극성이 커서 극성이 큰 물이나 단백질의 표면에 접촉하는 성질이 커진다. 이런 성질을 이용하여 지방의 쇼트닝 파워를 쉽게 측정하는 한 방법으로 물에 일정량의 기름을 떨어뜨려 물 위에 퍼진 넓이를

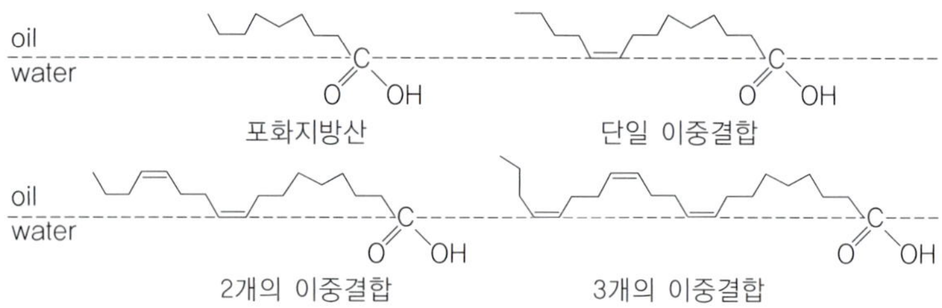

그림 13-3 **불포화도에 따른 지방산의 쇼트닝 파워 비교**

재는 방법을 사용하기도 한다.

불포화 정도에 따른 지방산의 쇼트닝 파워를 〈그림 13-3〉에 의해 비교해 보면, 포화지방산은 물과 접촉하는 면적이 거의 없고 단일불포화지방산과 이중불포화지방산의 접촉면적은 거의 같으며 삼중불포화지방산의 접촉면적은 더 커짐을 알 수 있다. 이는 *cis* 형태의 불포화지방산의 구조 때문이다. 지방산에 결합된 탄소 수는 쇼트닝 파워에 주는 영향이 미미하여 포화지방산의 경우 탄소 수가 많아져도 표면적을 덮는 정도는 거의 같다. 또한 불포화도가 높은 액체지방은 고체지방보다 유연성이 크기 때문에 쇼트닝 파워가 더 크게 된다.

(2) 지방의 첨가량

반죽에 첨가되는 지방의 양이 많으면 많을수록 수분과 글루텐, 또는 글루텐과 글루텐 사이에 끼는 양이 많아지므로 쇼트닝 파워도 증가된다. 그러나 지방의 양을 너무 많이 첨가하면 약과나 도넛 등 밀가루제품의 모양이 부스러지게 된다.

(3) 반죽의 온도와 방법

지방의 고체화는 온도에 의해 영향을 많이 받는데, 저온에서는 지방의 고체화가 더 진행되어 굳어지므로 유연성이 적어져 밀가루와 잘 섞이지 못한다. 따라서 지방의 쇼트닝 파워를 높이기 위한 방법으로 열을 가하여 액체지방의 비율을 높이는 것이 좋다. 글루텐은 반죽의 방법과 정도에 따라 형성 정도가 다르므로 지방의 쇼트닝 파워에 영향을 주게 된다. 물을 첨가하기 전 밀가루와 지방을 미리 잘 혼합하면 지방이 밀가루 표면을 수분보다 먼저 둘러싸게 되어 그 둘러싸는 정도가 더 커지게 된다. 반죽의 젓는 정도는 젓는 동안 글루텐의 형성을 도와주게 되지만, 반대로 밀가루와 지방이 잘 섞이도록 하기도 한다.

(4) 반죽 내의 다른 성분

반죽에 들어 있는 우유의 단백질이나 달걀의 단백질 등은 첨가된 지방과 유화상태를 형성하기 위하여 지방을 일부 소비하므로 글루텐을 둘러싸기 위한 지방량을 낮추어 결과적으로 쇼트닝 파워를 감소시키게 된다.

특히 액체지방은 고체지방보다 첨가된 유화제에 의해 쉽게 유화되므로 쇼트닝 파워의 감소가 더 크다.

2) 유화작용 및 기체보유력

(1) 유화

유화(emulsion)란 한 액체가 그것과 혼합되지 않는 다른 액체에 작은 방울로 흩어져 분산되어 있는 상태를 말한다. 작은 방울로 흩어져 분산된 상태를 분산상(dispersed phase) 또는 불연속상(discontinuous phase)이라 하고, 방울을 포함하고 있는 다른 액체를 분산매(dispersion medium) 또는 연속상(continuous phase)이라 한다. 식품의 유화액 중 분산상을 구성하는 작은 방울의 크기는 대개 0.1 μm 이하로 크기가 작을수록 안정한 유화상태를 유지한다. 식품 중에 액체로 존재하는 물질은 물과 빙점이 낮은 유지이므로 식품에서 유화란 물과 유지가 섞여 있는 상태를 말한다.

(2) 유화제

서로 섞이지 않는 두 액체를 물리적으로 섞이게 하려면 두 액체에 친한 제3의 물질이 필요하다. 제3의 물질을 유화제(emulsifier)라 하며, 두 액체는 식품에서는 주로 물과 유지이므로 유화제는 친수성인 부분과 친유성인 부분을 모두 가진 양쪽 친매성(amphiphilic)분자이어야 한다.

식품 내에 존재하는 천연 유화제로는 난황에 많이 함유되어 있는 레시틴이 대표적이며, 다이아실글리세롤(diacylglycerol), 모노아실글리세롤(monoacylglycerol) 등도 〈그

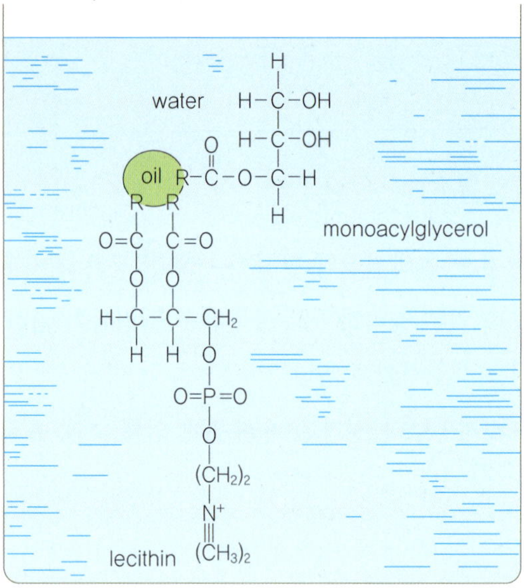

그림 13-4 수중유적형 유화액에서 유화제로 사용된 모노아실글리세롤과 레시틴의 구조적 배열

림 13-4〉에서와 같이 좋은 유화제이나 단백질, 전분 등은 유화 능력이 약한 편이다.

식품에 사용되는 유화제는 다음과 같은 조건을 만족하는 물질이어야 한다.

① 분자 내에 극성과 비극성 부분이 함께 존재하는 물질
② 분산상으로 되는 액체(주로 액체지방)의 표면장력을 감소시키는 물질
③ 분산상의 작은 방울 표면에 흡착되는 물질
④ 화학적으로 안정한 물질
⑤ 바람직한 향미를 주거나 또는 향미가 없는 물질
⑥ 색깔이 없거나 또는 약한 물질
⑦ 독성이 없어 안전하게 먹을 수 있는 물질

(3) 유화액의 종류

물과 액체지방은 유화액을 이루는 기본 구성물질로서 기름 방울이 분산된 상태인 수중유적형(oil-in-water; O/W)이나 물방울이 분산된 상태인 유중수적형(water-in-oil; W/O) 유화(emulsion)를 형성한다. 천연적인 유화상태 식품으로는 우유가 대표적이며, 유화를 직접적으로 이용한 우리나라 음식은 거의 없으나 달걀찜을 위하여 물과 약간의

참기름을 넣어 잘 섞거나 약과반죽에 기름과 약간의 술을 넣는 경우 등은 유화상태를 일부분 이용한 것이다. 외국음식 중 수중유적형 유화를 이용한 것으로는 마요네즈, 샐러드 드레싱 등이 대표적이고 그 외에 여러 종류의 소스(sauce) 및 그레이비(gravy), 케이크 반죽(batter), 크림수프 등이 있으며, 유중수적형으로는 버터와 마가린이 있다.

수중유적형 유화액은 유화 안정성에 의하여 일시적 유화액, 반영구적 유화액, 영구적 유화액으로 구분된다. 일시적 유화액으로는 프렌치 드레싱(French dressing)이 대표적으로 물과 기름이 분리된 상태로 있기 때문에 사용하기 전에 흔들어 주어야 한다. 반영구적 유화액에는 크림수프, 샐러드 드레싱 등이 있으며, 연속상인 물에 펙틴이나 전분 등을 용해시켜 높은 점도를 주어 유화액의 두 상이 분리되는 것을 어느 정도 지연시킨다. 영구적 유화액은 점성이 높아서 분산상의 작은 방울이 거의 이동할 수 없게 되어 수개월 이상 분리되는 현상을 관찰할 수 없으며 마요네즈가 이에 속한다. 유중수적형에서는 버터나 마가린이 영구적 유화상태이다.

(4) 기체보유력(aeration)

빵이나 케이크의 재료로 사용되는 지방은 반죽하는 동안에 잘 분산되어 반죽의 점도를 증가시켜 반죽할 때 형성된 작은 공기방울 및 팽창제에 의하여 발생된 기체를 분산, 보유시키는 것을 도와준다. 특히 유화제 등이 첨가된 쇼트닝을 사용할 경우 유화가 잘 이루어지면 반죽의 점도가 증가하고 따라서 공기나 기체의 보유력도 증가된다.

3) 열전달매체로서의 작용(heat transfer medium)

지방은 물의 끓는 점인 100℃보다 더 높은 온도로 가열할 수 있고 비열이 작아 쉽게 온도를 올릴 수 있기 때문에 가열조리 중 식품에 열을 전달하는 아주 좋은 매체로 사용되고 있다. 지방의 높은 온도는 식품을 빠르게 조리할 수 있게 할 뿐만 아니라 텍스처, 향미, 색깔을 바람직하게 변화시킨다.

지방을 100℃ 이상으로 가열하면 어느 온도에서 푸른 연기를 내기 시작한다. 이 온도를 발연점이라 하며 지방분자가 열에 의해 분해하기 시작하는 최저 온도이다. 지방의 발연점이 높을수록 튀김에 좋다. 발연점은 지방의 종류에 따라, 유리지방산 함량에 따라 다르다. 몇 가지 지방의 발연점을 〈표 13-4〉에 나타냈다.

표 13-4 몇 가지 유지의 발연점

(℃)

지방의 종류	발연점	지방의 종류	발연점
대두유	225	버터	208
면실유	229	라드	194
옥수수유	227	쇼트닝	220
올리브유	199	쇼트닝*	191

* 유화제 첨가 쇼트닝

인화점은 지방을 가열할 때 발생하는 증기가 공기와 섞여서 발화되는 온도로서 발연점이 높으면 인화점도 높다. 연소점은 지방을 가열할 때 연소되는 온도이다. 역시 발연점과 인화점이 높을수록 연소점도 높다.

튀김 등 높은 온도에서 조리하는 경우에도 발연점 이상의 온도로 가열하는 경우는 거의 없다. 불포화 정도, 결합탄소 수 등 내부적인 요인 외에 지방의 발연점에 영향을 주는 외부적인 요인으로는 유리지방산의 함량, 튀김유와 산소와의 접촉면, 튀김유 내의 불순물 등이 있다. 유리지방산 등이 함유된 비정제 지방이나 가열에 의해 유리지방산이 축적된 지방의 발연점은 상당히 낮아지므로 유리지방산이 어느 정도 이상되면 튀김유로 적당하지 않게 된다. 튀김에 사용하는 튀김그릇이 넓으면 튀김유와 산소와의 접촉이 커져 산화에 의한 지방의 열분해 정도가 증가하게 되고 발연점이 낮아지게 된다. 또한 튀기는 과정에서 식품으로부터 용출된 물질이나 떨어져 나온 물질이 많을수록 발연점이 떨어지므로 튀기는 식품의 종류에 따라 튀김유의 재사용 횟수가 달라지게 된다.

지방으로 조리한 음식의 특성은 조리방법, 가열온도, 지방의 종류 등에 의해 영향을 받는다. 지방을 열매개체로 사용하는 조리방법으로는 튀기기(deep fat frying), 지지기(pan frying), 볶기 등이 있으며, 지방의 고소한 맛이나 독특한 향미가 음식의 맛에 크게 영향을 준다. 튀기기는 많은 양의 지방을 사용하며, 지방의 발연점이 높은 것일수록 튀김유로 적당하고 지지기와 볶기는 적은 양의 지방을 사용한다. 버터나 마가린은 독특한 향미와 색깔 때문에 지지기 또는 볶기 등의 적은 양의 지방을 사용하는 조리에 종종 사용된다. 그러나 가열에 의해 쉽게 변패되고 함유된 소량의 우유고형물질 때문에 가열 중에 갈색화가 빠르게 진행되어 타기 쉽다.

유화제가 첨가된 쇼트닝은 튀김기름으로 적당하지 않다. 첨가된 모노아실글리세롤이나 다이아실글리세롤은 가열에 의해 비교적 쉽게 가수분해되어 유리지방산과 글리세롤로 분해한다. 글리세롤은 아크롤레인(acrolein)으로 분해되어 발연점을 급속히 낮춘

표 13-5 면실유의 가열에 의한 변질

가열시간(시간, 180℃)	점도(cP, 25℃)	요오드가	팔미트산 : 리놀레산 비율
0	56	111	0.40
12	108	100	0.49
24	134	97	0.56
36	180	93	0.63
48	238	89	0.70
60	330	85	0.78
72	504	79	0.89

다. 또한 아크롤레인은 자극성이 있어 조리 시 조리자의 눈을 자극할 뿐만 아니라 만든 음식에 흡수되어 좋지 않은 향미를 주게 된다. 그러나 유화제가 첨가되지 않은 쇼트닝은 수소화에 의해 불포화도가 낮아 불포화도가 높은 지방보다 열에 의한 산화가 천천히 일어나므로 튀김유로 적당하다.

올리브유는 발연점이 낮아 튀김유로는 적당하지 않으나 대두유, 면실유, 옥수수유 등 그 외의 식물성유는 실제 튀김온도보다 발연점이 높아 튀김유로 적당하다. 그러나 수분이 함유된 재료를 180℃ 정도의 고온에서 튀기면 시간이 지남에 따라 열분해가 일어나 지방의 향미와 색깔이 변하게 되고 거품이 일어나며 점도가 증가하게 되어 튀김유로서 적당하지 않게 된다. 면실유의 가열에 의한 변질 정도를〈표 13-5〉에 나타냈다. 면실유 등 식용유는 가열에 의해 점도가 증가될 뿐만 아니라 요오드가가 감소하고 불포화지방산의 함량이 감소하는 현상을 보인다.

튀기는 동안 튀김유의 온도가 낮으면 음식에 많은 기름이 흡수되어 바삭거리지 않게 되고 불필요하게 많은 에너지를 주게 된다. 그러므로 튀기는 동안 계속 적당한 온도를 유지하도록 튀기는 음식을 한꺼번에 너무 많이 넣지 않아야 한다. 또한 기름이 열분해되어 점도가 증가될수록 튀겨내는 음식에 많은 기름이 흡수된다. 튀김유의 온도는 보통 170~200℃가 적당하나 〈표 13-6〉과 같이 튀기는 음식에 따라 달라진다.

표 13-6 식품 종류에 따른 튀김유의 적정온도

(℃)

식품	튀김유의 온도	식품	튀김유의 온도
도넛	175~190	가지	190
어류	175~190	양파	190
크로켓	175~190	콜리플라워	190
굴, 가리비, 게	175~190	감자	195~200

4) 기타 작용

지방은 식품 내에서 바람직한 여러 텍스처 변화에 기여한다. 초콜릿 등의 주요 재료인 코코아버터는 체온에 가까운 좁은 융점 범위를 가지고 있으므로 초콜릿을 입안에서 부드럽게 녹게 한다. 또한 결정형 캔디에 지방을 넣어 결정의 성장을 방해하여 매끄러움성을 더하기도 하고, 아이스크림 등에서는 얼음결정의 형성을 방해하여 거칠지 않고 부드럽고 매끈한 텍스처를 형성하게 한다.

지방은 독특한 향미를 가지고 있는 것이 많다. 버터, 베이컨지방(bacon fat), 참기름, 올리브유 등이 대표적으로, 음식에 소량만 첨가하여도 음식의 맛을 크게 향상시킨다. 또한 지방은 첨가되는 지용성 향미물질의 매개체로서도 작용한다.

5) 지방 대체물질

지방은 체내에서 소화·흡수되면 1 g당 9 kcal를 내는 고에너지 물질이다.

지방의 사용을 낮추는 방법 중의 하나는 효과적인 유화제를 사용하여 지방함량이 낮아도 좋은 유화상태를 유지하게 하는 것이다. 케이크에 사용되는 쇼트닝에 유화제로 모노아실글리세롤이나 다이아실글리세롤을 첨가하면 반죽에 쇼트닝의 양을 어느 정도 낮추어도 케이크의 질에는 영향을 주지 않는다. 수분이 많은 저열량 마가린을 제조할 경우에도 상당량의 유화제를 사용한다.

그러나 최근에는 식품 내에서 지방의 물리화학적 기능과 역할은 비슷하면서도 체내에서 낮은 에너지를 내거나, 소화·흡수되지 않아서 에너지를 거의 내지 않는 물질을 개발하여 지방 대체물질로 사용하고 있다(자세한 내용은 15장 현대의 식생활을 참조).

4. 지방의 변패

지방은 여러 과정을 통하여 변패(deterioration)가 일어난다. 지방을 구성하고 있는 지방산은 가수분해에 의해 유리지방산으로 되고 지방산의 이중결합은 산소와 반응하며, 가열 시 지방은 중합하여 고분자를 만들기도 한다. 이런 반응의 결과로 지방 또는 지방함유 식품 중 향미, 색깔, 텍스처, 영양가 등이 변하기도 한다.

1) 가수분해적 산패

지방은 수분 존재하에 가열하면 유리지방산, 모노아실글리세롤, 다이아실글리세롤, 글리세롤로 분해되거나 지방 가수분해효소에 의해 지방산이 해리된다. 이런 현상을 가수분해적 산패(hydrolytic rancidity)라 한다. 우유지방, 야자핵유, 코코넛유 등은 효소에 의해 탄소수가 적은 지방산이 유리되어 이취를 발생시킨다. 특히 우유나 버터 등 유제품은 뷰티르산 등 휘발성 저급지방산 함량이 높아 리페이스에 의해 가수분해되면 독특한 산패취를 발생시킨다. 중탄산나트륨을 사용하는 빵을 제조할 경우 염기성하에서 가수분해된 지방산의 나트륨염에 의해 빵에 비누맛이 나는 경우도 있다.

지방의 중요 품질지표로 산가는 유지 1 g 중에 함유되어 있는 유리지방산을 중화시키는 데 필요한 KOH의 mg수로 지방 내의 유리지방산의 함량 정도를 나타낸다.

2) 산화적 산패

산화적 산패(oxidative rancidity)는 여러 식품의 품질 저하에 가장 중요한 원인 중의 하나이다. 공기 중의 산소는 불포화지방산과 자발적으로 반응하는 자동산화(autoxidation)과정을 통해 불포화지방산과 반응하거나 감광제(sensitizer)를 촉매로 사용하는 광산화(photosensitized oxidation)과정을 통해 반응하여 불포화지방산을 산화시킨다. 식물성 식품에서 중요한 또 다른 지방산화방법은 효소를 촉매로 하여 일어나는 효소적 산화이다.

지방산의 산화과정에서 중요한 최종 분해산물은 독특한 냄새를 내는 휘발성의 저분자 물질이다. 이들 분해물질들은 바람직한 냄새를 내기도 하지만 대부분 식품에서 바람직하지 않은 냄새를 발생시키며 이런 냄새를 산패된 냄새라고 한다. 그 외에 지방이 산화되면서 식품내 색소물질이나 비타민을 산화시키는 경우도 많다.

(1) 자동산화(autoxidation)

불포화지방산의 자동산화는 유리활성기의 사슬(free radical chain)과정에 의해 일어나며, 각 단계를 살펴보면 다음과 같다.

개시(initiation)	LH ⟶ L · + H ·	············ ①
전파(propagation)	L · + O_2 ⟶ LOO ·	············ ②
	LOO · + LH ⟶ LOOH + L ·	············ ③
종결(termination)	L · + L · ⟶ 비활성기화	············ ④
	L · + LOO · ⟶ 비활성기화	············ ⑤
	LOO · + LOO · ⟶ 비활성기화	············ ⑥

지방분자(LH)에서 유리활성기(L·)가 형성되는 개시단계에는 광선, 가열, 금속 촉매 등이 작용하는 것으로 생각되나 아직 완전히 설명되고 있지는 않다. 전파단계는 일단 형성된 활성기가 아주 빠르게 공기 중의 산소와 과산화기(peroxyl radical)를 형성하고 주위의 다른 지방분자로부터 수소를 빼앗아 과산화수소물질(LOOH)을 형성하는 단계이다. 수소를 빼앗긴 지방은 유리활성기가 되어 ②, ③의 과정을 빠르게 반복하여 지방의 산화를 확대시킨다. 종결단계에서 활성기끼리 반응하여 비활성 축합물질 등을 생산함으로써 반응이 종결된다.

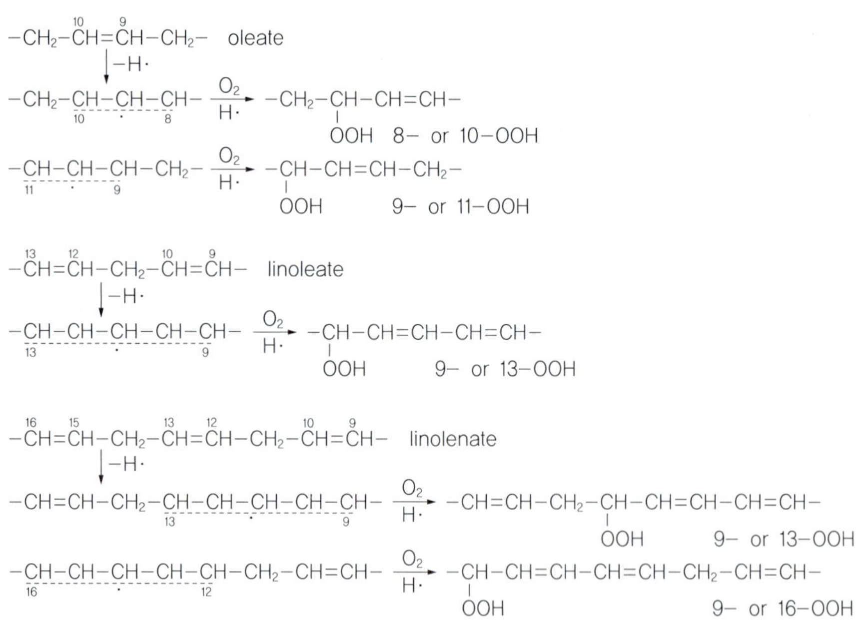

그림 13-5 **불포화지방산의 자동산화 기작**

산화과정에서 형성된 과산화수소물질은 쉽게 분해되어 알데하이드, 케톤, 알코올, 환상(cyclic)화합물 등 다양한 저분자 2차 분해물질을 생성한다. 올레산, 리놀레산, 리놀렌산의 자동산화 기작은 〈그림 13-5〉와 같다. 이중결합이 3개 있는 리놀렌산에는 분자 구조상 11, 14 위치의 탄소가 알릴형(allylic) 탄소이므로 이 탄소에 결합된 수소원자가 쉽게 이탈되어 다양한 유리활성기를 만들 수 있기 때문에 자동산화의 발생속도가 매우 빠르다.

(2) 광산화(photosensitized oxidation)

불포화지방은 엽록소 등의 감광제 존재하에 광선에 노출된 공기 중의 산소와 반응하여 과산화수소물을 생성한다. 광산화의 기작으로는 감광제가 광선에 노출된 기저상태(ground-state)의 산소를 활성상태인 일중항(singlet) 산소로 변화시켜 이중결합을 한 탄소와 반응하게 하는 것으로 〈그림 13-6〉과 같이 설명되고 있다. 초기의 과산화수소물이 생성될 때까지는 유리활성기가 발생되지 않으므로 자동산화 기작과 구별되지만, 일단 생성된 과산화수소물은 쉽게 분해되며 분해될 때 유리활성기가 생성되므로 그 후부터는 자동산화 기작과 같은 기작으로도 지방을 산화시킨다.

sens + hν → ^{1}sens → ^{3}sens $\xrightarrow{^3O_2}$ $^1O_2$

(sens : sensitizer로 chlorophyll, erythrosine 등이 있음)

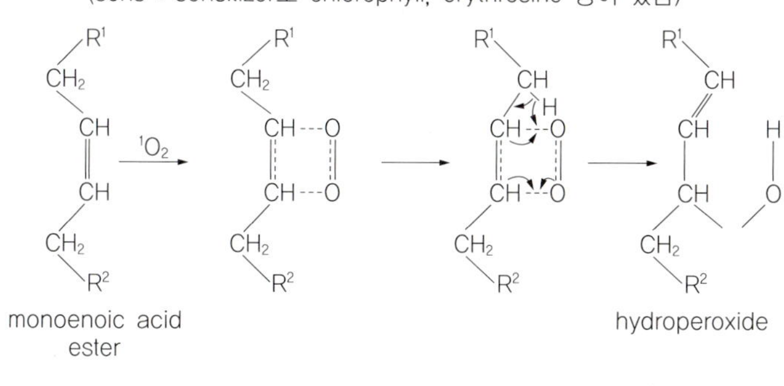

그림 13-6 **불포화지방산과 일중항 산소와의 산화반응**

(3) 효소적 산화(enzymatic oxidation)

지방의 산화에 관여하는 효소는 리폭시제네이스(lipoxygenase)라 불리는 효소로 철(Fe)을 포함하고 있다. 리폭시제네이스는 불포화지방산의 *cis*, *cis*, 1,4-펜타디엔(pentadiene) 체계의 이중결합에 산소를 반응시켜 공액상태(conjugated)의 과산화수소물을 생성한다. 식물계에 광범위하게 분포되어 있는 리폭시제네이스 중 특히 대두의 리폭시제네이스에 대해 많이 연구되고 있다. 대두의 리폭시제네이스에는 3개의 동질효소(isozyme)가 있으며 이 중 1형 효소는 유리지방산의 산화에 효과적이고 2형 효소는 에스터화된 지방산에 더 효과적이다.

채소를 말리거나 동결저장하기 전에 데치기(blanching)를 하면 채소 내에 있는 리폭시제네이스를 불활성화시키는 효과가 있다.

(4) 과산화수소물의 분해(hydroperoxide decomposition)

지방산이 산화되어 생성된 과산화수소물 자체는 냄새와 맛에 변화를 주지 않는다. 그러나 과산화수소물은 매우 불안정하여 쉽게 분해되기 때문에 휘발성 저분자 2차 분해물질을 생성한다. 과산화물에서부터 분해된 알콕시(alkoxy) 활성기는 계속 반응하여 알데하이드, 알코올, 케톤 등을 〈그림 13-7〉의 기작과 같이 생성한다.

산화된 지방으로부터 다양한 알데하이드, 알코올 등이 확인되었으나 케톤의 존재는 확실치 않다. 알데하이드는 더욱 산화되어 카복시산이나 다른 3차 화합물이 된다. 알콕

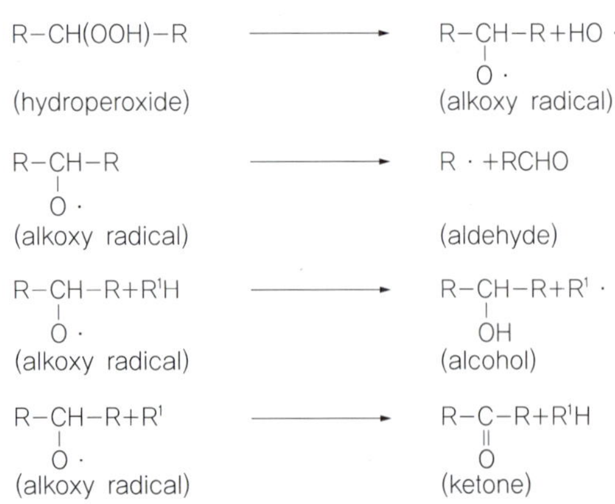

그림 13-7 **과산화수소물의 2차 분해기작**

시 활성기의 연쇄분열시 휘발성 물질과 함께 비휘발성 물질도 생성되어 독특한 산패취와 맛을 주게 된다. 특히 생성된 이중결합의 알데하이드는 상당히 낮은 냄새 역치를 보여 2,4-decadienal은 10억분의 1의 농도보다 낮은 냄새 역치를 가진다.

3) 지방의 가열변패(thermal degradation)

일반적인 조리과정에서 지방산의 구성 변화는 크지 않다. 제빵 시 반죽과 구운 후의 빵의 지방산 조성에는 거의 변화가 없이 유사하다. 그러나 튀김할 때와 같이 높은 온도로 지방을 가열하면 불포화지방과 함께 포화지방도 산화와 분해 반응이 일어난다.

지방을 180℃에서 30분간 공기하에서 가열하면 휘발성 산화물질이 감지된다. 가열에 의해 지방은 휘발성 저분자 산화물질로 분해되기도 하지만 활성기끼리 중합하여 중합체나 고분자물질 또는 환상물질로 되어 점도가 증가하고 색깔이 갈색화되기도 한다. 고온 가열 시 가수분해되어 생성된 글리세롤은 〈그림 13-8〉과 같이 분자내 탈수반응에 의해 휘발성이 크고 자극성이 강한 아크롤레인으로 된다.

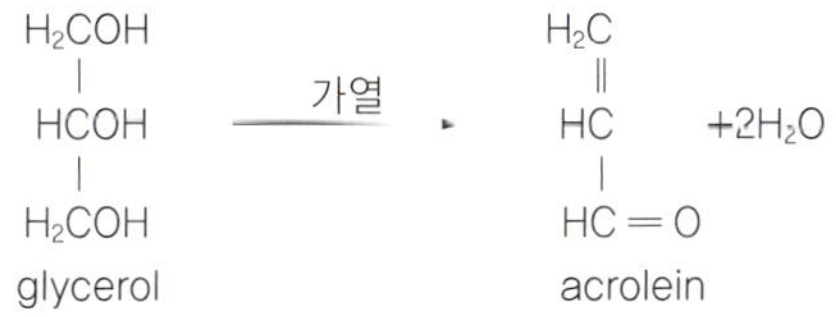

그림 13-8 **아크롤레인 형성**

실험

샐러드에 주로 첨가하는 드레싱에는 영구유화액인 마요네즈를 기반으로 하거나, 호화전분을 사용하는 반영구액인 조리된 샐러드 드레싱을 기반으로 하거나, 일시적 유화액인 프렌치 드레싱을 기반으로 한다. 이것에 피클, 토마토 퓨레나 케찹 등을 첨가하여 다양한 드레싱을 제조하고 있다.

또한 동양식문화의 영향으로 간장을 기반으로 한 저칼로리 오리엔탈 드레싱(oriental dressing)도 있으며, 요구르트를 주재료로 한 드레싱도 자주 사용되는 추세이다.

마요네즈

지방을 이용한 음식으로는 각종 드레싱의 기초가 되는 마요네즈를 들 수 있다. 마요네즈는 반고체의 영구적 유화액으로 주재료로서 식물성유, 식초 또는 레몬주스, 난황 또는 전란이 사용되고 소량의 소금, 설탕, 겨자 등이 첨가된다. 지방함량은 65% 이상이어야 한다.

목적 마요네즈를 만드는 방법과 재료의 분량을 달리하였을 때 유화상태와 물성의 차이를 알아본다.

재료 및 분량 식용유(대두유) 100 g(약1/2컵), 난황 18g(1개), 식초 15g(1큰술), 설탕 4 g(1/2작은술), 식염 1g(1/4작은술), 겨자 0.5 g

방법

① 식용유를 제외한 모든 재료를 밑이 둥근 유리나 스테인리스 스틸 그릇에 잘 섞는다.
② ①에 식용유를 1/2큰술씩 거품기로 잘 저어 섞는다.
③ 완전히 유화가 일어나면 1큰술씩 넣으면서 섞는다.

조건변화

1. 섞는 방법의 변화
① 식초를 삼등분하여 섞는 동안 나누어 넣는다.
② 식초와 식용유를 교대로 넣어 섞는다.
③ 식용유 분량의 반을 난황에 섞은 후 식초를 넣으며 섞는다.

2. 재료의 변화

① 난황 대신 전란 18 g, 난백 18 g을 각각 사용한다.

② 식용유의 분량을 50 g, 100 g, 150 g으로 변화시킨다.

③ 대두유 대신 녹인 쇼트닝과 버터를 녹여 기름부분만 사용한다.

3. 평가

① 관능검사 : 마요네즈의 외관, 색깔, 점조성, 맛 등을 평가

② 현미경 검사 : 현미경으로 마요네즈 기름방울의 크기와 조밀도를 조사한다.

③ 물리적 검사 : 마요네즈의 점조성을 기기를 사용하여 측정한다.

프렌치 드레싱(French dressing)

샐러드용 조미료로서 자주 사용되는 프렌치 드레싱은 일시적 유화액으로, 주재료는 기름과 식초이다. 유화제를 첨가하지 않으므로 사용하기 직전에 강하게 흔들어서 일시적으로 유화상태를 형성한 후 바로 사용해야 한다. 지방함량은 35% 이상 되어야 한다.

목적 일시적 유화액의 상태를 관찰하고 주재료 분량에 따라 향미의 변화를 살펴본다.

재료 및 분량 식용유 150 g(약 3/4컵), 식초 60 g(1/4컵), 소금 1 g(1/4작은술), 설탕 4 g(1/2작은술), 겨자 1 g(1/4작은술)

방법 모든 재료를 투명한 유리병이나 삼각플라스크에 넣어 힘차게 흔든다.

조건

① 식용유와 식초의 부피 비율을 1:1, 2:1, 4:1로 변화시킨다.

② 식초 대신 레몬즙, 오렌지과즙을 사용한다.

③ 식용유로 올리브유, 대두유, 참기름, 카놀라유 등을 사용한다.

④ 소금, 후추, 겨자 등의 첨가 여부에 따른 차이를 알아본다.

평가

① 관능검사 : 강하게 흔든 직후의 외관을 유리병을 통하여 살펴보고 신맛, 고소한 맛 등을 평가한다.

② 물리적 검사 : 유화상태가 완전히 분리되는 시간을 측정한다.

Tip
조리된 샐러드 드레싱은 반유화액 상태로 주재료는 평균 35~50%의 식물성유(최저 지방함량 30%), 약 4%의 난황, 호화전분에 의해 유화상태와 점성을 유지한다. 식물성유는 크림이나 버터액 등으로 대치할 수 있다. 전분을 호화시킬 때 물 또는 우유를 첨가한다.

감자튀김

목적 튀김에 사용되는 튀김유의 특성을 관찰한다.

재료 및 방법

① 감자 1개(200 g 정도)를 0.6×0.6×5 cm로 잘라 1큰술의 소금을 푼 1컵의 물에 30분간 담근다.

② 감자를 건져 물기를 제거한 후 190℃에서 3분간 튀긴 후 건져 기름을 뺀다.

조건

① 튀김유를 대두유, 채종유, 옥수수유, 참기름, 올리브기름, 유화제 첨가 쇼트닝(가정용 쇼트닝), 튀김용 쇼트닝 등으로 대체한다.

② 튀김온도를 170℃, 190℃, 210℃로 조절하여 적절하게 튀김이 완료되는 시간을 측정한다.

평가

① 관능검사 : 튀겨진 감자의 갈색 정도, 바삭바삭한 정도, 느끼한 정도, 맛 등을 평가한다.

② 물리적 측정 : 튀기기 전의 감자 무게와 튀긴 후의 감자 무게를 재어본다. 튀기기 전후의 기름의 무게를 재어 흡유량을 비교한다.

③ 화학적 분석 : 튀기기 전후 감자의 수분, 지방함량을 일반성분 분석법에 의해 분석한다.

CHAPTER 14

당류 및 기호식품

1. 당류

2. 음료

1. 당류

당질은 가수분해하여 생성된 당의 분자수에 따라 단당류(monosaccharide), 소당류(oligosaccharide), 다당류(polysaccharide)로 분류한다.

단당류는 당질의 가장 간단한 구성 단위로서 자연계에 널리 분포되어 있으며 특히 과일, 채소 등에 많이 함유되어 있다. 포도당(glucose), 과당(fructose) 등은 과일 중에 유리상태로 존재한다.

소당류는 2~5분자가 결합된 당류로서, 구성하는 단당류의 수에 따라 이당류(disaccharide), 삼당류(trisaccharide) 등으로 나뉘는데, 이당류에는 자당, 맥아당, 유당이 있고, 라피노스(raffinose)는 삼당류에 속한다.

다당류는 가수분해하면 다수의 단당류를 생성하는 당류로서, 한 가지의 단당류로 구성된 단순 다당류와 두 가지 이상의 단당류로 구성된 혼합 다당류로 분류된다. 단순 다당류로는 전분(starch), 글리코겐(glycogen), 섬유소(cellulose) 등이 있고, 혼합 다당류로는 헤미셀룰로스(hemicellulose), 펙틴(pectin), 갈락탄(galactan) 등이 있다.

이들 중에서 포도당, 과당, 자당, 맥아당 등 분자량이 작은 당질은 물에 녹으면 단맛을 가지게 되므로 당류라고 한다.

1) 당류 식품의 종류

실제 이용되는 당류식품으로는 설탕, 꿀, 물엿, 시럽 등이 있으며, 최근에는 기존의 당류를 대체하는 기능성 감미료로서 여러 종류의 올리고당이 개발되어 제과, 제빵, 음료 등에 이용되고 있다.

(1) 설탕

설탕의 주원료는 사탕수수와 사탕무이며, 제조방법, 색, 가공형태, 정제 정도에 따라 분류된다. 설탕은 제조방법에 따라서 분밀당(分蜜糖)과 함밀당(含蜜糖)으로 구분된다. 분밀당은 원료에서 얻은 당액을 정제한 후 농축하여 결정화과정에서 설탕결정(原糖)과 즙액(糖蜜)을 분리한 것이고, 함밀당은 당액을 조리기만 하고 결정과 당밀을 분리하지 않은 것이다. 분밀당의 경우, 원당을 다시 물에 용해시켜 불순물을 제거하고 재결정시키는 과정을 여러 번 되풀이하면 백색의 결정체인 과립상 설탕(granulated sugar)을 얻을 수 있다. 갈색 설탕(brown sugar)은 희게 정제한 설탕에 비하여 독특한 색과 풍미를 가지며, 정제 정도에 따라 진한 갈색에서 연한 황색까지 다양한데 여러 번 정제할수록 색이 연해진다. 약식을 만들 때 색을 진하게 하기 위하여 진한 갈색의 흑설탕을 사용하기도 한다.

분말 설탕(powdered sugar)은 과립상 설탕을 곱게 분쇄하고 단단하게 뭉치는 것을 방지하기 위하여 3% 이하의 전분을 혼합하여 만들며, 각설탕(cube sugar)은 과립상 설탕에 시럽을 가하여 촉촉하게 한 것을 틀에 넣고 압력을 가하여 모양을 만들어 60℃에서 건조시킨 것이다.

설탕의 원액에서 설탕을 추출하고 남은 당밀은 갈색의 시럽상태로서, 70~80%가 고형성분이며 그중 50~75%가 자당과 전화당으로 되어 있어 감미도가 상당히 높아 제과·제빵용으로 사용된다.

(2) 꿀

꿀은 벌이 꽃 꿀을 채집하여 벌집에 저장한 당액에서 꽃가루, 밀랍을 제거하여 정제한 것이다. 꿀은 원료 꽃의 종류에 따라서 색, 향미, 품질에 차이가 있는데, 그 성분은 대부분이 각종 당류이고 약 20%의 수분과 소량의 단백질, 아미노산, 유기산, 무기질, 효소 및 방향성분이 함유되어 있다. 당의 조성은 과당이 40.5%, 포도당이 34.5%로 75%가 단당류이며, 2~3%의 자당과 맥아당, 라피노스, 기타 올리고당이 함유되어 있다. 꿀은 일반적으로 색이 진한 것이 향기와 맛이 강하며, 꽃의 종류에 따라 아카시아꿀, 밤꿀, 싸리꿀 등이 있다.

꿀은 흡습성이 강하기 때문에 빵이나 케이크, 쿠키 등을 만들 때 설탕 대신 꿀을 첨가하면 오랫동안 수분을 유지하고 마르지 않게 보관할 수 있어서 좋다.

(3) 조청

우리나라에서 예전에 많이 만들어 사용하던 것으로, 여러 가지 곡류의 전분을 엿기름으로 당화시켜 오랫동안 가열하여 농축시킨 것으로 맥아엿(malt syrup)이라고도 한다. 곡류로는 찹쌀, 멥쌀, 수수, 조 등이 주로 사용되며, 찹쌀로 만들면 비교적 소량의 엿기름으로 단시간에 당화할 수 있어서 색과 맛이 좋다. 수분함량은 18% 정도이며, 맥아당과 포도당 등이 함유되어 있다.

수분함량이 10% 정도가 되도록 농축시키면 검은색 고체인 강엿이 만들어진다.

(4) 전분당

전분당이란 전분 혹은 전분질 원료를 산 또는 효소를 촉매로 하여 가수분해하여 만드는 당류를 말한다. 우리나라에서는 원료전분을 옥수수, 고구마, 감자 및 밀 등으로부터 생산하고 있는데, 옥수수 전분 가격이 저렴하고 가공 기술이 발달하여 가장 많이 사용되고 있다.

전분당의 대표적인 제품인 물엿은 가수분해의 정도에 따라 그 종류가 구분되며, 가수분해의 정도는 DE(dextrose equivalent)로 나타내는데, 전분이 가수분해된 후 포도당과 맥아당으로의 전환율을 총 건물량에 대한 환원당의 %로 표시하며 DE의 범위는 대체로 22~88이다. DE가 높은 고분해형 물엿은 감미와 흡습성이 높은 반면, 점성이 낮으므로 감미를 증진시켜야 하는 조리에 주로 이용되며, 저분해형 물엿은 덱스트린의 함량이 많아 점성이 높으므로 점성과 윤기를 증가시켜야 하는 조리에 적합하다.

한편 고분해형 물엿에 이성화효소를 작용시켜 포도당의 일부를 과당으로 전환시킨 것을 고과당시럽이라 하며 이것은 감미가 강하여 음료 제조에 설탕 대신 많이 사용되고 있다.

(5) 당알코올

당알코올(sugar alcohols)에는 소비톨(sorbitol), 만니톨(mannitol), 자일리톨(xylitol) 등이 있는데, 가장 많이 사용되고 있는 소비톨은 포도당의 환원체로서 백색의 알맹이, 분말 또는 70% 전후로 농축한 액상으로 사용된다.

당알코올은 설탕의 60~70%의 감미도를 지니고 있으며 보습성이 있고, 충치 예방효과가 있으며, 장내 흡수속도가 느리다. 이런 특성을 이용하여 검, 청량음료, 제과, 합성주, 어육 등에 광범위하게 사용되고 있다.

(6) 올리고당

현재 국내외에서 식품소재로 사용되고 있는 주요 올리고당(oligosaccharides)에는 설탕으로부터 전이효소 반응에 의해 생산되는 프락토올리고당, 유당에 전이효소를 작용시켜 만든 갈락토올리고당, 전분에 여러 종류의 가수분해효소들을 작용시켜 생산하는 이소말토올리고당, 대두로부터 추출된 대두올리고당 등이 있다. 대부분의 당질이 소화효소에 의하여 단당류로 분해되어 흡수되는 데 비해 일부 올리고당은 소화효소에 의해 분해되지 않고 대장에 도달되어 장내 유용균인 비피더스균의 증식을 촉진시키는 기능성이 있는 것으로 알려져 있다.

(7) 단풍당 시럽

단풍나무에서 얻은 즙액을 가열, 농축하여 만들며, 설탕함량이 64~68%, 수분이 30~35%인 붉은색의 시럽이다. 이 시럽의 독특한 향과 색은 농축시 가열에 의하여 유기산으로부터 생성된다. 그러므로 단풍시럽(maple syrup) 제조 시는 가열이 필수적이다.

2) 설탕의 조리 특성

당류식품 중에서 가장 많이 이용되는 것은 설탕이므로 여기에서는 설탕의 감미료로서의 기능 이외의 조리 특성에 대해 살펴보기로 한다.

(1) 설탕의 용해성과 결정화

설탕은 포도당과 과당이 결합하여 이루어진 당으로, 다수의 수산기를 가지고 있어서 물에 잘 용해된다. 설탕의 물에 대한 용해도는 온도 상승에 따라 높아진다(표 14-1). 또한 설탕용액의 농도와 비점과의 관계는 〈표 14-2〉와 같이 농도가 높아질수록 비점도 높아진다. 고농도의 설탕용액을 가열한 후 냉각시키면 용해도가 떨어져 과포화된 부분이 용액 중에서 핵을 형성하기 시작하고 그 후 결정이 석출된다. 즉, 수화된 설탕분자끼리 집합체를 만들고 자유수가 극히 적어지므로 농도의 상승 및 온도의 저하에 따라 점도가 급속히 증가됨과 동시에 설탕의 결정화가 일어난다.

표 14-1 설탕의 용해도

온도 (℃)	용액 100 g 중의 설탕의 양(g)	물 100 g에 용해되는 설탕의 양(g)	온도 (℃)	용액 100 g 중의 설탕의 양(g)	물 100 g에 용해되는 설탕의 양(g)
0	64.18	179.2	55	73.20	273.1
5	64.87	184.7	60	74.18	287.3
10	65.58	190.5	65	75.18	302.9
15	66.33	197.0	70	76.22	320.5
20	67.09	203.9	75	77.27	339.9
25	67.89	211.4	80	78.36	362.1
30	68.70	219.5	85	79.46	386.8
35	69.55	228.4	90	80.61	415.7
40	70.42	238.1	95	81.77	448.6
45	71.32	248.8	100	82.97	487.2
50	72.25	260.4			

표 14-2 설탕용액의 비점

설탕농도(%)	10	20	30	40	50	60	70	80	90
비점(℃)	100.4	100.6	101.0	101.5	102.0	103.0	106.5	112.0	130.0

이러한 성질을 조리에 이용한 것으로 시럽, 결정형 캔디(crystalline candy) 및 비결정형 캔디(noncrystalline candy)가 있다. 시럽이나 캔디를 만들 때 최종 가열온도에 따른 설탕용액의 상태와 조리용도를 정리하면 〈표 14-3〉과 같다.

① 시럽(syrup)

시럽은 고농도의 설탕용액을 말하는데, 시럽의 조건은 실온이나 냉장고에 보관해도 투명한 액체 상태로 설탕이 완전히 녹아 있어야 한다. 그러기 위해서는 5℃의 냉장고에 보관하는 경우 〈표 14-1〉를 보면 설탕농도는 65% 이하여야 한다. 또 60%의 설탕용액을 만들기 위해서는 〈표 14-2〉와 같이 설탕용액을 103℃까지 가열하면 된다. 이때의 설탕용액은 밑으로부터 작은 거품이 올라오고, 접시 위에 한 방울을 떨어뜨리면 흐르며, 물 속에 떨어뜨리면 곧 녹는다. 온도계를 이용하여 가열온도를 측정할 수도 있으나 실제로는 설탕에 같은 양의 물을 첨가한 후 가열하여 녹이면 설탕용액은 60% 정도

표 14-3 설탕용액의 가열온도별 상태 및 용도

온도(℃)	상태	용도
105~107	투명한 용액으로 묽다(syrup).	전과, 약과, 매작과 등의 표면에 입힌다.
110~112	스푼으로 저으면 실이 생긴다(syrup).	전과, 약과, 매작과 등의 표면에 입힌다.
112~115	냉수에 떨어지면 함께 모인다(soft ball).	fondant, fudge, cake frosting
118~120	냉수에 떨어뜨리면 부드러운 ball이 된다(firm ball).	caramel
121~130	냉수에 떨어뜨리면 단단한 ball이 된다(hard ball).	divinity, marshmellow
132~143	냉수에 떨어뜨리면 실모양으로 단단해진다(soft crack).	butter scotch, taffy
149~154	냉수에 떨어뜨리면 실모양으로 아주 단단해진다(hard crack).	brittle
160	담황색의 투명한 액체가 된다(clear liquid).	단단한 candy에 이용
170	담갈색의 액체가 된다(brown liquid).	custard, pudding의 caramel sauce

의 농도가 된다.

시럽은 강한 점성이 있어 핫케이크에 끼얹어 먹으면 입안에서의 촉감을 부드럽게 해 준다.

② 결정형 캔디(crystalline candy)

결정형 캔디에는 퐁당(fondant), 퍼지(fudge), 디비니티(divinity) 등이 있다. 고농도의 설탕용액을 냉각시켜 과포화상태가 된 후 저어주면 미세한 설탕의 결정이 시럽 속에 섞여 있는 상태가 된다.

과포화용액일 때만 결정이 형성되며, 과포화 정도가 높을수록 핵의 형성을 촉진한다. 용액이 일정한 농도로 농축된 후 식었을 때 저어주면 결정이 생성되는데 저어줄 때의 온도나 젓는 속도가 매우 중요하다. 높은 온도에서 저어주면 결정액의 수가 적고 설탕

퐁당

퍼지

디비니티

분자의 유동성이 커서 핵 위에 용질이 쉽게 부착하여 결정체의 크기가 큰 결정이 형성된다. 그러나 40℃ 정도로 식힌 후 저어주면 많은 수의 핵이 형성되고 시럽의 점성으로 인하여 설탕분자의 이동이 어려우므로 결정의 성장이 잘 일어나지 않아 미세한 결정이 형성된다.

또한 젓는 속도가 빠를수록 한꺼번에 많은 핵이 형성되고 핵과 용질이 끊임없이 움직여 성장이 저해되어 미세한 결정이 형성된다. 젓는 속도가 느리면 소수의 핵을 중심으로 큰 결정이 생기기 쉽다.

용질인 설탕 이외의 다른 물질이 존재하면 핵 위에 설탕분자가 부착하는 것을 방해하여 결정체의 크기가 작아진다. 설탕용액의 결정 형성을 방해하고 미세한 결정을 형성시키기 위하여 첨가할 수 있는 식품으로는 전화당, 시럽, 버터, 초콜릿, 꿀, 난백, 우유 등이 있으며, 이러한 식품을 첨가하면 결정형 캔디에서는 미세하고 균일한 결정이 형성되고, 비결정형 캔디(noncrystalline candy)에서는 결정이 지연 또는 억제되는 효과를 얻을 수 있다. 결정형 캔디인 퐁당을 방치하면 결정이 커져 결이 거칠어지는데, 이것을 방지하기 위하여 거품낸 난백을 3~6% 정도 첨가하거나 가열 시 소량의 산을 첨가하여 설탕의 일부를 전화시키면 결정화를 억제할 수 있다. 산을 첨가하였을 때 결정화가 지연되는 이유는 산에 의한 가수분해로 생성된 포도당, 과당과 분해되지 않은 설탕이 혼합된 상태로 존재하기 때문이다. 이때 가수분해가 과도하게 진행되면 남아 있는 설탕이 크게 감소되므로 농도가 낮아져 과포화가 될 수 없기 때문에 결정화가 일어나지 않을 수도 있다.

③ 비결정형 캔디(noncrystalline candy)

고도로 과포화된 당용액 내에 설탕의 결정이 없는 상태로 고체화된 캔디를 비결정형 캔디라고 하며, 캐러멜(caramel), 브리틀(brittle), 누가(nougat), 태피(taffy), 알사탕 등

캐러멜

브리틀

누가

태피

이 있다. 결정이 생기지 않게 하기 위하여 고온으로 가열 농축하거나 시럽, 우유, 버터 등의 결정 방해물질을 다량 첨가하는 방법을 이용한다.

고온으로 가열하여 농도가 높아져서 당용액의 점성이 지나치게 높으면 결정의 형성이 불가능하므로 무정형(amorphous, glasslike) 상태로 된다. 또한 설탕용액을 가열할 때 결정 방해물질을 처음부터 다량 첨가하면 결정은 형성되지 않는다.

비결정형 캔디를 만들 때에는 대부분 높은 온도로 가열 농축시키므로 갈색화가 일어나며 독특한 풍미도 생기는데 지나치면 쓴맛이 난다. 따라서 어느 한쪽에만 집중적으로 가열되어 갈색화가 지나치게 일어나지 않도록 저으면서 끓이되, 끓어 넘치지 않도록 주의한다.

(2) 설탕의 전화와 캐러멜화

설탕용액에 산이나 산성염을 첨가하여 가열하거나 전화효소(invertase)를 첨가하면 가수분해하여 포도당과 과당의 혼합물이 생성된다. 이러한 현상을 전화(inversion)라 하고, 포도당, 과당의 혼합물을 전화당이라고 한다. 전화는 산의 농도와 종류, 반응시간, 온도, 당용액의 농도 등의 영향을 받는다. 전화당이 생성되면 흡습성과 감미가 높아진다.

설탕은 160℃ 정도에서 융해되며, 융해된 설탕을 계속 가열하여 170~190℃가 되면 갈색이 되는데 이러한 갈변현상을 캐러멜화(caramelization)라 한다. 설탕용액을 가열하면 130℃ 정도에서 일부 당의 전화가 일어나기 시작하고 150℃에서 전화당이 많아진다. 계속 가열하면 전화당은 탈수되어 하이드록시메틸푸푸랄(hydroxy-methyl furfural)이 생성되고 이것이 서로 중합하여 휴민과 같은 갈색물질이 된다. 고농도로 농축한 캔디를 만들 때에는 캐러멜화 현상이 일어나서 적당한 갈색과 향기가 생기게 되며, 이때 지나치게 캐러멜화되면 쓴맛이 나게 된다. 캐러멜 소스는 착색제로 사용하기도 한다.

(3) 부재료로서의 설탕의 조리성

- **펙틴 젤의 형성, 한천 젤의 강도 증가** 대부분의 과일은 유기산과 펙틴물질을 함유하고 있어서 적당량의 설탕을 넣고 가열 농축한 후 냉각시키면 젤리 또는 잼을 만들 수 있

다. 또한 한천 겔의 경우 강도와 투명도를 높여주며 이장현상(syneresis)을 방지한다.

- **전분의 노화 지연** 설탕의 분자구조 내에 많이 존재하는 -OH기가 물에 대하여 전분과 경쟁적으로 작용하여 탈수효과를 주어 호화상태를 유지시키고 노화를 지연시킨다.
- **단백질의 응고 억제** 당은 단백질의 열에 의한 응고를 지연시킨다. 예를 들어, 푸딩이나 스폰지케이크에 첨가한 설탕은 달걀 단백질의 열 응고온도를 상승시켜 지나친 가열에 의하여 제품이 단단하거나 질겨지는 것을 방지해 준다.
- **당장효과** 설탕은 친수성이므로, 설탕에 의해 식품의 수분활성이 저하되고, 삼투압이 높아져서 미생물의 생육이 억제된다. 잼, 젤리 등의 과일 가공품은 이러한 원리를 이용한 과일 저장식품이다. 과일의 통조림이나 병조림은 시럽을 이용하기 때문에 당장효과가 있어서 가열처리를 상압에서 하여도 저장성이 크다.
- **이스트 발효의 촉진** 빵 제조 시 이스트의 영양원이 되어 발효를 촉진한다.
- **난백 거품의 안정화** 난백의 거품에 설탕을 첨가하면 기포의 안정성이 증가되고 수분의 분리가 잘 일어나지 않는다.

3) 당류의 조리

꿀이나 조청과 같은 당류를 조리에 이용한 예는 우리의 전통 한과에 많다. 우리의 전통 한과로는 여러 가지 곡식의 가루를 반죽하여 기름에 지지거나 튀기는 유밀과, 가루재료를 꿀이나 조청으로 반죽하여 다식판에 박아낸 다식, 익힌 과일이나 뿌리 등의 재료를 조청이나 꿀에 조리하는 전과, 과일을 삶아 걸러 굳힌 과편, 과일을 익혀서 다른 재료와 섞거나 조려서 만드는 숙실과, 그리고 견과류나 건열가열한 곡식을 중탕한 된 조청에 버무려 만드는 엿강정 등이 전해 내려오고 있다.

2. 음료

사람들은 독특한 맛과 향기를 즐기고 수분을 섭취하며 식사의 분위기를 더하기 위하여 음료를 즐겨 마신다. 음료에는 일반적으로 향미성분 이외에 신경을 자극시키는 성분이 함유되어 있다. 세계 공통으로 애용되는 음료로는 식물의 종자 또는 잎에서 수용성

성분을 추출하여 마시는 커피, 차, 그리고 카카오 열매를 가공하여 만드는 코코아 등이 있다. 동양에서는 오래전부터 녹차나 우롱차를 주로 마셔 왔고, 서양에서는 커피와 홍차를 주로 마셔 왔다. 이외에도 최근에는 탄산음료, 스포츠음료, 과즙음료, 알코올음료, 전통음료 등이 다양한 제품으로 생산되어 많이 소비되고 있다.

1) 커피

커피의 원산지는 에티오피아 서남부 지역이라고 알려져 있다. 15세기 이후 중동지방으로 소개되었으며, 그 후 유럽, 열대 아프리카, 아시아, 라틴아메리카 등지로 전파되었고, 커피를 재배하고 마시는 풍습이 세계의 열대 지방 여러 나라로 전파되어 남아메리카에 이르렀다.

18세기 이후 브라질이 세계에서 커피를 가장 많이 생산하는 나라가 되었고, 중앙아메리카, 콜롬비아, 하와이, 푸에르토리코 등지에서 좋은 품질의 커피가 생산되고 있다. 가나, 케냐, 에티오피아 같은 아프리카에 있는 여러 나라도 상당량의 커피를 생산한다.

커피

(1) 커피나무

커피나무는 고온다습한 열대지방에서 잘 자라는 키가 비교적 큰 상록수로서 종류는 여러 가지가 있고, 품종과 재배되는 지역에 따라 1.8~6.0 m까지 자란다. 널리 재배되는 품종은 에티오피아 원산의 아라비카종(*Coffee arabica*)과 중앙 아프리카의 콩고분지가 원산인 로부스타종(*Coffee robusta*)이며, 토양, 고도, 기후 등에 따라 품질의 특성이 다르게 나타난다. 아라비카종은 중앙 아메리카와 남아메리카 지역에서 주로 재배되고 세계 커피 생산량의 30% 정도를 차지할 만큼 다량 생산되는데, 향미가 강하고 풍부하여 품질이 가장 좋다. 주요 생산국은 브라질, 콜롬비아, 자메이카, 멕시코, 과테말라, 케냐, 인도, 탄자니아, 코스타리카 등이다. 로부스타종은 열대 아프리카의 콩고, 가나, 마다가스카르 등지에서 주로 생산되며 세계적으로 두 번째로 많이 재배되는 품종이다. 커피종자는 지금까지 약 70여 종으로 개량되어 재배되고 있다. 커피의 수확시기는 지방에 따라 다르나 연 1~3회 수확한다.

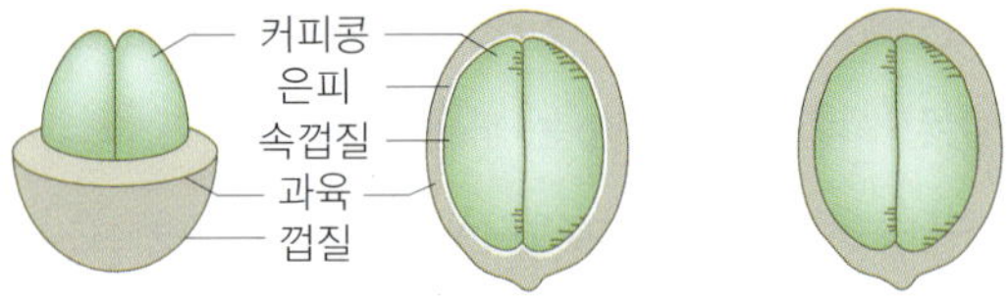

그림 14-1 커피콩의 단면도

(2) 커피콩

커피나무에는 작은 열매가 열리는데, 익으면 앵두와 비슷한 진한 붉은색을 띠기 때문에 '커피체리(coffee cherry)'라고도 부른다. 그 열매 속에 두 개의 씨, 즉 커피콩이 들어 있다(그림 14-1).

커피콩은 녹회색으로 갸름한 타원형을 하고 있고, 한쪽은 둥글고 다른 쪽은 납작하며, 납작한 쪽이 마주 보고 있다. 그 씨는 은피(silverskin)라고 불리는 은색의 얇은 막으로 덮여 있어 밖의 껍질과 구분되어 있다.

① 커피콩의 제조와 혼합

커피체리는 2~3주 동안 일광으로 건조시키거나, 혹은 물에 담가 껍질을 벗기고 씻은 후 기계로 건조시켜 판매된다. 이 과정에서 껍질, 과육, 속껍질, 은피가 모두 제거되고 깨끗한 콩이 되는데 색이 녹색 또는 청록색이므로 이것을 '그린커피(green coffee)'라고 부른다. 그린커피는 오랫동안 저장해도 변질되지 않으므로 그 상태로 유통된다. 커피는 품종에 따라 독특한 향미와 특징을 가지고 있으며, 소비자가 구입하는 것은 두 가지 이상 커피콩이 섞인 것이 보통이다. 커피콩을 섞는 것은 단품 커피의 결점을 보완하고 조화롭고 균형잡힌 맛과 향기를 내기 위한 것이며 이를 블렌딩이라고 한다. 현재 시중에서 많이 이용되고 있는 블렌딩은 〈표 14-1〉과 같다.

② 볶기(roasting)

그린커피콩은 맛과 향기가 약하므로 커피의 풍부한 향미를 얻기 위하여 볶는 과정을 거친다. 천연으로 존재하는 당, 유기산(특히 클로로젠산), 단백질과 기타 소량의 질소화합물 등이 200℃ 이상의 고온에서 볶는 동안 비효소적 갈변 반응을 하여 커피의 특징적인 색과 향기성분들을 생성하게 된다.

표 14-1 전형적인 커피 블렌딩 종류

종류	배합 재료와 비율(%)	볶음 정도
중후하고 맛이 조화로운 블렌딩	브라질 40 모카 30 콜롬비아 30	Full-City 로스팅
신맛과 향기가 있는 블렌딩	브라질 30 콜롬비아 30 과테말라 20 모카 20	City 로스팅
중후하고 감칠맛 있는 블렌딩	콜롬비아 40 멕시코 20 브라질 20 모카 20	City 로스팅
좀 쓰면서 달콤한 블렌딩	브라질 30 콜롬비아 30 엘살바도르 20 자바 20	Full-City 로스팅
맛이 강한 유럽풍 블렌딩	과테말라 30 콜롬비아 30 브라질 20 짐바브웨 20	French 로스팅 Italian 로스팅

이 과정에서 커피콩은 팽창하여 크기가 커지고 수분이 증발되어 다공질이 되며, 갈변반응시 형성된 탄산가스가 보유된다. 탄산가스는 볶은 후에 서서히 손실되나 갈지 않고 볶은 콩으로 저장하면 꽤 오래 유지되며 커피의 향미성분의 보존과 품질 유지에 중요한 역할을 한다. 향미성분은 가스와 결합되어 있어 가스가 존재함으로써 잘 유지되고, 또한 탄산가스의 존재는 커피성분에서 일어날 수 있는 산화적인 변질을 방지하기도 한다.

볶은 콩은 볶은 후의 색에 따라 라이트 로스트(light roast), 미디움 로스트(medium roast), 다크 로스트(dark roast) 및 아주 진한 이탤리언(Italian) 또는 프렌치 로스트(French roast)로 분류된다. 로스팅 정도를 표시하는 방법은 나라별로 차이가 있는데 한국은 아직 커피 로스팅이 활성화되지 않아서 로스팅 정도를 나타내는 지표가 없고 미국의 SCAA(Specialty Coffee Association of America)나 일본의 체계를 사용하고 있다(표 14-2).

③ 향커피

향커피(flavored coffee)는 커피에 어떤 종류의 향료를 첨가한 커피이며, 커피와 향시럽의 배합비율은 일반적으로 3% 수준이, 로스팅 과정에서 향시럽을 첨가하거나 막 로

표 14-2 커피콩의 로스팅 정도(배전도)

구분	미국		일본	
	Agtron No.	명칭	L-value(도)	명칭
약배전	#95	Extremely Light	27 이상	Light
	#85	Very Light	25~27	Cinnamon
중배전	#75	Light	22.5~25	Medium
	#65	Medium Light	20.5~22.5	High
	#55	Medium	18.5~20.5	City
강배전	#45	Moderately Dark	16.5~18.5	Full-City
	#35	Dark	15~16.5	French
	#25	Very Dark	15 이하	Italian

스팅이 끝난 80~90℃의 뜨거운 커피에 향시럽을 첨가하여 만든다. 향커피는 비교적 품질이 떨어지는 생두에 향을 지닌 오일을 첨가한 것으로 1970년대 미국에서 선보였다. 향커피는 바닐라향과 헤이즐넛, 아이리시 크림, 초콜릿 라즈베리, 서던 피칸 등이 있다. 우리나라에서는 향긋한 향기 때문에 헤이즐넛 커피가 인기를 끌었는데 커피 전문가들은 향커피의 원료는 대부분 오래된 좋지 않은 원두를 사용하며 인공향료를 쓰기 때문에 선호하지 않는다고 한다.

최근에는 자연향을 첨가한 제품이나 인삼과 같은 기능성을 강화키려는 목적으로 만든 커피가 시판되기도 한다.

(3) 커피의 성분

커피에서 중요한 성분은 유기산, 휘발성 성분, 쓴맛 성분 및 쓴맛과 함께 자극성을 가지고 있는 카페인이다.

① 유기산

커피음료에는 초산, 피루브산, 카페산(caffeic acid), 클로로겐산(chlorogenic acid), 구연산, 사과산, 주석산 등 여러 가지 유기산이 존재한다. 이들 성분 중 클로로겐산이 주된 수용성 유기산이다. 이 산은 볶은 커피 무게의 4% 이상으로 커피에 있는 유기산의 2/3를 차지하며, 신맛과 약간 쓴맛을 가지고 있다. 신맛이 강한 커피가 향기도 더 좋은 것으로 알려져 있는데, 커피의 신맛에 영향을 주는 인자는 커피가 재배되는 지역의 고도, 열매의 처리방법, 콩의 숙성 정도, 볶은 정도 등 여러 가지이다.

② 휘발성 성분

커피의 향기성분은 휘발성이므로 맛성분보다 분석하기 힘들기는 하나 커피로부터 수백 개의 화합물이 분리되었다. 주요한 향기성분 중에는 황화합물(phenolic compounds)이 있다. 커피의 향기성분은 휘발성이고 열에 의하여 잘 변하므로 고온에서 가열이 지속되면 좋은 향미성분이 없어지거나 파괴되어 좋지 않다. 추출된 커피를 낮은 온도에서 장시간 보온하여도 같은 결과가 생기므로 주의해야 한다. 커피음료를 재가열하는 경우 관능검사에서 낮은 평가를 받았고, 가스 크로마토그래피에 의한 분석에 의해서도 휘발성 성분이 손실된 것이 확인되었다.

③ 쓴맛 성분

커피의 쓴맛은 폴리페놀(polyphenol)의 함량이 높을수록 강해진다. 폴리페놀의 용해도는 온도가 높을수록 커지며, 끓는 온도에서는 매우 쉽게 커피콩으로부터 용출된다. 탄닌이라고 부르는 이들 폴리페놀 화합물은 쓴맛과 함께 떫은맛을 내기도 하며, 카페인도 역시 쓴맛에 기여한다. 커피에는 또한 카페인의 1/4 정도의 쓴맛을 가지고 있는 트리고넬린(trigoneline)이 있는데 이의 일부는 볶는 동안에 니코틴산으로 전환되기도 한다.

④ 카페인

카페인은 더운 물에 용해되는 물질로 커피를 끓일 때 추출되는데, 중추신경을 자극하여 흥분시킴으로써 기분을 상쾌하게 하며 이뇨작용도 있다. 카페인은 메틸잔틴(methylxanthine)이라는 화합물의 일종이며 커피콩, 차나무잎, 코코아열매, 콜라넛(cola nut) 등 여러 종류의 식물에 천연으로 존재한다. 테오브로민(theobromine)도 메틸잔틴의 일종으로, 카페인보다는 약하나 신경을 자극하는 성분으로 초콜릿과 코코아에 들어 있다. 몇 가지 음료에 함유되어 있는 카페인 함량은 〈표 14-3〉에 제시된 바와 같다.

시판되는 탄산음료에는 카페인이 첨가된 경우가 있으나 카페인에 대하여 예민한 사

표 14-3 몇 가지 음료의 카페인 함량

음료	카페인(mg)	음료	카페인(mg)
커피(5-oz cup)		차(5-oz cup)	
drip method	110~150	1-minute brew(black)	21~33
percolated	64~124	3-minute brew(black)	35~46
instant	49~108	5-minute brew(black)	39~50
decaffeinated	2~5	instant	12~28
instant decaffeinated	2	iced tea(12-oz can)	22~36
초콜릿 제품		탄산음료(12-oz can)	34~65
hot cocoa(6-oz cup)	2~8		
milk chocolate(1 oz)	1~15		

자료 : M. Bennion(1995)

람들을 위해서는 무카페인(caffein-free) 음료가 제조판매되기도 하고, 카페인을 제거한(decaffeinated) 커피나 차가 생산되기도 한다.

(4) 커피의 저장과 변질

커피음료의 품질을 가장 크게 좌우하는 것은 사용되는 커피의 신선도이다. 커피는 금방 볶은 것이 가장 좋으며 시간이 지날수록 품질이 저하된다. 커피의 변질(staling)은 주로 산화에 의하여 일어나므로 갈은 커피(ground coffee)가 커피콩으로 있을 때보다 더 빨리 변질되고, 공기에 노출되면 품질 저하가 빨리 일어난다. 또한 커피의 품질에는 수분이 영향을 미치므로 변화가 더 현저하게 일어난다. 따라서 볶은 커피-특히 갈은 커피-는 저장할 때 밀봉하는 것이 필수이고, 탈기 밀봉하여 용기 내부를 진공으로 하거나 탈기 후 탄산가스를 충전하면 더 좋다.

볶은 후 갈은 커피의 수분함량을 5% 이하로 유지하여 진공 포장하면 최소한 2년까지 저장할 수 있다. 그러나 가는 과정에서 향미의 손실이 크게 일어나므로 소량씩 판매하는 경우에는 즉석에서 갈아주기도 하며, 가정에서 즉시 갈아 사용하기도 한다. 진공포장된 커피를 개봉하였을 때는 뚜껑을 꼭 닫고 4℃ 정도로 낮은 온도에 저장하면 변질을 지연시킬 수 있다.

(5) 커피 끓이기

커피 끓이기는 갈은 커피 입자에 뜨거운 물이 단시간 접촉하면서 향미성분과 색소성분을 추출하는 과정이다. 맛있는 커피는 향미성분의 손실이 적고 탄닌은 적게 용출되며 색이 맑아야 한다.

① 커피 입자의 크기(grind)와 품질

커피를 갈았을 때 가장 많은 비율을 차지하는 입자의 크기에 따라 갈은 커피는 레귤러(regular), 드립(drip) 또는 미디움(medium), 파인 그라인드(fine grind)로 분류된다. 레귤러(regular)는 드립 또는 미디움 그라인드보다 굵은 입자가 많으며, 파인 그라인드는 굵은 입자가 없다. 굵은 입자가 많을수록 커피음료의 향미는 약해진다.

② 커피 끓이는 방법

인스턴트 커피가 매우 편리하여 널리 사용되고 있으나, 신선한 커피의 향기를 즐기기 위해서 갈은 커피를 사용하여 직접 만드는 방법(brewed coffee)이 여전히 사용되고 있다. 커피를 만드는 방법은 〈그림 14-2〉와 같이 여러 가지가 있는데, 커피의 품질에 영향을 주는 중요한 요인은 커피가 물과 접촉하는 온도와 시간의 조절이다. 수용성 성분을 적절히 용출하기 위해서는 물의 온도가 최소한 85℃ 이상이 되어야 하나 쓴맛 성분이 지나치게 용출되는 것을 막고 휘발성 성분의 손실을 줄이려면 95℃ 이상이 되어서는 안 된다.

커피와 물의 비율에 따라 커피의 진한 정도가 다른데 물 한 컵에 대하여 연한 커피는 1큰술, 진한 커피는 3큰술의 갈은 커피를 사용한다.

- 여과법 여과법에서는 구멍이 뚫린 중간 용기에 여과지를 깔고 갈은 커피를 놓은 후 그 위에 뜨거운 물을 부어서 향미성분을 추출하면서 용기의 아랫부분으로 내려오도록 하여 커피를 만든다. 드립방법은 다른 방법에 비해서 쓴맛 성분이 덜 추출되고 향미성분을 잘 보유하는 방법이다. 최근에는 자동드립식 커피제조기가 많이 사용되고 있다. 진공커피제조기도 그 원리는 여과법이다. 커피를 넣는 윗부분에 열린 대롱이 있어 아랫부분의 거의 바닥까지 내려오게 되어 있다. 열린 대롱의 뒤쪽에는 여과장치가 있고 물을 아랫부분에 넣어 그릇을 가열하면 수증기압에 의하여 물이 대롱을 타고 위로 올라간다. 물은 커피의 수용성 성분을 추출한 후, 열원을 제거하면 여과되면서

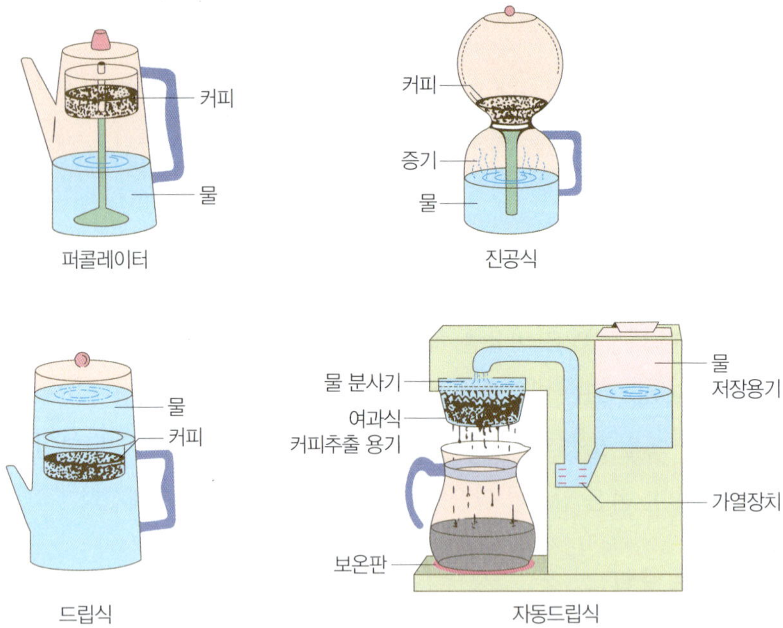

그림 14-2 **커피 제조기의 종류**

다시 아래로 내려오게 된다. 윗부분을 분리시킨 후 커피음료를 적절히 가열하여 마신다. 이때 끓지 않도록 조심해야 한다. 이 방법은 재가열 시 커피의 향기성분이 손실될 염려가 있다.

퍼콜레이터(percolator)를 사용하면 물이 대롱을 통하여 갈은 커피가 놓인 부분으로 올라가 여과되어 내려오는데 이 과정이 여러 번 반복되어 적당한 농도의 커피가 만들어진다. 이 방법에서는 물이 갈은 커피에 접촉할 때는 끓는 온도가 아니지만 음료는 거의 끓는 온도에 도달하므로 향미성분이 손실된다. 시간은 퍼콜레이션(percolation) 속도와 커피의 양에 따라 다른데, 4~6컵의 커피를 만드는 데 적당한 시간은 보통 6~8분이다.

- **침지법(steeping)** 커피를 뜨거운 물에 넣고 끓는 온도 아래에서 담가두는 방법이다. 물이 끓게 되면 쓴맛이 추출되므로 조심해야 하고 음료를 맑게 하기 위하여 난백을 사용하기도 한다. 난백을 사용하면 폴리페놀 물질이 난알부민과 결합하기 때문에 커피맛이 부드러워진다. 물에 담그는 시간은 물의 온도, 커피 입자의 크기 등에 따라 다르다. 담그는 시간이 짧을수록 맛이 좋은 커피가 되므로 뜨거운 물로 시작하는 것이 좋다.

③ 아이스커피(iced coffee)

향미가 좋은 아이스커피를 만들려면 즉시 만든 진한 커피를 얼음이 담긴 유리잔에 붓는 것이 좋다. 이때 진한 커피를 만들기 위해서는 우려내는 시간을 길게 하는 것보다 커피 그라인드의 양을 많이 하는 것이 좋은 향기의 아이스커피를 만들 수 있다. 우려내는 시간이 길어지면 쓴맛이 증가되고 향미는 감소하기 때문이다.

④ 커피맛에 영향을 주는 요인

- 커피포트(coffeepot)의 재질　금속들은 카페인 및 다른 커피 성분들과 복합체를 형성하여 커피의 맛에 영향을 미치므로 유리, 법랑 또는 에나멜 제품이 좋다. 특히 주석이 좋지 않은 재질이고 은제품도 커피의 맛에 좋지 않은 영향을 준다. 스테인리스 스틸은 비교적 커피맛에 영향을 주지 않는 편이며, 포트의 내부에 크롬과 니켈 도금이 된 용기도 얼룩이나 부식이 나타나지 않는다.
- 물　연수나 경도가 낮은 물을 사용하는 것이 경수나 알칼리성 물을 사용하는 것보다 좋은 맛의 커피를 만들 수 있다. 탄산염이나 중탄산염의 함량이 높은 물이나 이온교환수지로 정제된 물(나트륨 이온의 함량이 높음)은 천연의 연수보다 드립이나 진공포트의 여과장치 통과시간이 길게 걸리므로 커피와의 접촉시간이 길어져서 좋지 않은 성분을 많이 추출하게 된다. 증류수를 사용하면 커피의 신맛이 너무 강하다.
- 온도　커피 제조의 최적온도는 85~95℃이나. 이 온도 범위에서 카페인은 대부분 용해되고, 끓는 온도에서보다 향미성분의 손실이 적으며, 쓴맛 성분의 용출은 훨씬 적다.

(6) 커피음료의 종류

① 카페인 제거 커피(decaffeinated coffee)

카페인의 자극은 피하고 커피의 향미만을 즐길 수 있도록 화학적인 처리과정에 의해 그린커피콩으로부터 카페인을 제거하여 만든 커피이다. 가장 많이 쓰이는 방법은 메틸렌클로라이드(methylene chloride)를 사용한 용매추출법으로 미국의 식품의약품국(FDA)에서는 이 용매의 잔류허용량을 10 ppm 미만으로 규정하고 있다. 물로 추출하는 방법도 있으나 비용이 많이 들어 널리 사용되지 않고 있다. 카페인이 제거된 커피는 제조과정에서 향미성분의 손실이 일어나기 쉽다.

② **인스턴트 커피**

인스턴트 커피(instant coffee)는 물에 타면 즉시 녹도록 만든 것으로 손쉽게 이용할 수 있다. 인스턴트 커피는 아주 진하게 추출된 커피(strong brewed coffee)를 탈수건조시켜서 분말 또는 입자상태의 수용성 고형물질로 만든 것이다.

인스턴트 커피의 맛은 신선한 원두커피와 비슷하나 향미성분이 약간 부족하다. 건조방법이 발달하여 원두커피를 동결시킨 후 진공에서 물을 승화시켜 건조시키는 동결건조법으로 제조된 인스턴트 커피는 향기성분이 좀 더 보존되어 품질이 좋다. 인스턴트 커피는 흡습성이 커서 수분을 잘 흡수하므로 수분과 공기가 통하지 않는 용기에 보관해야 한다.

에스프레소

에스프레소(expresso)란 작은 잔에 담아 마시는 양이 적고 아주 진한 이탈리아 커피로 알려져 있다. 에스프레소는 19세기 초 이탈리아에서 시작되었으며, 현재의 에스프레소 기계와 같은 방식의 기계는 1948년 이탈리아인 아킬레 가지아(Achile Gaggia)에 의해 발명되었다. 에스프레소 기계는 수증기의 압력을 이용해 추출시 뜨거운 수증기 온도에 의해 커피 향이 휘발되어 없어지는 단점을 보완한 것이다. 미국에서는 1978년 시애틀에서 처음으로 상업용 에스프레소를 팔기 시작하였으며, 스타벅스에 의해 에스프레소 커피가 발전하기 시작하였다. 우리나라를 비롯한 아시아 지역에도 1995년 이후 시장이 넓어지고 있다.

에스프레소는 고압력을 사용하기 때문에 보통의 드립식 커피 메이커보다 원두의 굵기, 신선도, 시간, 온도 등에 대해 민감하다. 에스프레소는 원두를 즉석에서 분쇄해서 사용하기 때문에 커피 향미의 손실이 적고 인공 향료나 기타 원료가 전혀 가미되지 않는 천연커피이다.

③ **카푸치노**

카푸치노(cappuccino)는 크림이나 유제품을 넣은 것이다. 에스프레소는 프렌치 로스트 커피로부터 특별한 장치를 사용하여 수증기로 가열하여 만든다. 인스턴트 카푸치노에는 당, 수소화된 지방, 콘시럽 고형물, 커피, 무지방 우유고형분, 카세인염(sodium caseinate) 및 유화제 등이 함유되어 있다.

④ **커피 대용음료(coffee substitutes)**

볶아서 갈아 만든 곡류나 구근류 등이 커피 대용음료로 사용된다. 이들의 향미는 주로 가열과정에서 생성된 여러 성분에 의한 것이며, 치커리(chicory)를 넣어 주면 약간 쓴맛이 보강된다. 치커리는 때로 커피에 첨가되기도 한다. 이러한 대용음료들은 카페인에 의한 자극성이 없으므로 일부 사람들이 즐기고 있다.

2) 차(茶)

차는 차나무의 어린 잎을 따서 건조시켜 만드는 음료로서 광범위하게 이용되고 있다. 차나무는 *Thea sinensis*라는 학명을 가진 동백과의 상록수이며, 원산지는 중국과 인도로 알려져 있으며 중국 운남성의 차나무에서 기원되었다고 한다. 세계적으로 차를 많이 생산하는 지역은 인도, 스리랑카, 중국, 인도네시아, 일본 등이며, 중국의 차 생산량은 세계 생산량의 반을 차지한다.

차잎은 연중 여러 달 동안에 걸쳐 딸 수 있으나 봄부터 초여름까지 딴 것이 늦여름부터 가을에 딴 것보다 좋은 차를 만들 수 있다. 차의 등급은 차잎 따는 시기뿐만 아니라 차잎의 위치와 크기에 따라서도 정해지는데, 가지의 끝에 달린 아직 열리지 않은 새순이 최상급의 품질이고, 차잎의 크기가 클수록, 가지의 아래로 갈수록 품질이 저하된다.

차의 품질은 또한 차나무가 경작된 기후와 토양 그리고 가공방법에 의해서도 영향을 받는다. 우리나라에서는 전라남도의 지리산 기슭, 제주도의 한라산 기슭에서 차나무를 많이 재배하고 있다.

(1) 차의 종류

차의 종류는 가공방법에 따라 발효과정을 거치지 않은 녹차(green tea), 완전히 발효시킨 홍차(black tea), 부분적 발효과정을 거진 우롱차(oolong tea)의 세 가지가 있다.

① 녹차

녹차는 먼저 예열처리하여 효소를 불활성화시킨 후 말아서 건조시켜 만든다. 예열처리하는 방법은 일본에서는 증기로 찌고, 우리나라에서는 건열처리로서 차잎을 볶는데 이를 '덖는다'고 한다. 차잎은 본래의 녹색이 유지되는데 특히 잎이 작을수록 더 잘 유지되고 오래된 잎은 종종 검은 회색을 띠기도 한다. 녹차의 음료는 녹황색이며 쓴맛과 떫은맛이 있다. 홍차는 발효과정에서 향미성분이 생성되는 데 비하여 녹차는 예열처리과정에서 향미성분을 생성하는 효소가 불활성화되므로 녹차의 방향과 향미성분은 홍차보다 훨씬 약하다.

같은 녹차라도 따는 시기별로 1번차, 2번차, 3번차로 분류하고 우리나라에서는 따는 시기에 따라 명칭이 다양하다.

녹차

홍차

우롱차

- 첫물차(우전) : 4월 초순에서 5월 초순
- 두물차(세작) : 5월말 경부터 6월
- 세물차(중작) : 7월에서 8월경
- 끝물차(대작) : 8월 하순

일본식 녹차는 1번차의 발아기에 따서 만든 옥로가 상급품이며, 옥로와 같은 차잎을 비비지 않고 가루로 만든 말차가 있다. 말차는 다른 차와 달리 차잎을 가루상태로 다 먹게 되므로 비타민 A·C와 식이섬유를 섭취할 수 있어 건강에 좋을 수 있다. 또한 말차는 빙수, 아이스크림, 떡양갱 등에 다양하게 사용된다.

② 홍차

구미에서는 주로 홍차의 형태로 제조하여 차를 마신다. 홍차는 차잎을 시들게 한 후 그것을 말아 조직을 파괴시켜 세포액이 유출되게 한다. 그 다음 차잎에 있는 효소에 의하여 촉매되는 산화적 변화가 일어나게 한 후 가열하고 건조시킨다.

산화가 일어나게 하는 과정을 발효라 하는데, 발효과정에서 폴리페놀 물질이 산화되어 새로운 페놀 화합물이 생성되고 차잎의 색은 검게 변한다. 홍차의 색은 호박색이고, 녹차보다 쓴맛과 떫은맛이 약하며 방향과 향미가 풍부하다.

홍차는 보통 그 산지마다의 뚜렷한 특색이 있다〈표 14-4〉. 중국의 기문홍차, 인도의 다질링 홍차, 그리고 스리랑카의 우바 홍차는 세계 3대 명차로 유명하다.

홍차는 또한 찻잎의 배합방법에 따라서 다음과 같이 분류되기도 한다.

- 스트레이트 티(Straight tea) : 단일 종류의 찻잎만을 사용한 것

표 14-4 산지에 따른 홍차의 종류

구분	종류
중국 홍차	정산소종(또는 랍상 소우총, 正山小種, Lapsang Souchong) 기문 홍차(또는 기문, 祁門, Keemun) 운남 홍차(또는 전홍, Yunnan)
인도 및 스리랑카 홍차	아삼 홍차(Assam)
다르질링 홍차 (또는 다질링 홍차, Darjeeling)	닐기리 홍차(Nilgiri) 실론 홍차(Ceylon) 우바 홍차(Uva)
기타 홍차	케냐 홍차 네팔 홍차 인도네시아 홍차

- 블렌드 티(Blended tea) : 두 종류 이상의 찻잎을 블렌드(배합)하여 제조한 것. 잉글리시 블랙퍼스트, 프린스 오브 웨일즈 얼 그레이 홍차 등
- 가향차(Flavoury or flavoured tea) : 향료, 딸기, 사과, 복숭아 등의 과일 또는 꽃잎 같은 첨가물을 넣어 향을 낸 것

홍차는 찻잎의 모양에 따라 등급을 나누는데 일반적으로 최상급의 홍차는 flowery orange pekoe와 orange pekoe이고, 중급품으로는 품질에 따라 pekoe, pekoe souchong, broken orange pekoe, broken pekoe 등이 있고, fanning 및 dust는 하급품에 속한다(표 14-5).

③ 우롱차

우롱차는 중국 고유의 부분 발효된 차로서 발효시간이 짧아 차잎의 색이 완전히 변하지 않았기 때문에 약간 갈색을 띤다. 방향과 향미는 녹차와 홍차의 중간이다. 제품의 색이 검고 모양이 용같이 구부러진 데서 연유하여 우롱차(烏龍茶)라는 이름이 붙었다.

(2) 차의 성분과 영양가

차의 카페인 함량은 〈표 14-3〉에서 보는 바와 같이 커피보다 약간 낮으나 차를 끓이는 방법(brewing method)에 따라 차이가 있어서 시간이 오래 걸리면 카페인 함량이 높다. 차에는 또한 소량의 테오브로민이 들어 있다.

차에는 폴라신(folacin)이 상당량 함유되어 있어 하루에 5잔의 차를 마시면 일일 권장량의 25%를 섭취할 수 있다. 그러나 식사와 함께 차를 마시면 철의 흡수를 방해하게 된다.

표 14-5 홍차의 분류

명칭	약칭	특징	품질
flowery orange pekoe	FOP	상질의 orange pekoe로서 향기가 좋은 것	최고급품
orange pekoe	OP	어린 싹이나 줄기를 가늘게 말은 것으로 등황색을 띠고 있는 것	차의 색이 아름답고 향이 좋은 상급품
pekoe	P	비교적 크고 단단하며 털이 많은 잎을 굵게 말아서 만든 것	차의 향기와 색이 엷은 중급품
pekoe souchong	PS	pekoe보다 더 크고 단단한 잎을 굵게 말아서 만든 것	중급품
broken orange pekoe	BOP	부스러진 orange pekoe	가장 흔히 사용되는 홍차
broken pekoe	BP	잎이 부스러진 pekoe	중급품
fanning	F	잘 말리지 않은 잎이 재제조 시 부스러진 것	하급품
dust	D	부스러진 가루	최하급품

차의 향미는 상당량의 폴리페놀 물질의 조제에 의하여 영향을 받는데 그것은 특히 떫은맛에 기여한다. 홍차의 발효과정에서 일어나는 산화에 의해 폴리페놀은 변화되어 차의 독특한 향기와 맛을 낸다. 홍차 제조과정에서는 리놀레산(linoleic acid), 아미노산, 카로틴 등의 다른 물질들도 분해되어 맛과 향기에 기여한다.

(3) 차 끓이기

① 물

커피에서와 같이 경수보다는 연수를 사용하는 것이 좋다. 그것은 폴리페놀 물질이 경수 중의 염과 작용하여 좋지 않은 침전을 만들 수 있기 때문이다. 물을 끓이면 용존가스가 손실되어 차맛이 없어지므로 충분한 산소가 녹아 있도록 방금 끓인 물을 사용하는 것이 좋다.

② 찻주전자

금속제 주전자는 금속맛을 내고 차 속에 많이 들어 있는 폴리페놀과 반응하므로 유리나 도자기, 에나멜 제품 등이 좋다.

③ 온도

물의 온도는 끓는 온도보다 약간 낮은 온도를 유지하는 것이 향미성분의 휘발이 덜 일어나므로 좋다. 그러나 끓는 물을 사용해도 차잎이 담긴 그릇에 부으면 즉시 식으므로 찻주전자의 뚜껑을 꼭 닫아서 온도를 유지하고 휘발성분의 손실도 막도록 한다. 물의 온도에 따라 차를 우려내는 시간이 다른데 85~93℃에서 2~6분 동안 침지하는 것이 적당하다.

④ 방법

맛있는 차를 만들기 위해서는 향미성분은 최대로, 쓰고 떫은맛의 폴리페놀 물질은 최소로 용출되도록 해야 한다. 진한 차를 만들 때는 시간을 오래 두기보다는 차잎이나 홍차가루를 많이 사용하는 것이 좋다.

차를 만드는 가장 좋은 방법은 tea ball 방법으로 차잎을 넣은 헝겊이나 종이 주머니 또는 구멍이 뚫린 은구(silver ball) 위로 끓는 물을 부은 후 적절한 차의 농도가 되면 은구나 주머니를 꺼낸다.

또한 예열된 주전자에 일정량의 차잎을 넣고 끓는 물을 부은 후 뚜껑을 닫고 적당히 우러날 때까지 따뜻하게 두는 침지법이 있다. 우려내는 시간은 2~4분 정도이나 원하는 농도에 따라 다르며, 만들어진 차는 즉시 잔에 따라내지 않으면 쓴맛과 떫은맛이 너무 강하게 된다.

3) 코코아와 초콜릿

카카오나무 종자인 카카오 콩을 볶아 분쇄하고 탈지한 것을 코코아(cocoa)라 하고, 탈지하지 않은 것은 초콜릿이라 부른다.

카카오나무(cacao tree)는 *Theobroma cacao*라는 학명을 가지고 있으며 위도 20도 이내의 열대지방에서만 자란다. 세계적인 재배지역은 서아프리카이나 원산지는 라틴아메리카이고, 브라질과 에콰도르에서는 아직도 카카오 생산량이 많다. 카카오는 키가 6 m 정도로 큰 나무이고 열매는 길이 20 cm, 지름 10 cm 정도의 장원형이다. 열매의 겉은 백색 또는 핑크색을 띠는 과육으로 되어 있고, 그 안에 30~40개의 씨 또는 콩(bean)이 나란히 들어 있다(그림 14-3).

그림 14-3 **카카오나무와 열매**

(1) 제조과정

코코아와 초콜릿은 카카오나무의 씨를 갈아서 만드는데 쓴맛을 감소시키기 위하여 먼저 발효시킨다. 카카오 씨는 끈끈한 과육으로 둘러싸여 있는데 큰 더미로 쌓아두거나 특별한 상자에 넣고 잎으로 덮어두면 발효가 시작되어 온도가 올라감에 따라 펄프가 분해된다. 이 과정은 5~7일 걸리며, 이때 코코아 향미가 생성된다. 씨는 색이 흑갈색으로 변하고 껍질도 얇아지는데 이렇게 되면 건조가 잘되며, 특히 일광건조가 잘된다. 이렇게 건조된 후 코코아 제조에 사용된다.

코코아를 제조하기 전에 오염물질을 제거하고 깨끗이 씻은 후 볶는데 이때 독특한 향미가 더 발생된다. 그 다음에 콩을 쪼개고 갈아서 혀에서 입자의 크기를 느끼지 못할 정도로 곱게 가는데, 이 과정에서 열에 의해 지방이 녹아 코코아가루가 코코아버터에 분산된다. 이것을 초콜릿 액(chocolate liquor)이라 한다.

초콜릿은 콘칭(conching)이라는 과정을 통하여 액체 초콜릿으로부터 만드는데, 이는 잘 조절된 온도에서 일정하게 저어주면서 가열하는 것이다. 이 과정에서 공기가 주입되고 휘발성분과 수분은 방출되며 향미가 생긴다. 이때 코코아버터를 더 넣기도 하고, 유화제, 당, 우유 고형물 및 향미물질 등을 첨가한 후에 틀에 넣어 굳힌다. 굳히는 과정에서 조건을 잘 조절해야 지방의 결정화가 좋은 형태로 일어나 최종제품의 품질이 좋아진다. 초콜릿은 혼합되는 성분에 따라 무가당 초콜릿(bitter chocolate plain chocolate), 스위트 초콜릿(sweet chocolate), 밀크 초콜릿(milk chocolate) 등이 있다.

고압으로 코코아버터를 압출시키면 코코아 케이크가 얻어지는데 이를 더 가공하여 분말상태로 만든 것이 코코아이다. 시중에는 여러 가지 인스턴트 코코아 믹스가 판매되고 있는데 그것들은 설탕, 향미물질, 유화제 및 무지방 우유고형분 등을 함유하고 있다. 코코아 음료는 단지 우유(뜨겁거나 찬)를 코코아가루와 혼합해 주기만 하면 되고 무지방 우유고형분이 들어 있을 때는 물만 넣으면 된다.

초콜릿 카카오

(2) 구성성분

① 지방

초콜릿은 50~58%의 코코아버터를 포함하고 있어 지방함량이 높기 때문에 음료를 만들었을 때 코코아보다 부드럽고 진한 맛을 낸다. 코코아는 지방함량이 22% 이상이나 제품에 따라 다양하며, 아침식사용은 비교적 지방함량이 높다.

코코아를 초콜릿 대신 사용할 때는(특히 제과 시) 약 3큰술의 코코아와 1큰술의 지방을 혼합하면 1온스(약 28g)의 초콜릿에 상당하는 양으로 간주된다.

초콜릿의 지방은 체온에 가까운 온도에서 예민한 융점을 갖고 있기 때문에 입안에서 즉시 녹아 부드러운 느낌을 주는 독특한 텍스처를 갖는다.

② 전분

코코아에는 약 11%, 초콜릿에는 약 8%의 전분이 들어 있다. 코코아와 초콜릿으로 음료를 만들 때 가열하여 전분이 호화되면 가열하지 않을 때보다 가루가 가라앉지 않고 보다 균질한 음료를 만들 수 있다.

③ 향미 및 색소성분

향미와 색은 모두 카카오콩에 있는 페놀 물질에 기인된다. 이 물질은 산화되어 여러 가지 불용성의 적갈색 화합물을 생성한다. 발효되지 않은 신선한 콩의 떫은맛 성분 중에는 쓴맛이 강한 것들이 있다. 이들은 발효과정에서 변화되어 발효된 콩에는 소량만 존재한다. 초콜릿과 코코아에는 휘발성 성분들이 존재하여 향미를 내지만 아직 밝혀지지 않았다. 고온으로 가열하게 되면, 특히 물이 없는 경우 초콜릿과 코코아의 향미는 현저하게 변하여 쓴맛과 좋지 않은 향미가 생기고 쉽게 눋는다.

④ 테오브로민과 카페인

코코아와 초콜릿에는 상당량의 테오브로민(theobromine)과 카페인(caffeine)이 존재한다. 〈표 14-6〉에 여러 가지 제품 중 이들 성분의 함량을 제시하고 있다.

표 14-6 코코아 제품 중의 테오브로민과 카페인 함량

	테오브로민 (mg/serving)	카페인 (mg/serving)
dark sweet chocolate, 1oz	123.5	15.1
milk chocolate, 1oz	38.1	5.4
chocolate fudge topping, 2Ts	62.7	3.5
brownies, 1oz	29.4	2.8
chocolate chip cookies, one serving	17.6	2.1
chocolate cake with chocolate frosting, 1/12cake	161.2	15.8
chocolate pudding, 1/2cup	87.5	7.0

자료 : M. Bennion(1995)

(3) 초콜릿음료의 영양가

코코아와 초콜릿음료는 대개 우유와 섞어서 만들기 때문에 그 자체의 지방과 전분은 물론, 사용된 우유의 양만큼의 영양적 가치가 있다.

4) 술

술의 역사를 보면, 약 9,000년 전 메소포타미아에서는 이미 맥주를 만들어 마셨으며, 와인은 고대 그리스 시대에 지중해 연안 곳곳에서 생산되었다. 한국에서는 삼국시대 이전부터 술을 만들어 먹었고, 소주는 고려 시대 원나라를 통해 들어왔다.

술의 원료는 쌀, 보리 등의 곡류와 사과, 포도 같은 과일이 있다. 곡류의 전분과 과일의 당은 미생물의 효소에 의해 발효되어 에탄올을 만드는데 이것이 바로 술의 성분이다(그림 14-4).

$$\text{전분} \xrightarrow[\text{아밀레이스}]{} C_6H_{12}O_6 \xrightarrow[\text{알코올 발효}]{} 2C_2H_5OH + 2CO_2\uparrow$$

그림 14-4 **알코올 발효**

(1) 제조법에 따른 술의 분류

① 발효주

원료를 그대로 또는 당화한 다음 효모로써 발효하여 만든 술이다. 대개는 여과하여 마신다. 알코올 함량이 낮고 엑기스(extract) 함량이 높은 술이며 청주, 맥주, 포도주, 약·탁주가 여기에 속한다.

발효주는 당화와 발효의 조합에 따라 단발효주와 복발효주로 분류되고 복발효주는 다시 단행복발효주와 병행복발효주로 나뉜다.

- 단발효주 포도, 사과 등의 과일이나 수수 설탕즙액은 포도당, 설탕을 함유하고 있으므로 효모에 의한 발효만으로 술이 된다. 이와 같은 술을 1회의 발효만으로 된다는 뜻에서 단발효주라고 한다.
- 복발효주 곡류나 서류의 전분을 함유하는 원료는 먼저 전분을 당화하고 나서 효모로 발효하는 두 가지 공정을 거쳐 만든 술이다. 당화는 효모작용으로 이루어지므로 일종의 발효로 생각하고 2회의 발효를 거친다는 의미에서 이런 술을 복발효주라고 한다. 그러나 바르게는 당화-발효주라고 하여야 할 것이다. 당화제로는 서양에서 맥아를, 동양에서는 미생물을 사용하여 왔다. 같은 동양에서도 우리나라에서는 누룩을 사용하여 왔고, 일본에서는 곡립에 황곡균과 흑곡균을 순수배양한 고지를 사용하여 왔다.
- 단행복발효주(單行複醱酵酒) 복발효주 중 맥주는 당화가 완료되고 나서 발효를 행하므로 양자가 뚜렷이 구분된 공정으로 이루어진다. 이와 같은 술을 단행복발효주(단행

당화발효주)라고 한다.

• 병행복발효주(竝行複醱酵酒) 청주 술덧에서는 당화와 발효가 동시에 진행되므로 병행복발효주(병행당화발효주)라고 한다. 동양에서는 오랜 옛날부터 병행 복발효식으로 술을 제조하여 왔다.
  - 단양주 : 병행복발효 시 누룩과 지에밥을 한번만 섞어서 발효시키는 방법으로 약탁주의 속양법이 이에 속한다.
  - 복양주 : 일차섞임으로 만든 술덧에 덧밥을 2회 이상 첨가하여 알코올 농도를 높인 술로서 청주 제조에 사용한다. 덧밥의 첨가횟수에 따라 이양주, 삼양주로 구분한다.

② **증류주**

발효주를 증류하여 만든 술이다. 나무통에 저장하여 성숙하거나 향료식물로서 향기를 부여하고 있다. 알코올 함량이 높고 엑기스 함량이 낮은 술이다. 소주, 위스키(whisky), 브랜디(brandy), 보드카(vodka), 진(gin), 럼(rum) 등이 여기에 속한다.

③ **혼성주**

양주조나 증류주에 식물의 꽃, 잎, 뿌리, 과일 껍질을 담가 식물의 향미, 맛, 색깔을 침출시키고 다시 당, 색소를 가하여 만든 술이다. 일반적으로 알코올 함량, 엑기스 함량이 다 높은 술이다. 소위 리큐르(liqueur)가 여기에 속하며 매실주도 혼성주의 일종이다. 때로는 재제주라고도 한다.

(2) 발효주의 종류

① **막걸리**

청주를 떠내지 않고 그대로 걸러 짠 술이다. 빛깔은 탁하며 맛은 텁텁하고 알코올 성분이 적다. 탁주(濁酒)라고도 한다. 이와 반대되는 말은 아래의 '맑은술(약주, 청주)'과 같다.

② **청주**

찹쌀을 쪄서 지에밥과 누룩을 버무려 빚어서 담갔다가 용수를 박고 떠낸 술이다. 약주 혹은 맑은술이라고도 한다.

③ **포도주**

포도즙에 정제당을 섞어 발효시킨 술로 와인이라고도 한다.

포도주는 색깔에 따라 백포도주(white wine), 적포도주(red wine), 분홍색 포도주(rose wine)로 분류한다. 적포도주는 포도송이의 줄기를 제거한 다음 파쇄하여 발효시키는데 껍질에서 안토사이아닌 색소가, 씨에서는 탄닌성분이 용출된다. 백포도주는 청포도 또는 황색포도를 압착하여 즙을 짜내고 껍질과 씨가 없는 상태에서 발효시키므로 탄닌이 없다. 로제 와인은 그 고유한 연분홍 빛이 날 때까지만 껍질과 함께 발효시켜 만든다. 포도주는 마실 때의 온도에 따라 맛과 풍미가 좌우되는데 백포도주는 10℃ 이하에서 차게 마셔야 좋다. 적포도주는 18℃ 정도의 상온이 풍미를 느끼는 데 적당하다. 포도주를 보관할 때는 코르크가 마르지 않도록 뉘어서 보관하는데, 이는 산소 침투를 방지하여 포도주의 품질을 유지하고, 병을 열 때 코르크가 깨지거나 튀는 것을 방지하기 위함이다. 보관온도는 12~15℃ 정도가 좋다.

④ **맥주**

맥주의 기원은 BC 4,000년 무렵 바빌로니아인과 이집트인이 맥주를 제주용으로 사용한 기록이 있다고 하며, 맥주의 어원은 '마시다'라는 라틴어 '비베레'에서 온 것이라고 한다.

맥주의 원료로 사용되는 보리는 두줄보리로서 이것으로 만든 엿기름가루를 물과 함께 가열하여 당화시킨 다음, 홉(hop)을 넣어 향기와 쓴맛이 나게 한 뒤에 냉각하여 효모를 가하여 발효시킨다.

⑤ **크바스**

러시아에서 보리와 과일을 발효하여 만든 술이다. 러시아 맥주로 부르기도 한다.

(3) 우리나라 전통주

원래 약주라는 것은 약효가 있는 것이라고 인정되는 종류의 술이거나 처음부터 약재를 넣고 빚은 술을 뜻한다. 의미가 맑은 술을 뜻하는 것으로 변천되고 술의 높임말로 쓰이게 되었다.

약주에 속하는 술로는 백하주(白霞酒), 향온주(香醞酒), 녹파주(綠波酒), 벽향주(碧

香酒), 유하주(流霞酒), 소국주(小麴酒), 부의주(浮蟻酒), 하향주(荷香酒), 죽엽주(竹葉酒), 별주(別酒), 황금주(黃金酒), 동양주(東陽酒), 절주(絶酒), 행화춘주(杏花春酒), 청명주(淸明酒), 법주(法酒) 등이 있다.

- 백하주　고려시대 이래 가장 애용되어온 술이다. 흰 아지랑이와 같다 하여 백하주라는 이름이 붙었다. 청주 중에서 대표적인 것으로 약주의 대명사로 불릴 정도였다.
- 녹파주　고려 이후부터 알려진 술이다. 푸른 파도와 같다 해서 붙여진 이름이며, 경면녹파주(鏡面綠波酒)라는 낭만적인 별명을 가지고 있다.
- 벽향주　조선 초기부터 말기에 이르기까지 이름이 나 있던 술이다. 푸르고 향기로운 술이라는 뜻이다.
- 소국주　조선 초기부터 많이 알려진 술이다. 우리 나라 술을 대표하는 것이라 말할 수 있을 정도로 술맛이 뛰어나다. 특히 다른 술과는 누룩의 처리방법이 다른 특이한 술이다.

  이 소국주를 사람에 따라서는 청주라고 하고 탁주라고 하기도 한다. 원래 우리나라의 탁주와 청주는 구별이 확실하지 않다. 그 이유는 같은 원료를 가지고 맑은 청주를 빚을 수도 있고 탁한 탁주를 빚을 수도 있었기 때문이다.
- 하향주　조선 초기에 많이 유행한 술이다. 빚어진 술이 연꽃 향기와 같다고 비유된 술이다.
- 부의주　고려 이후에 알려진 술이다. 이른바 동동주에 해당하는 술이다. 맑은 술에 밥알이 동동 뜬 것이 마치 개미가 물에 떠 있는 것과 같다고 해서 붙여진 이름이다. 부아주(浮蛾酒) 또는 녹의주(綠蟻酒)라는 별명도 있다.
- 청명주　조선 중엽 이후부터 말기의 문헌에 많이 나타나고 있는 것으로 미루어 조선 말기에 유행한 것으로 추측된다. 춘분에서 15일째 되는 청명날에 빚는 계절적인 술이었다.
- 법주　언제 어떻게 이름이 붙여졌는지 확실하지 않다. 절간 주변에서 빚어지고 있는 술을 모두 법주라고 불러 왔다. 그중에서도 신라의 고도인 경주의 법주가 특히 유명하였다.

약주의 유래

약주라는 명칭의 유래에 대해서는 몇 가지 설이 있다. 조선시대 때 가뭄으로 인하여 먹을 곡식이 부족해지자 여러 번 금주령을 내렸다. 그런데 특권계급이 금주령을 어기고 술을 마시려는 핑계로 약으로 술을 마신다고 약주라는 말을 사용하였다. 여기서 점잖은 사람이 마시는 술은 모두 약주라고 부르게 되었다는 설이 있다.

또 다른 설은 선조 때에 문신 서성(徐渻)의 집에서 빚은 술이 유명하였다. 그의 호가 약봉(藥峰)이었고, 그가 사는 곳이 약현(藥峴 : 지금의 서울 중림동)이어서 좋은 청주를 약주라 하게 되었다는 설이다. ≪임원경제지≫에서도 "서충숙공이 좋은 청주를 빚었는데 그의 집이 약현에 있었기 때문에 그 집 술을 약산춘이라 한다."라고 하였다. 이 약산춘이 약주가 되었다고 보는 것이다.

또 일설에는 중종 때에 서울 약현에 살았던 이씨부인(李氏夫人 : 서성의 어머니)이 남편을 잃고 술장사에 나섰는데, 그 술 만드는 솜씨가 뛰어나서 '약현술집'의 약주로서 소문이 나 여기서 약주라는 말이 유래되었다고 한다. 약주는 한말에서 일제 초기까지 주로 서울 부근의 중류 이상 계급에서 소비하였다.

멥쌀과 누룩으로 밑술을 담그고 그 위에 찹쌀을 쪄서 덧술하여 만든다. 각 가정에는 술에다 인삼이나 그 밖의 약재를 넣어 약주를 빚는 그들만의 비법이 있었다. 그리고 이러한 자기집 술을 자랑으로 여겼다.

(4) 증류주의 종류

① 소주

소주는 청주를 증류하여 만든 술을 가리키는 것이었으나, 최근에는 연속 증류한 후 원액을 희석한 희석식 소주를 주로 가리킨다.

② 코냑

프랑스 코냐크 지방 명산인 고급 브랜디이다. 포도주로 만들며, 알코올 농도가 40~70%이다.

③ 고량주

수수를 원료로 하여 빚은 중국식 증류주이다. 배갈, 고량소주라고도 한다.

④ 위스키

보리·밀·옥수수 등에 엿기름·효모를 섞어 발효시킨 뒤 증류하여 만든 서양 술이다. 알코올 함유량이 많다.

⑤ 브랜디

브랜디는 포도의 발효액을 증류하여 만든 알코올 40% 이상의 술이다. 단순히 브랜디라고 하면 포도주를 증류한 술을 가리키고, 다른 과일을 증류한 술은 그 과일의 이름을 앞에 붙이거나(apple brandy) 키르시(kirsh, 앵두주)처럼 다른 이름을 붙인다.

⑥ 보드카

러시아의 대표적인 증류주이다. 알코올 함유량 40~60%이다. 무색투명하고, 냄새가 거의 없으며 조금 달콤한 맛이 있다. 칵테일용으로 흔히 쓴다. 여러 가지 술과 음료를 섞어 마시는 것을 칵테일이라 부른다.

실험&실습

실험

퐁당(fondant)의 실험조리

기본조리는 실습편의 퐁당 실습 참조

① 가열온도와 가열시간을 달리하여 결정체의 크기와 형성 시간에 미치는 영향을 검토한다.

② 설탕시럽을 젓는 온도와 속도가 결정화에 미치는 영향을 알아본다(예 : 가열 직후, 40℃ 또는 70℃까지 식힌 후 저었을 때 결정화에 걸린 시간과 결정체의 크기 비교).

③ 설탕 이외의 첨가물질의 종류와 양이 결정화에 미치는 영향을 알아본다(예 : 버터, 레몬즙, 꿀, 난백 등).

Tip

- 설탕용액을 가열하는 냄비 주위에 설탕의 결정이 묻어 있으면 seeding의 원인이 되어 큰 결정을 형성할 수 있다.
- 가열온도는 112~115℃가 보통이나, 아주 부드럽게 하려면 온도를 조금 낮게 하고, 좀더 단단하게 하려면 온도를 높여준다.
- 지나치게 서서히 가열하면 가수분해로 인하여 전화당이 많이 생겨 결정화가 힘들어진다. 또한 시럽의 사용량이 많아도 같은 결과를 가져온다.

탄산나트륨의 첨가가 브리틀(brittle)의 품질에 미치는 영향

기본조리는 실습편의 브리틀 실습 참조

① 탄산나트륨의 첨가가 브리틀의 색과 부서지는 정도에 어떤 영향을 미치는지 알아보기 위하여 탄산나트륨을 넣었을 때와 넣지 않았을 때의 차이를 비교한다.

Tip

브리틀은 캐러멜화와 탄산나트륨의 첨가로 인하여 특이한 방향을 가지며, 탄산나트륨을 첨가하면 CO_2가 생성되어 다공질로 만들므로 빨리 식히는 효과가 있다.

실습

다식

다식은 볶은 곡식의 가루나 송홧가루를 꿀로 반죽하여 뭉쳐서 다식판에 넣고 여러 가지 문양이 나오도록 박아낸 한과로, 단맛과 원재료의 고유한 맛이 잘 조화된 것이 특징이다. 다식은 주재료에 따라 여러 가지가 있는데, 송홧가루로 만든 송화다식, 검은깨로 만든 흑임자다식, 승검초가루와 송홧가루를 섞어서 만든 승검초다식, 전분가루로 만든 전분다식, 황률가루로 만든 밤다식, 볶은 찹쌀가루로 만든 쌀다식, 생강가루로 만든 생강다식 등이 있다.

송화다식

재료 및 분량

송홧가루	1컵
꿀	1/4컵 (또는 꿀 3큰술, 조청 1큰술)

만드는 법

① 송홧가루를 꿀로 잘 반죽한 후 참기름을 묻힌 종이로 닦은 다식판에 넣고 꼭꼭 눌러 박아낸다.

Tip

- 다식판을 특히 깨끗하게 하여 노란색이 깨끗하게 되도록 하여야 한다.
- 꿀은 가루에 조금씩 넣고 어우러지는 정도를 보아가며 반죽하고, 물엿이나 설탕물을 끓여서 섞으면 금방 딱딱해지므로 꿀이 없으면 조청을 쓰도록 하며, 꿀과 조청을 섞어서 반죽하기도 한다.

흑임자다식

재료 및 분량

흑임자	2컵
꿀	1/3컵
조청	1큰술

만드는 법

① 흑임자를 씻어 말려서 깨알이 통통해질 때까지 살짝 볶는다.

② 볶은 깨를 절구에 조금씩 넣어가면서 기름이 날 때까지 곱게 찧어 꿀과 된 조청을 넣고 반죽한 후 다식판에 박아낸다.

승검초다식

재료 및 분량	
승검초가루	1작은술
송홧가루	2컵
꿀	1/3컵
조청	2큰술

만드는 법

① 뿌리는 당귀가루와 송홧가루를 섞어 꿀과 조청을 넣고 반죽한다.

② 손으로 쥐어 보아 반죽이 뭉쳐지면 다식판을 참기름 묻힌 종이로 닦아낸 뒤 박아낸다.

전분다식

재료 및 분량	
전분가루	1컵
꿀	3큰술
조청	1큰술

만드는 법

① 전분가루의 반은 오미자물을 넣어 붉게 물을 들인 다음, 꿀과 조청을 넣어 반죽하고, 나머지 반은 꿀과 조청으로만 희게 반죽한다.

② 다식판을 참기름 묻힌 종이로 닦아낸 뒤 박아낸다.

전과

전과(煎菓)는 정과(正菓)라고도 하며, 비교적 수분이 적은 뿌리나 줄기, 또는 열매를 설탕이나 꿀에 조려 쫄깃쫄깃하고 달콤하게 만든 한과이다. 전과를 조릴 때에는 대부분 꿀을 사용하였으나 1843년 ≪음식법≫에는 처음으로 설탕에 조린 감자전과가 소개되어 있다. 조리책에 소개되어 있는 전과의 종류는 34종류이며, 그중 연근전과가 가장 많이 소개되고 있다. 전과는 보통 한 가지만 만들지 않고 여러 가지 재료를 각각 달게 조려서 완전히 식힌 후 꾸득꾸득해지면 한 접시에 엲옆이 올려 담는다.

전과를 만드는 재료로는 연근, 생강, 도라지, 유자, 모과, 인삼, 죽순, 당근, 무 등이 있다. 달게 조린 것이므로 저장성이 있으며, 꿀을 섞음으로써 당도가 더욱 커질 수 있고 또 설탕용액의 과포화상태에서 오는 석출현상을 방지할 수도 있으며, 재료 각각의 향기가 특이하다.

연근전과

재료 및 분량

연근	200 g
식초	1/2작은술
설탕	1/2컵
꿀 또는 조청	1/4컵
소금	1/2작은술
물	1/2컵

만드는 법

① 연근은 껍질을 벗기고 4 mm 두께로 둥글게 썰어서 끓는 물에 식초와 소금을 넣고 데쳐낸다.

② 데쳐낸 연근에 설탕을 넣고 물을 부어 서서히 조리면서 위의 거품을 걷어낸다.

③ 물이 1/3 정도 남았을 때 꿀이나 조청을 넣어 약한 불에서 윤기가 나도록 조린 후 서로 붙지 않게 놓아 식힌다.

Tip

- 연근은 가늘고 곧은 것이 완성 후 모양이 좋으며, 연근을 끓는 물에 데칠 때 식초를 넣지 않으면 조릴 때 부스러지기 쉽다.
- 조릴 때 위에 뜨는 거품은 걷어내고 뚜껑을 열고 조려야 윤기가 난다.

생강전과

재료 및 분량

생강	200 g
꿀 또는 조청	1/4컵
설탕	1/2컵
물	1/2컵

만드는 법

① 생강을 껍질을 벗겨 씻어서 얇게 저민 다음 물에 넣고 10분 동안 끓여 찬물에 헹군다.

② 물기를 뺀 생강에 설탕과 물을 붓고 조리다가 꿀이나 조청을 넣고 윤기가 날 때까지 약한 불에서 조린다.

Tip

- 생강이 매울 때에는 두 번 삶아낸 후 조린다.
- 생강은 노릇노릇하게 깨끗한 빛깔이 되어야 하므로 설탕이 눋지 않도록 조심하여야 한다.

과편

과편은 앵두, 딸기, 살구, 모과 등 신맛이 나는 과일을 삶아 걸러서 설탕과 물에 조려 엉기게 한 뒤, 네모지게 썬 것으로, 잘 엉기지 않는 과일을 재료로 해서 만들 때에는 전분가루를 사용하기도 한다. 과편에는 사용하는 재료에 따라 앵두편, 복분자편, 살구편, 오미자편 등이 있다. 앵두편은 앵두를 끓여 걸러서 설탕과 녹두 전분을 넣어 조려 굳힌 것이고, 복분자편은 복분자딸기를 센불에서 삶아 걸러서 설탕을 넣고 약한 불에서 조려 만들며, 살구편은 살구를 삶아 걸러서 설탕과 꿀에 조려 굳힌다. 오미자편은 오미자를 씻어 하루 물에 담가 붉게 우려낸 물을 깨끗하게 걸러 전분가루를 넣은 후 설탕을 넣고 잘 풀어 약한 불에서 나무주걱으로 저어 엉기게 하여 식혀 굳힌 것이다.

앵두편

재료 및 분량

재료	분량
앵두	5컵
물	6컵
녹두 전분	1컵
물	1컵
소금	1/4작은술
설탕	2컵

만드는 법

① 앵두에 물을 붓고 끓여서 고운 체에 걸러 놓는다.

② 녹두 전분에 물 1컵을 붓고 풀어서 고운 체에 밭쳐 놓는다.

③ 앵두 거른 물을 두꺼운 냄비에 붓고 설탕과 소금을 넣고 조리다가 녹두 전분 푼 물을 조금씩 부어 저어가며 끓인다. 불은 중간불 정도가 좋고, 이때 생기는 거품은 걷어낸다.

④ 계속 저어가며 조리다가 뚝뚝 떨어지는 젤리 상태가 되면 불을 약하게 하여 뜸을 들인다.

⑤ 네모진 그릇에 부어 식혀서 묵처럼 굳으면 모나게 썰어 접시에 담아낸다.

Tip
끓이는 도중에 생기는 거품은 걷어내야 깨끗하게 만들어지며, 뜸이 잘 들어야 끈기가 있고 윤기가 난다.

복분자편

재료 및 분량	
복분자딸기	1 kg
설탕	2½컵

만드는 법

① 복분자딸기를 삶아서 고운 체에 거른다.

② 설탕을 넣고 저으면서 약한 불에 오랫동안 조려 투명한 젤리같이 되면 그릇에 담아 굳힌 다음 보기 좋게 잘라 접시에 담아낸다.

Tip
복분자딸기는 센불에서 삶아야 색이 곱다.

숙실과

숙실과는 과수의 열매나 식물의 뿌리를 익혀서 꿀에 조린 것으로, 만드는 방법에 따라 초(炒)와 난(卵)이 있다. 초는 과수의 열매를 통째로 익혀서 모양대로 조린 것으로 밤초, 대추초가 있으며, 난은 열매를 익힌 뒤 으깨어 설탕이나 꿀에 조려 다시 본 형태와 비슷하게 빚은 것으로 율란, 조란, 생란 등이 있다. 보통 다과상차림에서 조란, 율란, 생란을 옆옆이 어울리게 담아 대접하면 녹차의 맛과 매우 잘 어울린다.

밤초

재료 및 분량	
밤(30개)	600 g
설탕	1컵
물	1컵
계핏가루	1작은술
잣가루	2큰술

만드는 법

① 밤을 살짝 삶아서 냉수에 담갔다가 쪼개지지 않도록 껍질을 깐다.

② 설탕과 물을 넣고 끓이다가 밤을 넣고 서서히 조린다.

③ 거품이나 위에 뜨는 찌꺼기를 가끔 걷어내고 시럽이 거의 졸았을 때 계핏가루를 넣어 섞은 후 윤기나게 조린다.

④ 그릇에 보기 좋게 담고 위에 잣가루를 뿌려 낸다.

Tip
- 황률(마른 밤)을 삶아서 밤초를 만들기도 한다.
- 조릴 때 저으면 설탕이 석출되기 쉬우며, 설탕시럽 대신 꿀이나 물엿을 사용하기도 한다(꿀이 섞이면 설탕이 석출될 염려는 거의 없다).

대추초

재료 및 분량

대추	25개
잣	2큰술
꿀(설탕이나 물엿)	2/3컵
계핏가루	1/4작은술

만드는 법

① 대추를 물수건으로 깨끗이 닦은 후 한쪽으로만 칼을 넣어 씨를 뺀 다음 안쪽에 꿀을 바르고 잣을 세 개 정도 넣고 꼭꼭 눌러 잘 오무린다.

② 냄비에 꿀, 계핏가루, 대추를 넣고 가열하여 끓기 시작하면 약한 불에서 서서히 조린다. 가끔 거품을 걷어내고 꿀물을 위로 끼얹어 주면서 윤기나게 조려낸 후 대추의 양쪽 끝에 잣을 박아 모양을 낸다.

Tip

- 대추는 굵고 빛깔이 좋은 것으로 고른다.
- 센불에서 갑자기 조리면 색이 검어지고 모양이 좋지 않다.
- 대추의 씨를 빼지 않고 그대로 조리기도 하며, 씨를 뺀 자리에 잣 대신 밤을 삶아서 곱게 찧어 계핏가루와 설탕을 넣고 잘 갠 것을 끼워 조리기도 한다
- 설탕이나 꿀에 조리지 않고, 대추를 깨끗이 씻어 찜통에서 잠깐 찐 후 황설탕 끓인 물, 계핏가루, 참기름을 넣고 골고루 섞어 중탕하기도 한다.
- 대추초는 밤초와 곁들여 내기도 한다.

생란

재료 및 분량

생강	400g
물	1½컵
설탕	1/2컵
조청(물엿)	1컵
꿀	3큰술
잣	1/2컵

만드는 법

① 생강은 껍질을 벗기고 얄팍하게 저며 아주 곱게 다지거나 믹서에 곱게 갈아 체에 내려 생강 전분을 가라앉힌다.

② 두꺼운 냄비에 생강 건더기와 설탕, 물을 넣고 끓이는데, 생기는 거품은 걷어내면서 계속 조린다. 반 정도로 조려지면 조청을 넣고 계속 조린다.

③ 거의 다 조려져 물기가 조금 남았을 때 꿀과 받아 놓은 생강 전분을 넣고 고루 저어 엉기게 한 후 식혀서 생강 모양과 같이 세 뿔이 나도록 빚어 잣가루를 묻힌다.

Tip

- 생강을 조릴 때는 약한 불에서 타지 않도록 서서히 조린다.
- 생강 전분을 가라앉힐 때 생기는 위의 말간 생강즙은 다른 음식을 만들 때 사용하도록 한다.
- 집에서 만든 조청을 넣으면 맛은 있으나 빛깔이 탁하고, 물엿을 넣으면 빛깔은 고우나 맛이 약하다.

율란

재료 및 분량

밤	30개
꿀	4큰술
계핏가루	2큰술
잣가루	3큰술

만드는 법

① 밤은 푹 삶아 으깨어 체에 내린 후 계핏가루와 꿀을 넣고 고루 섞어 덩어리로 꼭꼭 뭉친다.

② 밤 반죽을 조금씩 떼어 밤 모양으로 빚은 다음 겉에 꿀을 조금 바르고 잣가루를 묻힌다.

조란

재료 및 분량

대추	40개
꿀	2큰술
설탕	2큰술
계핏가루	1/2큰술
잣	20개

만드는 법

① 대추는 찜통에 살짝 쪄서 씨를 발라내고 살을 곱게 다진다.

② 다진 대추를 계핏가루, 꿀, 설탕을 넣고 약한 불에서 주걱으로 저으면서 조린 다음 덩어리지게 뭉쳐 놓는다.

③ 대추 반죽을 조금씩 떼어 대추 모양으로 빚고 끝부분에 잣을 박는다.

Tip

- 풋대추는 적당하지 않으며, 살이 많은 굵은 마른 대추로 만들어야 맛이 부드럽다.
- 황률로 율란을 만들 때에는 가루를 내어 사용한다.
- 잣가루를 묻힐 때 나무젓가락을 사용하면 손에 묻지 않아 좋다.

엿강정

엿강정은 견과류나 곡식을 볶거나 또는 그대로 조청이나 엿물에 버무려 서로 엉기게 한 뒤 반대기를 지어서 약간 굳었을 때 썬 한과이다. 엿강정류에는 주재료에 따라 콩엿강정(파란콩, 검정콩), 땅콩엿강정, 깨엿강정(흑임자, 들깨, 흰깨), 잣엿강정, 호두엿강정 등이 있다.

재료 및 분량

잣	1컵
땅콩	1컵
흰깨	1컵
들깨	1컵
흑임자	1컵
식용유	2큰술
설탕	2컵
물엿	2컵
물	1컵
〈고명〉	
대추	10개
잣	2큰술
호두	10개
꿀	1큰술

만드는 법

① 잣은 고깔을 떼어놓고, 땅콩은 껍질을 벗겨 길이로 반을 가르고 다시 반을 쪼갠다.

② 흰깨는 문질러 씻어서 살짝 볶아내고, 들깨와 흑임자도 일어 건져 살짝 볶는다.

③ 설탕에 물을 넣고 끓이다가 물엿을 넣고 불을 약하게 하여 반 정도 줄 때까지 끓인 다음 순가락으로 떨어뜨려 뚝뚝 떨어질 정도가 되면 준비한 재료에 엿물을 부어 서로 잘 엉기도록 나무주걱으로 재빨리 저어 뭉친다.

④ 편평한 쟁반에 기름을 바르고 엉긴 엿강정을 쏟아 0.5 cm 두께로 재빨리 민다. 강정 윗면에 물엿을 바르고 대추채를 뿌려 밀어서 굳기 전에 네모나 마름모꼴로 자른다. 잣과 호두로 장식하기도 한다.

Tip

- 엿강정을 만들 때 엿만 넣으면 물러서 굳어지지 않고, 설탕만 넣으면 금방 굳어 딱딱해지므로 설탕, 물엿, 물을 섞어 엿물을 잘 만들어 사용해야 한다. 갱엿을 중탕으로 녹여 식용유 1큰술과 설탕 1/2컵을 녹여서 사용해도 좋다. 특히 여름에는 금방 녹아 흐물흐물하고 잘 굳지 않으므로 설탕의 양을 겨울보다 많이 넣는다.
- 흰깨와 흑임자를 겹쳐서 둥글게 말아 썰면 예쁜 태극 무늬가 나온다.
- 위의 재료 이외에 호두를 껍질 벗겨 잘라서 만들기도 하며, 콩을 알맞게 볶아 바짝 말렸다가 굵게 빻아 알맹이를 쓰기도 한다.

캔디

퐁당(fondant)

재료 및 분량

설탕 1컵(250 mL)
물엿(corn syrup) 1큰술(15 mL)
물 1/2컵(125 mL)
또는 타타르크림 1/16작은술(1/4 mL)

만드는 법

① 모든 재료를 냄비에 넣고 가끔 가장자리에 묻은 것을 닦아내면서 112~115℃가 될 때까지 젓지 않고 끓인다.
② 냄비 벽에 묻은 것을 깨끗이 닦아낸 다음 접시에 붓는다. 이때 냄비 바닥이나 벽에 묻은 것을 긁어내지 않도록 한다.
③ 40℃ 정도로 식은 후 나무주걱으로 시럽이 하얗게 될 때까지 빠른 속도로 젓는다.

브리틀(brittle)

브리틀은 시럽이 다량 첨가된 당용액을 고온으로 가열하여 땅콩을 넣고 뜨거울 때 탄산나트륨을 첨가하여 탄산가스를 발생시켜 기포를 형성시키고 얇게 하여 단시간 내에 냉각시킨 것이다.

재료 및 분량

설탕 1컵(250 mL)
콘시럽(또는 물엿) 2/3컵(160 mL)
물 2/3컵
땅콩 300 g
버터(또는 마가린) 1큰술
바닐라향 1/2작은술
탄산나트륨 1작은술

만드는 법

① 두꺼운 냄비에 설탕, 콘시럽과 물을 섞어 135℃까지 끓인다.
② 땅콩과 버터를 넣고 143℃에 이를 때까지 저으면서 가열한다(가끔 팬 가장자리에 묻은 결정을 닦는다).
③ 불에서 내리는 즉시 바닐라향과 탄산나트륨을 넣고 잘 섞어 기름 바른 팬에 얇고 고르게 퍼지도록 붓는다.
④ 손으로 만질 수 있는 정도로 식으면 가장자리를 들어서 늘린 다음 사각형으로 자르거나, 단단하게 식힌 후 잘라 조각을 낸다.

초콜릿 음료

초콜릿 음료를 신속하게 만드는 방법은 컵 속에 코코아-설탕 혼합물을 넣고 뜨거운 액체를 붓는 것이다. 이 방법으로는 전분이 충분히 호화되지 않으므로 코코아가 가라앉게 된다. 인스턴트 코코아 믹스는 유화제나 안정제가 첨가되어 있으므로 입자의 분산이 용이하다. 신속한 방법보다 더 좋은 향미와 질감을 얻기 위해서는 시럽 만드는 법이나 페이스트 만드는 법으로 만들 수 있다.

시럽 이용법

재료 및 분량

① 코코아 2작은술~1큰술
설탕 2작은술~1큰술
물 1/4컵
② 초콜릿, 곱게 깎은 것 1/3온스(약 9.4 g)
설탕 1~1½큰술
물 1/3컵

만드는 법

① 재료 ① 또는 재료 ②를 섞어 1~2분 동안 끓여서 시럽을 만든다.
② 뜨거운 우유 3/4컵을 넣어 잘 섞는다.

Tip
시럽을 많이 만들어 냉장고에 보관해 두고 사용해도 좋다.

페이스트 이용법

재료 및 분량

전분 1/2큰술
물 1/3컵
초콜릿 1온스(약 28.3 g) (또는 코코아 3큰술)
설탕 2큰술

만드는 법

① 재료를 모두 섞어 1~2분 끓여 페이스트를 만든다.
② 뜨거운 우유 2컵을 넣고 혼합한다.

Tip
전분을 넣음으로써 음료의 텍스처를 좋게 하고, 코코아가 가라앉지 않게 하는 효과가 있다.

CHAPTER 15

조리와 식생활 문화

1. 조리의 역사와 문화
2. 현대의 식생활
3. 전통음식의 부활과 한식의 세계화

1. 조리의 역사와 문화

인간은 사냥과 채집으로 식량을 얻다가 농업, 목축업을 하면서 정착생활을 하게 되었다. 그에 따라 경험과 지혜의 축적에 의해 계획적으로 식품을 생산하고 나아가 가공·저장의 기술을 획득하여 식생활을 윤택하게 하였으며, 지역, 민족, 종교에 따라 각각 고유의 식생활 문화를 발전시켜 왔다. 따라서 식생활의 역사는 인간의 역사 및 민족의 역사의 중요한 한 부분을 차지하며 정치, 경제, 사회, 문화적 상황이 그 배경으로 되고 있다. 식생활의 바람직한 존재 형태를 모색하는 데는 조리를 중심으로 하여 그 발전의 역사를 살펴보는 것이 중요하다.

1) 조리의 역사

(1) 가열방법

인간이 동물과 다른 점은 불을 쓸 수 있다는 점이다. 인간이 불을 처음 사용하게 된 것은 구석기 시대로 추정되며, 이것은 인류역사상 획기적인 일로서 식생활에서도 커다란 변화를 가져오게 되었다.

처음에는 단순히 동식물을 그대로 불에 굽는 정도의 간단한 방법을 사용했으나, 구석기 시대의 후기에는 조금 더 복잡한 조리법이 등장하여 흙 속에 구멍을 파서 그 속에서 불을 피워 동물 등을 넣고 불에 달군 돌멩이를 그 위에 올려두는 방법 등이 사용되었다.

가열방법은 조리기구의 재질로 어떤 것을 사용할 수 있게 되었는지, 또한 어떤 형태의 가열이 가능하게 되었는지에 따라 변화되었다.

신석기 시대에는 토기가 발명되어 찌기, 삶기 같은 조리가 가능하게 되었고, 그 후 금속으로 된 조리기구의 출현과 착유기술의 발달로 기름을 사용하여 튀기는 조리방법도 발달하였다.

현대에는 전자파를 이용한 유전가열 및 전자장을 이용한 유도가열 등 열에너지의 종류와 그 사용법에서 다양한 발달이 이루어졌다.

(2) 가열기구

① 토기 · 도자기

석기시대는 대부분 굽는 조리가 행해지다가 토기가 나오기 시작하고, 내열성이 갖추어지자 처음으로 찌기, 끓이기 같은 조리가 가능하게 되었다. 죽과 같이 곡류에 물을 넣고 끓이는 조리가 먼저 시작되었으나 토기의 성분이 죽으로 용출되어 맛이 없었을 것이다. 그 후 물을 끓여 증기로 익혀 음식을 만드는 시루가 개발되어 떡, 찐밥과 같은 찌는 음식이 발달된 것으로 생각된다. 오늘날의 밥과 같은 음식은 열에 더 강한 토기가 나온 후에야 가능했을 것으로 생각된다.

오늘날에도 각종 도자기는 열분포가 균일하고 완만한 가열이 가능하여 활용되고 있으며, 세라믹과 같은 첨단재료도 사용되고 있다.

② 금속기

본격적인 가열조리는 금속기의 출현에 의해 처음으로 가능해졌다. 청동기는 메소포타미아 북부와 시리아 방면에서 BC 3000년 무렵 발명된 것으로 생각되는데 구리 90%, 주석 10%를 기본으로 하는 합금으로서 열전도율이 좋아서 현재에도 사용된다.

철기는 철의 제련 시에 구리보다 고온이 요구되는 등 고도의 기술이 필요했기 때문에 청동기보다 늦게 사용되었다. 강철을 만드는 기술은 소아시아 서부에서 BC 1400년 무렵 발명된 것으로 생각된다. 그 후 알루미늄을 사용하게 됨에 따라 조리기구를 자유로운 형태로 만들 수 있게 되었다. 알루미늄은 1827년 독일의 외스테드(Wölher)에 의해 발견되었는데, 대량으로 제조할 수 있게 된 것은 1866년이다.

철기의 녹스는 단점을 보완한 스테인리스 스틸의 발명으로 가열조리기구는 매우 편리해졌다.

이처럼 가열조리의 역사는 조리기구 재료의 역사라고도 할 수 있다.

2) 한국의 식생활 문화

(1) 전통 식생활 문화의 형성

우리나라는 지형이나 기후가 농경에 적합하며, 강우량, 기온의 변화, 일조량 등이 특히 벼농사에 적합한 여건을 가지고 있다. 삼면이 바다로 둘러싸여 계절에 따라 여러 가지 종류의 어패류를 이용할 수 있으며, 이들의 조리법 역시 일찍부터 발달되었다. 또한 우리나라는 계절의 구분이 뚜렷하여 계절에 따라 생산되는 식품의 특성을 이용하여 계절식품을 시식음식으로 삼아 식생활을 변화 있게 관리하였다.

우리나라 식품문화의 변천 역사를 살펴보면 다음과 같다.

우리 민족은 유목생활을 하던 부족 중 만주 남부지방의 맥족이 주류를 이루었으므로 처음에는 식생활을 주로 가축에 의존하였다. 유목계의 맥족은 가축의 요리를 잘하여서, 미리 조미하여 불에 구운 불고기의 원조인 맥적에 대한 이야기가 중국의 고문서에 나온다. 그 후 맥족은 한반도의 기름진 땅과 풍부한 물 등을 이용하여 농경생활을 하게 되었으며, 식생활도 단백질·지방 위주에서 전분 위주로 바뀌게 되었다. 이에 따라 단백질과 지방의 결핍이란 새로운 문제가 발생하여 자연적으로 콩의 재배가 이루어진 것으로 보이며, 콩의 가공법도 발달하여 발효식품인 다양한 장류가 나오게 되었다. 삼국시대에는 장류의 가공 외에 술빚기, 죽, 떡, 밥짓기, 젓갈, 채소 절임, 포와 같은 우리 고유의 조리방법이 개발되었다.

신라·고려시대를 거치는 동안 권농정책에 힘입어 양곡을 비롯한 여러 가지 식품이 양산되고, 불교의 영향으로 육식이 절제되고 차, 유밀과 등의 병과류가 성행하였다. 또한 외국과의 교류가 이루어져 소주, 후추, 사탕 등의 식품이 들어왔으며, 삼국시대 말기 무렵에 형성된 주·부식이 분리된 일상식과 여러 가지 의례 음식의 구조가 정비되어 우리나라 음식문화의 형성과 발전이 이루어졌다. 주·부식 분리 이전의 생활에서 일상식으로 먹던 떡류가 밥을 주식으로 하게 된 이후에는 특별음식으로 사용되었다.

조선시대에는 유교 중심의 대가족제도와 생활법도가 음식문화에 큰 영향을 미쳤는데, 이때 음식의 종류가 다양해지고 여러 가지 상차림의 격식이 정비되었다. 또한 수박, 고추, 호박, 감자, 고구마 등의 외래식품이 들어와 새로운 음식이 개발되었고, 특히 16세기 말 무렵에 도입된 고추는 그 후 김치에 사용되어 우리 식생활에 큰 영향을 미쳤다. 조선시대 말기에 이르러 서구음식이 새로이 들어왔으며, 현대에 이르러서는 지역 간의 잦은 교류와 이동으로 각 지역의 향토음식이 사라지고 식생활 문화가 국제화되는 추세에 있다.

우리는 우리의 전통 식생활 문화를 보존하는 한편 더욱 발전시켜 세계 속에서 빛나게 해야 할 것이다.

(2) 식생활의 특징

우리나라 식생활은 주식과 부식이 분리되어 발달하였으며, 육류·어류·채소류를 골고루 준비하는 반상음식으로 영양의 조화를 꾀하였다. 음식의 맛을 낼 때 조미료, 향신료, 향미채소 등의 양념을 적절하게 사용하여 향미를 돋우었다.

한국은 식사 시 수저를 함께 사용하는 유일한 나라인데, 이렇게 숟가락의 사용이 계속된 것은 우리 음식이 다른 나라 음식에 비해 탕류, 찌개류와 같은 국물 있는 음식이 발달하여 특유의 탕문화를 형성하였기 때문이다.

(3) 주요 식품의 문화적 배경

① 고추

고추의 원산지는 멕시코로서, 우리나라에는 임진왜란 때 일본을 통하여 들어왔다는 것이 정설이다. 그 이전에도 우리 민족은 매운맛을 즐겨서 산초, 겨자, 값비싼 외래 향신료인 후추 등을 이용하였다. 고추가 들어온 후 김치에 고춧가루가 사용되고 고추장을 담그게 되었다. 김치에 고춧가루가 사용된 것은 우리 식생활에서 중요한 의의를 갖는다. 고추의 매운맛 성분인 캡사이신(capsaicin)은 지방의 산패를 억제하므로 김치 속에 들어 있는 젓갈의 지방 산패를 막고, 비린내를 덜 느끼게 한다. 고추를 사용하기 전에는 김치에 젓갈을 넣지 않았다. 또한 고추는 유산균의 발육을 촉진한다고 보고되어 김치의 유산균 생성에도 도움이 되는 것을 알 수 있다. 그리고 고추에는 다른 채소보다 비타민 C의 함량이 많아서, 우리 민족이 긴 겨울철에 비타민 C를 공급받는 데 큰 역할을 하였다. 중국인이나 일본인들이 비타민 C가 많은 차를 일상 마시고 있는 것을 생각할 때, 차를 별로 마시지 않는 우리 식생활에서 김치 속의 고추가 비타민 C 공급에 큰 기여를 했으리라는 것을 짐작할 수 있다.

한국 사람이 유난히 고추를 즐기는 데는 여러 가지 설이 있다. 기후 탓으로 고추를 먹으면 몸이 더워지므로 추운 겨울을 나기 위해서라고도 하고, 고추에는 소금 절약작용이 있으므로 옛날 벽지에서 소금을 구하지 못한 까닭에 고추를 많이 먹게 되었다고도 한다. 우리는 장독 위에 고추를 띄우고, 아들을 낳았을 때 금줄에 고추를 끼우는 풍습이 있는데, 이것은 고추가 붉은 빛이고 매워서 귀신을 쫓는다는 생각에서 비롯된 것 같다.

② 마늘

단군신화에서 곰이 마늘을 먹고 사람이 되었다는 이야기가 있듯이 마늘은 우리 민족에게 식품이기 이전에 영약이었다. 마늘의 원산지는 이집트 또는 중앙아시아라고 하며, 중국에는 한대에 알려져 삼국시대에서 동진대(317~419)에 걸쳐 보급된 것으로 보인다. 우리나라에서는 통일신라시대에 마늘이 재배되고 있었다.

마늘의 독특한 냄새는 고기 비린내를 없애고 고기맛을 돋우어 주므로 우리나라에서는 고기요리에 마늘을 많이 사용한다. 또한 마늘은 강력한 살균효과가 있고, 체온 유지에 도움을 주어 우리 민족이 혹독한 자연환경을 잘 견디어 왔다고 생각되기도 한다. 마늘은 자극성이 강하므로 조용히 고행에 정진해야 되는 불교에서는 마늘을 금기식품으로 하고 있다. 불교가 왕성한 일본에서는 마늘을 먹지 않았지만 우리나라는 숭유배불주의였기에 불교의 금기를 받아들이지 않고 마늘을 즐겨 먹은 것으로 보인다.

우리는 쌀밥을 주식으로 하므로 비타민 B_1 부족에 따른 각기병이 염려된다. 그런데 마늘의 알리신이 비타민 B_1과 결합하여 알리티아민(allithiamin)으로 되면 비타민 B_1보다 훨씬 흡수가 잘되며, 알리신은 장내세균의 비타민 B_1 합성을 돕는다고 보고되어 있다. 따라서 쌀밥을 먹는 우리가 마늘을 즐기는 것은 바람직한 식생활 문화라 할 수 있다.

③ 김치

우리나라는 겨울이 길고 추우며, 오늘날과 달리 신선한 채소를 찾기 힘들었던 예전에는 긴 겨울철을 대비한 채소의 저장품이 필수적이었다. 이러한 필요성에서 자연스럽게 개발된 것이 김치라고 할 수 있다. 김치의 역사를 살펴보면, 상고시대에는 무, 가지, 죽순 등의 채소를 소금이나 술지게미에 절인 것으로 시작했다고 보인다. 이후 고려에서 조선 초기에 이르면서 채소 재배가 발달됨에 따라 동치미·나박김치형, 싱건지·짠지형, 섞박지·소박이형, 장아찌형의 4가지 체계로 김치담금법이 개발되었다. 이때는 주재료와 양념이 구분되어 있었으며, 양념으로 산초와 생강이 보편적으로 사용되었다.

조선 시대 중기 이후에는 주재료와 양념재료가 각각 확대되고 특히 고추가 양념의 하나로 쓰이고 젓갈이 쓰이기 시작하였다. 소박이형이 더욱 발전하여 통배추김치를 이루는데, 통배추김치가 기록에 나오는 것은 ≪시의전서≫(1800년대 말)에서 처음이다. 따라서 배추가 김치의 중심재료가 된 것은 19세기 말에 이르러 좋은 배추 재배가 성공한 후부터로 보인다.

이와 같이 한국의 김치가 발달하게 된 것은 자연조건 외에도 우리의 기후, 풍토 아래서 좋은 맛을 갖는 채소가 재배될 수 있었기 때문이다. 또한 상용주식인 밥과 맛이나 영양면에서 조화를 이룰 수 있었던 것도 하나의 이유로 생각된다.

가부장 직계 대가족제도가 1700년대 중기 이후에 강화되면서, 가정을 중심으로 모든 문화가 발달하였는데, 이러한 환경에서 조선시대 음식은 가정음식형으로 발달하였으며 김치도 그중의 하나이다. 1970년대 이후는 김치 제조가 가정이나 급식소 단위로 머물러 있던 것이 공장 생산으로 일부 전환되어 현재는 상당 부분 산업화되었으나, 아직도 많은 가정에서 직접 만들어 먹고 있다.

④ 장류

대두의 원산지는 만주라고 보는데, 만주는 우리 옛 맥족의 발상지이며 고구려의 옛 땅이므로 콩의 원산지는 우리나라라고 할 수 있다. 그런데 콩은 그대로는 소화, 흡수가 잘 안 되므로 우리 민족은 콩을 장류, 두부 등으로 가공하여 섭취하였다. 장류는 우리의 음식문화에 큰 영향을 미쳤는데, 우리나라 음식은 간장이나 된장, 고추장 같은 장류로 간을 맞추는 것이 특징이다. 장류는 소금과 달리 간을 맞추는 것 외에 조화로운 여러 가지 좋은 맛을 내고 아울러 영양급원이 되기도 하여 조미 겸 영양 급원식품으로서의 역할을 하였다.

장류가공은 농경과 함께 시작된 것으로 생각되며, 삼국시대에는 메주를 쑤어 몇 가지의 장을 담그고 맑은 장도 떠서 쓴 것으로 생각된다. 이처럼 상고시대부터 이미 개발되어 있는 우리나라 고유의 장류는 그 후 많은 발달을 이루어 분화되고 다양해져 오늘날에 이르고 있다. 조선시대에는 장 담그기에 관한 기록이 많이 전해지고 있는데, 조선시대 초기의 기록인 《구황촬요(救荒撮要)》에는 콩, 밀을 섞어서 장을 담그고, 그 후의 기록인 《증보산림경제》에 수록된 기본 장담그기는 콩만으로 메주를 쑤어 담근다. 19세기 초의 기록인 《규합총서》에서도 콩만으로 장을 담그는 방법이 기록되어 있어 밀을 섞어 쓰던 방법이 변한 것을 알 수 있으며, 오늘날까지 이어져 재래식 장류 맛의 기본을 이루고 있다.

⑤ 젓갈

우리 민족은 상고시대부터 어패류, 수조육류의 저장방법으로서 건조법과 젓갈 담그기를 하였는데, 최초의 기록은 683년에 쓰여진 《삼국사기》에 신라 왕비의 폐백품에 젓갈[醢]이 언급된 것이다.

고려시대에는 젓갈의 종류가 담수어, 해수어뿐만 아니라 홍합, 전복, 조개 등의 패류와 새우류, 게류 등의 갑각류까지로 넓어졌으며, 젓갈의 제법도 다양해져 어류에 소금과 곡류를 혼합시켜 발효시킨 식해류(食醢類)도 만들었다.

조선시대에도 젓갈의 이용이 그대로 이어졌는데, 소금만을 사용하는 지염해(漬鹽醢)를 주종으로 하여 새우젓, 조개젓, 굴젓 등이 흔히 사용되었으며, 일부 식해류도 있었다.

현대에 이르러서는 과다한 소금 섭취에 대한 경계심 때문에 소금함량 20% 내외의 재래식 젓갈 외에 저염젓갈이 판매되고 있다.

3) 세계의 식생활 문화

식생활 문화의 형성은 기후·풍토·종교·경제상황, 문화교류, 과학기술의 발달 등이 관계되며, 식생활 문화가 식품이라는 환경의 생산물에 의존하여 이루어지는 만큼 기후·풍토의 영향이 가장 크다. 세계 각국의 주식을 〈그림 15-1〉과 같이 쌀형, 옥수수형, 감자형, 잡곡형, 혼합형, 육식형, 밀형의 7가지 형으로 분류할 수 있다.

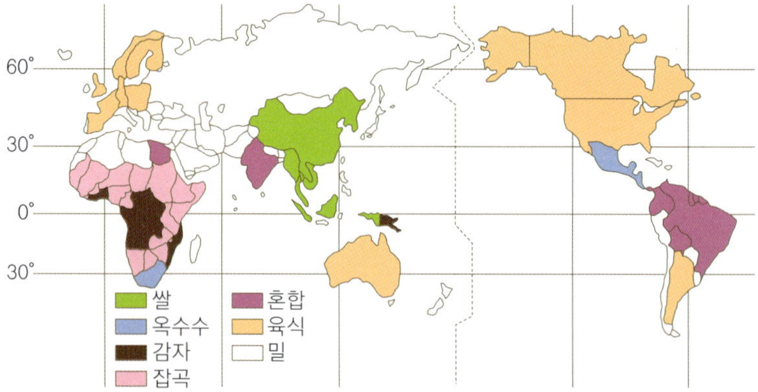

그림 15-1 세계 각국의 주식

그림을 보면 식량 생산과 그 지역의 기후·풍토가 밀접한 관련이 있는 것을 알 수 있다. 다음에 세계 여러 나라의 식생활 문화의 특징을 알아보고, 우리나라와의 차이점을 살펴본다.

(1) 아시아의 식생활 문화

① 중국

중국은 국토가 방대하고 각 지방마다 기후·풍토 등의 자연조건에도 큰 차이가 있으며, 각 시대의 역사·문화의 영향을 받아서 지방마다 특색 있는 다양한 식생활 문화가 형성되었다. 이렇듯 지역마다 특색 있는 중국요리를 분류하면 〈표 15-1〉과 같다.

중국요리는 긴 역사를 가지고 있으며, 세계에서 가장 발달한 요리로 알려져 있다. 동·식물성 기름을 사용하여 식품을 고온에서 단시간에 조리하는 방법이 많이 발달되었으므로 영양적으로는 우수하지만 그 맛이 기름지다. 따라서 전분을 합리적으로 이용하여 기름진 맛을 감소시키고 촉감을 부드럽게 하며, 따뜻한 음식을 쉽게 식지 않도록 한다. 또한 다양한 조미료를 사용하여 오미(감미, 염미, 산미, 고미, 신미)를 적절하게 배합한다. 중국요리에는 건조식품, 발효식품 등의 특수재료가 많이 쓰이며, 조리기구는 간단하나 조리법은 매우 다양하다. 중국음식의 접대방식은 큰 접시에 음식을 담아내어 여럿이 같이 덜어 먹으므로 식기 사용이 적고 상차림이 간단하다.

표 15-1 침채류의 보존기간과 소금농도

지역	대표적 요리	특징
북방	북경요리(北京料理)	황하유역에서 발달했으며, 기후가 몹시 춥기 때문에 기름을 다량으로 사용한다. 맛은 농후하고 향신료도 많이 쓴다. 화북(華北)이 밀의 산지이므로 만두, 면류, 떡(餠) 등의 요리가 발달하였다.
서방	사천요리(四川料理)	내륙 산악지방에서 발달한 요리로 암염(岩鹽)이 풍부하기 때문에 절임채소 등의 식품저장법이 발달하였고, 또 추위가 심하므로 고추, 마늘, 파, 산초, 깨 등 강한 향신료를 사용한 요리가 많다.
동방	상해요리(上海料理)	양쯔강 하류지역에서 발달한 요리로 바다가 가까워서 어패류를 소재로 한 요리가 많다. 조미료는 간장과 설탕을 많이 사용하여 맛이 달고 농후하다.
남방	광동요리(廣東料理)	남쪽 지역의 아열대성 기후에 의한 풍부한 재료와 일찍부터 시작한 외국과의 교류에 의해 들어온 토마토케첩, 빵, 우유 등의 서양 재료를 사용한 다채로운 요리가 있다. 기름, 조미료 등을 많이 쓰지 않고 맛이 비교적 담백하다.

② 일본

일본은 섬나라로서 사계절의 구분이 있고 고온 다습한 기후를 가지고 있으며, 이러한 자연조건에서 독특한 식생활 문화가 형성되었다. 불교의 영향으로 오랫동안 축육의 사용을 금했으나 농산물, 어패류, 해조류 등이 풍부하여 쌀을 주식으로, 채소, 생선, 콩 등을 부식으로 한 식단이 형성되었다. 일식조리는 식품재료 자체가 가진 맛을 중요시하여 담백한 음식이 발달하였고, 색채, 모양 등 음식의 외관과 식기 등으로 시각적인 아름다움을 강조한다.

또한 미생물이 번식하기 쉬운 기후조건을 이용한 각종 발효식품이 발달하였으며, 우리나라에서 건너간 장류를 그들 나름대로 발달시켜 기본 조미료로 폭넓게 이용하고 있다.

③ 그 밖의 지역

아시아 지역권 중 몽골족은 전통적으로 풍부한 유제품의 이용에 의해서 유목민의 식생활 문화를 형성하고 있다. 양고기의 건조품을 먹으며, 채소가 적은 식생활로 비타민 부족이 되기 쉬운 점을 보완하기 위하여 생고기, 내장을 먹는 습관이 있다.

중앙아시아는 지역에 따라 목축과 농경으로 나눌 수 있으며, 남아메리카에서 발견된 고추가 도입되어 비타민 C가 보급되었다.

동남아시아는 언어, 종교, 풍속, 습관이 다른 다민족이 여러 곳에 분포하여 문화적으로 복잡한 구성을 하고 있는 지역이다. 역사적으로 인도문명과 중국문명의 영향을 받았으나 음식맛에 민족의 특성을 살리고 있다. 주식은 쌀이고, 고기 · 생선 · 채소를 부식으로 섭취하고 있다. 동남아시아에서는 목축을 하지 않으므로 전통적으로는 유제품이 결핍된 식생활을 하며 동물성 단백질은 주로 생선으로 보충한다. 생선을 절인 어장(魚醬)이 만능 조미료로서 사용되며, 특히 베트남에서는 어장을 주요 식품으로 사용하고 있다. 그 밖에 돼지기름, 야자유, 코코넛유가 공통적으로 사용되며, 향신료로서 고추를 사용한다. 과일의 종류가 많고 풍부하여 식생활에 즐거움을 준다.

(2) 서양의 식생활 문화

서양요리는 유럽, 미국 등지에 발달한 요리의 총칭으로 나라별로 특징이 있다. 우리나라, 중국, 일본이 농경문화를 바탕으로 한 곡류가 주식인 식생활인데 반해, 서양은 유목문화의 영향으로 육류와 유제품을 중심으로 한 식생활 문화가 공통적으로 발달하였다.

수조육류는 생식에 적합하지 않으므로 가열조리법을 이용하며, 육류의 강한 냄새를 없애기 위해 다양한 향신료와 주류를 사용한다. 또한 밀 등의 곡류를 가루로 하여 다양한 빵을 만들고 있다.

① 미국

국토가 넓어 지역에 따라 기후·풍토조건이 현저하게 달라서 농산물의 종류가 풍부하다. 유럽을 비롯하여 세계 각지에서 온 이주민으로 이루어진 나라이므로 각국의 문화를 기초로 하여 지역에 맞는 새로운 식생활 문화를 창조하였다. 식생활은 철저하게 합리화된 가공법에 의해 대량 생산된 가공식품을 이용하는 요리가 많다. 냉동식품, 반조리식품, 인스턴트 식품, 외식산업 등이 다양하게 발달하였으며, 미국 가정의 주방에는 세계에서 가장 많은 조리기기가 도입되어 있다. 대량 생산과 편의성을 추구하는 미국의 식생활 문화도 전 세계에 큰 영향을 미치고 있다.

② 프랑스

프랑스 요리는 뛰어난 기술과 섬세한 맛을 지녀 국제요리로서 높은 평가를 받고 있다. 프랑스는 대서양과 지중해에 면하여 온화한 기후·풍토를 가지며 농산물, 축산물, 수산물 등이 풍부하여 좋은 식품재료를 구할 수 있어 요리를 발달시키는 요인이 되었다. 프랑스의 식생활에는 각종 향신료, 수백 종류에 달하는 소스, 치즈, 포도주 등이 중요한 역할을 한다. 향신료는 잎과 열매를 그대로 사용하고, 프랑스 요리는 소스로 먹는다고 할 정도로 소스가 중요하다. 치즈는 식사의 후반에 제공되며 가장 중요한 식품의 하나이다.

③ 그 밖의 지역

독일은 토지가 척박하고, 연간 평균기온이 낮아 주로 감자, 호밀을 재배하여 주식으로 한다. 축산물 가운데 주로 돼지를 식용으로 하며, 저장식품으로서 소시지·햄 등의 가공식품이 발달하였다. 특히 소시지는 일상식으로 많이 이용되고 있으며, 각 지방에서 만들어져 종류가 대단히 많다. 채소를 이용한 저장식품으로서 사워크라우트(sauerkraut)가 있으며, 감자를 사용한 여러 가지 요리가 발달하였다.

이탈리아는 지중해 지방의 중심지로 옛날부터 여러 문화가 유입되어 섞였기 때문에 이탈리아의 식생활 문화는 역사도 오래되고 내용도 복잡하다. 각 도시, 지방마다 특징을 가지는 다양한 이탈리아의 식생활에 공통으로 사용되는 것은 토마토소스, 올리브유, 향신료이며, 파스타·쌀·어패류 등을 이용한 다양한 음식이 있다. 이탈리아인의 아침식사는 아주 간단한 대신 점심·저녁식사는 비교적 풍부하며 가족 전원이 모여서 식사를 한다.

영국인의 식생활은 보수적으로 기본적 식사패턴을 계속 유지하고 있다. 간단한 조리법, 풍성한 아침식사 등의 전통이 이어지고 있으며, 육류요리에는 로스트비프가 대표적이고, 홍차는 국민적 음료이다.

2. 현대의 식생활

인류는 예로부터 가족을 단위로 자급자족의 형태로 가정생활을 영위하여 왔는데, 근대 산업사회로 이행에 따라 가정생활의 많은 부분이 사회화되었다. 주생활, 의생활 등은 거의 전부에 가깝게 사회화되었으며 식생활, 육아 등은 부분적으로 사회화된 상태이다. 식생활은 인간생활의 기본이며, 가족 단란의 중심 역할을 한다. 또한 음식물은 부패하기 쉽고, 바로 만든 것이 가장 맛있는 점 등의 이유로 다른 분야에 비해 식생활의 사회화는 늦어진 편이었다. 그러나 경제의 발전과 사회의 구조적 변화 속에서 식품의 상품화는 필연적인 것으로 되고 과학기술의 진보와 맞물려서 급속한 속도로 사회화가 진전되고 있다.

식생활의 사회화로 가정 내의 행위였던 식사가 외식으로 이행하거나 가정의 식탁에 외부에서 조리된 음식물이 차려지는 등의 일이 다반사가 되었다. 즉, 가정 내에서 조리하는 일이 감소하고 외부의 주방이 그것을 대행하게 된 것이다. 이러한 요인에는 식품가공기술의 진보와 여성의 사회 진출, 간편화 지향이라는 사회적 요구 등이 영향을 미친 것으로 생각된다. 그러나 이러한 식생활의 사회화 현상이 지나칠 때 가정 내에서의 조리가 너무 간소화됨으로써 영양상, 위생상의 문제뿐만 아니라 식생활 문화의 쇠퇴를 가져오고, 획일적인 맛으로 되어버릴 우려가 있다. 따라서 새로운 식품의 도입, 기호의 변화에 대한 대응, 조리기술의 전수와 창조 등 식생활 문화의 전승과 발전을 위하여 넓은 시야를 가지고 노력해야 하며, 사회화된 현대 식생활을 시대의 문화에 맞춰서 발전시켜야할 것이다.

또한 현재의 식생활에서는 식량자원의 부족에 대한 보충, 비만과 관계있는 성인병 예방을 위한 저열량 식품에 대한 요구, 식생활의 간편화 요구 등에 부응하기 위하여 새로운 식품소재가 개발되고 있다. 여기에는 단백질원 소재·식이섬유·지방 대체물질·감미료 및 조미료 등이 있으며, 그 외에도 식품공업의 발달에 따라 고차 가공식품이 개발되어 새로운 식품소재로서 이용되고 있다.

1) 단백질 급원 소재

종교적 또는 개인적 이유로 육식을 금하고 채식을 하는 사람들이 점차 늘고 있어 이들을 위한 전용식당이 운영되기도 한다. 축육 대체품의 개발은 식량 경제적 이유도 있으나 다양한 식문화를 수용하기 위하여 그 필요성이 대두되었다. 대두단백질·밀단백질 등의 식물성 단백질 자원을 이용하여 축육과 같은 텍스처, 맛을 가지는 소재로서 제조되어 이용되고 있다.

(1) 대두단백질

탈지대두를 원료로 하여 여러 가지 분리단백질을 얻는다. 식육가공, 수산가공, 제빵, 제과 등 많은 조리·가공식품에 이용된다.

① 조직화 대두단백 및 대두 섬유단백(spun soy protein)

조직화 대두단백(textured soy protein)은 주로 탈지 대두박과 분리 대두단백을 이용하여 제조되며, 제조공정은 압출법을 이용한다. 단백질 원료를 압출기에 투입하여 고온, 고압의 조건에서 압출하여 만드는 것으로 갈은 고기와 같은 외관을 가지므로 육류대용품으로 미트볼, 햄버거 등에 첨가하여 이용된다. 햄버거 등에 갈은 고기의 약 30% 이하의 대두단백질을 첨가하였을 때 기호성에서 차이는 거의 없었으며 지방과 에너지의 저하를 기대할 수 있다.

조직화 대두단백은 특히 미국에서 활발하게 개발된 것으로, 대두단백질 자원을 효과적으로 이용하고, 육류 섭취로 인한 동물성 지방의 과잉섭취를 줄이기 위하여 학교급식과 군대급식에 적극적으로 이용하게 한 정책의 결과 소비가 증대하였다. 우리나라에서도 서너 군데 제조회사에서 생산되어 사용되고 있다.

대두 섬유단백은 분리 대두단백을 이용하여 스피닝(spinning) 기술로 제조하는 것으로, 인조육은 섬유단백을 결착제로 결합하고 색, 향미, 안정제, 영양소 등을 첨가하여 육질과 유사하게 만든 것이다.

② 농축 대두단백질

단백질 함량이 약 70%로, 대두분보다 촉감이 좋고, 색택도 밝고 조리성이 뛰어나다. 이것은 탈지대두로부터 에틸 알코올 및 물로 당류와 그 밖의 가용성 성분을 제거하여 건조한 것이다.

③ 분리 대두단백질

탈지대두의 알칼리 가용성 성분을 추출하여 중화한 후 분무건조한 것이다. 단백질함량은 약 90%로 색은 희고 맛이 온화하며 젤화, 기포성, 성형성, 유화성, 결착성 등이 뛰어나 빵, 과자류, 육·유류제품에 사용된다.

(2) 밀단백질

밀가루에 물을 가하여 반죽하면 밀가루 중의 글리아딘, 글루테닌으로부터 글루텐이 형성된다. 이것을 분리하여 건조, 가용화한 것을 어육가공식품(수산연제품 등)에 사용하고, 그 외 제빵용, 식육가공품 등에도 사용한다.

2) 저열량 지방대체 식품

과도한 열량과 지방 섭취는 비만을 초래하고 또한 각종 성인병을 유발할 염려가 있어 소비자들은 지방함량이 낮은 식품을 선호하게 되었다. 그러나 지방이 가지는 고유의 조리가공성과 기호성은 그대로 유지하기를 원하므로 1970년대 이후 미국 등지에서는 지방대체 물질의 개발이 활발하게 이루어졌다.

지방대체 물질은 에너지는 적으면서 향미, 텍스처, 크리밍 등 지방이 가지는 고유의 조리기능성을 살릴 수 있는 것이 바람직하나 아직 완벽하게 지방을 대체할 만한 물질은 개발되지 않았다. 지방 대체물질은 그 조성에 따라 단백질계, 탄수화물계, 지방계로 나눌 수 있다.

(1) 단백질계 지방대체 물질

단백질계 지방대체 물질은 우유나 달걀 단백질을 0.1~0.3 μm 정도의 미세하고 둥근 입자로 성형하여 만든 미립자 단백질이 있는데, 대표적인 것으로 미국 몬산토사에 의하여 개발된 심플레스(Simplesse)가 있다. 심플레스는 입안에서 크림 같은 느낌을 주어 아이스크림, 치즈, 버터 등과 같은 낙농제품에 지방을 대신하여 사용할 수 있으며, 샐러드 드레싱과 마가린 등에도 사용된다. 칼로리는 1 g당 1~2 kcal 정도로 적으며 콜레스테롤이 없다. 고온에서는 변성 응고되므로 튀기기에는 적합하지 않다. 심플레스는 안전한 식품단백질과 물로 만들기 때문에 FDA의 승인을 쉽게 받았다.

(2) 탄수화물계 지방대체 물질

탄수화물계 지방대체 물질에는 껌, 변형 전분, 말토덱스트린, 폴리덱스토로오스, 덱스트린, 식이섬유 등이 있으며, 안선성이 높고 각종 식품에 오래 전부터 사용되어 왔다. 이들은 수분결합, 텍스처, 입안 느낌, 불투명함 등의 특성을 보임으로써 지방의 기능의 일부를 대신한다.

① **오트림(Oatrim)**

이것은 귀리(oat) 전분을 α-아밀레이스로 효소 처리하여 부분적으로 가수분해한 것으로서 미국 시장에서 상품화되어 제과, 제빵, 육제품, 우제품 등에 사용되고 있는 지방대체 물질이다. 오트림은 1 g당 1 kcal 이하의 에너지를 제공하고, 귀리에 있는 β-글루칸이 많이 함유되어 있어 고식이섬유 빵에 사용된다.

② **말트린(Maltrin MO 040)**

미국 Grain Processing사가 개발한 말토덱스트린으로 맛이 없는 다당류 전분 유도체로서 옥수수 전분을 산 또는 효소법으로 가수분해하여 백색 분말이나 농축물로 얻는다.

에너지는 1 g당 4 kcal를 내며, 온화한 맛과 향, 부드러운 입안 느낌을 주어 저지방 마가린, 냉동 디저트, 샐러드 드레싱 등의 원료로 광범위하게 사용되고 있다.

③ 아비셀(Avicel)

아비셀은 일종의 셀룰로스 젤이며 비세 결정형 탄수화물 유도체이다. 이것은 샐러드 드레싱에 사용되는 지방대체제이고 유사한 것으로 말토덱스트린과 잔탄검이 배합된 셀룰로스 젤도 있다.

④ 폴리덱스트로스(Polydextrose)

이것은 전분 중합체에 소량의 소비톨과 구연산을 혼합한 것으로 샐러드 드레싱, 푸딩, 캔디에 사용된다. 또한 지방과 설탕을 대체할 수 있는 제품에서 부피 증가제, 텍스처 개량제, 보습제로 사용된다. 에너지는 1 kcal/g 정도를 공급한다. 난소화성이므로 식이섬유 섭취의 효과가 있다.

(3) 지방계 지방대체 물질 - 지방유사물(fat analog)

단백질계와 탄수화물계 지방대체 물질이 유지와 같은 텍스처나 입안 느낌을 완벽하게 대신할 수 없는 데 비하여, 지방유사물은 튀기기와 같은 고온 조리에서도 사용할 수 있다.

① 살라트림

살라트림은 장쇄지방과 탄소 6~12개의 중쇄지방, 그리고 아세트산과 분자 간 에스터 교환에 의해 제조된 구조화 지방이다. 물리적인 성질은 지방과 같으나, 탄소 2개의 산 1~2개가 글리세롤에 에스터결합을 한 것으로 에너지가 지방의 $\frac{1}{2}$인 5 kcal/g이다. 이것은 초콜릿과 사탕류, 제과, 유제품 및 스낵식품에서 지방 대신 사용된다.

② 카프레닌

카프레닌은 베헨산과 중쇄지방산이 글리세롤에 에스터화된 구조화 중성지방으로서 에너지는 5 kcal/g 정도이다. 카프레닌은 코코아버터와 비슷한 특성을 가지며, 입안 느낌과 텍스처가 아주 같으므로 초콜릿이나 사탕류의 제조에 잘 사용된다.

③ **올레스트라**

올레스트라는 탄수화물과 지방의 혼합계 지방대체제로 설탕과 6~8개의 지방산이 결합된 수크로스 폴리에스터(sucrose polyester)이다. 올레스트라는 보통 유지와 아주 비슷한 맛과 조리성을 가지면서도 섭취한 후 소화되지 않기 때문에 에너지를 내지 않는다. 이것은 열안정성이 높아 튀김용으로 이용되며, 분무용, 제빵용 및 유제품의 원료로도 사용된. 주로 천연유지와 혼합하여 이용하는데 35%를 대체하여 가정용 쇼트닝으로 판매되며, 75%까지 대체하여 스낵제품이나 식당용 튀김기름으로 이용되고 있다.

프록터와 갬블사에서 올레스트라를 개발하고 미국 FDA의 승인을 받기까지는 25년이 걸렸고 1996년에 최종 승인을 받아 시판되고 있다.

3) 새로운 가공식품

(1) 모방식품

값이 비싸면서 생산량이 적은 식품의 대용품이 제조되어 시판되고 있다. 대표적으로 외관과 맛, 향미, 색을 자연식품과 비슷하게 한 수산품으로 게맛살, 캐비어 등이 있다. 식물성 치즈는 유제품인 치즈를 모방한 것으로 유단백질, 유지방을 일부 또는 전부 식물성 단백질, 식물성 유지로 바꾸어서 제조한 치즈 유사식품으로, 미국에서는 치즈의 약 10%를 차지하며 저가격, 저콜레스테롤 식품인 것이 특징이다.

마가린도 처음에는 버터 대용품으로 개발된 모방식품이지만 이제는 하나의 독립된 식품이 되었다. 모방식품은 제조기술의 진보에 따라 앞으로 더 다양한 제품이 나오리라 생각된다.

(2) 고압식품

식품에는 수천 기압의 압력을 가하면 날것일 때나 가열 시와는 다른 상태가 되는 것에 주목하여 최근 고압식품에 관한 연구 개발이 활발하게 이루어지고 있다. 가압의 정도에 따라서 살균·살충효과, 효소의 불활성화, 단백질의 응고, 젤화, 전분의 호화 등 여러 가지 효과를 얻을 수 있다. 고압식품의 가장 큰 특징은 향미의 변화, 영양소의 파괴 및 이취의 발생 등을 일으키지 않으면서 살균, 물성 변화 등이 가능한 점이다. 고압식품은 일본에서 가장 먼저 상품화되었는데, 생과일의 풍미를 살린 가압 잼, 젤리, 가압에 의해 쓴맛을 억제한 그레이프 프루츠 주스 등이 시판되었다.

우리나라에서도 무취마늘, 녹즙, 포장김치 등에 이 기술의 적용이 검토되었으며, 신제품 및 신소재의 개발이 활발하게 이루어질 것으로 기대된다.

참고문헌

국내문헌

노봉수 외 6인, 생각이 필요한 식품재료학, 수학사, 2011.

문범수 · 이갑상, 식품재료학, 수학사, 1994.

윤계순 외 5인, 새로쓴 식품학 및 조리원리, 수학사, 2010.

윤서석, 한국음식-역사와 조리, 수학사, 1987.

이형주 외, 식품화학, 수학사, 2014.

강인희, **한국의 맛**, 대한교과서 주식회사, 1988.

강희자, 식료품의 목측량 및 식품의 1인분량에 대한 식품성분표, 한국교원대학교대학원 석사학위논문, 1992.

김기숙, 조리방법별 조리과학실험(개정판), 교학연구사, 1996.

농림부 · 축산물등급판정소, 알아두면 도움되는 고기상식, 농림부 · 축산물등급판정소.

농촌진흥청 국립농업과학원, 식품성분표(제8 개정판), 2011.

배영희 외 5인, 조리응용을 위한 식품과 조리과학, 교문사, 2005.

송재철, 식품재료학, 교문사, 1994.

신말식 외 4인, 조리과학, 파워북, 2009.

안승요 외, 식품화학, 교문사, 2010.

윤서석, 한국의 음식용어, 민음사, 1991.

윤숙자, 한국의 떡, 한과, 음청류, 지구문화사, 2010.

윤숙자 외 6인, 한국음식-떡, 한과, 음정류, 열린마당, 1993.

이주희 외 4인, 과학으로 풀어쓴 식품과 조리원리, 교문사, 2012.

정홍식, 커피의 세계, 민문사, 1994.

최수근 외 3인, 고급서양요리, 이론과 실제, 형설출판사, 2011.

피터 바햄, 요리의 과학, 도서출판 한승, 2011.

한국농촌경제연구원, 식품수급표, 한국농촌경제연구원, 2002.

한국농촌경제연구원, 식품수급표, 한국농촌경제연구원, 2013.
한정혜 · 오경화, 가정요리, 정우문화사, 1996.
해롤드 맥기, 음식과요리, 도서출판 백년후, 2011.
현기순 · 이혜수 · 모수미, 조리학, 교문사, 1986.
황인경 · 김미라 · 송효남 · 문보경 · 이선미 · 서한식, 식품품질 관리 및 관능검사, 교문사, 2014.
황혜성 · 한복려 · 한복선, 한국의 전통음식, 교문사, 1995.

국외문헌

加藤保子, 中山勉, 食品学, 南江堂, 2011.
高和男監修, 調理, 教育出版センタ-, 1995.
高宮和彦, 食品材料ハンドブックク-食品學各論-, 培風館, 1993.
高木節子 · 加田靜子, 調理-基礎と應用-, 朝食書店, 1994.
菅原 龍幸 他 7人, 食品学, 建帛社, 2012.
久保田, 紀久枝, 食品学 食品成分と機能性, 東京化学同人, 2011.
箕口重義 外, 食品學概論, 建帛社, 1987.
島田淳子, 畑江敬子 編, 調理, 朝倉書店, 1988.
肥後溫子, 電子しンヅ[こつ]の科學, 紫田書店, 1990.
山崎清子 外 3人, 調理のための調理實驗, 同文書院, 1986.
山崎清子, 島田キミエ, 渋川祥子, 下村道子, 市川朝子, NEW調理と理論, 同文書院, 2011.
山崎清子 · 島田キミエ, 調理と理論, 同文書院, 1979.
澁川祥子 外 7人, 調理, 同文書院, 1992.
澁川祥子, 杉山久仁子, 調理科学 その理論と実際, 同文書院, 2005.
澁川祥子, 調理科學-その理論と實際-, 同文書院, 1985.
小西史子 · 秋永優子, 調理科學實驗ノ-ト, 醫齒藥出版株式會社, 1989.
松元文子 編著, 新 · 調理, 光生館, 1991.
松元文子, 食べ物と水, 家政教育社, 1988.
松元文子, 調理のための四訂食品成分表, 紫田書店, 1986.
安藤真美 他 12人, 調理学, 朝倉書店, 2006.
元山正, 調理科學ノ-ト, 第一出版株式會社, 1986.
日本家政學會, 食生活と調理, 朝倉書店, 1991.
日本調理科学会 編, 総合調理科学事典, 光生館, 2006.
調理科學研究會, 調理科學, 光生館, 1984.
中野和子 外 3人, 操作別調理 實習, 同文書院, 1985.

板橋文代, 基礎調理の實驗·實習, 紫田書店, 1981.

浦上智子, 調理科學實驗とその應用, 理工 社, 1990.

Belitz H. D., Grosch W., *Food Chemistry*, Springer-Verlag, 2009.

Harold McGee, *On Food and Cooking*, Scrilner, 2004.

Helen Charley, *Food Science*, 2nd Ed. John Wiley & Sons, 1982.

Helen Charley, *Food Study Manual*, John Wiley & Sons, 1982.

Jane Bowers(Ed), *Food Theory and Application's*, 2nd ed., MacMillan, 1992.

John C. Forrest, Elton D. Aberle, Herold B. Hedrick, Max D. Judge, Robert A. Merkel, *Principles of Meat Science*, W. H. Freeman and Company, 1975.

Margaret McWilliams, *Food-experimental perspectives,* 5th ed., Prentice Hall, 2005.

Marion Bennion, *Barbara Scheule Introductory Foods*, 11th ed., Prentice Hall, 2000.

Marjarie P. Penfield, AdaMarie Campbell, *Experimental Food Science*, Academic Press, 1990.

Mary L. Morr, Theodore F. Irmiter, *Introductory Foods A Laboratory Manual of Food Preparation and Evaluation*, Macmillan Publishing Company, 1980.

Srimivasan Damodaran, Kirk L. Parkin, Owen R. Fennem, *Fennema's Food Chemistry*, 4th ed. CRC press, 2008.

웹사이트

농림축산식품부 www.mafra.go.kr

축산물품질평가원 www.kormeat.com

통계청 www.kostat.go.kr

IEC(International Egg Commission) www.internationalegg.com

찾아보기

저자 소개

김향숙

서울대학교 가정대학 식품영양학과 가정학사

서울대학교 대학원 식품영양학과 가정학석사

서울대학교 대학원 식품영양학과 이학박사

현재 충북대학교 생활과학대학 식품영양학과 교수

오명숙

서울대학교 가정대학 식품영양학과 가정학사

일본 오차노미즈여자대학 대학원 가정학석사

일본 도쿄대학 대학원 농학부 농학박사

현재 가톨릭대학교 생활과학대학 식품영양학과 교수

황인경

서울대학교 가정대학 식품영양학과 가정학사

서울대학교 대학원 식품영양학과 가정학석사

The University of Georgia, Dept. Food Science and Technology 석사

The University of Georgia, Dept. Food Science and Technology 박사

현재 서울대학교 생활과학대학 식품영양학과 교수

조리과학 [개정판]

2005년 2월 10일 개정3판 발행
2014년 9월 20일 개정4판 발행

지은이 김향숙 · 오명숙 · 황인경
발행인 이 영 호
발행처 **수 학 사**
137-876 서울특별시 서초구 효령로 263
출판등록 1953년 7월 23일 No.16-10
전화번호 02) 584-4642(代) 팩스 02) 521-1458
http://www.soohaksa.co.kr
디자인 북큐브

정가 24,000원

ISBN 978-89-7140-392-1 93590